作 物 学

今井　勝・平沢　正　編

文永堂出版

表紙デザイン：中山康子（株式会社ワイクリエイティブ）
写真提供 ：今井 勝

はじめに

　文永堂出版の『作物学（Ⅰ），（Ⅱ）』が世に出てから10数年がたちました．その間多くの学生諸兄に利用され，大学教科書としての役目を十分に果たしてきました．しかしながら，最近の科学の進展は著しく，作物学は関連の科学も取り入れて大きく発展していますので，新規に作物学を学ぶ者にとっては不足する部分が目立つようになってきました．そこで，今回，『作物学』として面目を新たに，現代作物学を背景にした出版を企画しました．企画に当たっては，「作物学概論」あるいは「作物学入門」の上に立つ各論という当初の性格はほとんど崩していませんが，食用作物，工芸作物，飼料作物，緑肥作物および作物学そのものにつき，後に連なる各論での具体例を理解して頂きやすいように，それぞれ「総論」として導入部分を加えました．また，前著では2分冊であったものを1冊にまとめ，読者がこれを通読すれば，作物学諸分野の状況をいちおうは理解できるように配慮したつもりです．もちろん，紙面には限りがありますので，各作物の記述はできるだけ簡潔にしています．記述の内容は作物により若干異なりますが，ほぼ「来歴と生産状況」，「成長と発育」，「生理生態的特性」，「品種（と育種）」，「栽培」，「品質と利用」という順序で整えました．もし，不足の部分があると感じられる場合には，巻末の参考図書をご覧になって，適宜補っていただきますようお願い致します．

　作物学は人類が存続・繁栄するために必須である「農業」を支える基本的な学問といえます．それは，わたしたちの直接の食料としての米やイモなどの生産のみならず，砂糖，繊維，油，香辛料などの生産，肉や卵を提供するウシやニワトリなどの飼料の生産，有機質肥料を提供する緑肥の生産にも関わる中心的な学問であるからです．農業生産をいかに合理的に行い，飢餓を克服し，わが国の，そして世界の人々にどれだけの幸せをもたらすことができるかが，農学とくに作物学に課せられた永遠の課題といえるでしょう．また，多くの農地が都市近郊や人里にあることから，環境に配慮した生産により，おのずと良好な環境が作り出され，景観も良好に整えられ，心安らぐ豊かな環境が作り出されます．経済活動の急激な進展により，地球のエネルギー循環に変化が生じ，今や環境変動の時代に入った感があります．この変化を直ちに是正することは，発展段階の異なる国々が同時に存在する現状ではきわめて困難です．さらに，世界人口の増加傾向も当分は是正することができないでしょう．しかしながら，私たちは，そのような時代にも順応できる作物生産体系を考案し，実現せねばなりません．したがって，今後，作物学が世界の人々の幸福の実現に対して果たす役割は，ますます大きくなって行くと思われます．

　編集に当たっては，用語上，若干の困難がありました．「作物」とはいっても食用，工芸用，

飼料用，緑肥用では取り扱う専門分野や背景にある業界が異なりますので，用いられている専門語や作物の一般名なども異なる場合があり，完全に用語を統一するには至りませんでした．しかし，誤解を生じないようにできるだけ工夫をしたつもりです．また，掲載している各種作物の生産について，日本国内の統計（農林水産省作成の「作物統計」）は正確ですが，世界規模の統計（国際連合食糧農業機関（FAO）作成の統計情報（FAOSTAT））は必ずしも正確といえない場合もあることをお断りしておきます．

　本書の特徴は，各専門分野で活躍されている多くの方々に執筆していただいていることです．また，掲載された作物にはほとんどすべて現物のカラー写真を載せ，図表も見やすいように色刷りとしました．

　最後に，本書の出版に当たって，「第4章 飼料作物」は平田昌彦氏に実質的編集者となっていただきました．また，文永堂出版編集企画部の鈴木康弘氏からは終始暖かい励ましとご支援をいただきました．ここに記して深謝致します．

2013年9月　　　　　　　　　　　　　　　　　　　今井　勝・平沢　正

執 筆 者

編 集 者

| 今 井 　 　 勝 | 明治大学名誉教授 |
| 平 沢 　 　 正 | 東京農工大学名誉教授 |

執筆者（執筆順）

今 井 　 　 勝	前 掲
平 沢 　 　 正	前 掲
根 本 圭 介	東京大学大学院農学生命科学研究科
大 川 泰一郎	東京農工大学大学院農学府
高 橋 　 　 肇	山口大学農学部
平 井 儀 彦	岡山大学大学院環境生命科学研究科
実 山 　 　 豊	北海道大学大学院農学研究院
鴨 下 顕 彦	東京大学アジア生物資源環境研究センター
中 村 　 　 聡	宮城大学食産業学群
塚 口 直 史	石川県立大学生物資源環境学部
山 口 武 視	鳥取大学農学部
林 　 　 久 喜	筑波大学生命環境系
白 岩 立 彦	京都大学大学院農学研究科
齊 藤 邦 行	岡山大学大学院環境生命科学研究科
小 林 和 広	島根大学生物資源科学部
飯 嶋 盛 雄	近畿大学農学部
柏 木 純 一	北海道大学大学院農学研究院
下田代 智 英	鹿児島大学農学部
梅 崎 輝 尚	三重大学大学院生物資源学研究科

執筆者

荒木 卓哉　愛媛大学農学部
平野　繁　東京農業大学農学部
鳥越 洋一　元・日本大学生物資源科学部
道山 弘康　名城大学農学部
松浦 朝奈　東海大学農学部
辻　渉　鳥取大学農学部
岡田 謙介　東京大学大学院農学生命科学研究科
山岸　徹　元・帝京平成大学健康メディカル学部
諏訪 竜一　琉球大学農学部
藤井 道彦　静岡大学教育学部
東　哲司　神戸大学大学院農学研究科
伊藤 博武　東京農業大学生物産業学部
豊田 正範　香川大学農学部
井上 眞理　九州大学名誉教授
川満 芳信　琉球大学農学部
江原　宏　三重大学名誉教授
中村 貞二　東北大学大学院農学研究科
加藤 盛夫　元・筑波大学生命環境系
平田 昌彦　宮崎大学農学部
義平 大樹　酪農学園大学農食環境学群
岡島　毅　元・酪農学園大学農食環境学群
和田 義春　宇都宮大学農学部
飛佐　学　宮崎大学農学部
新田 洋司　福島大学農学群

目　次

第1章　作物学と作物生産……………………………（今井　勝・平沢　正）… 1
1．作 物 と は…………………………………………………………………………… 1
2．作物学とは…………………………………………………………………………… 2
3．作物の多様性………………………………………………………………………… 2
4．作物の光合成および物質生産と収量……………………………………………… 3
5．作物と環境…………………………………………………………………………… 4
6．作物の栽培および管理……………………………………………………………… 5
7．作物生産の現状と将来……………………………………………………………… 6

第2章　食 用 作 物…………………………………………………………………… 7
総　　論………………………………………………………………（平沢　正）… 7
1．穀　　類……………………………………………………………………………… 17
　1）イ　　　ネ……………………………………（根本圭介・大川泰一郎）… 17
　2）コ　ム　ギ…………………………………………………（高橋　肇）… 45
　3）オオムギ……………………………………………………（平井儀彦）… 56
　4）ラ イ ム ギ…………………………………………………（実山　豊）… 59
　5）エ ン バ ク…………………………………………………（実山　豊）… 61
　6）トウモロコシ………………………………………………（鴨下顕彦）… 63
　7）モ ロ コ シ…………………………………………………（中村　聡）… 68
　8）キ　　　ビ…………………………………………………（塚口直史）… 70
　9）ア　　　ワ…………………………………………………（塚口直史）… 72
　10）ヒ　　　エ…………………………………………………（山口武視）… 74
　11）ソ　　　バ…………………………………………………（林　久喜）… 76
　12）その他の穀類………………………………………………（山口武視）… 80
2．マ　メ　類…………………………………………………………………………… 82
　1）ダ　イ　ズ…………………………………………………（白岩立彦）… 82
　2）インゲンマメ………………………………………………（齊藤邦行）… 93
　3）ラッカセイ…………………………………………………（齊藤邦行）… 96
　4）ア　ズ　キ…………………………………………………（小林和広）… 99
　5）サ　サ　ゲ…………………………………………………（小林和広）…101

6）ソラマメ………………………………………………………（飯嶋盛雄）…103
　　7）エンドウ………………………………………………………（飯嶋盛雄）…105
　　8）その他のマメ類………………………………………………（飯嶋盛雄）…107
　3．イ モ 類……………………………………………………………………………109
　　1）ジャガイモ……………………………………………………（柏木純一）…109
　　2）サツマイモ……………………………………………………（下田代智英）…119
　　3）キャッサバ……………………………………………………（梅崎輝尚）…125
　　4）タロイモ………………………………………………………（荒木卓哉）…129
　　5）ヤムイモ………………………………………………………（平野　繁）…133

第3章　工芸作物 …………………………………………………………………137
　総　　論…………………………………………………………………（今井　勝）…137
　1．繊維作物……………………………………………………………………………147
　　1）ワ　　タ………………………………………………………（鳥越洋一）…147
　　2）タ イ マ………………………………………………………（道山弘康）…152
　　3）ジュート………………………………………………………（道山弘康）…154
　　4）イ グ サ………………………………………………（松浦朝奈・辻　渉）…156
　2．油料作物……………………………………………………………………………158
　　1）ナ タ ネ………………………………………………………（岡田謙介）…158
　　2）ゴ　　マ………………………………………………………（山岸　徹）…161
　　3）ベニバナ………………………………………………………（林　久喜）…163
　　4）アブラヤシ……………………………………………………（岡田謙介）…165
　　5）ココヤシ………………………………………………………（岡田謙介）…167
　　6）ナンヨウアブラギリ…………………………………………（諏訪竜一）…169
　　7）ヒ　　マ………………………………………………………（道山弘康）…171
　3．嗜好料作物…………………………………………………………………………173
　　1）チ　　ャ………………………………………………………（藤井道彦）…173
　　2）コーヒー………………………………………………………（東　哲司）…178
　　3）カ カ オ………………………………………………………（東　哲司）…181
　　4）ホ ッ プ………………………………………………………（伊藤博武）…184
　　5）タ バ コ………………………………………………………（豊田正範）…186
　4．香辛料作物，芳香油料作物，染料作物，薬用作物………………………………188
　　1）コショウ………………………………………………………（豊田正範）…188
　　2）ウ コ ン………………………………………………………（諏訪竜一）…190
　　3）ワ サ ビ………………………………………………………（山岸　徹）…192
　　4）ハッカ類………………………………………………………（山岸　徹）…194

5）ラベンダー･･･（井上眞理）･･･196
6）ア　　イ･････････････････････････････････････（辻　　渉・松浦朝奈）･･･198
7）ヤクヨウニンジン･････････････････････････････････････（井上眞理）･･･200
8）カンゾウ･･･（井上眞理）･･･202
5．糖料作物，デンプン・糊料作物，ゴム・樹脂料作物･･････････････････････204
1）サトウキビ･･･（川満芳信）･･･204
2）テンサイ･･･（伊藤博武）･･･209
3）ステビア･･･（江原　宏）･･･212
4）サゴヤシ･･･（中村貞二）･･･214
5）コンニャク･･･（加藤盛夫）･･･216
6）パラゴム･･･（江原　宏）･･･219

第4章　飼料作物･･221
総　　論･･･（平田昌彦）･･･221
1．穀　　類･･･（義平大樹）･･･228
2．マ　メ　類･･･（義平大樹）･･･235
3．牧　草　類･･･237
1）寒地型イネ科牧草･････････････････････････････････････（岡島　毅）･･･237
2）寒地型マメ科牧草･････････････････････････････････････（和田義春）･･･247
3）暖地型イネ科牧草･････････････････････････････････････（平田昌彦）･･･254
4）暖地型マメ科牧草･････････････････････････････････････（飛佐　学）･･･267
4．飼料用根菜類，飼料用葉菜類および飼料木･････････････････････････････273
1）飼料用根菜類･･･（平田昌彦）･･･273
2）飼料用葉菜類･･･（平田昌彦）･･･274
3）飼　料　木･･･（平田昌彦）･･･275

第5章　緑肥作物･･277
総　　論･･･（新田洋司）･･･277
1．イネ科緑肥作物･･･（新田洋司）･･･280
2．マメ科およびその他の緑肥作物･･･････････････････････････（新田洋司）･･･283

参 考 図 書･･287
索　　　引･･289

第1章

作物学と作物生産

　われわれ人類は，数百万年も前の祖先の時代から食料（food）と水を得て生存と繁殖を守る生活を継続してきた．食料の調達方法に新たな展開が見られたのは，地球史上最も新しい氷河期（ウルム氷期）が終わった約1万年前以降のことで，それまでの移動しつつ採集や狩猟をするという原始的な食料の調達方法から，意図的に食料を生産するようになったのである．すなわち，有用な野生植物の栽培化（domestication）や野生動物の家畜化（domestication）によって定住生活に移ると農業（agriculture）が成立し，より多くの人口を扶養することが可能になった．農業も，時代が進むにつれて萌芽的なものから，それぞれの地域での立地条件（locational conditions）に適合した，いわゆる自給的，伝統的農業に進化し，さらに時代が進むと近代科学の発展に伴った関連技術の継続的な開発および導入により商業的農業（commercial farming）も大きく展開し，今日では年間36億tを超える食料となる作物（crop）および3億tもの肉類を生産して，72億人を超える世界人口を支えるまでに至っている．農業を先導する学問が農学（agricultural science）であり，それは人類の生命と生活を守り育てる最も重要な学問である．農学における種々の分野のうち，栽培化された多くの有用植物（作物）の生産と利用に関わる学問として作物学（crop science），園芸学，育種学，植物保護学，農業工学，農芸化学，農業経済学などの専門領域が展開している．

1．作物とは

　「作物」とは「農業に利用するために人の保護管理のもとにある植物」（星川, 1985）である．作物として利用されるようになった有用植物は，野生状態に近いほど人の保護管理を必要とする度合いは低いが，その反面，収量や栄養価，その他の利用価値も高くはない．すなわち，作物は十分な保護管理のもとにあって初めて高い生産性を発揮し，栄養価なども高まるのである．したがって，長期にわたって行われた優れた形質の選抜や意図的な交雑により，作物は植物体の利用部分（種子，根，茎など）を異常に大きくされ，環境への適応能力もかなり失われている場合が多い．特に，冷涼な気候下で作物化されたものは暑熱期に，熱帯気候下で作物化されたものは越冬期に，種子や栄養器官が特別に保存されずに野生植物と同様の自然条件下に置かれると死滅してしまうほど，生命力が脆弱になったものも多い．

　作物は，作付けの場面や用途を異にするので，大きく農作物（field crop）と園芸作物（horticultural crop）とに類別され，両者はさらに細かく類別されている（図1-1）．これらの類別は植物の自然分類体系とは全く異なり，人が利用するうえでの便宜的なものである．相対的に，農作物は園芸作物に比べると田や畑で大規模かつ粗放的に栽培されるので一般的

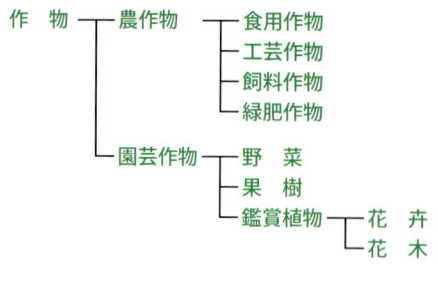

図 1-1　作物の類別

に生産単価が低い．例えば，人の食料や家畜の飼料となるイネ，コムギ，トウモロコシ，モロコシなどを考えてみると理解できよう．これらは生命を維持するためのエネルギー源として大量かつ安価に提供されることが必須なのである．これに対し，園芸作物の栽培は農作物に比べると一般に小規模で，施設栽培の採用などの人工環境を導入したり，きめ細やかで集約的な栽培がなされる場合が多く，生産単価が高い．

ここで，本書で「作物」として記載する内容は，二大類別の内の「農作物」に該当することをお断りしておく．

2．作物学とは

「作物学」とは「作物に関する科学」である．したがって，作物自身の生理・生態的性質，起源と伝播，栽培特性，収量性，収穫，品質など，作物の生産に直接に関係する事象や問題点はすべて研究の対象である．作物学の目的は，作物をよりよく理解し，合理的な栽培管理を通じて持続的に高い収量かつ高品質の生産物を得ることである．そのためには，関連学問分野（生物統計学，育種学，園芸学，土壌肥料学，植物栄養学，農業気象学，草地学，畜産学，生態学，形態学，分類学，生理学，生化学，遺伝学，分子生物学など）の研究手法と成果を援用することが必要となる．また，作物学は多面的な農業生産の中で，食用作物（food crop），工芸作物（industrial crop），飼料作物（forage crop）および緑肥作物（green manure crop）を扱う学問分野である．このうち，直接に食料となる食用作物，とりわけイネの生産がわが国では最も重要な研究対象となっている．イネのほとんどは水田（paddy field）で栽培され，カロリー生産が高いのみならず，畑作物では起こりがちの連作障害もなく，しかも，水田に貯えられた水は国土の水循環を円滑にし，気象を緩和する役割をも果たしている．正に，水田稲作は日本農業の根幹である．諸外国でも農業の基盤を作物生産に置いているところが多い（畜産業が基盤であっても，餌は飼料作物）ので，作物学が農業に果たす役割は大きい．

3．作物の多様性

オオムギ，コムギ，イネ，トウモロコシのように1万年〜7,000年も前から栽培化されてきた長い歴史を有し，かつ人口扶養力の大きな作物や，未だに作物としての十分な形質を備えておらず改良が進んでいないキノア，アマランサス，ショクヨウカンナなどまで含めると，地球上に存在する「作物」と呼ばれる栽培植物は，2,200種（日本には480種）ほどあるとされているが，食用として栽培されるものは170種ほどで，それも近年は減少傾向

にある．減少の理由は，病気や害虫の発生などによる被害が拡大しにくい伝統的な「多種類の少量生産」から，大型機械化を伴い生産効率を高める「限られた種類の大量生産」（病虫害などは薬剤で制御）へと移行しつつあるからである．また，農業が成立した当初の食料となる作物中心から，家畜飼料や衣料，染料，薬用となる作物など，内容も多岐にわたるようになってきた．さらに，1つの作物でも，環境適応性，病虫害抵抗性，用途などの異なる「品種（variety, cultivar）」が多数育成されている場合が多い．

　図1-1に示したように，農作物は種類や用途に応じて，食用作物（さらに穀類（cereal crops, cereals），マメ類（pulse crops, pulses），イモ類（root and tuber crops）に類別），工芸作物（さらに繊維作物（fiber crop），油料作物（oil crop），嗜好料作物（recreation crop），香辛料作物（spice crop），糖料作物（sugar crop），デンプン・糊料作物（starch and paste crops），ゴム・樹脂料作物（rubber, gum and resin crops），芳香油料作物（essential oil crop），タンニン料作物（tannin crop），染料作物（dye crop），薬用作物（medicinal crop）に類別），飼料作物，緑肥作物などに区分される．そこでは，作物によりショ糖，デンプン，タンパク質，脂質，繊維，精油，アルカロイドなどと，利用対象となる蓄積物質も多種多様であるが，元を正せばすべて光合成（photosynthesis）に由来する物質である．

4. 作物の光合成および物質生産と収量

　地球上のほとんどすべての生物の生存は，地球から約1億5,000万kmの彼方にある太陽からの絶え間ない放射エネルギー（約1,360W/m^2）の受容によって支えられている．このエネルギーは地球の表面温度を約15℃に保ち，また，緑色植物（green plant）の光合成を駆動させる．光合成は，波長が約400～700nm部分の太陽放射エネルギー，水および空気中の二酸化炭素（CO_2）を原材料として進行する複雑な反応である．

　人類の食料は直接，間接を問わずすべて緑色植物の光合成に由来する生産物（光合成産物，photosynthate）に依存している．緑色植物である作物の体内では，光合成産物と根から吸収した無機養分（mineral nutrient）を用いて物質生産（dry matter production, 乾物生産ともいう）を行う．生成された場所から他所へ移行する転流（translocation）形態の光合成産物（糖類）は，発芽（germination）および萌芽（sprouting）から老化（senescence）および枯死（death）までの個体発生（ontogenesis）の推移に応じて作物体各器官へ分配され，デンプン，タンパク質や脂質，さらには繊維，精油，アルカロイドなどに変換されて蓄積する．したがって，作物の光合成・物質生産を人為的に制御し，単位土地面積当たりの収量（yield）や，作物のバイオマス（biomass, 全乾物重ともいう）に占める利用部分への分配割合（収穫指数，harvest index）を高めることは，最も重要な生産技術の1つである．また，収量の中身をより良質なものにかえていく技術も望まれる．このように考えてくると，基本的には各作物の潜在光合成能力をいかに引き出し高めるかが，第一の課題となる．それには，遺伝・育種学やバイオテクノロジーの知見を活用して，葉の光合成能力そのものを向上させたり，受光態勢（太陽エネルギーを受容する葉と茎の展開と配置の様式）や葉面積指数（leaf area index，単位土地面積の上に存在する葉面積の割合）の適正化が必要である．第二の課題は，収量形成に向けて，収穫目的部位に光合成産物を多く蓄積させることであるが，これは光合成産物を送り出す器官（ソース（source）という）と受け取る器官（シンク（sink）という）の活性や容量における相互関係で決まってくる．さらに，光合成と呼吸（respiration）のバランスの適正化が作物生産上重要であり，これは第一と第二の課題にも関わる課題である．すなわち，作物の生育期を通じて，光合成生産の 1/3 ～ 1/2 が呼吸により消費されるので，収量に大きな影響を及ぼす場合があるからである．

すでに述べたように，作物の種類により利用目的とする器官や主要な物質は千差万別であり，また，栄養条件や温度条件などによっても大きな影響を受けるので，実際栽培の場面では，播種密度（sowing density；栽植密度（planting density）），施肥（fertilization）量，施肥法，水管理（water control），病虫害防除（pest control），収穫方法（harvesting method）など，栽培・管理上の技術的な助けがあって，初めてこれらの課題が達成される．

5．作物と環境

作物のみならず，生物の生活はすべてそれらを取り巻く環境の支配を大きく受けている．
重要な環境要因としては，光，温度，水，無機養分，二酸化炭素がある．

光は量的に作用する場面と質的に作用する場面がある．前者では光合成を駆動する光エネルギーとしての役割があり，後者では花芽形成，発芽，光屈性に関係する色素タンパク質（赤色光と遠赤色光：フィトクロム，青色光：クリプトクロムやフォトトロピン）ならびに日長として長日植物（long-day plant）や短日植物（short-day plant）の花成反応に関わっている．

温度は体内の化学反応を司るので，作物側も生育環境の温度特性に合わせ，主要生育期間が春から夏の夏作物，秋から春の冬作物，低温適応の C_3 作物，高温適応の C_4 作物などが分化している．作物の花芽形成や収穫までに必要な日平均気温の積算値（積算温度，cumulative temperature）も重要な指標となる．近年，地球温暖化が顕在化し始め，特にイネでは登熟（ripening）する際の高温障害（heat damage）が問題となっている．また，作物の生育適地の移動の可能性も示されている．

水は細胞の水ポテンシャルを維持し，生理作用を潤滑に進めるうえで必須の要因であり，大量に吸収および消費される．作物は圃場での栽培期間を通じて 1kg の水の蒸発散（evapotranspiration）により，C_3 作物では 3.1 ～ 6.4g，C_4 作物では 7.0 ～ 10.0g の乾物を生産する（これを蒸散効率（transpiration efficiency）という）．また，わが国は外国から大量の食料，木材，工業製品を輸入しているが，これをそれぞれの生産に使った水の量に換算（仮想水，virtual water）すると 800 億 m^3 を超えるとされ，わが国の水消費量（生活用水 154，工業用水 117，農業用水 544，計 805 億 m^3）に匹敵する．仮想水の大半が食料に由来するので，いかに世界中から水を買い集めているかが想像できる．わが国は平均すると年間約 1,700mm の降水量があるので，渇水問題はそう頻繁には起こらない．しかし，世界平均は約 970mm で，砂漠が広がる国々のみならず，干ばつに悩まされている地域は多い．

無機養分は光合成産物と組み合わされて，植物体の形成および維持にあずかり，乾物重の10%内外を占めている．なくてはならない無機養分のうち，多量元素（major element）として窒素（N），リン（P），カリウム（K），イオウ（S），カルシウム（Ca），マグネシウム（Mg）が，微量元素（minor element）として鉄（Fe），マンガン（Mn），銅（Cu），ホウ素（B），亜鉛（Zn），モリブデン（Mo），塩素（Cl），ニッケル（Ni）が知られ，有用元素（beneficial element）として特定の植物に供給されると生育が旺盛になるものもある：イネのケイ素（Si），テンサイやC_4植物のナトリウム（Na），マメ科植物のコバルト（Co）．

　二酸化炭素（CO_2）は光合成反応の素材であり，空気中の濃度が上昇すると光合成速度も上昇するが，濃度が非常に高くなると光合成は飽和する．CO_2飽和点はC_3作物の方がC_4作物よりも高い．18世紀半ばに起こった産業革命以来，経済活動の活発化は著しく，世界気象機関（World Meteorological Organization, WMO）によると，化石燃料の大量消費や森林伐採などにより2013年の地球大気へのCO_2放出量は炭素換算で約108億tとなり，世界の平均CO_2濃度は395ppmに達した（産業革命時は約280ppm）．CO_2は温室効果気体（greenhouse gas）であり，今後もこの趨勢が継続すると，地球温暖化が進み種々の問題が派生するであろうが，CO_2濃度上昇のみに限れば，作物の光合成生産は促進される．

　以上の諸要因の他にも，多くの物理的，化学的，生物学的要因があり，それらが相互作用を伴って作物の生活に影響を及ぼしているのが現実である．

6．作物の栽培および管理

　作物の種類や用途によって，それぞれの生産戦略が異なるが，これらを合理的に組み合わせて，作物生産の最適化を図るべきであり，われわれが作物を栽培する場合には，気象や気候，土壌条件などの地域性（locality）に富んだ生産現場を考慮して臨むことが必要になる．

　科学を基礎とした農学が誕生するよりはるか昔に，メソポタミア，エジプト，黄河中流域などで古代文明が勃興したが，それは，その場所が作物栽培や家畜飼育のうえで最適の肥沃な土地であったからである．しかし，現在まで繁栄している所はない．これは，増加し続ける人口を扶養するために土地を過剰に使用して作物を栽培したり，草地の生産力を越えて多数の家畜を放牧したり，居住地周辺の森や林から家屋や燃料としての木材を乱伐し続け，人の活動が自然の環境許容力を越えてしまったために不毛の土地を作り出し，作物や家畜の持続的な生産が可能でなくなったためである．すなわち，増大する需要という目先の必要に迫られ，先の見通しを立てた対策を実施しなかったからである．

　第2章以降の各論の中で，個々の作物の栽培および管理のあり方が具体的に述べられているが，基本となるのは，立地条件をよく考え，かつ当該作物（単作か多期・多毛作かにより作物の組合せが異なる）の生理生態に合致した栽培方法，肥培管理，病虫害防除，収穫方法などの年次計画（特に輪作を行う場合は多年次にわたるもの）がしっかりした作付け体系を持つことが重要である．また，近年は，豪雨，酷暑，干ばつなど，異常気象が頻発する傾向があるので，緊急時の対応につき，個人のみならず地域全体でも考えておく必要がある．

7．作物生産の現状と将来

農業生産に関わる学問と技術の発達により食料が増産され，昔に比べると人口扶養力は格段に高まっている．FAO（Food and Agriculture Organization of the United Nations，国際連合食糧農業機関）の統計によれば，世界人口，植物性食料（穀類，マメ類，イモ類の合計）生産量および肉類生産量は，それぞれ1961年末の約30億8,283万人，14億1,400万t，7,136万tから2010年末の約69億1,618万人，36億69万t，2億9,324万tと，過去50年間に世界人口は2.24倍，植物性食料は2.55倍，肉類は4.11倍に増加している（図1-2）．しかしながら，作物生産の面では，もはや新たに開拓する農地はほとんどなく，単位土地面積当たりの収量の画期的増加は非常に難しいと考えられる．また，世界的な傾向として，生活水準の向上に伴い，畜産物の消費が増加しつつある．家畜や家禽の増加は人の植物性食料の需要と競合するので，ますます作物生産を増大させる必要があり，換言すると作物学の重要性がますます高まるということである．

ところで，農業の最大の役割は，さまざま作物や家畜および家禽を栽培および飼育して，効率のよい食料生産を行うことである．各所で持続的な農業が旺盛に行われるということは，農産物の供給が満足に得られることのみならず，地域の農業環境が適切に保たれ，かつ良好な景観が保全されて人々の心が豊かになる利点もある．しかしながら，近年のわが国では農業生産が著しく低下し，したがって食料自給率も著しく低下し，外国からの輸入品に依存する度合いが異常に高くなってしまった．すなわち，エネルギーに換算すると食料自給率（food self-sufficiency rate）はわずか40％そこそこである．家畜飼料を含む穀物自給率でいえば，さらに低い27％と脆弱な状態にあり，欧米諸国が食料の安全保障を見込んで自給率を70％以上に維持しているのとは対照的である．

食料をはじめとする安全な農産物の供給とともに，居住環境や国土保全に及ぼす農業の役割の重要性を考えると，資源循環型栽培や総合防除など生態系を考慮した，持続的で環境保全型の農業（alternative agriculture, sustainable agriculture）を支える作物栽培をそれぞれの地域，国で確立していくことが求められる．このような作物栽培を確立するためには，作物の性質とともに作物を取り巻く物理的，化学的，生物的諸条件を明らかにし，それらの間の相互関係を明らかにしていくことが肝要である．

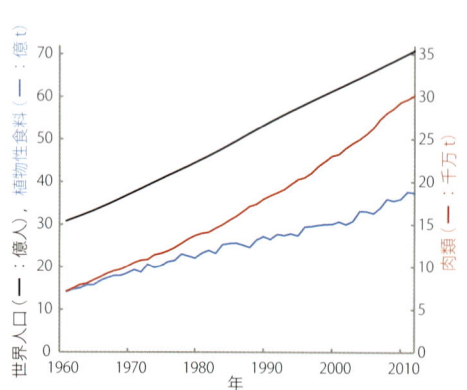

図1-2 世界における人口，植物性食料（穀類，マメ類，イモ類の合計）生産および肉類生産の推移
（FAOSTATより作図）

第2章

食 用 作 物

総　論

1）食用作物の種類

　食用作物（food crop）は，人間の主食または主食に準ずる食物を得ることを目的として栽培される農作物である．栽培されている食用作物は，世界では約170種，日本では42種といわれている（星川，1980）．食用作物は，栄養上主要な熱源となる作物であることから，多量に摂取される．そのため，前章で分類した7つの作物群（食用作物，工芸作物，飼料作物，緑肥作物，野菜，果樹，観賞植物）の中では，栽培面積，生産量が突出して多い作物群である．食用作物は，穀類（cereal crops, cereals），マメ類（pulse crops, pulses），イモ類（root and tuber crops）に大別される．

2）穀　類

　穀類はイネ科（Poaceaeまたは Gramineae）に属するイネ科穀類（禾穀類）とその他の穀類に分けられる（表2-1）．

（1）収穫対象部位

　穀類は主として子実の胚乳が食用とされ，成分としては炭水化物が大部分であるが，タンパク質も比較的多く含むので，主食として栄養的に優れる作物である．子実を収穫対象とすることに関連して，以下のような特徴を持つ．すなわち，成熟した子実は，水分が10％程度まで低下するので，栄養器官を収穫対象とするイモ類などに比べて，貯蔵，輸送に好都合であり，粉などにしての加工利用も容易である．一方，生育の過程で花の形成，開花期など環境の影響を受けやすい生殖成長段階を経るため，冷害や干ばつ害など，自然環境の変動による子実収穫量の変動が大きい．また，収穫指数は，イモ類のように栄養器官を収穫対象とする作物に比較すると低い．

（2）イネ科穀類

　イネ科穀類は，穀類の生産量のほとんどを占める．穎果（caryopsis）と呼ばれる果実を利用する．イネ科植物には，一年生，二年生，多年生があるが，表2-1に掲載されているイネ科穀類はすべて一年生作物（annual crop）である．そして，麦類（コムギ，オオムギ，エンバク，ライムギ）が冬作物として越冬する越年生作物（winter annual crop）である他は，すべて夏作物として栽培される．表2-1の夏作物のイネ科穀類のうち，イネなど水田あるいは湿地で栽培される数種を除くとすべてが C_4 植物である．イネ科穀類は世界の耕地面積の

表 2-1 主要食用作物の名称と起源地

和 名	英 名	科	学 名	起源地
1. 穀類 (禾穀類)	cereal crops, cereals			
イネ科穀類 (禾穀類)	cereals			
イネ、アジアイネ (稲)、グラベリマイネ、アフリカイネ	rice	イネ科 (Poaceae, Gramineae)	*Oryza sativa* L.	インドから中国南部にかけての地域
グラベリマイネ、アフリカイネ	African rice	イネ科 (Poaceae, Gramineae)	*Oryza glaberrima* Steud.	西アフリカ
アメリカマコモ	wild rice, Indian rice	イネ科 (Poaceae, Gramineae)	*Zizania aquatica* L. および *Z. palustris* L.	北アメリカ
コムギ (小麦)	wheat	イネ科 (Poaceae, Gramineae)	*Triticum* spp. (*T. aestivum* L. (パンコムギ)、*T. durum* Desf. (デュラムコムギ) など) (p.45を参照)	西アジア
オオムギ (大麦)	barley	イネ科 (Poaceae, Gramineae)	*Hordeum vulgare* L.	西アジア
ライムギ	rye	イネ科 (Poaceae, Gramineae)	*Secale cereale* L.	西アジアから中央アジア
エンバク (燕麦)	oat(s)	イネ科 (Poaceae, Gramineae)	*Avena sativa* L.	中央アジアのアルメニア地域
シコクビエ (龍爪稷)	finger millet, African millet	イネ科 (Poaceae, Gramineae)	*Eleusine coracana* (L.) Gaertn.	アフリカのサヘル地域
テフ	teff	イネ科 (Poaceae, Gramineae)	*Eragrostis abyssinica* (Jacq.) Link (= *E. tef* (Trotter))	エチオピア
トウモロコシ (玉蜀黍)	corn, maize, Indian corn	イネ科 (Poaceae, Gramineae)	*Zea mays* L.	メキシコ、あるいは中央アメリカから南アメリカにかけて
モロコシ、タカキビ (蜀黍)	sorghum, grain sorghum	イネ科 (Poaceae, Gramineae)	*Sorghum bicolor* (L.) Moench	エチオピア、スーダンを中心とする北東アフリカ地域
キビ (黍、稷)	(common) millet, proso millet, hog millet	イネ科 (Poaceae, Gramineae)	*Panicum miliaceum* L.	中央アジアから東アジアにかけての温帯地域
アワ (粟、粱)	foxtail millet, Italian millet	イネ科 (Poaceae, Gramineae)	*Setaria italica* (L.) P. Beauv.	東アジアあるいはインド西北部からアフガニスタン、中央アジアにかけての地域
ヒエ (稗、穆)	Japanese millet, barnyard millet	イネ科 (Poaceae, Gramineae)	*Echinochloa utilis* Ohwi et Yabuno	中国本土およびインドなど
トウジンビエ、パールミレット (唐人稗)	pearl millet	イネ科 (Poaceae, Gramineae)	*Pennisetum americanum* (L.) Leeke (= *P. typhoideum* Rich.)	熱帯西アフリカ地域
ハトムギ (鳩麦、薏苡)	Job's tears	イネ科 (Poaceae, Gramineae)	*Coix lacryma-jobi* L. var. *ma-yuen* (Roman.) Stapf (= *C. lacryma-jobi* L. var. *frumentacea* Makino)	東南アジア
フォニオ	fonio, fundi, hungry rice	イネ科 (Poaceae, Gramineae)	*Digitaria exilis* (Kippist) Stapf	アフリカのサヘル地域
コドラ	Kodo millet	イネ科 (Poaceae, Gramineae)	*Paspalum scrobiculatum* L.	アジア、アフリカ
その他の穀類 (偽禾穀類)	pseudocereals			
ソバ (蕎麦)	buckwheat	タデ科 (Polygonaceae)	*Fagopyrum esculentum* Moench	中国雲南省西北部
ダッタンソバ (韃靼蕎麦)、Kangra buckwheat	Tartary buckwheat, Kangra buckwheat	タデ科 (Polygonaceae)	*Fagopyrum tataricum* (L.) Gaertn.	中国南西部の山岳地帯
センニンコク	grain amaranth	ヒユ科 (Amaranthaceae)	*Amaranthus caudatus* L. (= *A. edulis* Spegazzini)	メキシコから南アメリカのアンデス
キノア	quinoa	アカザ科 (Chenopodiaceae)	*Chenopodium quinoa* Willd.	南アメリカのアンデス
2. マメ類	pulse crops, pulses			
ダイズ (大豆)	soybean	マメ科 (Leguminosae)	*Glycine max* (L.) Merr.	中国

ラッカセイ（落花生）	peanut, groundnut	マメ科 (Leguminosae)	Arachis hypogaea L.	南アメリカのアンデス
インゲンマメ、サイトウ（隠元豆、菜豆）	kidney bean, French bean	マメ科 (Leguminosae)	Phaseolus vulgaris L.	中央アメリカ、南アメリカのアンデス
アズキ（小豆）	adzuki (azuki) bean, small red bean	マメ科 (Leguminosae)	Vigna angularis (Willd.) Ohwi et Ohashi (= Phaseolus angularis L.)	東アジア
ライマメ	Lima bean, butter bean	マメ科 (Leguminosae)	Phaseolus lunatus L. (= P. limensis Macf.)	中央アメリカ、南アメリカ
ベニバナインゲン（紅花隠元）	scarlet runner bean, flower bean	マメ科 (Leguminosae)	Phaseolus coccineus L.	中央アメリカ
テパリービーン	tepary bean	マメ科 (Leguminosae)	Phaseolus acutifolius A. Gray var. latifolius Freem.	メキシコ
ソラマメ（蚕豆）	broad bean	マメ科 (Leguminosae)	Vicia faba L.	北アフリカの地中海沿岸域から西南アジアにかけての地域
エンドウ（豌豆）	pea, garden pea	マメ科 (Leguminosae)	Pisum sativum L.	ヨーロッパからアジア西部にかけての地域
ヒヨコマメ	chickpea, common gram	マメ科 (Leguminosae)	Cicer arietinum L.	中東地域
キマメ	pigeon pea, cajan pea	マメ科 (Leguminosae)	Cajanus cajan (L.) Millsp.	インド東部
ヒラマメ（扁豆）	lentil	マメ科 (Leguminosae)	Lens culinaris Medik. (= L. esculenta Moench)	南西アジア
ルーピン	lupin(e)	マメ科 (Leguminosae)	Lupinus spp. (p.108を参照)	北アフリカの地中海沿岸域
リョクトウ、ヤエナリ（緑豆）	mung bean, green gram	マメ科 (Leguminosae)	Vigna radiata (L.) R. Wilczek (= Phaseolus aureus Roxb.)	インド
ササゲ（豇豆、大角豆）	cowpea, southern pea	マメ科 (Leguminosae)	Vigna unguiculata (L.) Walp. (= V. sinensis Endl.)	西アフリカあるいは南アフリカあるいはエチオピア
バンバラマメ	bambara bean, bambarra groundnut	マメ科 (Leguminosae)	Vigna subterranea (L.) Verdc. (= Voandzeia subterranea (L.) Thouars)	西アフリカ
ケツルアズキ、ブラックマツペ（毛蔓小豆）	black gram, urd, black matpe	マメ科 (Leguminosae)	Vigna mungo (L.) Hepper (= Phaseolus mungo L.)	インド
モスビーン	moth bean, mat bean	マメ科 (Leguminosae)	Vigna aconitifolia (Jacq.) Maréchal (= Phaseolus aconitifolius Jacq.)	インド、パキスタン、ミャンマー
タケアズキ	rice bean	マメ科 (Leguminosae)	Vigna umbellata (Thunb.) Ohwi et Ohashi (= Phaseolus calcaratus Roxb.)	インド東部から中国南部、マレーシアにおよぶ地域
フジマメ（鵲豆）	lablab, hyacinth bean	マメ科 (Leguminosae)	Lablab purpureus (L.) Sweet (= Dolichos lablab L.)	アフリカの熱帯地域あるいはアジア
ホースグラム	horsegram	マメ科 (Leguminosae)	Macrotyloma uniflorum (Lam.) Verdc. (= Dolichos uniflorus Lam.)	アフリカあるいはアジアの熱帯地域
ゼオカルバマメ	geocarpa bean	マメ科 (Leguminosae)	Macrotyloma geocarpum (Harms) Maréchal et Baudet (= Kerstingiella geocarpa Harms)	アフリカのニジェール川中流域
ナタマメ（刀豆）	sword bean	マメ科 (Leguminosae)	Canavalia gladiata (Jacq.) DC.	アジア
タチナタマメ（立刀豆）	Jack bean	マメ科 (Leguminosae)	Canavalia ensiformis (L.) DC.	中央アメリカ
タマリンド	tamarind	マメ科 (Leguminosae)	Tamarindus indica L.	アジア、アフリカの熱帯サバンナ地域
ガラスマメ	grass pea, chickling vetch	マメ科 (Leguminosae)	Lathyrus sativus L.	南アフリカから西アジアにかけての地域
ハッショウマメ（八升豆）	Yokohama (velvet) bean	マメ科 (Leguminosae)	Mucuna pruriens (L.) DC. var. utilis (Wight) Burck (= Stizolobium hassjoo Piper et Tracy)	熱帯アジア
クラスタマメ	cluster bean, guar	マメ科 (Leguminosae)	Cyamopsis tetragonoloba (L.) Taub.	インドあるいはアフリカ

（次ページへ続く）

表 2-1 主要食用作物の名称と起源地（続き）

和 名	英 名	科	学 名	起源地
シカクマメ	winged bean, four-angled bean, goa bean, asparagus pea	マメ科 (Leguminosae)	*Psophocarpus tetragonolobus* (L.) DC.	熱帯アジアあるいはアフリカ
イナゴマメ	carob, locust bean	マメ科 (Leguminosae)	*Ceratonia siliqua* L.	アラビア
3. イモ類	**root and tuber crops**			
ジャガイモ	potato, Irish potato	ナス科 (Solanaceae)	*Solanum tuberosum* L.	ペルーからボリビアにかけてのアンデス高地
サツマイモ（薩摩芋）	sweet potato	ヒルガオ科 (Convolvulaceae)	*Ipomoea batatas* (L.) Lam.	中央アメリカあるいは南アメリカ
キャッサバ	cassava, manioc, tapioca plant	トウダイグサ科 (Euphorbiaceae)	*Manihot esculenta* Crantz (= *M. utilissima* Pohl)	熱帯アメリカ
タロイモ	taro, dasheen	サトイモ科 (Araceae)	*Colocasia esculenta* (L.) Schott var. *esculenta* Hubbard & Rehder	インド東部からインドシナ半島にかけての地域
サトイモ（里芋）	eddoe	サトイモ科 (Araceae)	*Colocasia esculenta* (L.) Schott var. *antiquorum* Hubbard & Rehder	インド東部からインドシナ半島にかけての地域
ナガイモ（薯蕷）	Chinese yam	ヤマノイモ科 (Dioscoreaceae)	*Dioscorea opposita* Thunb. (= *D. batatas* Decne.)	中国華南西部
ダイジョ（大薯）	greater yam, water yam, winged yam	ヤマノイモ科 (Dioscoreaceae)	*Dioscorea alata* L.	インドシナ半島
カシュウイモ	aerial yam	ヤマノイモ科 (Dioscoreaceae)	*Dioscorea bulbifera* L.	アジア, アフリカ
トゲドコロ	lesser yam	ヤマノイモ科 (Dioscoreaceae)	*Dioscorea esculenta* (Lour.) Burk.	アジア
ゴヨウドコロ	five-leaved yam	ヤマノイモ科 (Dioscoreaceae)	*Dioscorea pentaphylla* L.	アジア
アメリカサトイモ	yautia, tannia	サトイモ科 (Araceae)	*Xanthosoma sagittifolium* (L.) Schott	熱帯アメリカ, 西インド諸島
クズイモ	yam bean	マメ科 (Leguminosae)	*Pachyrhizus erosus* (L.) Urban	中央および南アメリカの熱帯地域
クズウコン（アロールート）	arrowroot, West Indian arrow root	クズウコン科 (Marantaceae)	*Maranta arundinacea* L.	南アメリカ北部および西インド諸島
ショクヨウカンナ	edible canna, purple arrowroot, Queensland arrowroot, achira	カンナ科 (Cannaceae)	*Canna edulis* Ker-Gawl.	南アメリカのアンデス
タシロイモ	East Indian arrowroot, Tahiti arrowroot	タシロイモ科 (Taccaceae)	*Tacca leontopetaloides* (L.) Kuntze (= *T. pinnatifida* Forst.)	東南アジア
アメリカホドイモ	potato bean, groundnut	マメ科 (Leguminosae)	*Apios americana* Medik.	北アメリカ
ヤーコン	yacon	キク科 (Asteraceae, Compositae)	*Smallanthus sonchifolius* (Poepp. et Endl) H. Robinson	南アメリカのアンデス
オカ	oca	カタバミ科 (Oxalidaceae)	*Oxalis tuberosa* Mol.	南アメリカのアンデス
ウルーコ	ulluco, papa lisas	ツルムラサキ科 (Basellaceae)	*Ullucus tuberosus* Caldas	南アメリカのアンデス
4. その他				
パンノキ	bread-fruit（種なし）, bread-nut（種あり）	クワ科 (Moraceae)	*Artocarpus communis* Forst.	ニューギニアからメラネシア地域
ナツメヤシ	date palm	ヤシ科 (Arecaceae, Palmae)	*Phoenix dactylifera* L.	メソポタミア付近
バナナ	banana	バショウ科 (Musaceae)	*Musa* × *paradisiaca* L.	東南アジア

表 2-2　主な作物の現在（2012 年）の収穫面積，生産量と主要生産国ならびに約 50 年間の生産量の増加

	作物種	収穫面積 （千 ha）	生産量 （千 t）	生産量 の増加	主要生産国
穀　類	イネ（籾）	162,317	738,188	3.1	中国，インド，インドネシア，バングラデシュ，ベトナム
	コムギ	217,320	671,497	2.9	中国，インド，アメリカ，フランス，ロシア
	オオムギ	49,573	133,507	1.6	ロシア，フランス，ドイツ，オーストラリア，カナダ
	ライムギ	5,332	14,616	0.4	ドイツ，ポーランド，ロシア，ベラルーシ，中国
	ライコムギ	3,660	13,690	－	ポーランド，フランス，ドイツ，ベラルーシ，ロシア
	エンバク	9,580	21,312	0.4	ロシア，カナダ，ポーランド，オーストラリア，フィンランド
	トウモロコシ	178,552	872,792	4.1	アメリカ，中国，ブラジル，インド，メキシコ
	モロコシ	38,158	57,030	1.3	メキシコ，ナイジェリア，アメリカ，インド，アルゼンチン
	ミレット	31,723	30,197	1.2	インド，ナイジェリア，ニジェール，マリ，中国
	ソバ	2,484	2,280	0.8	ロシア，中国，ウクライナ，フランス，ポーランド
マメ類	ダイズ	104,918	241,142	9.3	アメリカ，ブラジル，アルゼンチン，インド，中国
	インゲンマメ	29,318	23,918	2.0	ミャンマー，インド，ブラジル，中国，アメリカ
	ラッカセイ	24,591	40,475	2.7	中国，インド，ナイジェリア，アメリカ，ミャンマー
	ササゲ	11,129	5,706	6.0	ナイジェリア，ニジェール，ブルキナファソ，ミャンマー，タンザニア
	ソラマメ	2,545	4,457	0.8	中国，エチオピア，オーストラリア，フランス，イギリス
	エンドウ	6,769	10,401	1.0	カナダ，ロシア，中国，インド，フランス，
	ヒヨコマメ	12,345	11,613	1.6	インド，オーストラリア，トルコ，ミャンマー，エチオピア
	キマメ	5,604	4,318	2.3	インド，ミャンマー，マラウイ，タンザニア，ケニア
イモ類	ジャガイモ	19,279	365,365	1.4	中国，インド，ロシア，ウクライナ，アメリカ
	サツマイモ	8,110	108,004	1.0	中国，ナイジェリア，タンザニア，ウガンダ，インドネシア
	キャッサバ	20,821	269,126	3.5	ナイジェリア，タイ，インドネシア，ブラジル，コンゴ
	タロイモ	1,306	9,989	2.0	ナイジェリア，中国，カメルーン，ガーナ，パプアニューギニア
	ヤムイモ	5,043	59,520	6.5	ナイジェリア，ガーナ，コートジボワール，ベナン，エチオピア

ミレットには，ヒエ，シコクビエ，テフ，キビ，コドラ，トウジンビエ，アワが含まれる．インゲンマメには，インゲンマメ，ライマメ，アズキ，リョクトウ，ケツルアズキ，ベニバナインゲン，タケアズキ，モスビーン，テパリービーンが含まれる．タロイモには，タロイモ，サトイモが，ヤムイモには，*Dioscorea* 属のイモが含まれる．生産量の増加＝（2010，2011，2012 年の生産量の平均）／（1961，1962，1963 年の生産量の平均）

（FAOSTAT より作表）

約半分に栽培される（表 2-2）．

(3) その他の穀類

植物分類学上はイネ科以外に属するが，種子の胚乳にデンプンが含まれ，イネ科穀類と同じように利用される穀類である（表 2-1）．偽（擬）禾穀類（pseudocereals）とも呼ばれる．

3）マ　メ　類

すべてマメ科（Leguminosae または Fabaceae）に属する作物である．

(1) 収穫対象部位

食用対象とするのは主に子実（種子）であるが，マメ科作物の中には莢，葉，根などを食用とするものもある．種子は胚乳を持たず（無胚乳種子），大部分は子葉からなる．子実 100g 中の成分は，穀類に比べて，熱量には大きな違いはないが，タンパク質含量が高いと

いう共通の特徴がある．また，無機質やビタミン類にも富む．栄養成分量にはマメ類の種によって大きな違いがある．例えば，タンパク質含量は多くの種が20g前後であるが，ダイズは約35gと高い．脂質含量はラッカセイが40g以上で最も高く，次いでダイズが19g，そして他の大部分が5g以下である（日本食品標準成分表，2010）．一方，炭水化物は，インゲンマメ，エンドウ，ヒヨコマメなどタンパク質，脂質含量の低い種で50g以上と高い．このような違いは栄養価だけでなく，利用，加工のうえでも大切な特性となる．種子を利用する点で，穀類と同様に貯蔵性や輸送性に優れる．

マメ類は穀類に比べて，食用に供するときの剥皮や精白などの加工が比較的簡単である反面で，神経毒物質，タンパク質分解酵素阻害物質，赤血球凝集作用物質，シアン化合物などのいろいろな有害物質を含んでいるものが多い．しかし，これらの物質は調理のときの水浸や加熱，蒸煮，焙炒などで無毒化される．

(2) 生理生態的性質

マメ類の最も大きな特徴は，根粒菌と共生し，空気中の窒素（N_2）をアンモニア（NH_3）に還元した形で吸収利用できることである．このことによって，栽培に当たっては，窒素肥料が他の食用作物に比較してきわめて少なくて済むだけでなく，輪作（crop rotation）において重要な役割を果たす．

種子が収穫対象器官となるので，花の形成過程や開花，種子の形成過程で気象災害を受けやすい，収穫指数が低いことなど，穀類と共通した特徴を持つ．イネやコムギなどの主要なイネ科穀類に比較したときには，以下のような生理生態的特徴があげられる．

①開花した花器の多くが落花したり不稔莢になったりして，稔実しない．

②開花開始後も茎葉の成長が続き，栄養成長と生殖成長とが並行して続く期間が長い．栄養成長と生殖成長の重複期間が長いことは，同化産物をめぐっての栄養器官と生殖器官との競合を引き起こして，落花および落莢を多くする要因ともいわれている．開花期間が長いことは，1時期の気象災害の影響を緩和することにもなる．

③葉身の傾斜角度が小さく，個体群の吸光係数（extention coefficient）が大きい．しかし，葉が太陽光の方向や強さに応じて角度をかえる調位運動をするものが多く，そのことによって葉群の受光効率が改善されると考えられている．

④子実はタンパク質や脂質含量が多いため，グルコース要求量（作物体内成分1g合成するのに消費される炭水化物をグルコース量で示した値）が大きく，同じ量の光合成産物が得られても，子実収量は低くなる（ダイズ，ラッカセイでは20〜40％低くなる）．

4）イ モ 類

(1) 収穫対象部位

イモ類は，地下部の肥大した栄養器官にデンプンを主体とする炭水化物を貯える作物の総称である．植物分類学的にはいろいろな科に属する植物が含まれる（表2-1）．いもとなる器官は種によって異なり，サツマイモやキャッサバは塊根（tuberous root），ジャガイモ，

タロイモは塊茎（tuber）である．ヤムイモは根と茎の中間的性質を持つ．

　いもの100g中の成分をイネ科穀類と比較すると，タンパク質は少ないが，無機質（カルシウム，ナトリウム）に富み，ビタミンCを含有している点に特徴がある（日本食品標準成分表，2010）．また，水分が多いので（65％以上），穀類やマメ類に比べると一般に貯蔵性が低い．イモ類には色，香り，味や人間に対して生理作用のある特殊成分を持つものが多い．これらは煮たり，水にさらしたりすると，除いたり，舌に感じなくすることができる．

(2) **生理生態的性質**

　イモ類は，栄養器官が収穫対象であるとともに，栽培では栄養器官が植え付けられることが特色である．収穫対象となる栄養器官の形成や発育においては，穀類やマメ類におけるような危険な時期を持たない．そして，これに加えて地上環境に比較してはるかに温和な地下の環境条件で成長することから，イモ類は気象条件の変動による影響を受けにくく，収量が安定しているという特徴がある．さらに，収穫対象の地下栄養器官（いも）が，生育の比較的早い時期に，光合成産物のシンクとして肥大を開始し，穀類やマメ類の子実に比較して，長期間成長を続ける．このことによって，イモ類の収穫指数が他の作物と比較して高くなる（0.6～0.8）．また，ジャガイモやサツマイモなどのイモ類の乾物生産の特徴を，イネやコムギと比較すると次のように整理できる．イモ類の葉の光合成速度（葉面積当たり）は必ずしも高くなく，イネ科穀類に比較すると個体群吸光係数は大きく，受光態勢は劣る．また，葉面積指数（leaf area index，LAI）の最大値も一般に低い．このことから，個体群成長速度（crop growth rate，CGR）の最大値もイネ科穀類に劣る．しかし，比較的高いLAIを長期間維持することによって，CGRも長期間比較的高く維持され，その結果として高い総乾物生産量をあげ得る．このような収穫対象器官の成長特性，乾物生産特性によって，イモ類は栽培管理が良好な場合には，非常に高い収量をあげ得ることが，多収事例からも示されている．

5) **食用作物の地域性**

　穀類，マメ類，イモ類は世界のいろいろな大陸で起源し，それぞれの中に温帯や熱帯のいろいろな条件に生育する種がある（表2-1）．そして，それぞれに食物としての栄養面や生理生態的性質に異なる特徴がある．人間は古くから，これらの作物の特徴をうまく取り入れて，農業を発展させ，文化を形成してきた．特に，マメ類は，タンパク質，脂質含有量が高いという栄養面と，根粒菌と共生するという栽培面の両面で他の作物にない特徴があることから，イネ科穀類，イモ類と結び付いた形で栽培および利用され，種々の農耕文化の形成，発展に寄与したと考えられている．

　表2-2に現在（2012年）の穀類，マメ類，イモ類における主な作物の生産量と主要生産国を示した．かつての農耕文化を支えていた作物は，いずれも現在でもその地域や周辺地域の重要な作物であり続けている．併せて人の交流，あるいは人の移住に伴って起源地から遠く離れたところに導入され，定着して重要な作物となっているものも多い．貿易を目的に，近年になって新たに導入され，地域の主要な作物となっているものもある．

6）世界における食用作物の生産量と推移

現在（2012年）の穀類，マメ類，イモ類の生産量は，それぞれ約25億7,000万t，3億5,000万t，8億2,000万tで，穀類の生産量が全体の約70％を占める．特に世界の3大作物といわれるイネ，コムギ，トウモロコシの生産量は合計すると穀類の生産量の90％近くを占めている（表2-2）．作物の中には，食用作物としての用途に加えて，他の用途に多く用いられているものもある．例えば，トウモロコシは家畜の飼料（飼料作物）や工業原料（工芸作物）として多く使用されており，中でも現在はエタノール用の栽培が増えている．マメ類で生産量の多いダイズやラッカセイの大部分は油料として栽培される．

穀類，マメ類，イモ類の生産量は約50年間にそれぞれ，約2.8倍，4.3倍，1.7倍に増加した（図2-1）．増加量は穀類が著しく大きい．また，マメ類の大きな増加率は，主として1970年代以降のダイズの生産量の増加によっており，特に最近20年間の増加が著しい（表2-2）．他に，ラッカセイも同様に最近20年間の増加が大きく，熱帯での栽培の多いササゲ，キマメなどは最近30年間の増加が大きい．イモ類の生産量の増加程度は，穀類，マメ類ほど大きくはないが，最近20年間の増加が顕著で，特にキャッサバとヤムイモの増加が大きい．生産量の増加の仕方にも作物によって特徴があり，生産量の増加はイネ，コムギ，トウモロコシは主として単位面積当たりの収量（以下単に収量）の増加によっているのに

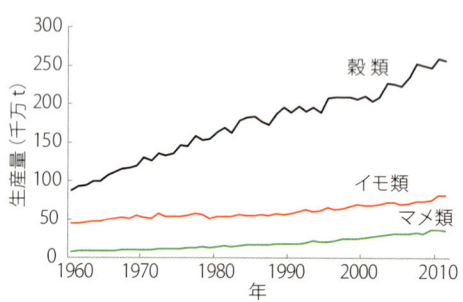

図2-1 世界における穀類，マメ類，イモ類の生産量の推移
マメ類にはダイズおよびラッカセイを加えた．
（FAOSTATより作図）

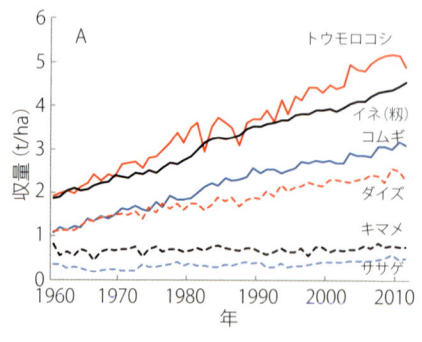
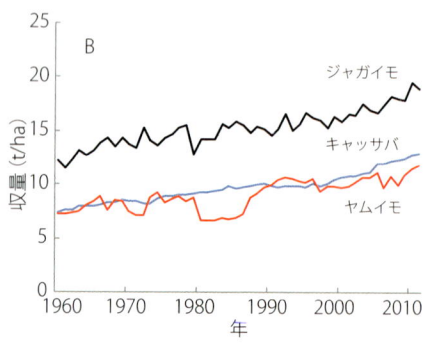

図2-2 生産量が大きく増加した主な作物の収量の推移
（FAOSTATより作図）

対して，ダイズ，ササゲ，キマメ，キャッサバ，ヤムイモは収量も増加しているが，生産量の増加には栽培面積の増加の寄与がより大きい（図 2-2）．

7）日本の食用作物の生産量と推移

日本で現在（2013 年）生産されている食用作物は表 2-3 の通りである．食料自給率（供給熱量ベース）は 39％（2012 年）で，1965 年の 73％と比較して大きく低下した．栽培される作物の生産量はこの 40 ～ 50 年間に多くが著しく低下し，ほとんど栽培されなくなった作物もある．政府は食料の安定供給を図るため，「食料・農業・農村基本計画」（2010 年）において，食料自給率を 2020 年までに供給熱量ベースで 50％に引き上げることとしている．本基本計画では，2020 年の主な作物の生産量の目標値を，イネは 975 万 t（うち米 855 万 t，米粉用米 50 万 t，飼料用米 70 万 t），コムギは 180 万 t，サツマイモは 103 万 t，ジャガイモは 290 万 t，ダイズは 60 万 t とし，食用作物と飼料作物の生産量を大きく増加させることが示されている．

8）これまでとこれからの食用作物生産
(1) 収　　量

今世紀は世界人口の増加に伴って作物の需要がいっそう大きく増加すると予想される．耕

表 2-3　日本で生産されている主な食用作物の生産量と生産地（2013 年）

作物名	生産量 （千 t）	作付面積 （千 ha）	収量 （kg/10a）	主な生産地（割合，%）
水　稲	8,603.0	1597.0	539	新潟県（7.7），北海道（7.3），秋田県（6.2），山形県（4.8），茨城県（4.8）
陸　稲	4.3	1.7	249	茨城県（69.5），栃木県（25.9），千葉県（1.8），群馬県（0.6），埼玉県（0.5）
コムギ	811.7	210.2	386	北海道（65.5），福岡県（6.2），佐賀県（3.6），群馬県（3.1），愛知県（2.7）
二条オオムギ	116.6	37.5	311	栃木県（31.3），佐賀県（22.6），福岡県（13.9），岡山県（6.2），群馬県（4.6）
六条オオムギ	51.5	16.9	305	福井県（30.3），富山県（19.0），茨城県（10.5），栃木県（9.9），石川県（6.2）
ハダカムギ	14.7	5.0	293	愛媛県（31.4），香川県（23.7），大分県（20.1），福岡県（8.4），滋賀県（3.9）
ソバ	33.4	61.4	54	北海道（45.2），長野県（8.0），茨城県（6.4），福島県（5.4），山形県（5.3）
ダイズ	199.9	128.8	155	北海道（30.7），佐賀県（8.0），宮城県（7.1），福岡県（6.5），滋賀県（4.2）
アズキ	68.0	32.3	211	北海道（93.7），兵庫県（0.6），京都府（0.4），滋賀県（0.1）
インゲンマメ	15.3	9.1	168	北海道（95.4）
ラッカセイ	16.2	7.0	232	千葉県（78.4），茨城県（12.3）
ジャガイモ （春植え）	2,360.0	76.9	3,070	北海道（79.5），長崎県（3.5），鹿児島県（3.3），茨城県（1.8），千葉県（1.2）
サツマイモ	942.3	38.6	2,440	鹿児島県（39.7），茨城県（19.2），千葉県（11.7），宮崎県（10.0），徳島県（3.0）

ハダカムギは六条裸麦（オオムギ）．割合は総生産量に対する割合．　　　　　　　　（農林水産省）

地面積の大きな拡大は望めないので，需要を満たす作物生産は，収量の増加によって達成していく必要があるとされている．

　この半世紀の間に収量が著しく増加した作物に，イネ，コムギ，トウモロコシがあげられる．イネとコムギでは，1960年代から1980年代にかけて世界の平均収量が大きく増加した．この期間の発展途上国での収量の大きな増加は「緑の革命」と呼ばれている．日本ではこれに先がけて第二次世界大戦後の約20年間に水稲の収量が大きく増加し，この実績はアジアにおけるイネの収量の増加の基礎となった．収量の増加は，短稈で倒伏しにくく，耐肥性の強い品種が開発されたことと，施肥量の増加など，開発された品種の特性を発揮させることのできる栽培法とが合わさって実現した．作物の生理生態から見ると，収量の増加要因は窒素肥料を多施用しても，耐肥性品種は受光態勢が劣ったり，倒伏したりすることなく，特に登熟期の葉の光合成を高め，個体群で生産された乾物が効率よく子実に蓄積される特徴があった．その結果，収穫指数が格段に増加した．

　トウモロコシでは，雑種強勢を利用した生育の旺盛なF_1品種の開発，普及が大きな収量増加の契機となった．トウモロコシでは収量の増加は収穫指数よりもむしろ総乾物生産量の増加によるといわれており，収量は1980年代を除くと，現在まで1960年代，1970年代の増加速度が維持されている（図2-2）．一方，イネ，コムギでは，1990年代以降は収量の増加に鈍化傾向が見られている．収穫指数は今日の品種では上限に近付いているため，今後の収量の増加にはさらなる短稈化による収穫指数の増加よりも，総乾物生産量を増加させていく方策を見出していく必要があると考えられている．

　多くの作物の収量の増加はイネ，コムギ，トウモロコシほどには顕著でなく，ほとんど増加していない作物もある．生育や生理生態的特性の解明とこれに基づく多収品種の育成や栽培技術の改善を図っていくことが今後必要になるものと考えられる．

(2) 品　　質

　作物の生産においては，収量とともに品質を確保すること，さらには品質を向上させつつ，収量を高めていくことが重要となる．例えば，日本においては外観品質に加えて炊飯米の食味，コムギやダイズでは加工適性や製品の品質などに消費者や実需者の求めがあり，これにかなった収穫物が得られる品種の育成や栽培技術の改善が求められている．

(3) 持続的生産

　イネ，コムギ，トウモロコシをはじめとするいろいろな作物において，収量の増加は施肥量の増加に加えて，灌漑施設の整備，病害虫防除の徹底などが伴って達成されてきた．このような作物栽培における肥料や農薬の多投入に伴って，地下水や湖沼などの汚染，肥料資源の枯渇，灌漑水汲上げによる地下水位の低下，不適切な灌漑による表土の塩類集積，不適切な栽培管理による土壌侵食など，いろいろな問題が顕在化してきた．持続的あるいは環境保全型といわれるこれまでとは別のやり方で，いろいろな作物の収量の増加や品質の確保，向上を達成していくことが，そしてこれに向けた栽培法や作物の改良が求められている．

1. 穀類

1) イネ（英名：rice，学名：*Oryza sativa*）

イネ科（Poaceae（または Gramineae））の草本植物で，染色体数は $2n=2x=24$ である．近縁のアフリカイネ *Oryza glaberrima* と区別するため，アジアイネと呼ぶこともある（図 2-3）．インド型（*indica*）と日本型（*japonica*）の 2 つの亜種からなるが，両者の交雑に由来すると考えられる中間的な在来品種群も多く存在する．穎果を精製した胚乳部分である米は良質の炭水化物に富む上に約 7～10％のタンパク質を含み，貯蔵性に優れ加工性に富むなど，食品として多くの優れた特徴を備えている．アジアの主食穀物であり，アフリカ，南アメリカでも基幹的な食料とされる．最近では，アメリカやヨーロッパにおいても，栄養バランスのよさ，アジア系移民の増加などにより，その消費は大きく伸びている．米から摂取するカロリーは，世界の

図 2-3 イネ
（写真提供：大川泰一郎氏）

人類が 1 日に消費する 1 人当たり総カロリーの約 19％にも達し，タンパク質は総摂取量の約 13％に達する．このように，米は人類の生存にとって不可欠な食料であり，わが国でも年間 900 万 t あまりが消費される最重要食料である．

また，イネは主要穀物の中では，唯一湛水下でも栽培が可能な作物である．浮稲のように水深が数 m のところから，陸稲のように降雨が非常に少ないところまで広い水環境下で，また，熱帯から北緯 50°以上に位置するハンガリーにわたる多様な温度環境下で栽培が可能である．

(1) 来歴と生産状況

a．起源と伝播

栽培イネの祖先野生種は，アジアからオーストラリアにかけて広く分布する *O. rufipogon* であるが，栽培化された地域は今なお十分にはわかっていない．かつては栽培品種に見られる遺伝的多様性に基づき雲南・アッサム地域が起源地であるとされたが，現在では，この地域における多様性はインド型と日本型の交雑，さらにはそれらと *O. rufipogon* との交雑の結果生じたもので，イネの栽培化との直接の関係はないとされる．一方，近年の考古学的調査によって，約 1 万年前から日本型が中国の長江下流域で栽培されていたことが判明し，少なくとも日本型についてはこの地域が起源地とされている．インド型の起源については，日本型との関連（日本型とインド型はそれぞれ独立に *O. rufipogon* から栽培化されたのではないかともいわれている）をも含めて，よくわかっていない．インドから中東，北アフリカへ

図 2-4 アジアイネ（左：品種 'Moroberekan'）とアフリカイネ（右：系統，W0025）の穎果

アジアイネの穎果には普通，毛（ふ毛）があるのに対して，アフリカイネの穎果は常に無毛．（写真提供：根本圭介氏）

の伝播は約 3,000 年前とされ，その一部が 8 世紀頃に南ヨーロッパに達した．マダガスカルへは東南アジアから島嶼伝いに直接伝播したとされる．南アメリカや西アフリカへはヨーロッパ経由で，アメリカへはマダガスカルを経由して伝播した．日本では，縄文時代の遺跡からイネのプラントオパール（植物細胞由来の珪酸体結晶）が出土しているが，本格的な水田稲作が始まったのは弥生時代からである．

b．生産状況

近年の世界のイネ収穫面積は約 1 億 6,100 万 ha，生産量は約 7 億 100 万 t である．トウモロコシやオオムギに比べて人間の食料に利用される割合が高く，食用作物の中でもコムギとともに世界で最も多くの人に利用される作物である．加えて，地域や民俗によって品質に関する嗜好がさまざまであるうえに，籾や玄米，パーボイルドライスなど流通形態も異なることから，生産された米の多くは自国内で消費され，国際市場に出回る量は世界の総生産量の数％に過ぎない．

　主たる栽培地はアジアであり，世界全体のイネの収穫面積，生産量の約 90％をアジアが占めている．国別の生産量では中国が最も多く，次いでインド，インドネシアである．最近，人口増加の著しい南アメリカ，アフリカでも稲作への関心が高まり，栽培面積も増えている．南アメリカ，特にブラジルやアフリカ諸国に多く見られる陸稲は，収量は低いが，全稲作面積の 15％以上を占めている．近年，水資源の枯渇の影響で節水栽培としての陸稲栽培への関心が高まりつつある．

　わが国では，第二次世界大戦後，化学肥料，農薬の開発や機械化などによって水稲の生産技術が急激に進歩し，高い水田基盤整備率を達成した．この結果，水稲の生産量は急増し，1967 年には史上最高の 1,426 万 t を記録し，作付面積は 1969 年に 317 万 ha と最高値を示した．しかし，食生活の欧米化，人口増加率の低下などにより米消費が低下して米が生産過剰となり，1970 年以後は本格的な生産調整が実施され，作付面積は毎年のように減少している．2012 年の作付面積は 158 万 ha，収穫量は 852 万 t である．このような状況でも，収量はオーストラリア，アメリカなどに次いで高く，平均玄米収量は 10a 当たり 500kg を超えている．陸稲は茨城県，栃木県など関東・東山地方を除いてほとんど姿を消し，全稲作に対し，作付面積は 0.1％，収穫量ではわずか 0.04％に過ぎず，陸稲平均収量は 10a 当たり 240kg であり，水稲収量より著しく少ない．

(2) 形態，成長と発育
a．形　　態

①穎果　食糧として重要な部分である玄米（brown rice）は，植物学的には穎果（caryopsis）と呼ばれる果実である．果皮（pericarp）の下に種皮（seed coat, testa）があり，その内部に種子を構成する胚（embryo）と胚乳（endosperm）とがある（図2-5）．玄米は果肉となるべき子房壁が退化している．胚乳の最外層には，タンパク質および脂肪の含量が高い糊粉層（aleurone layer）と呼ばれる1～2層の細胞層がある．糊粉層から内側の胚乳組織は，発達したアミロプラストを有するデンプン貯蔵細胞からなる．胚は玄米基部外穎側にあり，幼芽（2～3枚の本葉と，それを包む鞘葉とからなる），幼根（根鞘によって保護された種子根からなる），両者をつなぐ中胚軸および胚盤とからなる．胚盤は，発芽に際して可溶化された胚乳養分の吸収・移送組織として働く．

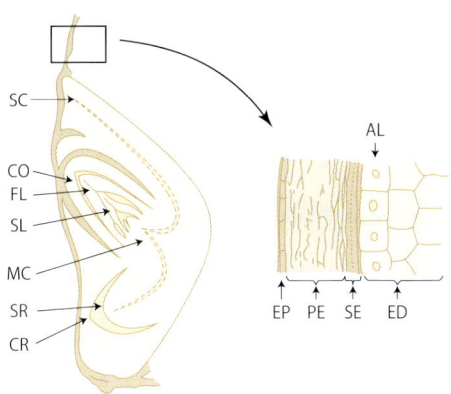

図2-5　イネ種子の内部形態
左：胚，右：果皮および胚乳．SC：胚盤，CO：鞘葉，FL：第1本葉，SL：第2本葉，MC：胚軸，SR：種子根，CR：根鞘，EP：表皮，PE：果皮，SE：種皮，AL：糊粉層，ED：胚乳組織．（星川清親，1975）

②茎，葉，分げつ　茎は節（node）および節間（internode）とからなる．栄養成長期においては節間はきわめて短い（不伸長茎部）．生殖成長期に入ると幼穂の発達に伴って上位4～5節の節間が伸長する（伸長茎部）．伸長茎部の節間内部は髄腔と呼ばれる大きな空隙が発達する．

葉は葉身（leaf blade）と葉鞘（leaf sheath）からなる．第1本葉は葉身が微小のため，不完全葉と呼ぶこともある．主茎には通常13～17枚の葉が1/2の葉序で互生する．葉身と葉鞘の境界部分は葉関節（lamina joint）と呼ばれ，ここで葉身角度の調節が行われる．葉関節には葉耳（auricle）と葉舌（ligule）がある．

分げつ（tiller）は葉腋（leaf axil）の側芽（lateral bud）が成長したもので，主茎から発生した1次分げつ，これから発生した2次分げつからなり，条件がよいと3次分げつも発生する．

③根　イネの根群は，1本の種子根（seminal root）と節から発根する冠根（crown root）よりなる．鞘葉節から発根する冠根は5～6本であるが，節位の上昇につれて節が大きくなり冠根数も増加する．1節当たり20～25本発生する節もある．イネの根群は，本田初期には土壌表層を横に張り，生育が進むに伴って下方向に張っていく．高位節から出た根は再び土壌表層を横方向に伸び，いわゆる「うわ根」を形成する．イネの最も大きな特徴である高い耐湿性は，酸素の拡散を容易にする通気組織（aerenchyma）が葉の先端から根の先端までよく発達していることによっている．

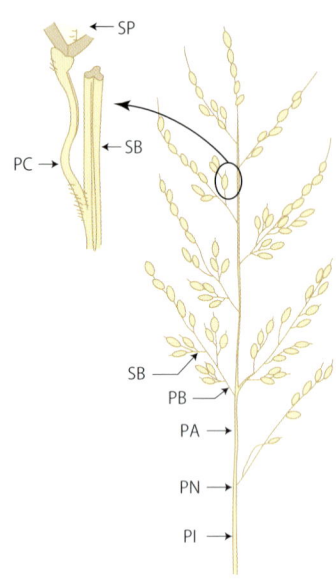

図2-6 穂の形態
PI：穂首，PN：穂首節，PA：穂軸，PB：第1次枝梗，SB：第2次枝梗，PC：小枝梗，SP：小穂．（星川清親，1975）

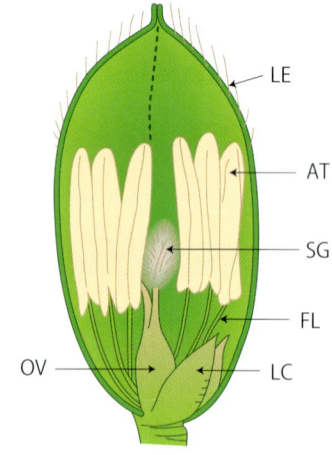

図2-7 穎花の内部構造
LE：外穎，AT：葯，FL：花糸，LC：鱗皮，SG：柱頭，OV：子房．（星川清親，1975）

④穂および小花（穎花）　穂首節より上の部分を穂（panicle, ear）と呼び，イネは複総状花序である．穂軸（rachis）には10～14の節があり，その各節から1次枝梗が発生する．さらに，1次枝梗基部の1～3節からは2次枝梗が発生する（図2-6）．そして，1次枝梗先端の数節と2次枝梗基部の各節に小枝梗が着き，その先端の副護穎上に小穂（spikelet）が着生する．小穂は小穂軸とこれに着生する1つの小花（floret）および1対の護穎とからなる．小花は内穎と外穎に包まれているため穎果と呼ばれる．外穎は内穎よりやや大きく，先端が細長く伸びて芒となることもある．小花の内側には2片の鱗皮，6本の雄ずい（stamen）および1個の子房がある（図2-7）．イネの籾は，籾殻（稃ともいう）と玄米とからなる．

b. 成長と発育

①発芽期　収穫直後のイネの種籾は休眠（dormancy）するが，休眠の程度は品種によって異なる．休眠が弱い品種は，秋の長雨により圃場で立毛のまま穂発芽を起こす場合があり，品質低下を招く．一方，休眠の深い種子でも50℃前後で4～5日置くと休眠が打破される．秋に収穫した籾を春に播種するわが国の栽培では，冬季の間に自然に休眠は打破され，休眠が発芽（germination）に際して実用上問題となることは少ない．

②分げつ期　イネの苗は，4～5日周期で出葉を繰り返しながら成長していく．分げつの出現と母茎の出葉との間には，主茎第n葉の出葉と同時に，主茎第(n－3)葉の葉腋の分げつが出現するという，規則的な関係がある．この規則性を「同伸葉同伸分げつ理論」と呼ぶ．

しかし，実際にはすべての葉腋の側芽が成長するわけではなく，個体群内の茎数が増加するに伴って，出現することなく休眠する側芽の割合が高くなっていく．さらに，出現した分げつの中には出穂前に枯死する分げつもあるため，個体群内の茎数増加は頭打ち（この時期を最高分げつ期（maximum tiller number stage）と呼ぶ）となり，やがて減少に転じる．出穂前に枯死する分げつを無効分げつと呼び，穂を着けた有効分げつと区別する．全分げつ数に対する有効分げつ数の比を有効茎歩合と呼ぶ．本田移植から最高分げつ期までの日数は栽培条件により変動し，通常，寒地で長く，窒素施用量が多いと長くなる．寒地では，最高分げつ期のあとすぐに幼穂形成を始めるが，暖地では幼穂形成に入るまでに一定期間の栄養成長停滞期（vegetative lag phase, lag期ともいう）が見られる．幼穂形成が始まると，出穂間隔は7〜8日と長くなる．

③**幼穂の形成**　茎頂部では止葉が分化し終わると，苞原基が分化し，幼穂分化を迎える．幼穂分化が開始するまでの期間を栄養成長期，幼穂分化以後の期間を生殖成長期という．苞原基分化は出穂前30〜35日に起こり，上（止葉）から4番目の葉の葉身が抽出を始める時期に当たる．この苞原基の分化に続いて，1次枝梗が穂軸基部より先端部に向かって分化し，約4日間ですべて分化し終える．これで穂の基本骨格が完成する．このときに，穂は約1mmの長さとなり，肉眼でも確認することができる．この苞原基の分化から穂の基本骨格が完成するまでの時期を，特に幼穂形成期（panicle formation stage）と呼ぶことがある（表2-4）．出穂前22〜24日になると，各枝梗上に小枝梗，その先端に小穂が分化する（穎花分化期）．その後約8日かかって，雌ずい（pistil）や雄ずいなどの穎花の基本構造が完成し，花粉形成期に移る．花粉母細胞の形成から減数分裂期（meiosis stage）を経て，花粉の成熟に至る花粉形成の期間は約7日間である（表2-4）．さらに出穂までの約1週間の花粉の成熟期間を経て開花を迎える．幼穂は，幼穂形成初期には茎の基部にあり，多くの場合水面下にある．幼穂の発達に伴って茎の節間が伸長するため徐々に上昇し，出穂前6〜7日目には止葉葉鞘部が膨らんで見えるようになる．この時期を穂ばらみ期（booting time）と呼ぶ．イネ個体が，前記のような穂の発達過程のどの段階にあるかを知ることは栽培管理上あるいは災害回避上，きわめて重要である．

④**茎（稈）の伸長と出穂および開花**　幼穂の発達に伴って，上位4〜5節の節間が急速に伸長する．この伸長は，それぞれの節間に介在分裂組織が分化し，活発な細胞分裂と細胞伸長が起こることによって引き起こされる．これを節間伸長と呼ぶ．節間の伸長は上位の節間ほど大きく，特に出穂（heading）には穂首節直下の節間の急激な伸長が大きく寄与する．

表2-4　穂の発達過程

発育段階	各段階移行日 (出穂前〜日)	継続期間 (日)	抽出葉葉位 (上から数えた)	穂長 (mm)
苞分化期	32.6	3.0	4	
枝梗分化期	29.6	6.5	3	
穎花分化期	23.1	8.4	2	1〜15
花粉母細胞分化期	14.7	1.8	止葉	15〜50
減数分裂期	12.9	1.8		50〜200
花粉外膜形成期	11.1	4.1		完全長
花粉成熟期	7.0	7.0		完全長

（松島省三，1970）

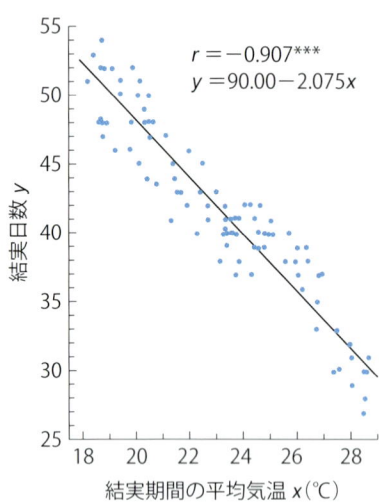

図2-8 結実期間の平均気温と結実日数との関係
1点は1品種を示す．(山川 寛，1962)

開花 (flowering) 以後は，節間はほとんど伸長しない．

出穂と同時に，穎花は開花，受粉 (pollination) を行う．開花は午前9時頃より午後早くまでの間に起こり，まず外穎の内側にある鱗皮の吸水膨潤によって外穎が押し広げられる．開穎前よりすでに花糸 (filament) の急速な伸長が穎内部で始まっており，開穎と同時に受粉が行われる．花粉 (pollen) は柱頭 (stigma) 上で発芽し，花粉管 (pollen tube) が伸長して受精する．条件のよいときには，受粉後5～6時間で受精を完了する．イネの他家受粉率は低く，一般には1%前後である．

開花は1本の穂の中では先端の枝梗から始まる．1枝梗内ではまず最先端の小花から開花し，続いて基部の小花から先端に向かって次々に開花する．1本の穂のすべての小花が開花するには，約1週間かかる．1つの個体群では，出穂を開始してからすべての小花が受精 (fertilization) を完了するのに約2週間を要する．

⑤ **穎果の成長**　受精後，子房 (ovary) は出穂前に茎，葉鞘に一時貯蔵されているデンプンなどの非構造性炭水化物や可溶性タンパク質などの転流物質および上位葉の光合成によって固定される光合成産物を基質として肥大し，穎果を形成する．穎果はまず縦方向に伸長し，その後幅，次いで厚みが増加する．粒の大きさが最大に達し，内部に乳状の炭水化物が蓄積する乳熟期，糊状になった糊熟期を経て完熟期に至り収穫する．出穂から成熟までの期間，すなわち登熟期間は温度に大きく影響され，高温下ほど短くなる（図2-8）．

(3) **生理生態的性質**

a．**イネの生理的特性**

イネはC_3植物で，個葉の光合成速度は，最大太陽光強度の50～60%で光飽和し，通常の大気CO_2濃度条

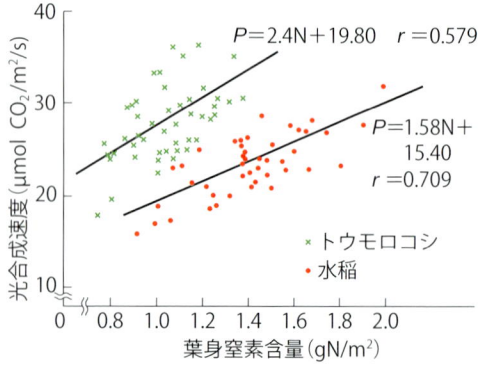

図2-9 水稲，トウモロコシにおける葉身窒素含量と光合成速度の関係
水稲，生育中期の材料50品種．トウモロコシ，絹糸抽出期にある材料．親4品種とその雑種．(秋田重誠，1980)

件では CO_2 飽和していない．光合成速度の最適温度は冬型作物より高く，25～30℃を中心に広い範囲にある．C_4 植物に比べると，葉身窒素含量当たりの光合成速度が低く（窒素利用効率が低く，図2-9)，要水量が大きいなどの特徴を示す．また，強い耐湿性やアンモニア耐性を持つなど湿生植物としての生理的特徴を備えている他，ケイ酸を多量に集積するなどの栄養生理的特徴を持っている．

b．発芽および出芽の生理

発芽時の栄養器官の成長素材，あるいは呼吸基質は，胚乳から供給される．すなわち，胚乳中のデンプンは，胚または糊粉層で合成されるアミラーゼにより可溶性の糖に変換され，成長あるいは呼吸に利用される．胚乳養分が完全に消費され，植物体が独立栄養に移行するのは，第4葉抽出時である．

発芽にはさまざまな環境要因が関与するが，最も重要な要因は水分である．イネの種籾は15％前後の含水率になると胚が活動を開始し，25～26％となって発芽する．一般に，種子の吸水は，急速な吸水段階を経てある定常状態に達したのち，胚の成長に伴う急速な吸水が起こる（図2-10)．温度もまた重要な要因である．イネでは，発芽開始までの時間は30℃で約30時間，20℃では80時間前後である．また，発芽最高温度は約40℃，最適温度は約30℃，最低温度は約10℃である．低温側での発芽時間が短いことを低温発芽性が高いといい，日本型品種はインド型品種より高く，早生品種は晩生品種より，そして陸稲が水稲より高い．特に，高緯度地帯での直播栽培では，品種選択の重要な基準となる．

酸素も発芽に大きく影響を及ぼす．低酸素下では発芽しにくい作物が多いが，イネは低酸素下で発芽が可能であり，湛水で，しかも土壌中という還元条件に置かれても多くの品種が発芽する．こうした条件下では，発芽してから酸素濃度の高い大気に到達するまで，幼根と本葉はほとんど成長せずに鞘葉のみが急速に伸長成長する．この鞘葉の急伸長に必要なエネルギーは無酸素呼吸から供給されている．鞘葉（coleoptile）が水面上に抽出すると，空気中の酸素が体内の通気組織を通じて各部に拡散して好気呼吸が起こり，本葉と幼根も急速な成長を開始する．発芽後土中から水面上に鞘葉が到達する出芽過程をいかに短時間で通過するかが，湛水直播栽培などにおいては重要となる．鞘葉の伸長速度には大きな品種間差がある．一方，陸稲の栽培や乾田直播栽培のように，畑状態で土中から出芽する場合には，酸素呼吸が可能であるため鞘葉の伸長はこれほど顕著ではなく，かわりに鞘葉の下位に位置する中胚軸の伸長が顕著となる場合が多い．

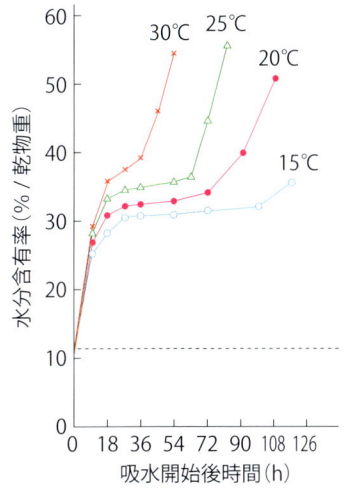

図2-10 種子の吸水過程
(Takahashi, N., 1961)

表 2-5 作物の太陽エネルギー利用効率

	Y_{biol} (t/ha)	CGR (g/m²/日)	E_u (％)	生育期間を通じてのE_u(％)
水　稲	18.6	30.1	2.91	1.25
ダイズ	8.7	20.0	3.00	0.73
トウモロコシ	20.3	40.4	4.23	1.36
テンサイ	20.0	26.2	3.61	1.32

一生を通じての成長量(積算エネルギー固定量,Y_{biol}),1 日当たり成長速度(CGR),太陽エネルギー利用効率(与えられた太陽エネルギー量に対する成長量をエネルギー変換した値の割合,E_u)について,わが国数個所で行われた測定結果のうち各年度の最高値をとり,これらの 4 年間の平均値で表示.(JIBP, 1967〜1970)

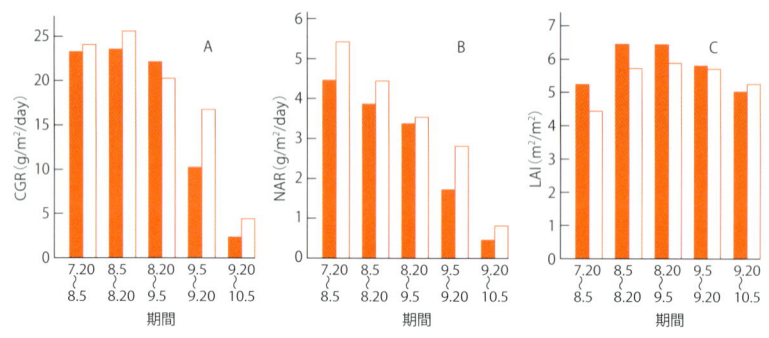

図2-11　成長解析の例
水稲における個体群成長速度(CGR),純同化率(NAR),葉面積指数(LAI)の比較. ■：'日本晴', □：'アケノホシ'.(蒋　才忠ら,1988)

c．物質生産の生理生態

　作物の生育期間における乾燥重量で示した 1 日当たり,単位土地面積当たりの個体群の成長量を個体群成長速度(crop growth rate, CGR)という.CGR は乾燥重量で示した成長曲線の各生育時期に対応した微分値でもあり,成長の初期は小さく,中期に最も高くなり,出穂以後は再び低下するのが一般的である.多くのイネ栽培では CGR の最大値は約 30g/m²/日であり,他の C_3 植物に較べて大きい(表 2-5).CGR は,個体群の単位土地面積当たりの総葉面積を表す葉面積指数(leaf area index, LAI)と純同化率(net assimilation rate, NAR；単位葉面積および 1 日当たりの乾物増加量)の積と考えることができる(図 2-11).NAR には個体群構造と個体群を構成する個葉光合成速度が影響する.以下,イネの生育期間における CGR と CGR に関わる要素について述べる.

　①**葉面積の拡大と受光率**　　移植水稲の個体群においては,移植後から LAI の増加とともに光エネルギーの吸収量が増加するため,CGR も増加する.高い CGR を実現するには,光エネルギーを十分に吸収できる高い LAI にできるだけ早く到達し,受光率を高めることが重要となる.草冠が閉じるまでは LAI の増加とともに受光率が直線的に上昇する.受光率が最大に達すると,LAI がさらに増加しても CGR はほとんど増加せずに一定となる.このとき

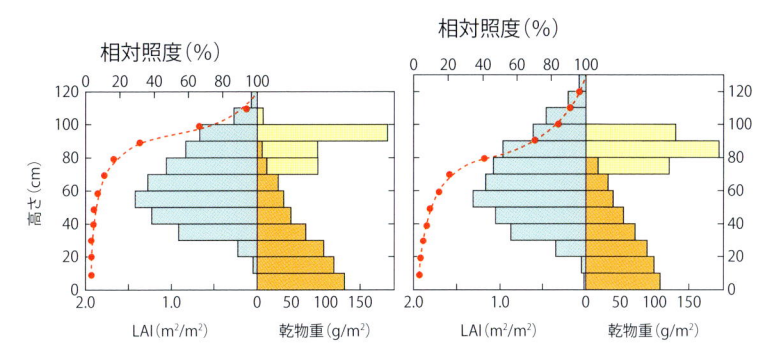

図2-12 登熟期における水稲品種間の個体群構造の比較
左：'日本晴'，右：'密陽 23 号'．(齊藤邦行ら，1990)

の LAI を限界葉面積指数（critical LAI）と呼ぶ．受光率が最大に達し，CGR が最大になったのち，さらに LAI が増加すると CGR が減少することもある．CGR が極大値（適値）を示すときの LAI を最適葉面積指数（optimum LAI）と呼ぶ．受光率を高めるための栽培技術として，窒素施用や密植などがある．耐肥性の小さい品種，あるいは密植適性のない品種（それらの多くは古い品種である）では，窒素施肥量や栽植密度のわずかな増加で最適 LAI を越えてしまう場合が多い．

②個体群構造　草冠が閉じたあとは，受光態勢などの個体群構造が重要となる．葉身，茎，穂の空間的配置，葉の傾斜角度などの個体群の幾何学的構造（図 2-12）は，個体群内の光の透過性，CO_2 の拡散に大きく影響する．受光態勢は，個体群内部の相対光強度の対数と，各高さまでの積算 LAI との間の直線の傾きである吸光係数（extinction coefficient）で表され（図 2-13），主に葉身の傾斜角度や湾曲性が吸光係数に大きく影響する．近年育成された多収性インド型品種の多くは上位葉が直立

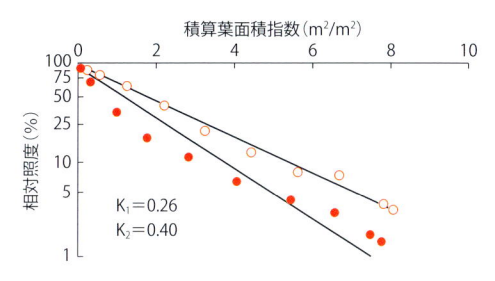

図2-13　水稲における個体群内の相対照度と積算葉面積指数との関係
●：'日本晴'，○：'密陽 23 号'．(石原　邦，1997)

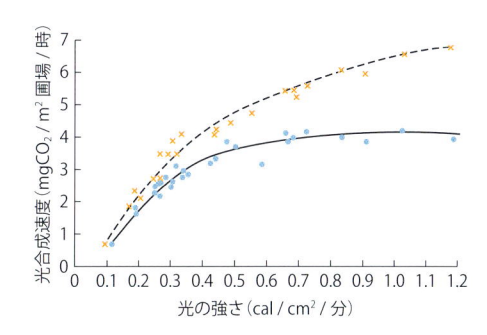

図2-14　イネ個体群の光 - 光合成関係
----：直立葉個体群，――：湾曲葉個体群．湾曲葉は葉身先端に重りを付けて人工的に作った．(田中孝幸ら，1969)

し，受光態勢がよく，NAR が高いことによって高い CGR を示す．多肥密植栽培などにおいて，生育後半に LAI が大きくなる場合には，直立葉が有利となる（図2-14）．個体群内の CO_2 拡散の良し悪しも個体群光合成速度に影響を及ぼす場合がある．大気から個体群内への CO_2 拡散の効率は，単位空間当たりの葉面積によって表される葉面積密度（leaf area density, LAD）と密接に関係する．長稈品種は草高が高く，葉面積密度が小さくなるため，CO_2 拡散効率の点で短稈品種よりも優ることになる．

③個葉光合成速度　　イネの単位葉面積当たり光合成速度は，葉身の一生の間で大きく変化する．光合成速度は葉の抽出から展開完了直後まで増加し，展開完了直後に最大値（個葉光合成速度の最大値を光合成能力という）に達し，展開完了後の老化とともに減少の一途をたどる．イネの光合成能力は 20〜30 μmol $CO_2/m^2/s$ で，大きな品種間差がある．多収性のインド型改良品種の中にはわが国の標準的な日本型品種に比べて，葉の光合成能力の高い品種がある．イネでは，老化に伴う光合成速度の低下は主として炭酸固定酵素 Rubisco 含量の低下によってもたらされる．老化に伴う光合成速度の低下の程度にも品種間差がある．飼料用などに向けて育成された多収性品種には，老化に伴う光合成速度の低下が著しく小さいものがある．第二次世界大戦後に育成された品種はそれ以前に育成された品種に比較して，窒素追肥によって葉身の窒素含量が高まり光合成速度が高くなるという特徴があり，これによって穂ばらみ期以降の乾物生産が高まる．穂揃い期の実肥は，登熟期の葉身の老化を抑制し，光合成速度を高く維持することを目的に行われる．

d．登熟期の炭水化物供給・蓄積の生理

イネが登熟期に穎花に蓄える炭水化物の供給源は，出穂前に栄養器官に一時的に蓄積，貯蔵された非構造性炭水化物と出穂後の光合成産物である．穎花を光合成産物の入れ物（シンク）とし，出穂前と出穂後の2つのシンクへの光合成産物の供給源をソースとして，これらの量的関係から収量の形成過程をとらえることができる．

開花前にシンクである総穎花数が決定され，そして開花直後の比較的短い期間に登熟可能な穎花数が不受精籾と受精後の障害によって発育を停止する籾（発育停止粒）を除いた数として決定される．登熟可能な穎花が成長を開始したあとは，ソースである2つの炭水化物供給源の大きさが穎花の成長量を支配する．出穂前の貯蔵態炭水化物の子実収量に対する寄与度は約 30% で，品種や環境条件によって異なる．多収のためには登熟期間を通じて受光態勢がよく，高い個葉光合成速度と葉面積を長い期間持続できる品種の選択と栽培管理が重要である．

受精後，胚乳はその最外層で急速に細胞分裂を行って胚乳組織を形成し，外層の 1〜数層のデンプンを蓄積しない糊粉細胞層と内側のデンプンを蓄積するデンプン貯蔵組織に分化する．デンプン貯蔵組織では，デンプンの蓄積が胚乳の内部の細胞から始まり，次第に周辺に及ぶ．デンプン貯蔵細胞ではアミロプラストにデンプン粒が蓄積する．

穎花へのデンプンなどの炭水化物の蓄積は，出穂前および登熟期間中の日射量，温度などの環境要因によって主に影響を受ける．出穂前の日射不足などの不良環境により，茎葉の貯

蔵同化産物が不足すると，発育停止粒になりやすい．登熟中の日射不足，低温などの不良環境下では，ソースからの同化産物の不足により穎花のデンプン蓄積が減少し登熟不良となる．登熟不良は粒の発育不全，デンプン集積の部分的異常，果皮の成分の酸化および変質などを通じて玄米の粒質に大きく影響する．このような障害を受けた玄米は登熟障害米と呼ばれ，以下のように分類される．登熟障害米は特に弱勢穎果に多く発生する．

①発育停止粒　ごく初期に発育を停止した粒で，粒重は完熟粒の10%以下．扁平で幅も狭い．

②死米　発育停止粒より遅れて発育を停止したもので，粒厚は薄い．外観は不透明で，胚乳部の外側は粉質，中心部は透明化している．一部は米選機で除去されずに精玄米に混入する．死米よりは進んだ段階で発育を停止したものを半死米という．

③乳白米　胚乳の内部に不透明部分を持つ．胚乳の外側部は透明化しており，外観は乳白色で，やや光沢感がある．粒重は完熟粒の50〜90%くらいで，粒幅が狭い．不透明部の形状は心白に似るが，縦に長く，横断面での形状には種々のものがある．

④基白米　胚乳部の背側の基部が不透明．後期に登熟が衰退する場合に発生するが，粒重は完全米にあまり劣らない．登熟期の高温障害で発生が多い．

⑤背白米　粒の背側稜線部が白色不透明の外観を呈する．粒重は完全米に劣らない．登熟期の高温障害で発生が多い．

⑥奇形米　内外穎の釣合いの不全や，籾殻の先端部の損傷などによる曝光によって奇形となった粒．粒色の濃いものが多く，粒重は非常に小さい．

⑦胴切米　米粒の腹側中央部がV字型に切れ込んだ粒．登熟の初期の低温や干害によって発生する．くびれ米とは異なる．

⑧青米　果皮の葉緑素が退色せず，緑色を呈する粒．未熟粒であり低温や倒伏，早刈りで多発する．粒重は劣る．胚乳部の透明化したものは活青米という．

⑨茶米　ポリフェノール物質の酸化褐変によって果皮が茶褐色となった粒．粒経，粒重とも劣り，糠層が厚い．開花期の風水害，干害などで発生が多い．

⑩腹白米　粒の腹側部に不透明部を持つ．他の多くの障害米と異なり，強勢穎果に多く発現する．粒重は完全米に劣らず，粒幅は広く，粒形はやや扁平である．粒の発育がはじめ旺盛で，あとで急に衰退する条件で発生が多い．

⑪心白米　中心部に扁平な板状の不透明部（心白部）を持つ粒．粒重は完全米より優れ，特に粒幅が大きい．酒造米品種のような大粒品種に発現する心白部は麹の製造に適している．

e．環境と成長および発育の生理

環境要因には気象のように制御困難なものと肥培管理で制御できるものとがある．ここでは前者を扱い，肥培管理で対応できる環境要因は栽培の項で扱う．

①温度　イネはもともと熱帯〜亜熱帯原産であり，低温には非常に弱い（特に発芽時と開花前後）．概略を記せば，生育の下限温度は10〜15℃，適温は25〜30℃，生育の上限温度は35〜40℃といわれる（表2-6）．栄養成長は温度に対して比較的単純な反応を示し，

表 2-6 各生育段階の限界温度

生育段階	限界温度*（℃） 低温側	限界温度*（℃） 高温側	適温
発芽	10	45	20〜35
出芽, 苗立	12〜13	35	25〜30
出根	16	35	25〜28
葉の伸長	7〜12	45	31
分げつ発生	9〜16	33	25〜31
幼穂形成	15	—	—
開花	22	35	30〜33
登熟	12〜18	30	20〜25

*発芽を除き, 他の生育段階は日平均気温.
(Yoshida, S., 1981)

適温以下では高いほど発育, 成長は早くなる. 生殖成長期の温度感受性は発育段階によって異なり, 特に花粉の形成期間は低温に対する感受性が高い（下限温度 15〜19℃）. 逆に, 登熟期では, 収量を最大化する適温は 20〜25℃ と比較的低い. 以下, 花粉形成と登熟に関して温度の影響を解説する.

ⓐ **出穂前の低温の影響**…冷害は日本の寒冷地の稲作にとっての障害の1つであり, 北海道, 東北地方の太平洋側の「やませ」の影響を受ける地域を中心に被害が大きい（図2-15）. イネの冷害は遅延型冷害（栄養成長期の冷温によって成長および出穂が遅延する結果, 登熟が秋の低温寡照と重なり登熟不良となる）と障害型冷害（穂ばらみ期や開花期に冷温に遭遇することにより, 花粉形成や受精が障害を受け, 不稔となる）に大別されるが, 特に後者の被害が大きい. 障害型冷害が起こりやすい危険期は, 出穂 10〜13 日前の花粉の減数分裂期（減数分裂期直後の小胞子初期が最も不稔になりやすい）に当たり, 品種や栽培条件によって異なるが, 平均気温 15〜17℃ 以下に 7〜10 日間さらされると, 不稔となる. 遅延型に引き続き障害型の冷害が生じるような場合を混合型冷害と呼ぶ. 混合型冷害が起こると被害は最も大となる.

ⓑ **登熟期の高温の影響**…8, 9月の気温と日射量当たりの収量の関係は, 21.5℃ をピークとする単頂曲線をなし, 日射量当たりの収量に適温があることが示されている（図2-16）. 近年では, 地球温暖化による夏季の高温により, 登熟不良や白色不透明部を有する米の多発

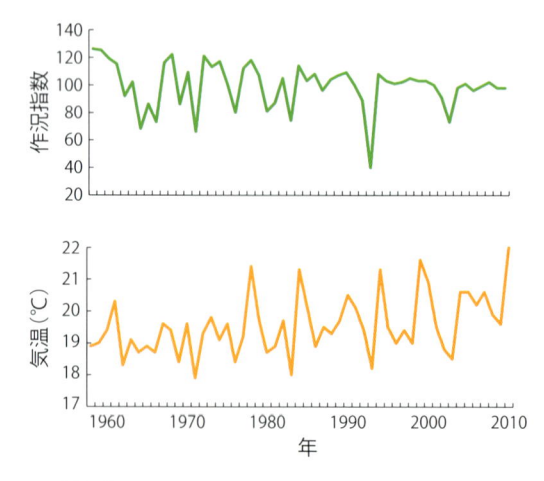

図2-15 北海道における 6〜8 月平均気温と作況指数との関係
1958〜2010 年.（農林水産省ホームページ, 気象庁ホームページより作図）

などによる収量，品質の低下が大きな問題となっている．登熟期の高温，特に高夜温は呼吸を増加させて，炭水化物を消耗させ，減収の要因と考えられている．これに加えて，高温条件が子実の成長速度を促進することによる同化産物の供給不足，胚乳細胞でのデンプン合成の阻害，デンプン分解の促進なども要因である可能性が最近の研究から示されている．

②**日射量**　イネの収量にとって，温度が適温を超えなければ日射量は多いほどよい．日射量の収量に及ぼす影響は特に登熟期で大きい．熱帯のように，気温が高くても同時に日射量が高い場合には，光合成と呼吸のバランスが崩れにくく，収量に与える高温の悪影響は見かけ上小さい．逆に，日本でしばしば見られるように，温度が高いにもかかわらず日射量が低い場合には登熟障害が顕在化する．

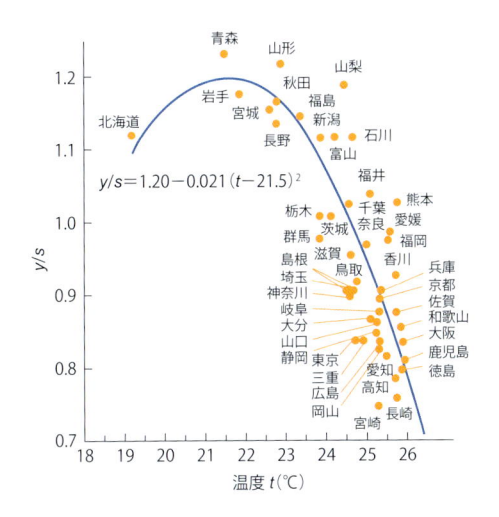

図2-16　府県別の8～9月の日平均気温(t)と水稲収量／日射量比(y/s)との関係
(村田吉男, 1964)

$y/s = 1.20 - 0.021(t-21.5)^2$

③**日長および温度と早晩性との関係**　一般にイネの幼穂分化は高温短日によって促進されるが，高温あるいは短日条件が幼穂分化を促進する程度（それぞれ，感温性および感光性と呼ぶ）には大きな品種間差がある．また，出芽時からすでに幼穂分化に最適な条件が与えられていても，品種ごとに決まった出芽後日数を経過しないと幼穂分化が起こらない（この期間が長いほど基本栄養成長性が大きいという）．世界のイネ品種の早晩性（出芽から出穂開花するまでの日数の長短）は感光性，感温性，基本栄養成長性のさまざまな組合せによってもたらされる．日本では，西南暖地でしか十分に登熟できないような晩生品種は強い感光性のために幼穂分化の時期が遅い．他方，寒冷地用に育成された極早生品種は低い感光性，高い感温性と小さい基本栄養成長性の組合せによって早生化を実現している．熱帯の在来インド品種も感光性の高い晩生品種が多かった．しかし，このような品種は夏の日長が長くなる高緯度地域では出穂が遅くなるため成熟が困難となり，また作期移動も難しいため，現在では世界的にも感光性の低い早生品種の育成が主流となりつつある．

(4) 品種と育種
a．品種群と栽培型

イネは，交雑親和性や形態・生化学的特徴，アイソザイム・DNA多型など多くの特徴を総合し，亜種のインド型と日本型に分けられる．従来，インド型と日本型の違いとして長粒（インド型）と短粒（日本型），高アミロース（インド型）と低アミロース（日本型）などが区別の指標とされてきたが，厳密な対応ではない．特に，インド亜大陸では，典型的なイン

ド型品種と日本型品種に加えて，両者の特徴を併せ持つような品種群も多数存在する．これら中間的な品種群はインド型と日本型の間の交雑によって生じたものと考えられている．なお，日本型は温帯日本型（日本を含む東アジア温帯域に分布）と熱帯日本型（東南アジアから中東およびアフリカに分布，従来ジャバニカと呼ばれていた）に分けられることがあるが，両者の遺伝的分化の程度は他群との差違と比較すると大きいとはいえない．

こうした系統類縁関係に基づく分類とは別に，栽培型に基づく分類も行われる．元来，イネは水生植物であり，その多くは湛水条件下で水稲（paddy rice, lowland rice）として栽培されるが，一部の品種は畑条件下で陸稲（upland rice）として栽培される．在来の陸稲品種は大半が熱帯日本型あるいはアウス（aus）稲である．陸稲は通常，深い根系を持つことによって干ばつによる被害を回避する．水稲の一部の品種はガンジスやチャオプラヤーのような大河川流域の氾濫原で，イネの生育期間中に水深が1ヵ月以上にわたって50cm以上になるような場所で栽培される．これを深水稲（deepwater rice）と呼ぶ．このうち，水深が50cm～1mの地帯では，長稈のインド型在来品種が栽培されるが，水深1m以上の地帯では水位の上昇に合わせて茎を旺盛に伸長させる能力を持つ浮稲（floating rice）が栽培される．

b．育　　種

イネの品種開発はほとんどが，日本を含め，公的機関を中心になされてきた．世界の主要な稲作地帯でも国ごとに育種組織がある他，国際稲研究所（International Rice Research Institute, IRRI），アフリカ稲センター（Africa Rice Center, AfricaRice），国際熱帯農業研究センター（Centro Internacional de Agricultura Tropical, CIAT）のようなイネ育種の国際機関がある．

①わが国の多収育種　　第二次世界大戦後，日本では倒伏抵抗性と受光態勢の改良された早生や中生の多収の品種が開発されて，収量が大きく増加した．例えば，1950年代後半に関東以西の地域で早期栽培が急速に普及する中で晩生品種にかわって栽培が広まった中生で多収性の'金南風'，稲作の機械化が進んだ1960年代に，機械化に適した強稈・多収型の品種として東北地方で作付けが増加した'フジミノリ'，1970年代より強稈・多収型で広域に適応する品種として暖地に広まった'日本晴'などが，こうした多収品種の代表である．1970年代後半に入ると，東北地方の多収品種である'アキヒカリ'などの栽培面積の拡大した品種もあったが，一般的には米過剰による消費者の良質米志向が一段と強まり，'コシヒカリ'や'ササニシキ'の作付け率が伸び，現在では'コシヒカリ'を筆頭に'コシヒカリ'を親に持つ'ひとめぼれ'，'ヒノヒカリ'，'あきたこまち'の作付比率が高い状況にある．

②多収インド型品種の開発　　伝統品種には，雑草などとの競合に強く，肥料が乏しい環境下でもある程度の生育を示し，生育期間が長く草丈の高い品種が多い．これに対して，施肥，除草などの栽培管理技術の進歩に伴って，多肥下で生産力が高まる耐肥性の高い，半矮性品種が開発された．半矮性化の多くは，台湾の'低脚烏尖'や日本の'十石'のような在来短稈品種の持つ半矮性遺伝子の導入によって実現した．これらの持つ半矮性遺伝子は，いずれも $SD1$ の劣性対立遺伝子（$sd1$）であった．$SD1$ はジベレリン生合成系の酵素の1つをコードする遺伝子であり，これらの品種では酵素の機能が不完全となることにより，ジベレリン

の濃度が低下し，短稈となる．sd1 は，放射線照射による突然変異の誘発（日本の短稈品種 'レイメイ' やアメリカの短稈品種 'Calrose76' など）によっても得られた．

インド稲の改良型半矮性品種としては，まず 1956 年に台湾で，半矮性の '低脚烏尖' を用いた '台中在来 1 号' が育成された．その後，フィリピンのマニラ郊外に国際稲研究所が設立され，熱帯～亜熱帯地方に適した多収性インド型品種の育成が本格的に開始された．ここでは，'低脚烏尖' と当時フィリピンで多く栽培されていた長稈の 'Peta' との交配から，緑の革命の端緒となった 'IR8' が 1966 年に育成された．'IR8' の特徴は，短稈で多肥条件下でも倒伏しにくいとともに多げつ性で，慣行の栽培密度下でも短期間で十分な LAI が確保できるようになった．また，日長不感受性の導入によって生育期間の短縮がなされた．それ以前のアジアモンスーン地帯の多くは，6 月頃から 11 月頃までの雨期に 160～200 日をかけて栽培していた．このような場合には，9 月に入ってから花芽分化が起こるような感光性の強い品種が適する．しかし，生育期間の長い品種は多肥条件下では栄養成長が大きすぎて倒伏する．さらに，灌漑設備の整っている地域では，日射量が十分で，しかも温度が高すぎない冬～春の乾期における栽培の方が多収となる．このような理由から，感光性が低く，生育期間の短い品種が望まれた．さらに，直立葉を持つため，LAI を高めても個体群光合成量を高く保つことが可能となった．こうした IR 系統の品種はその後も多数育成されたが，中でも 'IR36' は多収性のみならず耐虫性にも優れ，世界での作付面積は 1,100 万 ha にも及んだ．

これら一連の品種改良による多収化の過程では，全重の改良ではなく，収穫指数の改善に特徴がある（図 2-17）．

③ **統一系品種の開発**　韓国の水稲の収量は，1970 年代に入り，きわめて大きな増加を示した．これには，インド型品種と日本型品種の交配組合せによるところが大きい．最初の品種は，'IR8'，'台中在来 1 号'（いずれもインド型品種）と 'ユーカラ'（日本型品種）の 3 系交配（'IR8' // 'ユーカラ' / '台中在来 1 号'）から育成された '統一'（Tongil）で，1971 年から本格的に栽培が開始された．'統一' には，それまでの日本型イネと比べて次の特徴があげられる．すなわち，草丈がきわめて低く，葉身が短くて直立し，個体群内へ

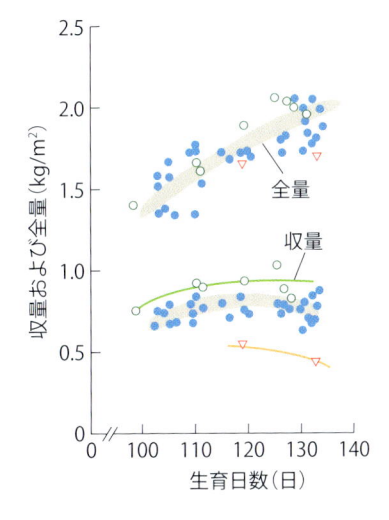

図 2-17 多収半矮性インド型品種，F₁ ハイブリッド品種，伝統品種の全重と収量の比較

生育日数と全重の間の関係には品種間差は見られないが，収量には明らかに品種間差があり，多収半矮性インド型品種と F₁ ハイブリッド品種は，伝統品種に比較して，全重が等しくても収量が高い（収穫指数が高い）．●：多収半矮性インド型品種，○：F₁ ハイブリッド品種，▽：伝統品種．(Akita, S., 1992)

の光の透過性が非常によい．そのため，多肥密植にして LAI を 8 程度まで高めても，子実収量は LAI に対してほぼ比例的に増加する．そして，日本型品種の多くが多肥密植にして籾数を増加させると登熟歩合が低下するのに対して，'統一' はソースの能力が高いことによって，単位土地面積当たりの籾数が多くても登熟歩合は低下しない．

'統一' 系の品種は，その後次々と育成され，1978 年には韓国全土で 77％の水田に栽培された．インド型品種の特性を強く残し食味が好まれなかったため，米の自給が達成されてからは栽培が急減した．現在，韓国のイネは従来の日本型品種に戻っているが，'統一' 系は現在でも世界の温帯南部地域では最も高い収量性を示す品種群である．

④ F_1 ハイブリッド品種　雑種第一代（F_1）が示す旺盛な生育，すなわち雑種強勢は主にトウモロコシのような他殖性植物の育種に利用されてきたが，自殖性植物のイネでも組合せによっては両親の中間値の数十％も増収することから，中国を中心に F_1 ハイブリッドイネが実用化されてきた．F_1 ハイブリッドイネの種子生産に当たっては，細胞質雄性不稔系統（S），維持系統（M），稔性回復系（R）の 3 系による採種法が利用されてきた．しかし，両親の出穂期を合わせるために播種期をずらしたり，授粉効率を高めるために止葉を切断したり植物体をゆするなどの人手を要する管理が必要なうえに，玄米としての生産量は高いものの食味はよくなかった．しかし，最近はこうした採種，品質上の問題も徐々に解決されつつあり，食糧需要の急増する開発途上国を中心に普及が進みつつある．また，これらの多収性をヘテローシスによらず自殖品種に導入する試みが関心を持たれている．

⑤飼料用品種の育成　近年，わが国の米の消費量は減少を続け，耕作放棄地も急速に拡大している．一方，家畜飼料の需要は伸びており，水田で飼料として飼料米や稲発酵粗飼料（イネホールクロップサイレージ，イネ WCS）を生産することにより，耕作放棄地を解消し，飼料自給率を向上させることが期待されている．飼料用イネは，その用途によって玄米や籾をウシ，ブタ，ニワトリの濃厚飼料として用いる子実多収の飼料米品種と，茎葉を含む地上部全体（ホールクロップ）を収穫しイネ WCS としてウシの発酵粗飼料に利用する WCS 用イネ品種に分けられる．飼料米品種の育種上重要な特性は，玄米または籾の収量が高いこと，WCS 用イネ品種の重要な特性は，地上部全体をイネ WCS としてウシに給与したときの可消化養分総量（TDN）が高く，消化性がよいことである．子実収量や地上部バイオマス生産量を高めたり，耕畜連携で畜産堆肥を多く施用する条件では倒伏が問題となるので，耐倒伏性の付与が不可欠となる．

⑥品質および食味についての品種改良　主要な米輸出国のタイなどでは，品質は古くから重要で，良質・良食味品種が選抜されてきた．特に香り米は多くの国で付加価値の高い品種として選抜されてきた．代表的な品種にインドおよびパキスタンの 'Basmati 370'，タイの 'Khao Dawk Mali 105' などがある．このような良食味品種は伝統的な品種であることが多く，倒伏や品質低下を避けるために現在でも多肥栽培は行われないが，より栽培しやすい品種の育成に向けた本格的育種も始まっている．

日本でも 1960 年代末から続く生産過剰や自主流通米制度の導入などに伴い，良食味品種

の育種に力が入れられてきた．'コシヒカリ'と'ササニシキ'が良食味の代表的品種であったが，'コシヒカリ'は現在でも広く栽培され，これを親として育成された品種も含めると，全国的に圧倒的なシェアを占めている．食味にはアミロース含量，窒素含量が強く関わるが，他の要因が関与している可能性も高く，育種目標の確立が急がれている．

⑦耐冷性の改良 耐冷性品種の育成は障害型冷害に対してなされてきた．検定には，幼穂形成期から穂ばらみ期にかけて15～20℃の冷水を掛け流したり，穂ばらみ期に冷水深水灌漑をしたりして，不稔の発生の程度を検定するという方法がある．耐冷性遺伝資源として最も有名なのは，在来品種の'染分'であるが，北海道の'はやゆき'，東北の'ヨネシロ'も耐冷性品種として有名である．近年，'コシヒカリ'などの親である'愛国'系統の耐冷性が強いことが見出され，耐冷性の強化に使われている他，外国品種の耐冷性を日本のイネに導入する試みも行われている．日本の耐冷性育種は，品種改良事業の中でも最も大きな効果をもたらしたものの1つである．

⑧耐病性の改良 日本では，耐いもち品種の育成が最も重視されてきた．いもち病抵抗性には真性抵抗性と圃場抵抗性とがある．真性抵抗性は特定の系統のいもち病菌（レース）に対しては強い抵抗性を示すが他のレースに対しては抵抗性を示さないもので，さまざまなレースについて日本在来品種の他，中国，フィリピン，アメリカなどの品種から真性抵抗性遺伝子が同定されてきた．いもち病抵抗性育種には主としてこれら真性抵抗性遺伝子が利用されてきたが，強い真性抵抗性遺伝子を導入した品種でも数年のうちに罹病することが問題となってきた．近年，'ササニシキ'や'コシヒカリ'などの優良品種を対象に異なる真性抵抗性を導入した同質遺伝子系統を数系統育成したうえで，それらを混合し多系品種（マルチライン，それぞれ'ササニシキBL'，'コシヒカリBL'などと呼ぶ）として栽培することが行われている．異なる抵抗性遺伝子を持つ個体からなるイネ個体群では特定のレースが蔓延するリスクが低いことから，長期間にわたって抵抗性が持続するものと期待されている．一方，圃場抵抗性は，個々の遺伝子の作用はあまり強くないが，いずれのレースに対しても抵抗性を示す．'農林22号'や'ヤマビコ'などには圃場抵抗性遺伝子が集積している他，パキスタンの'Modan'や陸稲品種の'戦捷'も圃場抵抗性の供給源として知られている．

その他の抵抗性としては，塩類土壌，乾燥，冠水などの環境ストレスに対する抵抗性があげられるが，これらの諸形質については基盤整備や土壌改良が進んだわが国よりも，開発途上国を中心に改良が進められている．

⑨'ネリカ'の育成 イネの近縁種であるアフリカイネ $O.\ glaberrima$ は，3,500年以上前に，ニジェール河中流域の内陸デルタ地帯において，$O.\ rufipogon$ の近縁種である $O.\ barthii$ から栽培化されたと考えられている．現在ではナイジェリアやマリ，リベリアなど西アフリカの一部で栽培されている．アジアイネに比べると作物化の程度が低く低収であるが，鉄過剰を含む不良土壌耐性や病虫害耐性に優れている．近年，アフリカイネとアジアイネの種間交雑による育種が軌道に乗り始めている．作出された一連の品種は'ネリカ'（New Rice for Africa, NERICA）と呼ばれる．これまでに実用化されたNERICA品種は陸稲品種であっ

たが，最近になって水稲品種も実用化され始めている．

⑩**遺伝子組換えイネおよびゲノム解析**　イネは，他のイネ科作物に比べて形質転換が比較的容易であり，早くから遺伝子組換えの研究が行われてきた．また，作物の中でいち早くゲノムの全塩基配列が解読された作物であり，その情報はイネだけでなく，他のイネ科作物に広く利用できるものと期待されている．生産力のように多数の遺伝子によって支配されている形質についても改善の可能性があり，期待が集まっている．

(5) 栽　　培
a．イネ栽培の特徴

水田におけるイネ栽培は，①用水による養分の天然供給，土壌中の有機物分解が遅い，ラ

表 2-7　東南アジアにおける水稲の作季

	雨期（月）	作季（月）	直播移植の別	
ベトナム	5 − 9	*5 − 10 〜 12	移	
		10 〜 5・6	移	
		5 − 12	直	浮稲，デルタ後背地
ラオス	5 − 10	5・6 − 1・2	移	
カンボジア	5 − 11	*6・7 − 1・2	移	
		3・4 − 7・8	移	
		11・12 − 4・5	移	メコン川氾濫原，退水地
		5・6 − 12・1	直	浮稲，デルタ後背地
タ　イ	5 − 9	*5 − 12	直・移	中部
	（南部は不明瞭）	6 〜 8 − 2・3	移	南部
		5・6 − 11・12	移	北・北東部
		4・5 − 12・1	直	浮稲，中部
マレーシア	9 − 12	*8・9 − 1 〜 3	移	マラヤ東北部
	（不明瞭）	4 − 8	移	マラヤ二期稲
		5・6 − 1・2	移	マラヤ北西部
フィリピン	5 − 9	*5・6 − 10 〜 12	移	ルソン
	（南部は不明瞭）	11 〜 1 − 5・6	移	ルソン，春イネ
インドネシア	11・1 − 3・5	*11 〜 2 − 4 〜 7	移	ジャバ
	（不明瞭）	7 − 12	移	ジャバ（中東部）
ミャンマー	5 − 10	*6 − 10 〜 12	移	
		12 − 4・5	移	春イネ（mayin）
バングラデシュ	5 − 9	*6・7 − 11	移	冬イネ（aman）
		3 〜 5 − 8・9	移	秋イネ（aus）
		11 − 4	移	春イネ（boro）
		3・4 − 11	直	浮稲
インド	5 − 9	4 〜 6 − 9・10	直・移	秋イネ（aus），高地
		*5 − 12	直・移	冬イネ（aman），低地
		12 − 4	直・移	春イネ（boro），退水地
スリランカ	3・7 − 9・12	2 〜 6 − 6 〜 11	直	yala，南西部
	10 − 1	10・11 − 2 〜 5	直	maha，東北部

* 主要作季．　　　　　　　　　　　　　　　　　　　　　　　　　　　（秋田重誠，2000）

ン藻などによる生物的窒素固定が行われる，リン酸の無効化が少ないなどにより，施肥量が少なくて済む，②連作障害が起こらない，③アンモニア態窒素が主体であり，硝酸態としての流出がない，④塩類化や土壌侵食がほとんどない，などから，持続性が高いことが特徴であり，生産力も高い．

アジアの稲作は灌漑水田，天水田（世界の稲作面積の約半分が天水田）での移植栽培，さらに大河川の氾濫原で深水稲や浮稲の栽培が行われてきたが（表2-7），近年，直播栽培も広まっている．アメリカ，ヨーロッパ，オーストラリアのイネ栽培は，基本的には畑作技術によっており，経営規模が大きく，機械化の進展した無代掻き直播栽培を主体とする．

日本は，経営規模の関係から，世界に類を見ない小型機械体系による移植栽培を特徴とし，生産力の向上と大幅な省力化が進んだが（図2-18），生産コストは世界一高い．また，1960年代末からは生産過剰となり，栽培法も多収中心から品質中心となった．さらに，農産物の自由化が進む中で，低コスト，水田の高度利用，高付加価値などに向けた多様な栽培技術に関心が寄せられるようになっている．

b．一般的栽培管理

アジアの水稲栽培においては，古くから移植栽培が行われてきた．直播と比較した移植栽培の主な利点として，①育苗による初期生育の安定確保，②育苗時の保温や加温による移植時期の早期化，さらには③鳥やスクミリンゴガイなどによる食害の軽減などがあげられる．また，代掻きの利点として雑草の制御が重要である．日本における平均的な移植時期は4月下旬〜6月上旬，収穫期は8月下旬〜10月下旬である（図2-19）．

①選種，種子消毒および浸種 無病で発芽力が強く，充実のよい種籾を選ぶため，塩水選を行う．塩水選には，通常，比重1.13（粳品種）または1.08（糯品種）の食塩水または硫安液を用いる．塩水選後は，イネシンガレセンチュウ，馬鹿苗病，いもち病などの予防のために種籾の消毒を行ったうえで浸種を行う．浸種は，種籾に十分に吸水させ発芽を早め

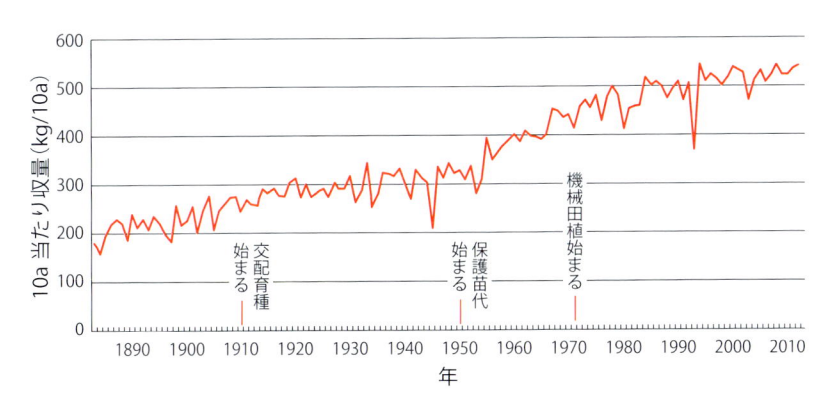

図2-18 わが国の水稲単収の推移
（農林水産省ホームページより作図）

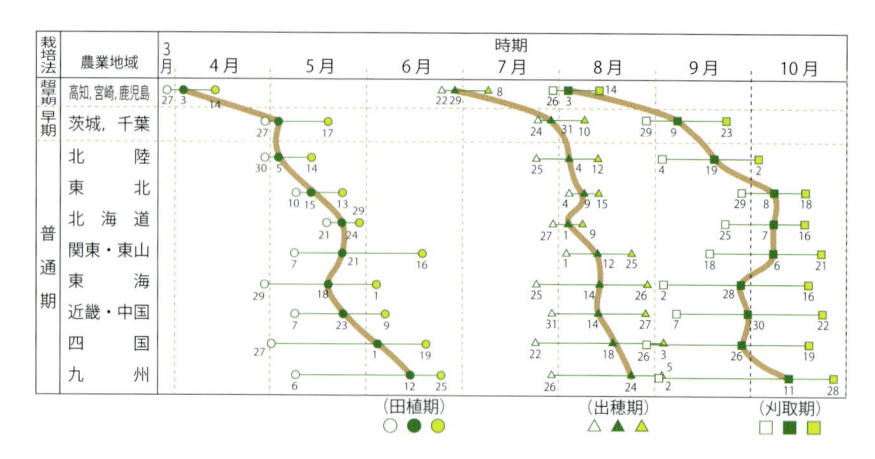

図2-19　水稲農業地域別生育ステージ

○，△，□：始期，●，▲，■：最盛期，◎，▲，■：終期．図中の数字は暦日．（平成9年農林水産省経済局統計情報部資料をもとに作成）

るとともに発芽揃いをよくする．

②育苗　機械移植の普及に伴い，かつて北限地帯で稲作を安定化させるための不可欠な技術であった苗代はほとんど姿を消し，かわって育苗箱が用いられるようになった．仕立てる苗の大きさは乳苗（育苗日数，約1週間），稚苗（育苗日数，約2～3週間），中苗（育苗日数，約4～5週間），成苗（育苗日数，約5～7週間．普通，後述のようにポット苗として育てる）などがある．稚苗と中苗が主として用いられるが，寒冷地では中苗および成苗が用いられ，暖地では主として稚苗が用いられる．箱育苗の普及とともに育苗施設の共同化および大型化が進み，多くが出芽期あるいは緑化期までの管理を受け持つ．

ⓐ育苗箱マット苗…育苗箱に床土としてpH4～5前後に調節し肥料を加えた水田土壌や山土を充填する．近年は，pH調製および肥料混入を済ませ，粒状に固めた人工床土が多用される．これに，催芽種子（稚苗で乾籾150g前後，中苗では100g前後）を播種する．屋内の多段式電熱育苗器に入れて32℃前後に保つと2昼夜で出芽が揃う．育苗箱をハウスやトンネル内に置き保温資材や遮光シート類で被覆する方法もある．その後3～5日間ほどの緑化期には，昼温20～25℃，夜温15～20℃のハウス内で弱光を当てて葉緑素の形成を徐々に促す．最終段階の硬化期には，さらに緑化を進めるとともに外気にならし，苗の硬化を図る．

ⓑポット苗…448穴の専用の育苗箱に床土を充填し，それぞれの穴（ポット）に1～4粒の催芽種子を播種し，成苗まで育てる．マット苗と異なり移植時の断根が少ないため，活着が早く出穂も早まる．寒冷地で多く用いられる．

ⓒロングマット苗…省力・低コスト化のために考案された方法で，水耕法により苗を長さ6mの長尺マット状に育てる．移植時には，マット苗をロール状に巻き取って田植機に載せ

る．土を用いないため，苗箱の積み卸し労力が大幅に軽減できる．

　③**耕起および整地**　　耕起は，移植に先立って耕土を膨軟にするが，雑草の除去効果も大きい．乾土効果を促す意味から，代掻きの直前だけでなく，秋にも耕起（荒起こし）を行うことが望ましい．通常，動力耕うん機やトラクターを用いたロータリ耕が行われる．湛水された耕土を泥状に軟化し肥料を混和する代掻きは，同時に土地の均平化，苗の植付け精度の向上，漏水防止，雑草防除などの効果がある．

　④**施肥**　　施肥は，良好な生育のために，無機塩類のうち天然供給では不足する分を補うために行われる．施肥量は品種や地域，地力などによって異なるが，新潟県の'コシヒカリ'栽培を例にとると，基肥として窒素2〜4kg/10a，リン酸7〜10kg/10a，カリ6〜8kg/10a，追肥として窒素1〜3kg/10a，カリ2〜3kg/10aの施用が推奨されている．追肥の効果は生育時期によって異なり，分げつ期の肥料は葉面積の拡大によって光エネルギーの吸収量を増大させ，また登熟期には葉面積当たりの光合成速度を高めることにより登熟を向上させる．追肥はまた，穎花分化の促進や退化抑制などシンクの発育制御にも密接に関わっている．1990年代以降，良食味の観点から出穂期からあとの施肥は減ってきたが，近年，行き過ぎた減肥が高温年の品質低下を助長しているという指摘もある．

　肥料の流亡が少ない側条施肥法や緩効性肥料の利用も広く普及している．特に近年，生育期間を通じた肥料成分の溶出をかなりの精度で調節できる被覆肥料（肥効調節型肥料）の開発が進んだ結果，施肥作業を基肥時の1回だけで済ませる全量基肥施用が急速に普及しつつある．

　⑤**移植**　　1970年頃より田植機による機械移植が急速に普及した．現在，一部の棚田などを除き，ほとんどすべての水田で機械移植を行っている．歩行型と乗用型があるが，乗用型の割合が増加している．栽植密度は1m^{2}当たり17〜23株，1株苗数は3〜4本が標準とされる．ロングマット苗とポット苗に対しては，それぞれに専用機がある．

　⑥**水管理**　　水は生育制御の効果が大きいため，施肥と同様に多様な管理が行われる．一般的には，活着期は蒸散を抑えて植痛みを防止し，また水の保温効果により苗の活着を促すために深水にする．分げつ期には浅水にして分げつの発生を促す．また，最高分げつ期頃から落水して土壌を乾かす中干しにより，無効分げつの発生や過繁茂を抑え，さらに土壌を酸化的にして根の活性を高める．出現しても無効となるような分げつの発生を抑制する目的で，中干しを行う時期に，逆に深水にすることがある．出穂開花期の水分不足は稔実穎花数の減少や稔実障害を起こすため，深水に保たれる．開花後は根の活性を維持しつつ，登熟を順調に行わせるため，2〜3日の間隔で灌漑と排水を繰り返す間断灌漑が行われる．登熟後期には登熟に支障をきたさない範囲で落水し，収穫機の導入と収穫作業に備えて田面を乾かす．ただし，高温年には，登熟期ではあっても収穫間際まで通水を続けて登熟障害米の発生を抑制することも行われる．また，冷害の軽減のためには，幼穂形成期から深水に保つ「前歴深水灌漑」，さらには穂ばらみ期の深水灌漑が行われる．

　⑦**除草と病害虫防除**　　野生ヒエ（タイヌビエ，イヌビエなど水田に自生するヒエ類の総

称）の被害が最も大きい．除草剤による防除が一般的であるが，除草剤の使用時期を少しでも過ぎると効果は大きく低下する．オモダカやクログワイのように地中深くに塊茎を形成する種は除草剤が効きにくいが，水稲収穫後の耕うんが，塊茎の形成防止に有効である．

　稲作害虫としては，かつてはニカメイチュウの被害が大きかったが，最近ではウンカ類やコブノメイガなどの飛来性害虫，穂を吸汁して斑点米を形成するカメムシ類などの被害が大きい．本田初期の被害に対しては長期残効性殺虫剤を育苗箱に施用する方式（箱施用）が普及しているが，後期には本田防除が必要となる．地域的な一斉防除にはヘリコプターの利用が効果的だが，農地以外への飛散の問題化により，より低空を飛ぶラジコンヘリが普及した．直播栽培では箱施用が行えないため，農薬の種子コーティングが行われる．暖地の湛水直播栽培で問題となるスクミリンゴガイに対しては，乾田直播や田畑輪換が防除効果が大きい．いもち病をはじめとする病害に対しては，育苗時の種子消毒が，縞葉枯病，萎縮病などは媒介昆虫（ヒメトビウンカやツマグロヨコバイ）の防除が重要となる．

⑧収穫および脱穀　　出穂期から収穫期までは，高温期に登熟する暖地の早期栽培で約35日，低温期に登熟する晩生品種で約55日であるが，45日前後が最も普通である．適期をはずれた収穫は早すぎても遅すぎても，外観的品質と食味に悪影響を与える．日本では，作付面積の99％以上で機械収穫が行われ，約90％が自脱型コンバイン，残りは刈取結束機（バインダ）あるいは普通型コンバインで収穫される．コンバインは刈取りと同時に脱穀を行うので，脱穀された籾はいわゆる生籾である．バインダで収穫されたイネ束は，生脱穀される場合と，天日干し（はざ干しや地干し，図2-20）を経て脱穀される場合がある．

c．栽培管理技術と収量

　日本の水稲の収量は，1900年頃の約2t/haから現在では5t/haを超えているが，常に一定の割合で増加を続けてきたわけではない．収量には栽培技術に関わる要因，気象要因，社会経済的要因が関与し，時代によって増加の程度は異なり，年によって収量は大きく変動することがある（図2-18）．さらに，同一地域でも農家の技術力によって収量は異なる．

図2-20　はざ干し
（写真提供：根本圭介氏）

①収量の定義 生物学で使われる収量（yield）は，単位受光面積当たりの太陽エネルギー固定量であり，一般的にはある時点での単位土地面積当たりの全乾物重で表す．成熟期の全重，すなわち，全生育期間を通じた純生産量を生物学的収量（biological yield）と呼ぶ．収量は収穫対象部分への物質分配量であり，経済的収量（economic yield）と呼ぶ．後者に対する前者の比を収穫指数（harvest index）と呼び，収量の大小を生物学的収量と収穫指数から検討することも行われる．

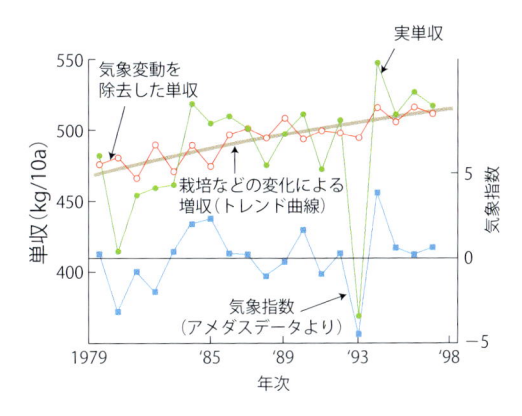

図2-21 平年単収の推定法
（農林水産省資料，1998）

イネの収量の単位は国によって籾，玄米，精米などさまざまである．国際的には籾重が用いられる．日本では玄米で流通するので，玄米の水分含量を15％に換算したときの重量で収量を表す．日本では過去一定期間の実収量の趨勢をもとに，気象などの環境要因が平年値をとったと仮定したときの当該年の米生産量推定値を平年収量とし，平年収量に対する実収量の比を作況指数として作柄を表している（図2-21）．

収量を組み立てている要素（収量構成要素，yield component）に着目して，収量を推定したり，収量の違いが解析されたりする．イネの収量は，単位面積当たりの穂数，平均1穂穎花数，登熟歩合（総穎花数に対する稔実穎花数の割合），一粒重（通常は取扱いの容易さから千粒重）に分けられ，収量はこの4つの収量構成要素の積で求められる．

②多収栽培技術 出穂期までに形成されたシンクに，出穂前の茎葉に蓄えられる貯蔵同化産物および出穂後の同化産物をいかに多く蓄積するかが，多収のための技術の焦点となる．これに向けて，過繁茂や倒伏などを起こさないような施肥や水管理，収量向上の障害となる気象条件を回避するための作期移動などが図られる．特に窒素はイネの成長や生理に大きな影響を及ぼすので，窒素の施肥には，生育時期ごとの細かい制御技術が提唱されてきた．松島（1961）は，窒素追肥の時期と登熟の関係を詳しく調べ，穂首分化期の追肥は1穂穎花数を増やし，茎葉の過繁茂を導くことによって登熟歩合を低下させること，穂ばらみ期以降の追肥は登熟歩合を向上させることなどを認めた．そして，これに基づいて出穂前43～20日の窒素吸収を抑制し，出穂前18日頃に穂肥を，穂揃い期に実肥を施用することにより，登熟歩合と収量を高めることができるとするV字稲作を提唱した．これに対して田中ら（1971）は，基肥を少なくし，地表から10cm程度の深層に肥料を施すことにより，肥効を長く保って登熟を良好にすることができるとする深層追肥法を提唱した．V字型稲作，深層追肥法は，施肥の方法と施肥の時期は大きく異なるが，受光態勢が良好になること，葉の窒素含量を生育の後期まで高く維持することなどに共通点がある．

施肥に次ぐ多収技術に早期栽培法がある．かつて暖地の水田では麦類との二毛作が行われイネの出穂は9月に入ってからであったが，この時期には台風が頻繁に襲来するだけでなく，登熟期が日射量の少ない時期に当たり，登熟不良が起こりやすかった．1950年代に入って，千葉県に導入された早生品種を早植えする早期栽培は，出穂が8月上旬に早まったことから，秋の台風害が回避できるだけでなく登熟中の積算日射量が大幅に増大して収量が大きく増加した．1960年代以降，麦類の栽培が著しく減少しイネの単作化が進んだこと，早生および中生の優れた早期用品種が多数育成され，早期栽培は急速に普及した．

d．高付加価値を目指した栽培技術

前述の多収栽培では生育後期の追肥が収量の向上に大きく貢献するが，食味を低下させる玄米中の窒素含量を高めることになる．近年の良質・良食味米生産への関心の高まりの中で，生育後期の追肥を控え，食味がよく収量もある程度確保できる施肥法が求められている．

農薬や肥料への過度の依存から脱却し食品としての安全性を高めることも大きな付加価値として消費者に受け入れられるようになり，低農薬や有機栽培に対する関心が高まりつつある．わが国でも2000年に「農林物資の規格化及び品質表示の適正化に関する法律（JAS法）」によって有機農産物の検査認証制度が導入され，「有機栽培米」は，移植前2年以上農薬，化学肥料を使用していない，他の圃場より農薬，化学肥料などが飛散しないなどの条件を満たした圃場で生産された米として定義され，登録認定機関より認定を受けることになった．減農薬，減化学肥料の農産物に対しても新たな認証が設けられ，現在，農薬や化学肥料を慣行よりも少ない使用量（節減対象農薬の使用回数を50％以下，化学肥料の窒素成分量を50％以下）で栽培した米を「特別栽培米」としている．

e．低コスト栽培技術

水稲の直播栽培は，経営規模の大きなアメリカ，オーストラリアを中心に行われてきた．アジアの主要稲作地域では移植栽培を軸とした集約管理による多収化が優先されてきた歴史があるが，最近では東南アジアを中心に直播栽培が広がってきており，日本でも稲作の低コスト化や大規模化のための技術として注目されている．水稲の直播栽培は，雑草害および鳥害などに加えて，発芽および出芽不良により苗立ちが不揃いとなりやすい，倒伏しやすいなどの問題がある．しかし，近年は技術の改善および安定化が進み，北陸・東北地方を中心に栽培面積は増加傾向にある．直播栽培は乾田直播と湛水直播に大別される．

不耕起栽培は省力化に向けた栽培技術として直播と組み合わせて行う方式が普及しつつある．不耕起移植栽培では，専用の田植機で土に切り溝を付けて苗を移植する．

①**乾田直播**　乾田直播は，畑状態で播種を行い，十分出芽してから湛水する方式である．畑状態で酸素が十分ある条件で播種するため，出芽時の問題が少ないうえに，播種深度もある程度深くできるので倒伏しにくい．代掻きしないため漏水しやすいことが大きな問題であったが，近年，冬季にあらかじめ代掻きを行って水田を均平化するとともに漏水を防ぐ不耕起V溝直播法が普及しつつある．

②**湛水直播**　湛水直播も代掻きの有無や播種方法の違いにより多くの様式がある．アメ

リカなどでは，乾田状態で耕起，施肥を済ませたうえで土壌表面に溝を付け，湛水後に軽飛行機やトラクターで播種することが行われる．湛水土中直播は日本の固有の，そして代表的な方式で，代掻き後に表面から1〜2cm程度の深さに，過酸化石灰（カルパーコーティング法，水と反応して酸素を発生する）で被覆した種籾を特別の播種機で播種する．過酸化石灰被覆だけでは出芽率が低く不安定であったが，落水出芽法（土中に播種したら直ちに落水し，2週間程度は土中に酸素が拡散できる状態を保つ）の併用により安定性が大きく向上した．その他，還元鉄粉と焼石膏の混合物で被覆した種子を，土壌表面に播種する方法（鉄コーティング法）も行われる．被覆した鉄の重みによって土壌への種子の定着を促すことが目的であるが，鉄による被覆は播種後の落水時における鳥害を軽減する効果もある．

f．水田高度利用技術

世界的に見ると水田の高度利用技術として二期作，三期作，ひこばえ利用の株出し栽培（日本でも条件がよいと1期作の1/3程度の収穫量がある）などがあるが，近年わが国では水田に畑作物や園芸作物を導入する田畑輪換の推進が図られている．日本では米の生産過剰に伴い水田に他の作物を導入するため，水田汎用化のための基盤整備や作目および気象に応じた多様な輪作体系の確立が進みつつある．湛水状態と畑状態を繰り返すことにより雑草・病虫害管理も容易になるが，排水が十分でないため導入できる作目が限られるところが多い．排水改良に向けた土壌基盤の整備や畑作物の耐湿性の強化が望まれている．

g．陸稲栽培

わが国における陸稲の栽培面積は1960年では約18万4,000haであったが，その後は減少の一途をたどり，2010年の作付面積は2,980haに過ぎない．現在は，加工用原料米として糯品種が栽培されている．水稲と共通の病害虫の他に，コガネムシ類幼虫，ケラ類，ネアブラムシの食害を受けやすい．

(6) 品質と利用

a．乾燥および調製

収穫および脱穀された籾は玄米として，あるいは籾のまま貯蔵される．米として利用する

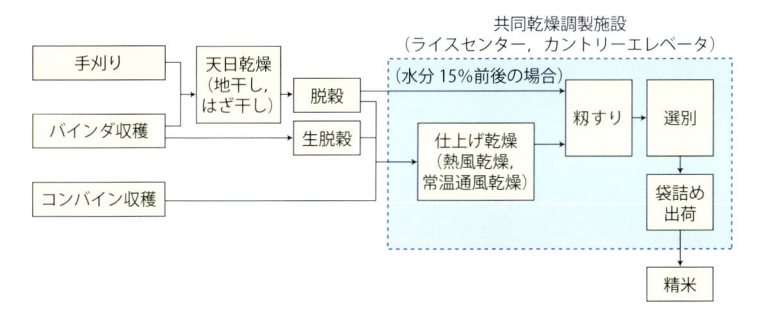

図2-22 イネにおける乾燥および調整の過程
（森田 敏，2010）

際に，玄米から糠と胚を除いて白米とする搗精と呼ばれる調製がなされる（図2-22）．

①乾燥と籾すり調製　脱穀された籾の含水率は，掛干ししたもので15〜17％，地干しで17〜20％，生脱穀で22〜26％であるが，籾すりの前に玄米の含水率を15％程度（籾で14.5％程度）に乾かす必要がある．現在，収穫された籾の大部分が後述の乾燥調製貯蔵施設で人工乾燥される．乾燥後，籾すり機によって籾殻を除去して玄米とし，玄米を一定の基準で選別する籾すり調製が行われる．

乾燥と籾すり調製は，ライスセンターやカントリーエレベータなどの乾燥調製貯蔵施設で行われることが多い．このうち，ライスセンターは籾乾燥と調製を主目的とするのに対して，カントリーエレベータは乾燥調製設備の他，2,000t以上の貯蔵能力を持つ大規模な貯蔵設備（サイロ）を備えており，乾燥された籾はサイロに籾のまま貯蔵（ばら貯蔵）され，随時，籾すりして出荷される．ライスセンター，カントリーエレベータともに生籾貯留や予備乾燥機のために貯蔵乾燥施設（ドライストア）が設置されることが多い．

②米の貯蔵　籾米は貯蔵容積が玄米よりも多く必要とするなどの問題があり，日本では玄米貯蔵が一般的である．しかし，籾殻は玄米を外気からの吸湿や酸化，機械的損傷や病害虫の加害から守る働きがあるため，貯蔵形態としては玄米より籾米が優る．このため，品質重視の観点から，生産地を中心に籾による貯蔵も増えてきている．籾貯蔵する場合，専用の貯蔵設備ではないが，カントリーエレベータのサイロやドライストアで籾の貯蔵が行える．籾のままで流通させると，包装荷造りが不要となる他，荷役や輸送，保管が大幅に合理化できる利点がある．

貯蔵中の米の含水率は，気温と相対湿度によって絶えず変化する．含水率が高いほど化学変化や病虫害が大きくなる．高温条件も，化学反応の促進を通して変質を早める．貯蔵中の粒質の変化と発芽力は並行する場合が多いため，発芽力が粒質変化の最も簡単な指標となる．貯穀害虫や病菌の寄生は米の外観を，また糖質の変質は粒の光沢や粒色を損なう．貯蔵中の米の化学変化としては，脂肪の分解で生じる遊離脂肪酸によるデンプンの糊化の低下，不飽和脂肪酸の酸化による古米臭の発生，ビタミンB_1含量の低下などがあり，その結果，炊飯時の米飯は硬く粘りの乏しいものとなり，食味性も低下する．

これまで日本では，生産地では籾を常温保管し，消費地では玄米を低温保管することが多かったが，近年，生産地でも低温保管が増加している．低温保管の場合，低温倉庫（15℃，相対湿度70〜80％程度）で保管されることが多い．

③搗精　玄米から果皮，種皮や胚乳の糊粉層および胚を除去することで，精米ともいう．精米された米を白米（精白米）という．諸外国では籾で流通することが多いため，籾からいきなり白米にする一貫工程が行われるが，玄米で流通することの多い日本では，搗精（精米）という工程がとられる．搗精過程は精米機で行われる．玄米に対する白米の重量比を搗精歩合と呼び，通常は90〜92％である．精米機は摩擦式（玄米の相互接触によって精白する．主として米飯の精米に使用）と研磨式（金剛砂で玄米を研磨．胚芽精米，長粒種の精米，酒米の精米などに使用）に分かれる．近年，輸送や流通事情の変化，低コスト化や製品の均質

化などの必要から，搗精工場は大型・自動化が進む一方で，精米したての米を賞味するため家庭用の小型精米機を購入する消費者も増えている．

　特殊な搗精法に，熱湯水に浸漬し吸水させた籾を蒸煮し乾燥させたあとに籾摺り，搗精するパーボイリング処理がある．粒の表面の糊化のため粒質が硬くなり，搗精時の砕米が生じにくいうえに，貯蔵性やビタミンB_1含量が向上する．古くからアジア諸国で行われてきたが，最近では欧米でも行われている．

　④**乾燥・調製過程で生じる障害粒**　　調製の各種作業が不適切に行われると，以下のような障害粒が生じることがある．

　ⓐ**胴割米**…粒を横断して発生する亀裂面のある粒で，急激な乾燥や吸湿により米粒内に不均一な収縮，膨張が起こると生じる．収穫適期を過ぎて低含水率となった立毛中の穂が降雨にあったときにも生じる．搗精時に砕米になりやすい．登熟初期の高温でも発生が助長される．

　ⓑ**肌ずれ米**…乾燥不十分な籾の籾すりによって表面全体に損傷が生じた粒．玄米の外観を損ねるばかりでなく，貯蔵性を損なう．

　ⓒ**芽ぐされ米**…穂発芽によって生じる．胚部が黒変および腐敗し，貯蔵性も低下する．

　ⓓ**発酵米（焼け米）**…生籾の貯留中に蒸れて，着色粒，病斑粒，不透明粒などを生じたもので，粒質の劣化を伴う．

　b．品質および食味

　わが国の米は，食糧管理法により流通管理がなされてきたが，米が完全に自給できるようになると，自主流通米制度が導入され（1969年），価格や流通の規制が緩和され始めた．食糧管理法は1995年に廃止され，かわって食糧法が制定された．こうした中で，玄米の外観的粒質を重視する検査等級と，食味や流通実績を踏まえた産地品種銘柄によって決まる類別の2本立てで米を格付けする方式が定着してきた．

　①**外観品質の評価**　　米は，玄米としたときの整粒歩合の最低限度，水分，被害粒，死米，着色粒，異種穀粒，異物などの最高限度に基づき，1～3等米および規格外に格付けされる．整粒は，被害粒（芽ぐされ米，胴割米，奇形米，茶米，砕米，虫害米，病害粒など），死米，着色米（発酵米やカメムシ食害による斑点米，赤米など），未熟粒（乳白米，基白米，背白米，腹白米など），異種穀粒，異物を除いた粒で，整粒歩合は登熟の良否や充実度の影響を受ける．

　②**米の食味**　　米の食味は，世界各国の食文化の違い，インド型や日本型などの違いによって異なる．食味の評価方法には，人間が試食して評価する官能試験と，炊飯米の化学性や物理性に基づいて評価する理化学試験とがある．官能試験は，旧食糧庁の食味試験実施要領による方式が標準的であり，外観，味，香り，粘り，硬さおよび総合評価の6項目を基準品種との比較から判定する．理化学試験には，アミロース，アミロペクチン，タンパク質，ヨード呈色度，物性試験として米の粘弾性特性を調べるアミログラフ，テクスチュロメーターなどがある．これらのうち，タンパク質含量が低いこと，次いでアミロース含量が低いことが米の食味にとって特に重要であるとされている．

表2-8 米の食味に関する要因

1)	新　古	貯蔵年月が長いと脂肪の分解生成物, タンパク質の変性などにより, デンプンの糊化性は大きな影響を受ける. 脂肪酸の軟化による古米臭も食味を損なう.
2)	品　種	炊飯時のデンプンの糊化膨潤性は品種の重要な特性で, 食味に及ぼす影響も大きい. 特にデンプンのアミロース成分の多寡が大きな要因となる.
3)	気候 (作季) 産地	登熟期の気温の高低, 日較差, 日照時間, 日射量, 風など登熟期の気象的要因は, 登熟への影響を通して食味性に反映される.
4)	土　壌	土壌の物理性, 化学性, 地力などと根の活性や登熟に関係する要因は, 食味に影響する.
5)	品質 (等級)	外観的粒質は稔りの良否, 登熟の障害, 収穫, 乾燥の適否などとも関係が深く, その意味で食味にも影響を与える.
6)	栽培法	米のタンパク質含量を高める施肥法, 根の活性を損なう水管理などは, マイナス要因である.
7)	登熟障害	強風害, 倒伏, 冠水害, 雨害, 異常高温, 冷害, 干害のような気象災害, その他病虫害などによる登熟阻害は, 食味の劣化の要因となる.
8)	収穫の適否	早刈りで未熟的粒質となり, 収穫期の遅れは過熟的粒質や胴割れの原因となるなど, いずれもマイナス要因である.
9)	乾　燥	乾燥温度の高過ぎ, 過乾燥, 過大な乾減率, 生籾の長期貯留などは, マイナス要因である.
10)	貯蔵法	低温貯蔵, 籾貯蔵に比べ, 常温貯蔵, 玄米貯蔵は粒質の古米化の進み方が大きい.
11)	加工法	搗精度, 搗精時の穀温上昇などは, 炊飯性に影響する. パーボイリング加工は非常に大きな影響がある. 混米は食味性を平均化させる.

上記の順序は, 必ずしも要因の大きさの順を示したものではない. 広域品種を除けば, 品種は産地と一体のものとして見られる. 上記の他, 炊飯方法によって大きな影響を受けることはいうまでもない. (秋田重誠, 2000)

食味には品種の他に, 産地 (気象, 土壌) と栽培法, 収穫時期や乾燥方法などが影響を及ぼす (表2-8).

c. 米, わら, 籾殻, 糠の用途

粳米のデンプン組成はアミロース20〜30%で残りがアミロペクチンであり, 飯米用として用いられる (日本型品種の多くはインド型品種に比べてアミロース含量が低いため, 粘りのある米飯となる). 糯米はデンプン組成がほとんどアミロペクチンであり, 餅や製菓となる. 最近ではアルファ米やインスタントライスのような加工米飯の利用も増えている. 味噌, 酢, 焼酎などの原料としては, 炊飯用の品種ではなく, 輸入などによる安い米が使われる. ただし, 清酒の原料には心白の発現が多い大粒の酒米品種が用いられる. 米から得られる米粉は和菓子 (煎餅, 団子など) の原料となる他, 近年は小麦粉の代替原料としてパンや麺類への利用が図られている. 米デンプンは特殊な工業用糊の原料となる.

なお, 稲わらは, 肉牛の肥育のための良質な粗飼料として重要であるが, コンバインの普及に伴い稲わらの大部分が裁断され鋤き込まれてしまうことから, 飼料としての利用は約10%に留まっており, 不足分は輸入に頼っている. 他に, 家畜の敷料用や堆肥用にも用いられる. 籾殻も多くは土壌に還元されるが, 家畜の敷料や, 燻炭にして土壌改良資材としても用いられる. 米糠はポテトチップスの製造に欠かせないこめ油 (米糠油) の原料となる他, 飼料や肥料, 食用キノコの菌床用培地の原料としても重要である.

2）コムギ（英名：wheat，学名：*Triticum* spp.）

(1) 来歴と生産状況
a．栽培種の分類と起源

イネ科（Poaceae（または Gramineae）），コムギ属（*Triticum*）の越年生作物で20種以上の種が含まれる．1つの小穂に4〜6の小花を着生し，そのうち最も基部の1小花だけが稔実する一粒系コムギ，基部の2小花が稔実する二粒系コムギ，3〜4小花が稔実する普通系コムギに分類される（表2-9）．普通系コムギのパンコムギ（*Triticum aestivum*）が世界で栽培されるコムギの大部分（約90％）を占める．他に現在比較的多く栽培されているコムギはマカロニコムギ（*Triticum durum*）で，世界の生産量は約3千万t，主な生産国はカナダ，イタリア，トルコ，アメリカなどである．マカロ

図 2-23　コムギ
（写真提供：平沢　正氏（左上））

表 2-9　コムギ属の栽培種における染色体数とゲノム構成

倍数性と種名	染色体数	ゲノム構成	普通名
2倍体（一粒系コムギ） *T. monococcum*	$2n=2x=14$	AA	栽培一粒系コムギ（einkorn wheat）
4倍体（二粒系コムギ） *T. dicoccum* *T. paleocolchicum* *T. carthlicum* *T. turgidum* *T. polonicum* *T. durum* *T. turanicum*	$2n=4x=28$	AABB	エンマーコムギ（emmer wheat） グルジアコムギ（Georgian wheat） ペルシアコムギ（Persian wheat） リベットコムギ（rivet wheat） ポーランドコムギ（Polish wheat） デュラムコムギ，マカロニコムギ （durum wheat, macaroni wheat） オリエントコムギ（Oriental wheat）
4倍体 （チモフェービ系コムギ） *T. timopheevi*	$2n=4x=28$	AAGG	チモフェービコムギ（timopheevi wheat）
6倍体（普通系コムギ） *T. spelta* *T. macha* *T. vavilovii* *T. compactum* *T. sphaerococcum* *T. aestivum*	$2n=6x=42$	AABBDD	スペルトコムギ（spelt wheat） マッハコムギ（macha wheat） バビロフコムギ（Vavirov wheat） クラブコムギ（club wheat） インド矮性コムギ（Indian dwarf wheat, shot wheat） パンコムギ（bread wheat, common wheat）
6倍体 （ジュコブスキー系コムギ） *T. zhukovskyi*	$2n=6x=42$	AAAAGG	ジュコブスキーコムギ（zhukovskyi wheat）

（辻本　壽氏作成）

ニコムギの原種と考えられている二粒系コムギのエンマーコムギ（*Triticum dicoccum*）は難脱穀性で，世界最古の栽培植物の1つと考えられている．

パンコムギには野生祖先種がなく，栽培種である4倍性のエンマーコムギまたはマカロニコムギの畑で，2倍性野生植物であるタルホコムギ（*Aegilops tausii*，別名 *Aegilops squarrosa*）が交雑して生じたとされる．近年のDNA分析などにより，6倍性コムギの起源地はカスピ海南岸のイラン付近で，夏が乾燥する西アジアの冬雨地帯であることがわかった．イネが高温・多湿条件に適応しているのに対して，コムギは冷温条件に適応している．日本には弥生時代の遺跡から散見され，古墳時代に朝鮮半島から伝わったと考えられている．

b．生産状況

近年の世界の生産量は6億2,000万tである．このうちアジアでは2億6,000万t，ヨーロッパが2億1,000万t，北アメリカが8,000万tである．国別では中国（約1億200万t），インド（約7,300万t），アメリカ（約5,700万t），ロシア（約4,900万t）の生産量が多い．収量は，ヨーロッパが平均で約360kg/10aと他地域に比べて高く，特にイギリス，ドイツは700kg/10aを大きく超えている．

日本では約74万6,000tの生産があり，生産量は北海道が約67%，九州地方が約13%，関東地方が約9%を占める．1961年の作付面積は約65万haであったが，安価な輸入コムギの増加などによって1973年には7万5,000haまで急激に減少した（図2-24）．麦生産振興政策により1989年には28万4,000haにまで増加したが，低麦価と水稲の生産調整の緩和により1995年には15万1,000haにまで減少した．1995年からは水稲の生産調整が再び拡大し，転作を進める諸対策が実施され現在は約21万haにまで増加した．近年の収量は約390kg/10aである．近年の自給率は10%前後である．輸入の過半が，アメリカからで，他にオーストラリア，カナダからの輸入が多い．

（2）成長と発育
a．生育の概要

出芽期から幼穂分化期までの栄養成長期では，茎の成長点で次々と葉原基を分化して葉数を増やしていく．葉の葉腋には分げつが発生する．葉数の増加に伴い分げつ数が増加する時期を分げつ期と呼ぶ．

成長点が葉の分化を終え，穂の分化を開始してから出穂期までの生殖成長期の前半は，幼穂形成期と呼び，小穂，小花，花器が形成される．この期間は同時に節間が伸長する．主茎の長さが約2cmになると茎立期と呼び，以降節間が急激に伸長する．幼穂が大きくなり止葉葉鞘がふくらむ穂ばらみ期を経て，出穂期となる．生殖成長期の後半は登熟期間で，開花，受精後，細胞分裂によって胚と胚乳が形成さ

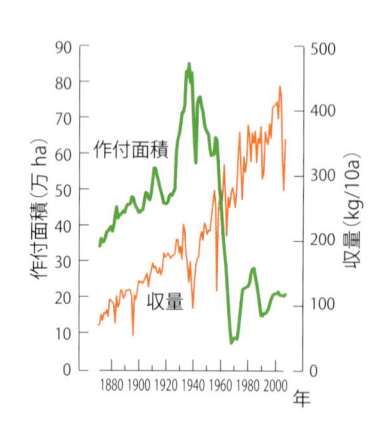

図2-24 日本におけるコムギの作付面積と収量の推移
（農林水産省）

れる．胚乳細胞にはデンプンが蓄積し，成熟期を迎える．

b．種子と発芽

コムギの子実は，穎果と呼び，薄い果皮の内側に1個の種子が包まれた果実である．胚と胚乳を固い外皮が包む．背面に粒溝と呼ぶ深い溝を持つ．胚乳は，最も外側が糊粉層で，その内側の組織にデンプンやタンパク質を蓄積する．胚には鞘葉，第1～3葉の原基，6本の種子根が分化している．

発芽時には，地下部器官の根鞘および種子根に続いて地上部器官の鞘葉が現れる．鞘葉に保護されながらその内側から第1葉，第2葉が開度1/2で出葉する．コムギはイネとは異なり，第1葉も第2葉と同じ形の葉身を持つ完全葉である．

c．葉，茎，分げつ，根の形成

葉，茎，分げつ，根の形成は基本的にはイネと同様である．茎は節と節間とからなり，栄養成長期には短い節間からなる不伸長茎部を，生殖成長期には伸長節間からなる伸長茎部を形成する．茎の節には葉と分げつ茎が1つずつ，根（節根，冠根）が2～3本発根する．このように1つの節は，1つの節間，葉，分げつならびに複数の節根を有し，ファイトマーと呼ばれる構成要素として軸方向に積み重なって茎を形成する．

葉は葉身と葉鞘とからなり，その境目に葉耳と葉舌がある．成長点上で原基が開度1/2で分化し，葉身，葉鞘の順に伸長する．葉身は，1葉前に出葉した葉の葉鞘の内部を伸長する．続いて葉鞘が伸長し出葉して展開する．成長点上で幼穂が分化したあとも，さらに4～5葉が出葉する．最後に出葉する葉を止葉と呼ぶ．

分げつは，同伸葉同伸分げつ理論に基づき，主茎の第4葉（第4節）の葉身が出葉すると同時に，その3節下の第1節から発生した分げつの第1葉が出葉する．分げつはコムギでは第1節からも発生し，しばしば鞘葉節からも発生する．分げつの各節からも節根（冠根）が2～3本ずつ発根し，種子根と合わせて「ひげ根型根系」を形成する．

d．幼穂形成

幼穂は早ければ発芽後1ヵ月以内で分化する．幼穂分化期を迎えると止葉の次に形成される原基は苞原基となる．苞原基は開度1/2で次々に分化して成長点が軸方向に伸長する．小穂原基は成長点の中央部分の苞原基の腋から発達し始め，そこから上位および下位へと分化していく（図2-25）．小穂原基の発達に伴って苞原基が

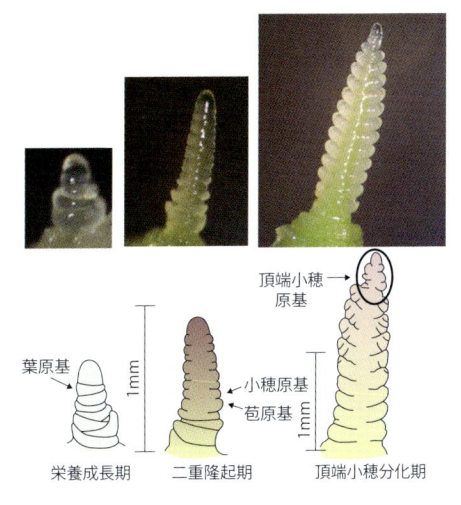

図2-25 栄養成長期，二重隆起期，頂端小穂分化期におけるコムギの茎の成長点

退化し，幼穂形成が進む．この過程で苞原基と小穂原基とが二重に隆起して見える時期がある．この時期を二重隆起期(double ridge stage)と呼び，この時期をもって幼穂分化期とする．二重隆起期以降も成長点先端部に向かって苞原基が分化し，やがて頂部の小穂原基が分化し（頂端小穂分化期），小穂数が決定する．それぞれの小穂原基はさらに発達し，小穂原基上に小花を分化および発達させる．

e．出穂，開花，受精

止葉着生節の下の節間が伸長を終えると，穂首節間が伸長し，穂が止葉の葉耳の位置より上部に押し出されて出穂となる．コムギは複穂状花序（compound spike）で，総状花序のイネの穂とは異なり枝梗がなく，小穂が穂軸に直接に着生する．小穂は，葉と同様に開度1/2で穂軸に互生し，小穂軸上に小花が開度1/2で互生する．ただし，穂の頂端に着生する小穂は，それよりも下の小穂に対して開度1/4となる．1つの穂には15～20程度の小穂が着生し，それぞれの小穂には5～6個の小花が着く．このうち基部の2～4個が開花し，稔実する．小花は，1個の雌ずいと3個の雄ずいからなる．開花では，雄ずいの先端にある葯が裂開して花粉を放出し，この花粉が雌ずいの柱頭に付着して受精する．重複受精により胚と胚乳の原核が形成される．

f．子実の登熟

開花・受精後に雌ずいの子房が発達して子実が形成される．開花後，胚乳細胞は活発に分裂し，約2週間後には粒を押すと乳状の液の出る乳熟期に達する．胚乳細胞は分裂を終えると，デンプンを蓄積して肥大する．やがて，子実は果皮から葉緑素が消失するが，内部はまだ軟らかく，粒を押すとつぶれる黄熟期に達し，ついに粒は硬くなり，品種特有の粒色を示す完熟期となる．その後，枯熟期に至り，穂軸が折れやすく脱粒しやすくなる．

胚乳細胞は最も外側の層で分裂し，早く分裂した古い細胞を胚嚢内部へと押し出していく．胚嚢内部が胚乳細胞で満たされると，最も内部の細胞からデンプンやタンパク質が蓄積する．胚乳組織が形成されて最初に蓄積し始めるデンプン粒を第1次デンプン粒と呼ぶ．第1次デンプン粒は最も内部の細胞から次第に周辺細胞に蓄積し，完熟した胚乳細胞では直径20～40μmとなる．乳熟期を過ぎると，第1次デンプン粒の隙間に第2次デンプン粒が蓄積する．第2次デンプン粒は，成長を完了した胚乳細胞でも直径10μmに満たない．

g．収量の成立

コムギの収量は，単位面積当たり穂数，一穂粒数，一粒重（通常は千粒重で表される）の積で表され，これらが収量構成要素となる（図2-26）．一穂粒数は，一穂小穂数と一小穂粒数との積で表される．

播種期が早い場合は，播種量を少なくして分げつの有効化を図り，播種期が遅い場合は，播種量を多くして必要穂数を確保する．一穂粒数は，幼穂分化期から頂端小穂分化期までに小穂数を増やし，その後各小穂に着生する小花数を増やすことで増加する．穂の基部や先端の小穂では不稔になりやすく，着粒数が減少しやすい．子実は登熟期前に茎葉に蓄積していた同化産物と開花後の光合成により生産した同化産物を使って稔実するので，これらを増加

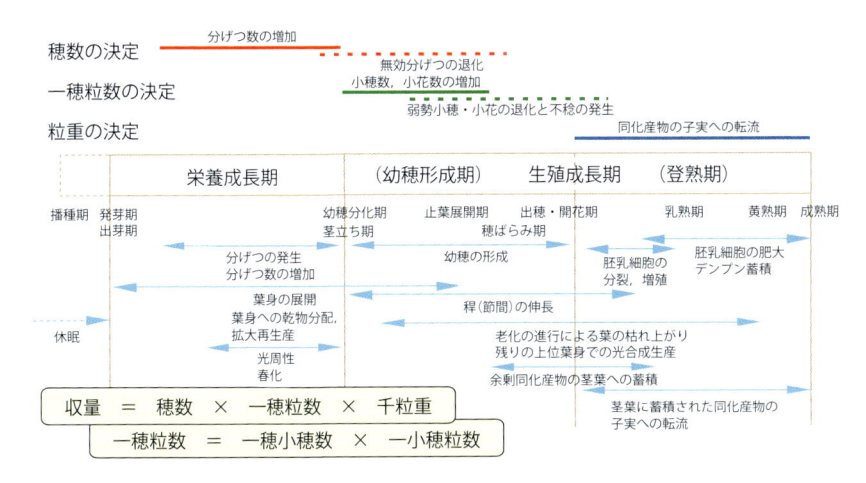

図2-26 コムギの成長および発育と収量構成要素の成立

させることが一粒重の増加につながる.

(3) 生理・生態的特性と障害
a. 乾物分配特性

コムギは，栄養成長期では葉身への乾物分配率が高く，光合成によって新たに生産した乾物はもっぱら葉身の成長に利用する（生育相Ⅰ）（図2-27）．幼穂分化後は，葉鞘および稈の伸長に伴い茎立期の頃から茎への乾物分配率が高まる．一方，葉身への乾物分配率は低下し続けて止葉が完全に展開するまでに0％となる（生育相Ⅱ）．止葉が出葉すると，幼穂が止葉の葉鞘内で急速に成長するため，穂ばらみ期から出穂するまで穂への乾物分配率が高まる（生育相Ⅲ）．開花後，乳熟期までは胚乳細胞が分裂および増殖するが，子実がシンクとして機能する十分な大きさとなるまでの間は生産した乾物の余剰分を可溶性炭水化物（糖）の形で茎に一時的に蓄積する．胚乳細胞が分裂を終えデンプンを蓄積するようになると，生産した乾物の子実への分配率は増加し，やがて100％となる（生育相Ⅳ）．その後，成熟期まで子実への乾物分配率は100％を維持する（生育相Ⅴ）．

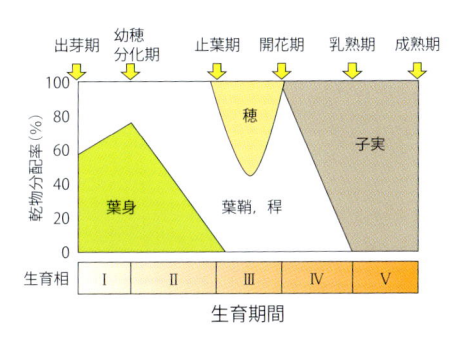

図2-27 コムギの生育相と乾物分配率の推移
（髙橋 肇ら，1988を一部改変）

b. 光合成

展開完了直後の葉の光合成速度は20〜25 μmol/m²/sで，最適温度は10〜25℃である．光合成の適温は冬期には低く，気温の高くなる春先には高くなる．葉面積指数は出穂期頃に最大となり，通常は5〜6で，多収穫栽培では6〜10にもなる．出穂期には1本の稈に

着生する生葉（緑葉）は3〜4葉に減少しており，乳熟期を過ぎる頃には上位2葉ほどしか残らない．穂の内外頴や芒，葉鞘，稈も光合成能力を持つ．出穂期前はロゼット状に繁茂した葉身で乾物生産を行うのに対して，出穂期後は個体群上層の穂とその下に空間的に配置された上位葉とで乾物生産を行うので，出穂期前よりも出穂期後の方が個体群の光エネルギー転換効率がよい．

c．光周性と秋播性

コムギは長日植物（long-day plant）で，日長が限界日長よりも長くなると幼穂形成が促進される．日長に対する反応（感光性）は品種によって異なる．北海道で4〜5月に播種する春播栽培では，感光性の強い品種は，融雪の遅れなどで播種期が遅れても長日条件下で幼穂形成が早められるため，収穫期が大きく遅れることはない．

生育初期に一定期間の低温条件で幼穂分化するための生理的条件を満たすことを春化（vernalization）という．春化のために十分な低温を必要とする性質を秋播性と呼び，必要とする低温期間の長さの品種による違いを秋播性程度と呼ぶ．コムギではⅠ〜Ⅶに分類され，秋播性程度Ⅰ〜Ⅲの品種は，幼穂分化に低温を必要としない春播性を示し，低温処理しない条件下での止葉展開までの日数によりさらに分類される．秋播性程度Ⅳ〜Ⅶの品種は，秋播性を示し，8℃の低温処理で春化が完了するまでの日数に基づいてさらに分類される．秋播性の強い品種は，冬の低温を経過しないといつまでも幼穂分化せず，栄養成長のみに終わる座止現象を示す．

d．種子の休眠と穂発芽

種子は，受精後10〜13日には胚の成長点も分化して発芽力を持つが，やがて休眠（dormancy, rest）に入り，収穫後も発芽しなくなる．収穫後，一定期間をおくと胚が生理的に成熟して再び発芽するようになる．このように，形態的には成熟した胚が休眠したのち，子実内部で生理的変化を起こして再び発芽できるようになることを後熟という．休眠が深いと播種しても発芽しないことがある．

登熟期に降雨にあうことで登熟中の種子が穂の中で発芽することを穂発芽と呼ぶ．穂発芽が起こると，胚乳のデンプンが分解されて低粘度化（低アミロ化）して品質が著しく低下する．休眠に入る前あるいは休眠が弱いときに収穫前に降雨が続くと穂発芽が問題となる．

e．寒害と硬化，凍霜害

著しい低温にあうと寒害を受ける．しかし，越冬前に徐々に低温に遭うことで，氷点下の温度環境でも生存できるようになる．これは植物体の細胞液中の糖含有率を高め，浸透圧を高めることで氷点下での細胞外凍結によって起こる細胞の脱水を防ぐ機構によるもので，硬化（ハードニング，hardening）と呼ばれる．硬化により，細胞の体積の変化を小さくして細胞内膜の傷害を防ぐことと，原形質が水を奪われても糖によってタンパク質の凝固が妨げられることで，耐寒性が高まる．

寒害の起こるもう1つの機構は，冬の根が深くまで伸びていない幼植物において，根が表土とともに凍上して起こる乾燥害である．また，幼穂は発育が進むと寒さに対して弱くな

り，−4〜−3℃の低温にあうと凍死する．また，出穂および開花の頃には0℃近くになると不稔となる．春先に起こるこのような障害を凍霜害という．

f．湿害と枯れ熟れ

湿害は，過湿土壌で酸素が不足した状態となって，生育障害を起こす現象である．発芽や出芽が阻害されて苗立ち不良となったり，出芽後の生育が阻害されて分げつ数が減少し葉色が落ちて生育量が減少する．さらに湿害が生育の後期にまで及ぶと，登熟不良により千粒重が低下し，窒素吸収も阻害されて子実のタンパク質含有率も低下する．

枯れ熟れは出穂期頃までは旺盛に生育していたコムギが登熟中期に葉が急激に枯れ上る現象である．著しいときには穂まで枯れ，子実の充実がきわめて不良になる．連作を中止することで被害を回避できる場合もあるが，原因は特定されていない．枯れ熟れに耐性を持つ品種もあり，品種の選定が有効な対策である．

(4) 品種と育種

育種は，多収や高品質の小麦粉を安定して生産することのできる品種を育成することを目的として行われる．栽培適性には，早晩性，秋播性など地域への適応に関するもの，草型，登熟特性など生産力に関するもの，耐病性，耐冷性，耐穂発芽性など障害に対する耐性に関するものなどがある．

日本の品種は，各地の国公立の農業試験場で育成されてきた．コムギは本来，冷涼で乾燥した環境を好む作物であるが，日本では温暖で雨の多い気象環境に適応した種々の品種が育成されてきた．これら品種群は，日本の特徴的な生態型ということができる．近年では，秋播性が中程度（秋播性程度Ⅳ）で従来の適期より早く播種してもすぐには幼穂分化しないが，幼穂の発育が早いので，凍霜害を回避しつつ出穂期に早播きの効果が現れる暖地での早播適性を有する品種'イワイノダイチ'も育成されている．

近年，遺伝子，染色体研究の結果，遺伝子のつくり出すタンパク質を支配するDNAが染色体上のどの位置にあるかが次々と明らかにされてきた．また，新たに育成された品種および系統がこれら有用な遺伝子を有するか否かをタンパク質の電気泳動法によって容易に明らかにできるようになった．病害虫耐性の遺伝子や高品質の小麦粉タンパク質をつくる新たな遺伝子は，外国の品種に存在することが多い．これらの遺伝子を既存の日本品種に導入するために戻し交雑法を用い，DNAマーカーなどを指標として目的とする遺伝子のみを導入する育種が行われている．

近年育成された特徴的な品種をあげると，'春よ恋'（'ハルユタカ'と比較して多収で製パン適性の優れる北海道のパン用品種），'きたほなみ'（'ホクシン'と比較して多収で穂発芽耐性が強く，製粉性，製めん適性に優れる北海道のめん用品種），'ゆめちから'（日本めん用の中力小麦とブレンドすることで優れた製パン適性を示す北海道の超強力小麦品種），'さとのそら'（'農林61号'と比較して，多収で製粉性，製めん性，耐倒伏性に優れる秋播性程度Ⅳで早生の関東地方のめん用品種），'さぬきの夢2000'と'さぬきの夢2009'（特産品のうどんを地元産の小麦粉で作ることを目的に香川県で育成），'ちくしW2号'（半数体育種法に

よって福岡県で育成されたラーメン用品種）などがある．

(5) 栽　　培
a．播　種　期
播種期は，北海道の秋播品種では 9 月中旬に，東北では 9 月下旬から 10 月中旬，関東では 11 月上旬，東海から九州では 11 月中下旬である．なお，北海道の春播品種は，融雪後圃場が乾いてから播種するので，4 月中旬から 5 月中旬頃となる．春播栽培では，秋播栽培に比べて生育期間が短くなり，乾物生産量が少なく低収となる．春播性品種の生育期間を拡大する目的で初冬に播種して種子のまま，あるいは出芽直後の状態で越冬させる初冬播きが行われることもある．

b．圃　　場
都府県では作付面積の約 95% が水田で，転換畑や二毛作体系で栽培されている．北海道では水田での栽培は作付面積の約 25% で，畑での栽培が多い．日本は雨が多く，また水田の裏作や転換畑で栽培されることが多いため，十分な排水対策を必要とする．圃場は暗渠が設置されていることが望ましく，加えて明渠と呼ばれる溝を掘ることにより表面排水を促す．水田では，畦畔，道路，水路に沿って圃場の内部を取り囲むように額縁明渠と呼ばれる排水用の溝を掘ることに加えて，10m 程度の間隔で排水路に接続する明渠が設けられる（図 2-28）．

近年，高い密度で埋設した暗渠を用いて，排水だけではなく地下灌漑も行えるシステムが開発された．このシステムはコムギ圃場では地下水位を低い位置に保つことで多収を実現している．

c．播　　種
ドリルシーダーを用い，条間 10 〜 30cm，播種深度 3 〜 4cm でドリル播きが行われる．北海道では，畝を立てずに一度に 10 〜 20 条を播種するが，九州など湿害が問題となるような地域では幅約 2m の畝を立てて，畝の中に数条を播種する．

近年，省力・低コスト栽培方法として，圃場面を耕起せずにディスクなどで溝を切ってそこに播種する不耕起播きが行われている．ブラジルやアメリカでは，風雨による土壌流亡を防ぐ方法として広く行われている．

d．施　　肥
昔から「ムギは肥料でつくり，イネは土でつくる」といわれるように，コムギは多収を得るために十分な量の肥料を必要とする．窒素成分は，全施用量の 1/3 〜 2/3 を基肥で施用し，残りを追肥と

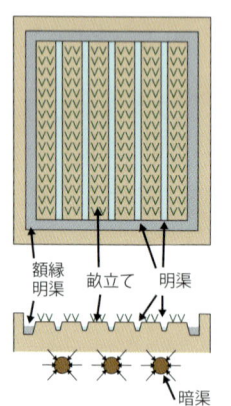

図 2-28　水田転換畑の排水例と額縁明渠の溝掘り作業
（写真提供：金子和彦氏）

して分施する．追肥には，栄養成長期に分げつの発生を促し穂数を増やすことを目的とする分げつ肥や，茎立ち期に無効分げつを有効化し，粒数を増加させるとともに登熟期間の乾物生産を高めることを目的とする穂肥などがある．高い子実タンパク質含有率が求められるパン用コムギでは，出穂期前後に尿素を葉面散布する技術も開発されている．

近年，速効性の化成肥料に対して肥効が 30 ～ 100 日間以上持続する肥効調節型肥料が開発され，コムギ栽培においても追肥に要する労力を省くことのできる省力栽培方法の 1 つとして使われている．

e．麦踏みと土入れ，除草

麦踏みは，生育初期のコムギを植物体の上から踏んでいく作業で，踏圧ともいう．霜柱による凍上害を防いだり，主茎を損傷して分げつの発生を促して茎数を増やすことを目的に，土壌が乾燥しているときに行われる．暖地では過剰な生育を抑制することも目的とする．土入れは，条間や畝間の溝の土をコムギの株元にかけ入れていく作業であり，雑草の防除とコムギの倒伏防止を目的に行われる．麦踏みと土入れは比較的集約的な栽培で実施される．

コムギ栽培での雑草は，水田裏作ではスズメノテッポウ，スズメノカタビラ，ノミノフスマ，ヤエムグラなど，畑ではハコベ，ホトケノザなどが多い．播種直後に除草剤を土壌処理することが一般的である．

f．病　害　虫

病害には，糸状菌（かび）を主因とする赤かび病，雪腐病，さび病，うどんこ病などや，ウイルスを主因とする縞萎縮病，萎縮病などがある（図 2-29）．さび病は，*Puccinia* 属の胞子の色によって赤さび病，黒さび病，黄さび病があり，葉身や葉鞘，茎に病斑を示す．うどんこ病は，*Blumeria* 属が風により伝染し，生育の中期以降，下葉や茎に白から灰色のうどんこ（小麦粉）をふりかけたような病斑を示す．

コムギの虫害には，主として登熟期に葉や穂に着いて吸汁するアブラムシや葉身からもぐり込んで葉肉内部を食害するハモグリバエなどがある．バクガやコクゾウムシは，貯蔵中の子実を食害する．

図 2-29　赤かび病
左：正常なコムギ粒，右：赤かび病被害コムギ粒．赤かび病は，開花期に穂がフザリウム菌に感染して，小穂の一部に褐色や白色の斑点を生じるとともに，頴の縫合部にピンク色の分生胞子塊を生じる．開花期に雨が多いと被害が大きくなる．子実は白変してしわ粒となり，さらにデオキシニバレノール（DON）というかび毒によって汚染される．このかび毒は，人や家畜に中毒症状を引き起こす．（写真提供：金子和彦氏）

図 2-30　コンバイン収穫
（写真提供：金子和彦氏）

g. 収　穫

出穂後45日頃に成熟期を迎える．コンバインによる収穫の適期は成熟期の2～3日後の子実水分が30％以下になってからである（図2-30）．収穫した子実は水分が12.5％以下になるまで乾燥後，約2mm目のふるいで選別する．子実のタンパク質含有率，容積重（粒1L当たりの重さ），灰分含量，フォーリングナンバー値（デンプンの粘度を示す．穂発芽の有無の判定指標となる）などを測定して，品質を評価したあとに製粉工場に出荷される．

h. コムギの検査

日本で生産されたコムギは，農産物検査法に基づき農産物検査規格によって検査される．規格は，「普通小麦」，「強力小麦」，「種子小麦」に分類され，産地品種銘柄が設けられている．銘柄の検査は，容積重，整粒歩合，水分，被害粒，異種穀粒，異物について行われ，1等，2等，規格外に格付けする．さらに，赤かび病被害粒の混入率が0.05％未満であることが求められる．

(6) 品質と利用

a. コムギの用途

コムギは，子実を製粉して小麦粉とし，6倍体のパンコムギは，パン，麺，菓子などに，4倍体のマカロニコムギはマカロニ，スパゲッティなどのパスタに加工し，食品として利用する．

パンコムギは，日本では用途によって強力粉，中力粉，薄力粉に分類されており，強力粉はパンやラーメン用に，中力粉は日本めん用に，薄力粉は菓子やてんぷら用に用いられる（表2-10）．これらは，小麦粉のタンパク質含有率によって分類されて，強力粉は11.5～13.0％，中力粉は7.5～10.5％，薄力粉は6.5～9.0％である．タンパク質含有率は，粒の硬質および軟質，品種および産地，肥培管理などの影響を受け，用途によっては，タンパク

表2-10　小麦粉の種類と主な用途

小麦粉の種類	主な用途	タンパク質含有率（％）	主な原料コムギ（（）内は略称）	
強力粉	食パン	11.5～13.0	カナダ産ウェスタン・レッド・スプリング（1CW）	アメリカ産ダークノーザン・スプリング（DNS）
準強力粉	中華めん，餃子の皮	10.5～12.5	オーストラリア産プライム・ハード（PH）	アメリカ産ハード・レッド・ウィンター（HRW）
中力粉	うどん，即席めん，ビスケット，和菓子	7.5～10.5	国内産，オーストラリア産スタンダード・ホワイト（ASW）	
薄力粉	カステラ，ケーキ，和菓子，天ぷら粉，ビスケット	6.5～9.0	アメリカ産ウェスタン・ホワイト（WW）	
デュラムセモリナ	マカロニ，スパゲッティ	11.0～14.0	カナダ産デュラム（DRM）	

（平成21年農林水産省）

質（グルテン）の量だけでなく質が，さらにはデンプンの質が品質に影響する．

マカロニコムギは，粗挽き粉のセモリナに製粉し，スパゲッティやマカロニに加工される．タンパク質含有率は，強力粉と同様に高い．

b．軟質コムギと硬質コムギ

子実は，遺伝的な粒の硬さから硬質と軟質とに分類される（図2-31）．硬質コムギは，比較的タンパク質含量が高く，子実がアメ色に透けて見える硝子質のものが多く，その切断面は硬いガラス状を呈しており，強力粉に向く．軟質コムギは，比較的タンパク質含量が低く，子実が白色を帯びて見える粉状質のものが多く，その切断面は主にデンプンで満たされて粉状を呈しており，薄力粉や中力粉に向く．日本で栽培されるものは，軟質コムギであるもののタンパク質が中間的であるため中力粉に向くものが多い．

コムギのデンプン粒は，軟質コムギの品種では，表面にピュロインドリンと呼ばれるタンパク質が結合しており，胚乳細胞内でデンプン粒の隙間を埋めているタンパク質と結合できずに胚乳を軟質にする．ピュロインドリンには，PIN-aとPIN-bの2種類があり，それぞれが1つの遺伝子によって支配されている．これらのうち1つが変異したり，欠失している硬質コムギの品種では，デンプン粒がその隙間を埋めているタンパク質と結合するため胚乳を硬質にする．パンコムギの硬質品種は，ほとんどが一方の遺伝子のみの変異を持っているが，マカロニコムギはこれら遺伝子を2つとも欠失している硬質コムギである．

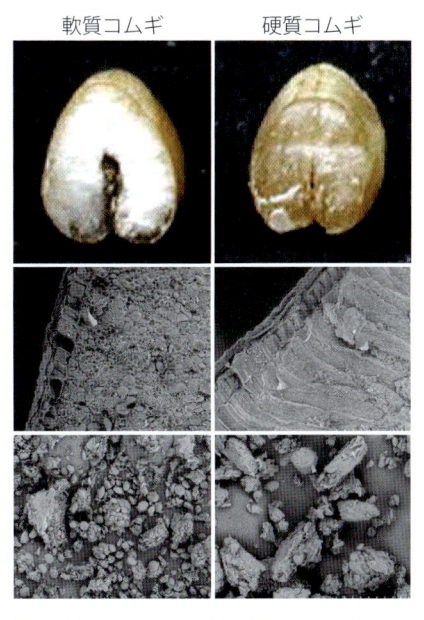

図2-31 軟質コムギと硬質コムギの種子断面と小麦粉の顕微鏡写真
上段：種子の断面，中断：種子断面（拡大），下段：小麦粉．（写真提供：池田達哉氏）

c．グルテン

小麦粉は，水を加えてこねるとグルテンが形成され，その生地形成力により弾力性，粘着性，可塑性が生じる．パン生地は，小麦粉中に良質で多量のグルテン（gluten）を持つことでよく膨れる．グルテンは，グリアジンとグルテニンという2種類のタンパク質からなる．グリアジンはグルテンの粘り（伸び）に関与し，グルテニンはグルテンの弾力（強さ）に関与している．グルテニンを合成する遺伝子 *Glu-D1d* は，サブユニット5型とサブユニット10型とを合成する．このうちサブユニット5は，他のサブユニットよりもシステインを1個多く持つためグルテンの弾性が強く製パン性を向上させる．最近では，これまでの品種に対して，戻し交雑によりこれら製パン性の高い遺伝子のみを導入する新たな育種も行われている．

3）オオムギ（英名：barley，学名：*Hordeum vulgare*）

（1）来歴と生産状況

イネ科，オオムギ属（*Hordeum*）に分類される．一年生作物で，世界で最も古くから栽培されている作物の1つである．染色体数は $2n = 2x = 14$．条性と皮裸性により，六条皮麦，六条裸麦，二条皮麦，二条裸麦に分けられる．穂軸の各節に着生する3つの小穂のすべてが稔実するのが六条種，3つの小穂のうち中央の小穂のみが稔実するのが二条種である．また，穎果が内外穎と癒着するものが皮麦，癒着しないものが裸麦である（図2-32）．

栽培オオムギ（*H. vulgare* ssp. *vulgare*）は，約1万年前に西アジアの「肥沃な三日月地帯」において，二条皮性の野生オオムギ（*H. vulgare* ssp. *spontaneum*）を起源として誕生し，約9,500年前に二条種から六条種が出現し，約6,000年前に裸性が出現したと考えられている．日本には，六条皮麦と六条裸麦が紀元前後に伝播し，奈良時代には広く栽培された．二条皮麦は明治以降にビールの製造技術とともに導入された．

世界の生産量は約1億2,000万t，主要生産国はロシア，ドイツ，フランスなどで，全体の約60％がヨーロッパで生産されている．日本における生産量は，二条皮麦が11.9万t，六条皮麦が3.9万t，裸麦が1.4万tであり（2011年），二条皮麦は関東北部や九州北部で，六条皮麦は北陸や関東北部で，裸麦は四国北部や九州中部で多く栽培されている．

図2-32 オオムギの穂の形態と穎果
左上：六条皮麦，右上：二条皮麦，写真下：左から，皮麦穎果腹面，同背面，裸麦穎果腹面，同背面.

（2）成長と発育

穎果（子実）は内外穎に包まれる．胚乳の貯蔵デンプンはほとんどの品種が粳性であるが，糯性品種もある．貯蔵タンパク質はコムギのようなグルテンを含まないのでパン適性はない．穎果の大きさは品種によって異なるが，千粒重は六条種の25～35gに比べて，二条種では40～50gと大きい．種子根は3～8本発生し，茎の各節部から冠根（不定根）が発生し，根系を形成する．

生育過程と形態はコムギに類似しているが，葉身がコムギより短く幅広である．主茎葉数は12～18枚程度で，早生品種ほど少ない．茎はコムギに比べてやや弱く，挫折型の倒伏をしやすい．主茎長が20mmに達する茎立ち期以後，節間が急激に伸長する．開花は出穂後3～4日後からで，穂の中央付近より開花が始まり，1穂の開花は4～5日で完了する．胚は受精後，7～8日で発芽能力を備え，開花後40日頃に成熟期を迎える．出穂と成熟は

コムギと比べて1週間程度早い．

(3) 生理生態的特性

　生育適温は 20℃ とされ，コムギより約 5℃ 低い．耐寒性や耐雪性もコムギより劣る．最適な土壌 pH は 6.5～7.8 で，コムギより酸性に弱い．

　幼穂形成には低温要求性があり，春播きでも出穂する春播性品種と，秋播きして低温に遭遇しないと出穂しない秋播性品種に区別される．秋播性程度は出穂に低温を必要としない播性程度Ⅰから，低温を要求する期間に応じて播性程度Ⅶまで分級される．秋播性が高いと冬期前に幼穂形成がなされないため，穂の凍霜害を回避できる．現在の日本では，Ⅰ～Ⅵまでの品種が認められ，六条皮麦と六条裸麦には秋播性程度がⅢ～Ⅴの品種が多く，二条皮麦ではすべてⅠ～Ⅱである．

　オオムギは半矮性遺伝子の1つである *uzu* 遺伝子の有無により，並性と渦性の品種群に分けられる．*uzu* 遺伝子を有する渦性品種では，植物ホルモンのブラシノステロイドに反応しないために半矮性を示し，葉身，葉鞘，稈長，穂長，粒長が並性品種に比べて短い．日本で栽培されているオオムギは，渦性の六条皮麦は耐寒性や耐雪性が弱いため関東で多く栽培され，並性の六条皮麦は東北や北陸などの寒冷地で栽培される．また，二条皮麦はすべて並性品種，六条裸麦はすべて渦性品種である．

　受粉時に鱗被が吸水により膨潤し，内外穎を外側に押し広げて開花する開花性オオムギと，鱗被が発達せず，膨潤もしないので開花しない閉花性オオムギがある．日本で栽培されている六条種の多くは，開花期に葯が抽出する開花受粉性の品種，二条種はすべて閉花受粉性の品種である．麦類の主要病害である赤かび病では，開花時に抽出した葯が主要な感染経路となるので，閉花受粉性の品種は赤かび病に対して抵抗性を有する．なお，赤かび病の防除適期は，開花受粉性の品種では開花期であるが，閉花受粉性の品種では，葯殻が穎花の先端から出てくる穂揃い期の10日後頃が防除の適期となる．

(4) 品種と育種

　オオムギの性質を決める重要な形質のうち，二条種は六条種に対し，皮性は裸性に対し，並性は渦性に対し，それぞれ優性である．育種では，多収性，耐病性，早晩性，耐寒・耐雪性ならびに用途に応じた高品質性が重要となる．耐病性では，土壌伝染性のウイルス病で薬剤防除が困難な主要病害である，縞萎縮病の抵抗性が重要である．

　六条皮麦では，耐病性などが優れ安定多収であるとともに，白度が高いなど精麦品質が高いことが重要である．品種 'ファイバースノウ' は精麦品質がきわめて優れ，耐雪性も高く，北陸地域を中心に最も多く作付けされている．次いで 'シュンライ'，'カシマムギ' の作付けが多い．近年では，炊飯後の褐変がほとんど起きない極低ポリフェノール品種なども育成されている．

　二条皮麦のうちビール用では，麦芽品質が高いことが重要であり，'スカイゴールデン' や 'サチホゴールデン' の作付けが多く，いずれも千粒重が大きく収量性が優れ，麦芽品質もきわめて優れる．国内ではビール用の二条皮麦はビール会社との契約で栽培されており，ビー

ル麦と呼ばれている．食用では，'ニシノホシ' が九州地域を中心に作付けされており，収量性，精麦品質ならびに焼酎醸造適性が優れる．

裸麦では，多収性と精麦品質が重要であり，'イチバンボシ' と 'マンネンボシ' が多く作付けされている．また，現在日本で栽培されている品種のほとんどが六条種であるが，2008年以降，複数の二条裸麦品種が育成されており，大粒で加工適性が優れる 'ユメサキボシ' や植物繊維のβグルカンが多い 'ビューファイバー' など新たな用途に向けた品種が開発されている．

(5) 栽　　　培

オオムギはコムギと比べて生育期間が短いため，二毛作限界地帯である関東では，コムギよりもオオムギで栽培体系が組まれている地域も多い．また，収穫作業での競合を避けるために作付けされる場合も多い．

耐湿性はコムギに比べて劣り，降雨量の多い日本では暗渠および明渠の施行や畝立て栽培などの対策が必要である．火山灰土壌ではリン酸不足が生じやすいため，リン酸施肥を多くし，酸性土壌では石灰質肥料を加えて酸度を矯正する必要がある．

播種法，播種量，踏圧，病害虫防除などは，コムギと同様である．施肥量は，一般に窒素とカリは10kg/10a程度，リン酸は10～15kg/10aで，土壌の種類，肥沃土，栽培法などにより加減する．窒素施肥量の30～70％は追肥で与えるが，ビール麦では，子実タンパク質含有率が高いと醸造適性が低下するので，追肥の量と時期に注意する必要がある．

収穫適期は，成熟期の4日後頃で穀実水分が25％以下となる時期である．収穫が早いと精粒歩合の低下や，砕粒，剥皮粒の増加による品質低下が起こり，ビール麦では発芽率の低下が問題となる．また，収穫が遅れると降雨により穂発芽粒の発生が問題となる．

(6) 品質と利用

世界で生産されるオオムギの70～80％が飼料用，残りの大部分がビールやウィスキー醸造用であり，食用は少ない．日本では，国内の総需要量は約210万tで用途の53％は飼料用，45％が醸造などの加工用，2％が食用である（2010年）．自給率は約9％で，主な輸入先は，オーストラリア，アメリカ，カナダである．

求められる品質は用途により異なる．精麦加工した麦を圧ぺんした押し麦などの主食用では，搗精特性（搗精時間や歩留りなど），搗精後の品質（白度，外観など），炊飯後の食味などが重要である．ビール用では，発芽させてアルコール発酵させるため，発芽率が高く，粒が大きく揃っていること，デンプン含有率が高く，タンパク質含有率が基準値内（10～11％）であることが重要である．焼酎醸造用には，ビール麦以外の二条皮麦が主に用いられており，精麦特性が優れ，粒が大きく揃っていること，デンプン含有率が高いことが重要である．麦茶用には，主に六条皮麦が用いられ，麦茶の味，香気，色をよくするため，高いタンパク質含有率が求められる．味噌用には裸麦が多く利用され，求められる品質（色相，甘味など）には地域差がある．飼料用にはタンパク質含有率の高いことが重要であり，家畜の吸収消化を高めるために加熱蒸気を加えて圧ぺんするなどの加工が行われる．

4）ライムギ（英名：rye，学名：*Secale cereale*）

(1) 来歴と生産状況

イネ科，ライムギ属（Secale）に属し，染色体数が $2n = 2x = 14$ の越年生作物である．他の麦類に比べ栽培化された時期は新しく，元来コムギ畑の雑草であったものが，環境ストレス耐性に優れていたため，次第に栽培化がなされた2次作物（secondary crop）と考えられている．雑草としてのライムギは西アジアもしくは中央アジアに起源し，起源地内もしくはヨーロッパへ伝播する過程で栽培化が進んだとされる．

近年の世界における生産量は約1,500万tでヨーロッパで多く，ポーランド，ドイツ，ロシアなどが主要生産国である．酸性土壌地帯など，コムギ栽培不適地を中心にパン用穀類として栽培されるが，コムギの品種改良による栽培適地の拡充や，またコムギとの雑種「ライコムギ」も現れ，ライムギの作付面積は漸減している．近年の単収の世界平均は約2.3t/haであるが，ウズベキスタンやイギリス，スイスなどでは6.0t/haを超える．わが国の子実用ライムギの栽培は，1950年代に数千ha作付けされていたが現在はほぼなく，ライムギ子実の多くはカナダやポーランドから輸入している．

図 2-33 草姿と穂
（写真提供：今井　勝氏）

(2) 成長と発育

播種後の種子には種子根が4～6本出現し，その後，鞘葉節より上の節から冠根が発生する．根は深根性で，コムギやオオムギよりも要水量が大きく吸肥力も強い．

発芽直後のライムギの鞘葉は赤褐色を呈するので，他の麦類と容易に区別できる．稈長は1.3～1.8mほどに達し，まれに3mほどに及ぶが，強稈のため倒伏しにくい．

穂は穂状花序で，長さは10～18cmである．穂軸は25～30節のものが多く，各節に1つの小穂が互生する．1小穂は3小花からなるが，最頂部の小花は通常不稔である．小花は風媒花であり他家受精しやすく，自家受精するコムギやオオムギと大きく異なる．

穎果は裸性の長大粒で，背面に縦溝があり表面にはしわが多い．千粒重は25～35gでコムギと同等かやや小さい．

(3) 生理生態的特性

コムギに比べ耐乾性，耐寒性に優れる．出穂期に20℃前後の温度が必要である以外は，基本的に生育期間を通し冷涼な気候を好む．しかし，耐湿性と耐雪性はコムギに比べ劣る傾向にある．酸性またはアルカリ性土（pH4～8），泥炭地，砂地などの不良土壌に耐えるが，生育に適した土壌は，pH5～6の乾燥した砂質壌土または壌質砂土である．積雪期間が長引くと特定の雪腐病に罹患しやすい．

(4) 品　　種

春播き性品種に比べ秋播き性品種で耐寒性，雪腐病抵抗性に優れ，分げつが旺盛で多収の

傾向にある．冬に十分な低温期間が確保できる東欧諸国では，コムギの秋播き性程度Ⅵ，Ⅶに相当する品種が用いられる．

わが国に普及している品種の多くはドイツから導入された晩生品種'ペトクーザ'に由来し，強稈，多収で耐寒性に優れるので世界各国でも育種母材とされている．

(5) 栽　　培

ライムギの発芽下限温度は，他の麦類に比べて低いが，実際の播種適期は秋播きコムギに準じる．春播き品種の場合は4月下旬までに播種する．生育初期の分げつ発生数が多いため，適正播種量はコムギよりやや少ない．基本的な圃場管理も，秋播きコムギに準じる．ただし，ライムギはコムギに比べ秋の窒素吸収量が多く，起生期の多窒素は倒伏の原因となる．さらに，登熟後半に葉の黄化が早まると千粒重が小さくなる傾向にあるため，窒素追肥により葉の黄化を遅らせる必要がある．このため，窒素の施肥量はコムギに比べて基肥にやや多く，起生期に少なく，止葉期以降に多くすると多収に結び付きやすい．連作すると地力の損耗を招くので，作付体系に輪作や混作を取り入れることが重要となる．収穫はコムギと同様に黄熟期以降に行われる．

主な病害には，赤かび病（*Gibberella zeae*），麦角病（*Claviceps purpurea*（Fr.）Tulasne），雪腐病などがある．赤かび病は，コムギと同様，開花時に多雨の場合は注意が必要で，発症粒にはかび毒が含まれる．開花期と登熟期に防除を行う．麦角病に罹患した子実も，そのかび毒が人畜の中毒症状を引き起こす．種子の塩水選（20～32％食塩水）で被害粒を除去できる．

(6) 品質と利用

ライムギは，グルテンをほとんど形成しないため，パンを作る場合は，通常コムギ粉と混ぜて作る．パン生地のライムギ粉配合割合が多い場合には，乳酸菌や自然酵母など複数の微生物でできたサワー種（ザワータイク，Sauerteig）で発酵させ粘弾性のある生地をつくる．ライムギ粉は黒みを帯びており，コムギ純正のパンに比べ膨らまないので，ライムギのパンは黒くて硬く，独特の酸味を有するパン（黒パン）となる．わが国でも近年は，各種ミネラル，必須アミノ酸のリジン，ビタミンB_1，B_2や食物繊維がコムギに比べ多いこと，コムギアレルギーのアレルゲンを含まないことなど，栄養価や機能面で注目が集まり，ライムギパンの人気が高まっている．ライムギの子実はこの他に，麺類，ビスケットなどの焼き菓子，味噌や醤油の材料になり，その麦芽は黒ビール，ウイスキーやウォッカなどのアルコール原料としても使用される．

(7) ライコムギ

ライコムギ（英名：triticale，学名：×*Triticosecale* Wittmack）は，ライムギの持つ耐寒性，耐酸性，耐病性，高タンパク質含有率などの長所をコムギに導入するために作出されたライムギとコムギの属間雑種である．主要な品種は6倍体である．多くは飼料用として栽培されているが，一部パン用，オートミール用，菓子類などにも利用されている．世界では現在約400万haの栽培があり，ドイツ，ポーランド，中国などで多い．

5）エンバク（英名：oat(s)，学名：*Avena sativa*（普通種））

(1) 来歴と生産状況

イネ科，カラスムギ属（*Avena*）に属し，コムギと同様，倍数性の異なる植物が属内にある．染色体数7を基本としたカラスムギ属は現在30種ほど知られており，雑草種と栽培種を含む6倍体（$2n = 6x = 42$）の7種と，その大部分が野生種である2倍体（$2n = 2x = 14$）および4倍体（$2n = 4x = 28$）の23種からなる．6倍体には普通エンバク（*A. sativa* L.）などが含まれ，キタネグサレセンチュウ抵抗性で知られるサンドオート（*A. strigosa* Schreb.）は2倍体，エチオピアの高地で栽培されるアビシニアオート（*A. abyssinica* Hochst.）は4倍体である．本属の植物は，4倍体 *A. macrostachya* Bal. ex Cross et Dur. が多年生であるのを除き，すべて越年生植物である．

図2-34 エンバクの草姿(A)，穂内の小花(B)および穎果の形態（C）
Cの上列は表面，下列は背面．図中のバーは1cmを表す．（写真提供：今井　勝氏(A)）

前項のライムギと同様にエンバクも，当初ムギ畑の雑草であったが，環境ストレス耐性に優れていたことから，やがて2次作物として成立し，コムギやオオムギとともに各地へ伝播していったとされる．原産地は，中央アジア・アルメニア地域とされるが，北アフリカにも1次的多様性中心が認められる．

世界の作付面積は半世紀前は3,000万 ha を超えていたが，近年では約1,000万 ha に減少している．近年の生産量は2,000～2,500万 t である．ロシア，カナダ，オーストラリアなどが主要生産国である．単収の世界平均は約2.2t/ha であるが，アイルランド，イギリスやニュージーランドなどでは5.0t/ha を超える．わが国へのエンバクの導入は，1900年頃にイギリスから北海道へ持ち込まれたのが最初で，主として馬の飼料用であった．国内における穀実用エンバクの栽培面積は，1942年に15万 ha（約17万 t）まで達したが，以後減少を続け現在はわずかである．

(2) 成長と発育

根は播種後，種子根が3～5本出現し，その後，鞘葉節から上の各節に冠根が発生する．深根性で，吸肥力が強い．葉はコムギより概して幅広く，葉身基部および葉鞘には短毛を帯びるものがある．稈は中空で裏面は平滑，稈長は60～160cm でコムギやオオムギより長い．主稈の節数は6～12節あり，上部節間ほど伸長する．穂は複総状花序（図2-34A，B）で，長さは15～30cm，1穂に70～80の小穂が着く．1小穂は2～3小花からなる．通常，先端の小花は不稔となるので，1小穂に1～2つの種子が着く．各小花には2枚の長い護穎が着生し，それがツバメの羽の形に似ているので，「燕麦」と呼ばれるようになった（図

2-34B). 穎果は細長く，表面に毛が疎生し，背面に縦溝がある（図 2-34C）．オオムギ同様の皮・裸性がある．千粒重は 30 〜 40g 前後である．

(3) 生理生態的特性

耐乾性に劣る反面，耐湿性に優れ，麦類の中で最も多雨気候に適する．生育最盛期の要水量が大きいため，特に穂ばらみ期から開花期において湿潤である環境が望ましい．泥炭土や重粘土，酸度またはアルカリ度が強い土壌にも適応する．ただし，酸度矯正の効果は大きく，pH6.2 程度が多収上望ましい．開花時に 15 〜 32℃の気温を必要とする以外は，おしなべて冷涼な気候を好み，発芽の際の下限温度は 0 〜 2℃，生育気温の下限温度も 4 〜 5℃と低い．ただし，植物体としての耐凍性は他の麦類に比べて劣り，寒冷地での越冬は難しい．

(4) 品　　　種

エンバクの早生品種は，中生および晩生品種に比べ収量が少ない傾向にあるが，高温，多雨，病害などの諸障害を回避しやすいので，収量が安定しやすい．逆に，晩生品種は，登熟に不適な高温乾燥に遭いやすく，さらに乳熟期以降の低温で登熟が停止する可能性も高まる．よって，早生・晩生品種よりも中生品種で収量性に優れるものが多く，コムギやライムギなどの多収品種並みである（6t/ha）．秋播き性程度は，ほとんどの品種がコムギのⅠ〜Ⅳに相当し，秋播き性程度が極端に高い品種はほとんど存在しない．わが国では明治時代から北海道農業試験場でエンバクの育種事業が進められたが，'ビクトリー 1 号'，'前進'，'北洋' などの欧米からの導入品種が主に栽培された．

(5) 栽　　　培

倒伏を回避し登熟を良好とするため条播が適する．エンバクは他のイネ科穀類に比べて，地力が乏しい土地にも適応する．また，倒伏を避けるためにも，肥料過多とならない施肥量が望ましい．地力の窒素が高い畑では倒伏しやすいので窒素を減肥し，さらに伸長期に培土を行うが，耐倒伏性が高い品種を用いたうえで分げつ数や穂数などの各収量構成要素の増収効果をあげたい場合は，分げつ期から出穂期の間に窒素追肥を行うことがある．エンバクは干ばつに弱く，北海道では生育初期の 5 〜 6 月に乾燥に遭い干ばつ害を受ける場合があるが，その対策として，幼苗期と節間伸長期における中耕や除草剤散布によって，土壌水分の過度の損失を避け，深耕により根系の発達を促すことが重要になる．登熟期間はコムギより短く，出穂後 30 〜 35 日で成熟期に達する．食用および飼料として子実を利用する場合には，黄熟期から完熟期に収穫する．飼料として茎葉を乾草にする場合には出穂期前後に収穫する．注意すべき病害虫は，冠さび病（*Puccinia coronata*），裸黒穂病（*Ustilago avenae*），赤かび病（*Gibberella zeae*），斑紋病（*Pyrenophora avenae*），ハリガネムシである．

(6) 品質と利用

子実は，他の麦類に比べてタンパク質や脂質，カルシウムなどに富み，栄養価が優れている．最近ではヒトの高脂血症を改善する機能性にも注目が集まっている．欧米では重要な食用作物であり，子実を精白し焙煎，圧扁したものをオートミール（oat meal）として主に朝食に用いる．子実はこの他，クッキー，ウイスキー，味噌などの原料として使用される．

6）トウモロコシ（英名：corn, maize, 学名：*Zea mays*）

(1) 来歴と生産状況

トウモロコシは，イネ科，トウモロコシ属（*Zea*）の大型の一年生草本である（$2n=2x=20$）．紀元前5000年頃までに，中南米で栽培化されたと考えられており，原始的なトウモロコシの穂がメキシコで見つかっている．植物学的な起源は，トウモロコシと容易に交雑するテオシント（*Zea mays mexicana* または *Euchlaena mexicana*）であるとする説や，テオシントとトリプサクム属の植物が関与したとする説などがある．

図2-35 栽培中のトウモロコシと雄穂（開花，左上），雌穂（絹糸抽出，左下）

トウモロコシは，コロンブスによってヨーロッパへもたらされ（1492年），その後100年の間に世界中に伝播した．日本へは戦国時代（一説に1579年）にポルトガルから，カリビア型フリント種（後述）が九州または四国に伝えられた．また，明治時代には北海道開拓のために，アメリカから，北方型フリント種とデント種（後述）が導入された．阿蘇山麓，富士山麓，長野，北関東，東北地方などで栽培されてきた．第二次世界大戦後，子実用の飼料用トウモロコシの栽培面積は急減し，大部分を輸入するようになった．

近年の世界における子実用トウモロコシの収穫面積は約1.6億ha，平均収量5.2t/ha，生産量は作物の中で最大で約8.5億tである．生産量は1990年代以降，イネやコムギよりも急速に増加しており，約40％がアメリカ（3.2億t），約20％が中国（1.8億t）である．全生産量の約13％（1.1億t）が輸出されており，その約半分はアメリカからで（5,090万t），アルゼンチン，ブラジルが次いでいる．日本は世界最大の輸入国であり，韓国，中国，エジプト，イラン，メキシコ，コロンビアなどで輸入量が多い．アフリカでも，トウモロコシの輸入量は急増している．

日本では，青刈り・サイレージ用として後述のデント種が約10万ha，スイート種（主に生食用）が約3万haで栽培されており，いずれも北海道で多い．

(2) 成長と発育

トウモロコシの生育は，出芽から雄穂抽出開花（tasseling）までの期間と，絹糸抽出（silking）から黒色の離層が形成される完熟までの期間とに分けられる．発芽の過程で出る種子根は2～3週間で枯死するが，地下の茎基部から出る冠根により養水分を吸収し，発芽後1ヵ月で肥料反応もよくなり，立毛中の草丈が30～40cmの膝高期（knee high stage）になる．葉は各節に1枚で葉身，葉鞘，葉舌，葉耳からなる．分げつが生じることもあるが，一般にその数は少ない．

雄穂分化後約10日で雌穂（ear）が分化し，草丈や葉面積が急速に増加する．葉身はそ

の中央に中肋が通って葉身を空中に保持し、葉身長は雌穂着生節で通常最大となる。雄穂抽出の2～3日後に花粉が飛散し（anthesis）、その1～3日後に絹糸（silk）を抽出して受粉し受精する。雌雄異花で、両者の発達の差異により他花受粉する機会が増えることは、トウモロコシの生殖成長の特徴である。雄穂は茎の先端に1本着生し、1,000～2,000個の小穂からなる総状花序で、1本の雄穂には約2,000万もの花粉が形成される（図2-35）。雌穂は茎の中位の節に着生し、数枚の苞葉に包まれ、小穂が通常8～20列並んでいる。絹糸は雌穂の花柱と柱頭に当たる。

登熟期は、子実中のデンプン蓄積量や含水率、固さなどから判断して、乳熟期（含水率約75%）、糊熟期（約60%）、黄熟期（約45%）、完熟期（約30%）に分けられる。

(3) 生理生態的特性

トウモロコシは熱帯原産の短日植物（short-day plant）であるが、寒冷地の品種では6～10℃でも生育は可能である。低温や乾燥などの環境ストレスや窒素不足が開花期に起こると、雄穂抽出後の絹糸抽出が遅延して減収する。雄穂抽出から絹糸抽出までの日数には遺伝的変異があり、育種選抜指標としても使われてきた。大型で葉面積も大きいトウモロコシは蒸散量も大きい。乾燥への適応性はソルガムよりは低い。トウモロコシの根系は生育初期には浅く、生育に伴い深くなる。2012年にアメリカのコーンベルト（世界最大の生産地）は大干ばつに見舞われたが、根系を改良し吸水能力を高めると、今後のアメリカのトウモロコシ収量が安定的に向上すると予測されている。

トウモロコシの光合成はC_4型（NADP-ME サブタイプ）であり、高い光合成速度を発揮できる。吸肥力も高く、長い稈に互生する葉は良好な受光態勢を作り、物質生産力が高い。良好な環境では、子実の炭水化物の大半は、登熟期間の直接の光合成産物であり、しばしば収量と絹糸抽出期以降の乾物生産量との間に高い相関が見られる。収量は、1粒重と面積当たりの粒数によって決定される。そして、面積当たりの粒数は、一穂粒数と面積当たりの穂数によって決定され、一穂粒数は、粒列数と1列粒数によって決定される。粒列数は品種固有の性質である。トウモロコシの中には、1本の茎に2つ以上の雌穂を実らせる多穂性（prolificacy）品種もあるが、1個体1雌穂のものが多い。

(4) 品種と育種

種子の色は、果皮と胚乳の色素により、白、黄、褐色、紫など多様である。日本で栽培される品種の多くは黄色系である。また、穎果の形状と胚乳形質から、多様な種類がある（図2-36）。

デント種（dent corn，馬歯種）は、胚乳周縁部は硬質デンプン、中央部分は頂部まで軟質デンプンからなるため、完熟すると中央部分がくぼんで臼歯のような形になる。北米での栽培が多い。フリント種（flint corn，硬質種）は、胚乳の周縁部から頂部まで硬質デンプンからなり、その内側が軟質デンプンからなるため、丸く光沢のある外観を持つ。コロンブスがヨーロッパに持ち帰ったもので、現在では、中南米、ヨーロッパ、アジアで多く栽培されている。デント種よりも、発芽力や初期成長が優れるが、耐倒伏性は劣る。スイート種（sweet corn，甘味種）は、胚乳中に糖分が多く、デンプンの充実が悪く、成熟して乾燥するとしわ

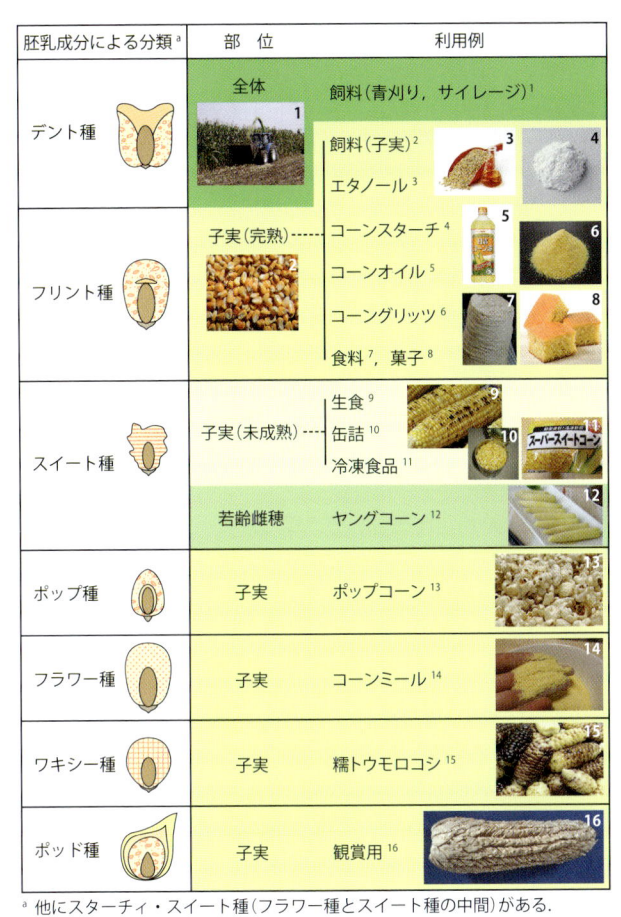

胚乳成分による分類[a]	部位	利用例
デント種	全体	飼料（青刈り，サイレージ）[1]
	子実（完熟）	飼料（子実）[2] エタノール[3]
フリント種	子実（完熟）	コーンスターチ[4] コーンオイル[5] コーングリッツ[6] 食料[7]，菓子[8]
スイート種	子実（未成熟）	生食[9] 缶詰[10] 冷凍食品[11]
	若齢雌穂	ヤングコーン[12]
ポップ種	子実	ポップコーン[13]
フラワー種	子実	コーンミール[14]
ワキシー種	子実	糯トウモロコシ[15]
ポッド種	子実	観賞用[16]

[a] 他にスターチィ・スイート種（フラワー種とスイート種の中間）がある．

胚　硬質デンプン　軟質デンプン　糖質デンプン　糯質デンプン

図2-36 トウモロコシの粒質による区分と利用例

を生じる．デント種やフリント種に比べて植物体も千粒重も小さい．ポップ種（pop corn，爆裂種）は，フリント種のように胚乳の大部分が硬質デンプンからなり，軟質デンプンは内部にわずかに存在する．フラワー種（flour corn，軟質種，粉質種）は，胚乳全体が軟質デンプンからなる．ワキシー種（waxy corn，糯種）は，糯性の胚乳で，デンプンのほとんどがアミロペクチンからなる．ポッド種（pod corn，有ふ種）は，他のトウモロコシとは異なり，子実が1粒ずつ穎にくるまれている．スターチィ・スイート種（strachy-sweet corn）は，フラワー種とスイート種の中間の性質を持つ．

　トウモロコシの育種では，異なる品種や系統を交雑した一代雑種植物（F_1）で発現する雑

種強勢（heterosis, hybrid vigor）を利用して飛躍的な収量の増加を達成した．アメリカでのトウモロコシの品種改良の過程では，乾物生産能力や広域適応性が向上した．現在のトウモロコシの栽培品種の主流は，一代雑種品種（F_1品種）（ハイブリッドコーン）であり，中でも2つの自殖系統（AとB）の単交雑によるF_1（A×B）が雑種強勢の効果が高いため多い．ただし単交雑では，両親（AとB）は自殖系統であるため生育が貧弱で得られる種子の量が少ない傾向がある．これに対して，（A×B）×（C×D）という複交雑では，より多くの種子生産が可能であるが，複交雑品種の形質はより不均一になる傾向がある．交雑品種の種子生産では，雌株に着生する雄穂の花粉飛散前に，雄穂を取り除く作業が必要である．雄性不稔遺伝子を利用することにより，種子生産の効率を高めることができる．アメリカでは1960年代後半までは雄性不稔系統を用いた採種が広く行われていたが，1970年代にこの系統にごま葉枯れ病が大発生し，壊滅的な被害を受けた．以後は再び除雄による採種が主流となった．新たな雄性不稔遺伝子を利用する方法が現在研究されている．

アメリカやEUでは，トウモロコシの育種目標は，飼料用の農業形質と，エタノール，デンプン，ブドウ糖生産などの工芸作物としての遺伝形質とである．日本の公的機関では，フリント種の良好な茎葉消化性や収量の年次安定性などをデント種に導入したり，耐湿性の改良のためにテオシントの不定根形成能や通気組織形成能をトウモロコシに導入したりして，青刈り・サイレージ用品種の開発が行われている．トウモロコシの育種と種子生産では民間種苗会社の役割が大きい．パイオニアハイブリッド社では分子マーカーを使った育種が推進され，モンサント社では，遺伝子組換えにより，除草剤耐性，害虫抵抗性，乾燥耐性，高リシンの品種が開発されている．アメリカのトウモロコシ作付面積の86%，世界のトウモロコシ収穫面積の約20%（約3,000万ha）は遺伝子組換え品種である（2010年）．

メキシコには40種以上，南北アメリカには約250種のトウモロコシ在来種がある．国際小麦・トウモロコシ改良センター（Centro Internacional de Mejoramiento de Maiz y Trigo, CIMMYT）やインド，ロシア，アメリカ，メキシコなどの研究機関の遺伝子銀行で，トウモロコシの遺伝資源の探索，収集，保存が行われている．

(5) 栽　　培

世界のトウモロコシ栽培生態系は，①中南米や西アフリカ，インド，インドネシアなどの熱帯低地，②アンデスやメソアメリカ高地などの熱帯高地（標高3,000m程度も含む），③ブラジルのセラードなどの亜熱帯，④北米平原，アルゼンチンのパンパ，中国東北地方，ヨーロッパやウクライナのような温帯（北緯60°近くまでも含む）に分けられる．雄穂抽出期に21〜30℃，降雨は最低200mm，450〜600mmが適量で，十分な有機物と土壌養分を含んだ排水良好な壌土，シルト質壌土で多収となり，pH6〜7が適している．

日本では雑草防除のため，プラウ，ロータリーやハローによる耕起，砕土，整地が行われ，耕深は25cm以上が望ましい．一方，世界の乾燥地域では，不耕起栽培を含む簡易耕が一般的である．播種は地表下3cm程度がよく，発芽は10℃以下の低温では著しく遅れる．畝幅75cm，5万個体/ha程度が標準的な栽植様式および栽植密度であるが，青刈り・サイレー

ジ用品種ではこれよりも狭畝密植がよく，スイート種ではこれより少し広めがよい．トウモロコシは肥料の吸収量が多く，乾物収量15t/ha のためには窒素元素の含有量は200kg/ha以上必要とされる．雑草管理のために，播種後に土壌処理除草剤が使われる．畝間の除草と土壌の物理性の改善のために中耕を行う．マメ科作物をリビングマルチとして畝間の雑草抑制のために利用する技術も開発されている．また，アメリカなどではグリホサートを主成分とした除草剤と，遺伝子組換えによるグリホサート耐性品種が利用されている．主要害虫であるアワノメイガ，アワヨトウ，ハリガネムシに対しては，化学農薬による防除の他，細菌（*Bacillus thuringiensis*）の結晶性タンパク遺伝子をトウモロコシに導入した害虫抵抗性品種（Btコーン）も利用されている．

主要病害であるすす紋病，ごま葉枯れ病，黒穂病の防除には，病害植物の除去，耐病性品種の使用，輪作体系の適用が，モザイク病，すじ萎縮病，縞葉枯病の防除には，アブラムシなどの媒介昆虫の駆除が，有効である．

子実用品種では苞葉が黄変した完熟期，サイレージ用品種では黄熟期，スイート種では絹糸抽出後20日以内でまだ糖分が高く絹糸が黒褐色になる前（乳熟期後期から糊熟期），青刈り用品種では絹糸抽出前後に収穫する．サイレージ用栽培では，収穫時の生重量は50t/ha にも達するため，大型機械による収穫体系ができている．

(6) 品質と利用

世界のトウモロコシ子実の利用は，飼料用が60％以上，エタノールなどの工芸作物としての利用が20％以上であり，デント種とフリント種が多い（図2-36）．食用は10〜20％程度である．中南米やアフリカのサハラ以南では食用が多く，アジアでは飼料用が多い．近年急増しているバイオエタノール用のための生産は，アメリカと中国で80％以上を占めているが（2007年），飼料用や食用との競合が問題となっている．

日本では，第二次世界大戦以前は飼料，生食，山間地での準主食であったが，戦後は食生活の変化と畜産の急激な増加に伴う飼料の需要と，多様な産業用途とが増加した．2010年における日本の輸入トウモロコシ子実は，65％は飼料用，20％は湿式製粉（工程が液中）によるコーンスターチ（トウモロコシからとれるデンプン），15％は乾式製粉（工程が乾燥状態）によるコーングリッツ（トウモロコシをひき割りにした粗い粉で，コーンフレーク，ビール醸造や菓子などに使用される）などに加工される．胚芽からはコーンオイルがとれる．

トウモロコシ子実は，炭水化物70％，タンパク質8％，脂質5％，繊維2％，灰分1％を含む．アミノ酸はリシンとトリプトファン，メチオニンが少ないために，これらの栄養価を改良した実用品種が開発されている．一方，トウモロコシのサイレージはデンプンが多く可消化養分総量（TDN）が高い．

食用としては，スイート種を生食，缶詰や冷凍食品に，ポップ種を煎ってポップコーンに，ワキシー種をふかして糯とうもろこしにする他，メキシコ料理のトルティーヤ（薄焼きパン）やタコス，コーンブレッドなどの菓子や，チチャ（トウモロコシから作る酒）など，さまざまな食品として利用されている．

7）モロコシ（英名：sorghum, grain sorghum, 学名：*Sorghum bicolor*）

（1）来歴と生産状況

イネ科，モロコシ属（*Sorghum*）の一年生作物で，ソルガムとも呼ばれる．染色体数は $2n = 2x = 20$．アフリカのエチオピアとスーダンを中心とする地域が原産地で，5,000年以上前に栽培化されたと考えられている．ここからアフリカ各地をはじめ，ヨーロッパやインド，中国へ伝わり，新大陸には奴隷とともに18世紀に伝播した．日本には，室町時代に中国から伝わったとされる．

図2-37　モロコシの系統育種
長野県畜産試験場．（写真提供：後藤雄佐氏）

利用方法で見ると，子実を食用や飼料とする穀実用モロコシ（グレインソルガム，grain sorghum），茎に蓄積された糖類をシロップの原料にする糖用モロコシ（スイートソルガム, sweet sorghum；ソルゴー, sorgo），茎葉を家畜の粗飼料とする飼料用モロコシ（forage sorghum），穂の長い枝梗を箒（ほうき）として利用する箒用モロコシ（broomcorn）に分けられる．

近年の世界における子実生産は約6,000万tで，アメリカ，インド，ナイジェリア，メキシコでの生産が多い．インドやアフリカなどの乾燥地帯では重要な食料であるが，世界的には家畜の飼料として利用されている．

日本では，モロコシ（草丈が高く，高黍（タカキビ）とも呼ばれる）は雑穀として中山間地や焼畑で栽培され，1940年頃は全国で約3,500ha栽培されたが，1970年頃にはほとんど見られなくなった．2011年の子実用モロコシの全国作付面積は約28haで，岩手県が最も多い．近年はオーストラリアなどから飼料用として約158万tを輸入している．

（2）成長と発育

根は深根性で耐乾性が強く，トウモロコシが生育できないほどの半乾燥地域でも生育できる．一方，過湿土壌でも比較的よく生育し，幅広い土壌pHで生育可能で，環境適応力が高い．

草丈は0.5～4mほどで，晩生品種には5mを超すものもある．葉身は，長いものは1m以上，幅は10cmを超す．茎の太さは，下位節間で直径1～3cmで茎内部は充実している．品種や栽植密度にもよるが，分げつは比較的少なく，出穂するのは多くても2本程度である．

種子根は1本で，茎基部から多くの冠根を出す．地上部の節からも根が出て支持根となる．

穂は総状花序で，穂軸には節が10前後あり，各節に5～6本の1次枝梗が輪生し，さらに2次枝梗，3次枝梗も出て小穂が着く．枝梗の先端には3つの小穂が着き，うち2つが有柄，1つが無柄，その他の小穂は2つが対になり，一方が有柄，他方が無柄である．有柄の小穂は稔らない．無柄の小穂には穎花が2つあり，下位の穎花は退化し，上位の穎花が稔る．1穂に2～3千個の穎果が稔る．主に自家受精するが，風媒による他家受精も5％前後行われる．

穂の形には，密穂型，開散穂型，箒型がある．また，成熟するにつれて穂首が湾曲して，穂

が垂れ下がるものもある（鴨首型）．

穎果は内・外穎や護穎よりも大きく発達し，上半部を露出するものが多い．形はやや平たい長球形あるいは卵形，偏球形など，色は赤，黄，白，褐色などである．胚乳の周辺部は硬質，内部は粉質で，胚乳デンプンには粳と糯がある．千粒重は20～30gである．

(3) 生理生態的特性

播種限界温度は15℃，発芽の最適温度は34℃のC_4植物（NADP-MEサブタイプ）である．短日植物であるが，幼穂分化には日長だけでなく温度も関係する．これらに対する感応性が品種によって大きく異なるため，栽培地域や年次，播種期が異なると，同じ品種でも出穂期が変動し，品種間の早晩性の順序が入れ替わることがある．

若い茎葉には青酸配糖体が比較的多く含まれ，これを家畜に給与した場合，中毒を引き起こす場合があるので，若い時期や再生直後の青刈り利用は避ける．

図 2-38　穂

(4) 品種と育種

モロコシには，中近東・北アフリカのDurra，南アフリカのKafier，中国北東部の高粱（Kaoliang），中東アフリカのマイロ（Milo）などがある．日本には高粱の一部が伝来した．アメリカでは，マイロの系統から子実収量が多く，耐倒伏性が強くてコンバイン収穫に有利な，短稈のハイブリッド品種が育成されている．

インドの国際半乾燥熱帯作物研究所（International Crop Research Institute for the Semi-Arid Tropics，ICRISAT）で，モロコシの育種や系統保存を行っている．

(5) 栽　　培

栽植密度は，畝間60～80cm，株間15cm前後，播種量は1～3kg/10aとする．播種は，平均気温が15℃以上になれば可能だが，一般に5月中旬～6月上旬に行う．施肥量は，近代品種は3要素を成分量で各10～20kg/10a，在来品種は窒素を5kg程度に抑える（リン酸，カリは同じ）．収穫は出穂後約40日，穎果が成熟して水分が18～20％になった頃で9月中旬～10月中旬に行う．

(6) 品質と利用

子実の栄養成分は，炭水化物約70％，タンパク質約10％，脂質約5％である．子実を食用とする場合には，製粉して団子や菓子などにする．糯モロコシは餅や飴にする．醸造原料にもなり，中国のマオタイ酒の原料となる．赤褐色～灰色の子実は内果皮に苦味成分であるタンニンを含み，搗精しないと粉が赤色になり，食べると苦味を感じる．

近年，小麦粉のアレルギー原因物質グルテンを含まない代替食品として，タンニン含量が低く，果皮の白いホワイトソルガムが市販されている．その他，施設栽培での塩類集積土壌から塩類を除去するためのクリーニングクロップ（清耕作物，cleaning crop）や緑肥として栽培されることもある．また，搾汁した糖液から燃料用アルコールを生産できることから，バイオマス資源作物として糖生産量の高い糖用モロコシ品種の育成も研究されている．

8）キ ビ（英名：(common) millet，学名：*Panicum miliaceum*）

(1) 来歴と生産状況

イネ科，キビ亜科，キビ属（*Panicum*）に属する一年生夏作物である．染色体数 $2n = 4x = 36$ の4倍体で，祖先種は知られていない．アワと並んで最も古くから栽培されてきた作物の1つである．起源は中央および東アジアの大陸性気候の温帯地域と推定されている．しかし近年，中国の黄河流域の新石器時代の遺跡から紀元前約6000年のものと推定されるキビが発掘され，ヨーロッパでも新石器時代の遺跡から紀元前5000年のものと推定されるキビの出土が認められ，中国と東ヨーロッパで独立に起源した可能性も示されている．日本には中国から伝わったが，その伝来はイネ，アワ，ヒエより遅かったとされる．アワやヒエのように山間地の焼畑ではなく，里の常畑で栽培されてきた．1900年頃までは全国で約3万ha栽培されていたが，その後急速に減少し，1990年代半ばには約70haまで減少した．しかしその後，健康食品として，また地域特産物として見直されてきたため微増し，2009年には全国で320haを超えて作付けされた．岩手県における生産が50％近くを占め，長崎県や沖縄県，長野県がそれに次いでいる．

図 2-39　キビとキビ子実
（写真提供：今井　勝氏（子実））

(2) 成長と発育

葉の表面に軟毛があり，葉身は長さ30cm程度で葉舌は短く葉耳を欠く．稈は中空で品種や環境により10～20節からなり，稈長は70cmから170cmに近いものがあり，分げつは少なく2～3本であるが，品種によっては多いものもある．茎頂に穂を着けるが，穂の形により3つの穂型に分けられる．長い枝梗が穂軸の両側に広く散開し登熟が進むと垂れる平穂型，枝梗がやや短く登熟が進むと穂軸の片側に寄って垂れる寄穂型，枝梗が短く登熟が進んでも直立のままの丸穂型である．穂の長さは30～50cm程度である．穂は複総状花序で，穂軸の各節から枝梗が分枝し，小穂は3次，4次枝梗に着生する（図2-40）．1小穂は2小花からなり，上位小花が稔実する．出穂後1週間ほどで開花が始まり開花期間は約10日間である．午前10時頃を中心に午前中に開花する．自家受粉が主であるが，他家受粉も10％以上行われることもある．出穂期から成熟までは30～40日ほどである．成熟後は脱粒しやすい．穎果は黄褐色，黒褐色，白褐色などの光沢のある硬い内外穎（ふ）に包まれている．脱ぷした穎果は

図 2-40　登熟中のキビの穂（平穂型）

卵型の球形で長さ約 3mm，幅約 2mm で，千粒重は 3.8～4.8g である．淡黄ないし白の果・種皮は薄く精白は容易である．

（3）生理生態的特性

発芽最低温度は 6～7℃，最高温度は 44～45℃と広いが，発芽適温は 30℃程度である．短日植物であり，低温および長日条件では出穂が遅れる．一般に生育期間が短く（70～130 日），特に極早生のものはイネ科作物で最も生育期間が短いとされる．このことによってキビは穀類の中では子実生産に要する水の量が最も少ない作物の 1 つである．キビは C_4 光合成回路（NAD-ME サブタイプ）を持ち，水利用効率が非常に高いことも知られている．キビは温暖で乾燥した環境に適するが気候適応性が高く，霜には弱いものの冷涼な気候でも生育できる．それに加えて，生育期間が短いため，アワよりも寒冷地や標高の高い地域で栽培可能である．ヨーロッパやロシアでの分布の北限は 7 月の等温線が 20℃以上の地域で，北緯 50°以北でも栽培される．また，インドでは標高 3,500m の地点でも栽培されている．肥沃で排水良好な壌土を好み，多湿土壌を嫌う．酸性土壌でもよく適応する．吸肥力が高く，肥沃度の低い土壌でもよく生育する．

（4）品　　種

長年にわたってさまざまな地域で栽培されてきた在来品種が主で，日本では約 80 品種が知られている．これらは栽培上の熟期の早晩，穂型，粒色などから区別したものである．これまでほとんど育種が行われておらず，品種数は少なく純度が低く特性のはっきりしないものも多い．糯性および粳性の区別は一部の品種を除いて必ずしも明瞭ではない．日本ではほとんどが糯性あるいは粘りの強い中間種の品種が主である．

（5）栽　　培

排水のよい砂壌土から壌土が適しており，好適土壌 pH は pH5～7 である．吸肥力が高くやせ地でもよく生育するが，連作すると地力の消耗が大きい．また，吸肥力が強いため施肥の効果が大きいが，耐肥性が弱く倒伏しやすいため過剰な窒素施肥は逆効果である．

アワやヒエと同様，種子が小さく初期成長が遅いため，生育初期の雑草防除がきわめて重要である．ニカメイガ，アワノメイガやアワヨトウに注意が必要である．北海道ではキビクロホ病が問題となることがある．アワやヒエと同様に鳥害が大きく，その対策が重要である．

（6）品質と利用

米と混ぜて炊いたり，粉にして団子などの菓子にする．また，焼酎の原料とされることもある．インド以西ではひき割りを粥として食べる，あるいはヨーロッパでは粉にしてパンの材料とする．家畜の飼料として茎葉や子実が利用される．

精白粒でも，米やコムギと比較して，食物繊維，ミネラルおよびビタミン B 群の含有量が多く，栄養的に優れた穀物である．その他キビの機能性としては，キビタンパク質が動脈硬化症の予防・軽減効果のある血漿 HDL（善玉コレステロール）の増加作用を有し，その作用は同様の作用を持つダイズタンパク質よりも強いこと，またキビタンパク質が肝障害抑制作用を有することが動物実験により確認されている．

9) ア　ワ（英名：foxtail millet, bengal grass, 学名：*Setaria italica*）

(1) 来歴と生産状況

イネ科，キビ亜科，エノコログサ属（*Setaria*）に属する一年生夏作物である．染色体数 $2n = 2x = 18$ の2倍体であり，祖先種は雑草のエノコログサ（*S. viridis*）と推定される．エノコログサとアワは同種でそれぞれ *S. italica* の亜種であるという考え方もある．中国・黄河流域の新石器時代の遺跡から紀元前約6000年のものと推定されるアワが発掘されている．ヨーロッパでは青銅器時代の遺跡から多く発掘されている．起源については中国北部起源説，インド西北部からアフガニスタン，中央アジアにかけての地域で起源したという説，中国北部など複数の地域で起源したという多元起源説が提唱されてきている．中国，インドで多く栽培されている他，アメリカでは飼料として栽培される．日本には中国から伝わり，縄文時代にす

図 2-41　ア　ワ

でに栽培されていた．南西諸島には本土の品種とは系譜の異なる品種が存在していることから，伝播の経路が異なると考えられている．かつては主に山間地の焼畑などで栽培されており，1900年頃までは全国で約25万ha栽培されていたが，その後急速に減少し，1990年代半ばには全国の栽培面積が20ha程度まで減少した．しかし，近年健康食品として，また地域特産物として見直され，2009年には150haを超えて作付けされている．岩手県における生産が50%以上を占め，長崎県や長野県でも栽培されている．

(2) 成長と発育

稈長は70cm〜2mで，日本で栽培される品種はほとんど分げつせず，分げつしても1〜2本である．出穂後1週間ほどで開花が始まる．穂の形は紡錘型，円錐型，円筒型，棍棒型，猿手型，猫足型の6つの穂型に大別される．穂の長さは10〜50cm以上のものまでさまざまで，1穂の着粒数も品種や栽培環境により数百粒程度から数千粒まで大きく異なる．穂は複総状花序で，穂軸を中心に1次枝梗が密生し，2次および3次枝梗上に小穂が着生する．1小穂は2小花からなり，上位小花が稔実する．各小穂の基部から数本の刷毛が生えている（図2-42）．出穂期から成熟期までは45日程度である．成熟後も比較的脱粒しにくい．頴果は光沢のある淡黄色，橙，黒褐色などの内外頴（ふ）に包まれている．脱ぷした頴果は卵円ないし球形で，

図 2-42　アワの穂
芒のように見える穂の表面の毛は，小穂基部から生える刷毛.

果・種皮は薄く精白は容易である．脱ぷ後の千粒重は 1.6 ～ 2.5g である．

(3) 生理生態的特性

発芽可能温度は最低で 4 ～ 6℃，最高で 44 ～ 45℃，適温は 30 ～ 31℃ である．温暖で乾燥した環境を好むが，気候適応性が高く，寒冷地や高標高地でも栽培可能である．北緯50°近くまで栽培され，長野県では標高 1,300m で栽培されている．

短日植物であるが，日長反応性および基本栄養成長性には大きな品種間差がある．日本の品種は春アワと夏アワに大別され，春アワは日長反応性の弱い早生タイプで，夏アワは日長反応性が強く，短日条件で出穂が早まる．寒冷地や高標高地では春アワが栽培され，温暖地や暖地では作期に応じて春アワを春に，夏アワを初夏に播種する．南西諸島で栽培される品種では，日長反応性は弱いが本土の在来品種と比較して基本栄養成長性が大きい．

C_4 植物（NADP-ME サブタイプ）であり，乾燥には比較的強いが，耐湿性に劣る．酸性，アルカリ性のいずれの土壌条件にもよく耐え，吸肥力が高いため肥沃度の低い土壌でもよく生育する．

(4) 品　　種

ほとんど分げつせず大きな穂を着ける var. *maxima* と，分げつが多く穂の小さい var. *moharia* の品種群に大別される．日本ではオオアワとコアワに分類されてきたが，ほとんどはオオアワである．在来品種が主であるが，近年では一部で交雑育種も行われている．

品種は夏アワと春アワの生態型の違いによる熟期，茎葉の色および粳性と糯性の胚乳デンプン組成などにより分けられる．粳性品種は胚乳デンプンにアミロースを 20 ～ 35％含み，糯性品種はアミロースを含まないが，中間型品種もある．東アジアには粳性と糯性の両者があるが，インド以西には粳性のみが分布する．南西諸島から東南アジア島嶼部にかけて中間型が分布する．病虫害に対する抵抗性にも品種間差が報告されている．

(5) 栽　　培

排水のよい砂壌土から壌土が適しており，pH4.9 ～ 6.2 が好適である．ある程度の連作には耐えるが，連作をすると地力の消耗が大きいため輪作体系に組み込まれる．分げつが少ないのでやや密に播いて穂数を確保する必要がある．

病害として被害の大きいものにアワシラガ病，アワクロホ病があり，害虫として注意すべきものにアワカラバエ，アワノメイガ，アワヨトウがある．アワカラバエやアワノメイガは茎を食害するため，分げつ数の少ない品種では被害が大きい．

(6) 品質と利用

日本を含む東アジアでは糯品種を餅として利用するか粒食が主である．インド以西ではひき割りを粥として食べる．ヨーロッパでは粉にしてパンの材料とされたが，現在は食用には用いられず，家畜の飼料として利用される．沖縄の泡盛は本来アワを原料として作られるものであった．精白粒でも，米やコムギと比較して，食物繊維，カリウムやカルシウムなどのミネラル，ビタミン B 群の含有量が数倍多く含まれ，栄養的に優れた穀物である．

10）ヒ　エ（英名：Japanese millet，学名：*Echinochloa utilis*）

(1) 来歴と生産状況

ヒエはイネ科，ヒエ属（*Echinochloa*）の一年生草木で，$2n = 6x = 54$ の6倍体である．中国やインドでは古くからヒエが栽培されてきたが，両国で栽培されているヒエを交雑させたものには稔性がないため，中国とインドのヒエは起源を異にしていると推定される．日本のヒエは中国のヒエと共通のものと考えられており，日本の栽培ヒエは雑草のタイヌビエやノビエ類とよく交雑することから，ノビエに由来するといわれている．日本にはイネ伝来以前の縄文時代に渡来したとされている．

図2-43　栽培ヒエ

世界的にはアジア諸国を中心に栽培されているが，FAOの統計では，キビ，ヒエ，アワ，トウジンビエ，シコクビエなどが一括してミレット（millet）として扱われている．ミレットに含まれる主要な作物は国によって異なるため，各国のヒエの正確な生産量の把握は難しいが，キビ，アワに比べて少ないと思われる．わが国では，1880年頃には約10万haの作付けがあったが，2010年では作付面積225ha，生産量338tとわずかであり，そのほとんどが岩手県で生産されている．

(2) 成長と発育

種子（穎果）は光沢のある内穎と外穎に包まれて楕円形をしており，内外穎は灰，赤，紫，黄褐色を呈している．粒は小さく，1粒重は3〜4mg程度である．

発芽時に1本の種子根が生じ，土中深く伸長する．次いで，下位節から多数の冠根が生じ，深く大きな根系を形成することで，土壌中の深層からも養分をよく吸収する．

草丈は最大100〜200cmに達し，主稈葉数は15〜20で，早生品種は少なく，晩生品種が多い．葉は幼植物の頃はイネと酷似しているが，上位葉になると，イネより葉身長および葉幅とも粗大となる．葉身には機動細胞がないため，植物体が水分不足になっても葉が巻くことはない．イネが有する葉耳と葉舌がヒエにはなく，野生のタイヌビエもこの特徴を持ち，この違いがイネとヒエの見分ける目印となる．稈は円筒形で随心は充実しているが，組織が柔軟なため強い風雨に遭うと倒伏しやすい．

穂は複穂状花序で，稈の先端に着生し，穂長は10〜30cmである．穂軸から25〜30本の1次枝梗が出て，下位の1次枝梗からは2次枝梗が分岐し，1穂には2,000粒以上着生する．小穂は上位に完全花，下位に不稔花の2小花よりなる．不稔花の外穎には長い芒を有するものもあるが，栽培ヒエでは芒のないものが多い．

出穂始めから穂揃期までは約4日程度で，穂の上部から開花が始まり，数日で穂の下部まで開花が進む．登熟期間は，登熟温度に左右され，高温時であれば30〜35日，気温が

低ければ 40 〜 45 日程度を要する．

（3）生理生態的特性

　ヒエは，短日・高温条件で出穂が促進される夏作物で，気温が高く，日射量が多い条件下で良好な生育を示す．C_4 植物（NADP-ME サブタイプ）で，葉身には C_4 植物の特徴である維管束の周りを取り囲むように維管束鞘細胞が配列するクランツ構造が観察される．生育期間は品種の早晩性や栽培地域の気温に左右されるが，おおむね 120 〜 150 日である．

　雑穀の中でも最も耐冷性が強く，湛水条件でも畑条件でも生育することが可能である．また，日照不足や干ばつ条件でもある程度収量を得ることができるため，米麦の栽培がほとんど不可能な不良環境で，救荒作物として栽培されてきた．

（4）品　　　種

　（独）農業生物資源研究所のジーンバンクに在来ヒエ約 200 品種が保存されており，多くは東北由来のものである．

　わが国のヒエの主産地である岩手県では，在来種から選別した短稈で機械収穫が可能な'達磨'が 80％以上の栽培面積を占めている．また，ヒエにもアミロース含量が低い糯性品種があり，岩手県では 2004 年にアミロース含量が 13％と粳品種の約半分の'もじゃっぺ'を優良系統として選定するなど，新品種の育成を手がけている．

（5）栽　　　培

　土壌の pH は 5.0 〜 6.6 が最適とされるが，適用範囲はかなり広く，干拓地のような塩害が発生する土地でも栽培可能である．ヒエは吸肥力が強いため，堆肥を 10a 当たり 2t 程度施用して地力維持に心がけることが肝要である．堆肥を施用しない場合は，施肥として 10a 当たり窒素 3kg，リン酸 7 〜 8kg，カリ 4 〜 5kg 程度を基準とする．

　播種時期は東北では 5 月上旬〜 6 月上旬，暖地では 5 月下旬〜 6 月下旬を目安とする．ただし，鳥害を避けるため，イネの出穂のあとにヒエが出穂するように播種時期を選ぶとよい．播種量は 10a 当たり 0.5 〜 1kg（1 〜 2L）の範囲とし，条播では，うね幅 60 〜 70cm，播種幅 10 〜 15cm が適当である．

　播種後の管理は適宜間引き，除草を行い，必要があれば追肥（窒素 1 〜 2kg/10a）をする．

　収穫期は品種の早晩に左右されるが，おおむね東北では 9 月，暖地では 10 月頃となる．収穫は大面積であればコンバインを利用するが，小規模栽培であれば，穂首より 50cm 下で刈り取り，はさがけ乾燥させる．

（6）品質と利用

　ヒエは米に比べて，タンパク質，脂質，無機質，食物繊維がかなり豊富で，機能性の面から健康穀物として再評価されるようになっている．

　食用とする場合は精白して，米と混炊したり，団子や餅にして食べる．また，味噌，醤油，酒などの加工原料としても利用される．飼料作物としての利用も多い．

11) ソ バ（英名：buckwheat，学名：*Fagopyrum esculentum*）

(1) 来歴と生産状況

タデ科（Polygonaceae），ソバ属（*Fagopyrum*）には，現在，17～18種が知られているが，栽培種はソバ（$2n = 2x = 16$）とダッタンソバ（Tartary buckwheat，*F. tataricum*，$2n = 2x = 16$）の2種のみである．

ソバの野生祖先種は *F. esculentum* ssp. *ancestrale* で，中国の三江地域と呼ばれる金沙江（長江の上流），蘭倉江，怒江の3大河が平行して流れる東チベット，四川省，雲南省の境界領域で栽培化されたと考えられている．その後，ヒマラヤ山脈に沿ってブータン，ネパール，インド，パキスタンに伝播し，シルクロード経由で中央アジアからウクライナ，ロシアを経てドイツ，イギリスに，あるいはイタリア，フランスに伝播した．わが国へは，中国北部から朝鮮半島を経由して伝播したと考えられている．青森県石亀遺跡や福岡県板付遺跡など，縄文時代晩期の遺跡からソバの花粉が発見される例が多いことから，日本におけるソバ栽培は縄文時代晩期頃に始まったと考えられている．

図 2-44　ソバの形態

世界のソバの収穫面積および収穫量は1990年代に一時増加したものの，一貫して減少し続けている．近年の収穫面積は約240万 ha，生産量は約236万 t で，ロシア（34％），中国（30％）が多く，ウクライナ，フランス，アメリカが続く．10a 当たり収量は世界平均で約99kg である．

わが国では明治31年の17.9万 ha，大正3年の15.4万 t をピークに減少を続けたが，昭和53年の水田利用再編対策を契機に，水田で大規模，省力的に栽培できるソバが注目され，再び増加した．さらに，ソバが農業者個別所得補償制度の対象作物に指定されたことから，平成23年以降いっそう作付けが増加し，近年の作付面積は全国で約6万 ha，収穫量3.9万 t となった．生産量は北海道が全国の 1/3 強を占め，次いで長野県，茨城県，福島県，山形県が多い．近年の収量は約64kg/10a である．

(2) 成長と発育

ソバの種子は痩果で，夏播きで3～5日，春播きで5～7日で出芽し，2枚の子葉を展開させる．その後，心臓形の本葉が1節に1枚ずつ，葉序 2/5 で着生する．下位葉は葉身と葉柄からなり大きいが，上位葉は葉

図 2-45　開花最盛期
品種 'しなの夏そば'．

図 2-46　ソバの花
左：短花柱花，中：長花柱花，右：等長花.

柄を欠き，徐々に小さくなる．主茎の下位節には1次分枝を生じるが，数節目には葉腋に花を着生する．この節を初花節という．花は房状に多数着生するので花房と呼ばれ，花房は複数の小花房で構成される．一方，初花節より上では上位ほど節間長が短くなり，最上部では複数の花房があたかも1つの花房のように見える．この花房を集合花房と呼び，これより下の，節間が明瞭な花房を離散花房と呼ぶ．種子に休眠性はほとんどなく，成熟期の降雨で容易に穂発芽する．草丈は40～130cmで直立し，根は1m以上に達するものの根系は貧弱で，乾物重は個体全体の3～4%程度で倒伏しやすい．

花は花弁を欠き，5枚の萼（がく），8本の雄ずい，1本の雌ずいからなる．萼の色は白，淡紅～赤で，緑もある．雌ずいは3枚の心皮が3角形に結合して子房を形成している．柱頭の先端は3裂し，雌ずいの近くに3本，雌ずいから離れて5本の雄ずいに囲まれている．雄ずいの間に8個の蜜線がある．ソバの花は異型花柱性を示し，個体は雄ずいに比べて雌ずいが長い長花柱花（pin型,花粉が小さい）と雄ずいに比べて雌ずいが短い短花柱花（thrum型,花粉が大きい）の花のいずれかを着け，集団内ではこれらが1：1の頻度で出現する．異型花柱性は1遺伝子の多面発現と考えられ，劣性ホモ（ss）で長花柱花個体，ヘテロ（Ss）で短花柱花個体となるといわれているが，雌ずいの花柱長を決める遺伝子G，花粉の大きさを決めるP，雄ずいの花糸長を決めるA，自家不和合性のSの4つのサブユニットからなる超遺伝子であるとも考えられている．同型花同士では受精できず，ミツバチ，イチモンジセセリなどの送粉昆虫により適法受粉された場合に受精する．蜜は午前中および午後の早い時間にのみ分泌され，開花翌日には分泌されない．そのため，受粉できずに翌日開花した花には送粉昆虫はほとんど誘因されず，受精に至らない．

(3) 生理的特性

発芽温度は，最低0～4.8℃，最適25～35℃，最高37～40℃である．ソバは土壌の過湿や湿害にきわめて弱く，3日の湛水でほぼ出芽しない．過湿の影響は，出芽期では出芽率低下，草丈の極端な減少として現れ，収穫は皆無となり，着蕾期では分枝数の減少や子実収量の大幅な低下を引き起こす．ソバは他の穀類に比べて酸性土壌耐性が強いといわれており，pH4.6程度の酸性土壌でも良好に生育するが，適正値は6.0前後である．酸性土壌におけるアルミニウム（Al^{3+}）害に対し，ソバは根端からシュウ酸を分泌してアルミニウム-シュウ酸複合体を形成してアルミニウムを無毒化し，根内に入ったアルミニウムも細胞内でシュ

ウ酸と結合して無毒化される．硝酸態窒素よりもアンモニア態窒素を好んで吸収する．

　受精に関わる要因として，高温長日下で雌ずいの発育不完全が増加し，その増加の程度が品種により異なることが知られている．一方，不稔花粉は低温下で形成率が高まる．しかし，これらのことは作期に適応した品種を選定していれば大きな問題になることはない．

　花は無限性の総状花序で，花の着生や分化終了は日照時間や気温によって変動する．開花は初花節の花から始まり，1花房内では下位から上位に，主茎花房では下位節から上位節に，また，主茎から1次分枝，2次分枝へと進む．開花始めは品種や作期による違いが大きくはなく，播種後22～30日程度である．品種にもよるが，開花始期の草丈は最終長の1/3～1/4で，ソバでは栄養成長と生殖成長が同時に進行する．長野県で'信濃1号'を8月5日に播種したときの生育の進行は，播種後日数で，開花始23日，開花最盛期（最先端の花房の花が開花した個体が50％に達した日）37日，成熟期（子実の80％が成熟に達した日）65日である．開花期間が長期にわたるため，個体群の種子の成熟度には開きが見られる．しかし，ソバでは果柄部に離層を形成しないため，天候が穏やかであれば黒化率（全種子に対する成熟（黒化）した粒の比率）が100％に達しても脱粒はほとんど見られない．一方，強風や衝撃などの外力による脱粒は，黒化率の上昇に伴って急激に増加し，黒化率100％で30～60％に達する．

(4) 品　　種

　ソバは日長と温度に対する反応が品種によって異なり，夏型，中間夏型，中間秋型および秋型の4種類の生態型に分類される．夏型品種は春夏いずれの播種期でも開花が早く，開花期間も短く，春播きで多収であるが，夏播きでは生育量が少なく子実収量が大幅に減少する．秋型品種は春播きでは開花期間が著しく長く，いつまでも花房の分化を続けて花を次々と咲かせ子実収量が著しく少ないが，夏播きで開花期間が短くなり結実も良好になって子実収量が増大する．中間夏型，中間秋型は両品種群の中間的性質を示す．栽培に当たっては作期に応じた適正な生態型品種を選択する必要がある．ソバでは'鹿屋在来'，'大野在来'などの在来種が依然多く栽培されており，その比率は30％程度と見積もられている．現在までに，日本で41品種が育成され，うち，33品種が種苗登録されており，品種育成が進んできている．有限伸育性，等長花の自殖性，高ルチン含有など，特色のある品種も育成されてきている．

(5) 栽　　培

　ソバは霜に弱いため，春播きでは晩霜の恐れがなくなってから，夏播きでは初霜日から生育日数を逆算して，播種日を決定している．ソバによる10a当たりの成分吸収量は，子実収量100kg/10a，茎収量120kg/10aの場合，窒素3.8kg，リン酸1.3kg，カリ3.7kg，苦土0.6kg，石灰0.3kg程度と考えられている．適正な施肥により初期生育を旺盛にすることで，早期に土壌表面がソバの葉に覆われ，雑草を抑制し，生育量も増大して多収につながる．ソバでは数種の除草剤の適応登録がとれているが，基本は耕種的雑草防除である．栽植様式により雑草発生量が大きく異なり，60cm以上の畦幅では除草のための中耕培土が必要となる．ソバの出芽は早いものの，雑草の出芽を抑えるためには，圃場耕起後すぐに播種する必要が

ある．また，散播に比べ条播の方が覆土の均一性や出芽密度の斉一性などの点で優れている．施肥機付きのドリルシーダーを用いて，条間30cm以下で播種すれば施肥，耕起，播種，鎮圧が1工程で実施でき，作業時間も短く，かつ，生育途中の除草作業も必要ない．播種量は5kg/10a程度である．手刈りの収穫適期は外力による脱粒も少ない黒化率70%のときである．手刈り後は，島立て，地干し，はざ掛けなどで乾燥させたのち，脱穀する．一方，汎用型コンバインで収穫する場合は，葉の残存量および茎水分が種子の選別能力や作業能率に影響するため，黒化率100%を収穫適期としている場合もある．しかし，風雨による脱粒の危険性が増大し，北陸地方や東北，北海道では早期の降雪や降雨などにより収穫期を逸する危険性もあるため，機械収穫であっても黒化率70%を収穫開始の目安とする．

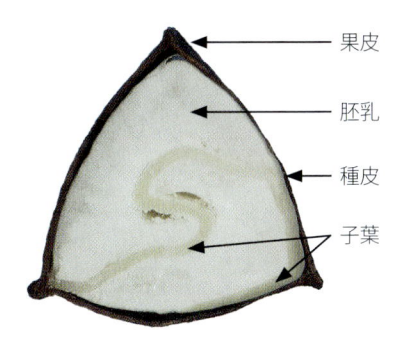

図2-47 ソバ子実の横断図
品種 '常陸秋そば'

(6) 品質と利用

ソバは子実を食用にする他，ミツバチの蜜源植物，緑肥作物，雑草防止のための被覆作物，景観作物などとして栽培する．日本では主にソバの子実を剥皮後製粉してそば切り，そばがきなど各種そば料理に，また全粒のまま，そば米として各種食品やそば茶として利用する他，葉を乾燥後粉砕して着色料としても使用する．青森県大鰐温泉では土耕栽培のそばもやしが350年以上前から栽培されている．

主要利用部位であるソバの子実は，胚芽，胚乳，種皮および果皮（殻）の各部からなる．タンパク質や脂質は外層部と胚芽に局在し，炭水化物は内側ほど多い．ソバを製粉すると組織の柔らかい内層から粉になるので，一番粉はタンパク質が少なく炭水化物に富む白い粉，二番粉，三番粉，四番粉と挽き込んでいくにつれて外層が製粉されるようになり，その結果タンパク質含有率が高く，香りも高く，炭水化物の少ない黒い粉になる．なお，殻つきのソバの実を「玄そば」，殻を除去したものを「抜き」もしくは「丸抜き」，丸抜きを軽く挽き割りしたものを「割り抜き」と呼ぶ．

炭水化物は乾物の59～70%を占め，アミロースが玄そばの15～52%含有されている．タンパク質含有率は7～21%で，グルテンは含まず，水溶性タンパク質が麺として結合させている．そば粉は他の穀類に比べリジンを多く含み，アミノ酸スコアーは92と穀粒の中で最も高い．脂質を1.5～3.7%含有し，オレイン酸（C18），リノール酸（C18），パルミチン酸（C16）が全脂肪酸の90%近くを占める．ソバの子実，茎，葉，花には血管強化作用，抗酸化作用，鎮痛作用などの薬理作用を持つルチンが含まれており，日本のソバ子実におけるルチン含有量は14.5～22.1mg/100gDWで，品種により違いが見られる．

12）その他の穀類

（1）トウジンビエ（英名：pearl millet，学名：*Pennisetum americanum*）

イネ科，チカラシバ属（*Pennisetum*）の一年生草本で，$2n = 2x = 14$ の2倍体である．熱帯西アフリカが栽培起源地と推定される．主要生産地はアフリカ諸国とインドで，それらの国では重要な穀類である．わが国では飼料作物としてわずかしか栽培されない．草丈は 1 ～ 3m，あるいはそれ以上に伸び，葉身長は 30 ～ 50cm で，草姿はトウモロコシに似る．種子根は1本で，基部の節からは冠根が発生し，地際の節からは支持根が発生する．穂はガマの穂に似た円筒形の総状花序で，茎頂に着く（図2-48）．大きさは長さ 30 ～ 40cm，直径 2 ～ 4cm 程度で，穂軸から多数の短い枝梗が伸び，それに1対の小穂が着く．各小穂は2小花よりなり，第1小花は不稔，第2小花は完全花で稔性であるが，他家受精する．穎果は長さ 4mm，幅 2mm の長楕円形で，30 ～ 40 日で成熟し，千粒重は 7g 程度である．果色は白灰色で，真珠のような光沢があるので，英名ではパールミレットと呼ばれる．耐乾性がきわめて高く，痩せ地でもよく生育する．短日性植物で，生育期間は早晩性により異なり，早生では 60 ～ 95 日，晩生では 130 ～ 150 日を要する．高温で生育がよく，生育期間中の降水量が 250mm 程度でもよく育つ C_4 植物である．施肥量が多いと倒伏しやすい．食用では粒を製粉し，粥やパンのようにして食べる．アメリカでは乾草として飼料用に利用される．

図 2-48　トウジンビエの穂
（写真提供：辻　渉氏）

（2）シコクビエ（英名：finger millet，学名：*Eleusine coracana*）

イネ科，オヒシバ属（*Eleusine*）の一年生草本で $2n = 4x = 36$ の4倍体である．アフリカのサヘル地域周辺が原産地と推定され，現在はエチオピアなどの東アフリカやインドでの作付けが多い C_4 植物である．草丈は 1 ～ 1.5m で，葉身は細長く 40cm 程度である．葉鞘はほとんど節間を包むことはなく，葉耳はない．稈は扁平で三角稜である．種子根は1本で，冠根は強く張り，吸肥力が強い．地際の節からは支持根が発生する．葉は穂状花序で茎頂に着く．穂軸から 6 ～ 7 本の枝梗が輪生し，傘が裏返しになった形状，あるいは掌で指を立てた形状をしているため英語ではフィンガーミレットと呼ばれる（図2-49）．枝梗の長さは 5 ～ 7cm で約 60 個の小穂が着生する．小穂は5花からなり，すべて完全花で稔性があり，自家受精する．穎果は球形で，長さ，幅ともに 1.5mm 程度で果色は茶赤色，千粒重は 2.6g 程度である．乾燥に強く，痩せ地でもよく育つ．

図 2-49　シコクビエの穂
（写真提供：今井　勝氏）

生育期間が90日程度と比較的短いので，東北地方のような寒冷地の山間部などの不良環境下で栽培されてきた．本来，焼畑栽培で用いられる作物であるが，焼畑での直播以外にも，インドやネパールでは山間の冷水田でイネと同様に移植栽培されることがある．食用として精白して粥，製粉して団子などにされる．アミノ酸組成では，必須アミノ酸のリジンは不足するが，他は十分含まれる．しかし，タンパク質含量はあまり高くない．茎葉は青刈り粗飼料に適し，飼料価値は暖地型牧草の中では高い方である．再生力が強く，3〜4回刈取りができる．

(3) ハトムギ（英名：Job's tears，学名：*Coix lacryma-jobi*）

イネ科，ジュズダマ属（*Coix*）の一年生草本である（$2n = 2x = 10$）．わが国に広く自生しているジュズダマはハトムギの野生種で，多年生である．東南アジアが栽培の発祥地であると推定され，わが国には中国から江戸中期に伝来し，子実は利尿，鎮痛作用などの薬効があるので，食用の他に薬用植物として栽培されてきた．草丈は1〜1.5mで，稈は通常9〜10節からなり，円筒形で一面はやや扁平で，地際の太さは10〜20mm程度である．葉身は長さが30〜50cm，葉幅が5cm程度と幅広く，中肋は白色で，葉耳がない．種子根は4本発生し，根群は地表に近い部分に大きく広がり，倒伏に強い．ハトムギの花序は他のイネ科作物と形態が著しく異なる．穂は総状花序であるが，稈の上部の葉腋から花梗が抽出し，その先端にジュズダマ状の総苞を1個着生する．総苞の内部には護穎，内外穎があって雌花を包む．雌花は基部に子房があり，上部に長い花柱を生じ，総苞の上部の穴から外部に抽出する．花序には雌雄の別があり，雄穂は総苞上部の穴から花柱よりも上部に穂梗を抽出し，3〜6個の小穂を着生する．総苞は卵形をしており，穎果となり，大きさは長さ6〜12mm，幅6mm程度で，象牙質で光沢がある．千粒重は100〜110gである（図2-50）．野生のジュズダマは水辺や湿地に自生し，耐湿性がきわめて強いが，ハトムギはジュズダマに比べて若干耐湿性が劣るため，通常は畑地で栽培する．ハトムギはC_4植物であり，高温や乾燥などの不良環境への適応性が高いが，出芽時の水分過剰を避けて出芽さえできれば，その後は強い耐湿性を発揮し，湛水条件下でも十分生育可能である．生育期間は120〜150日程度である．気温が15℃以上となる4〜6月頃に播種するが，初期生育は緩慢である．播種量は10a当たり2〜4kg，施肥量は10a当たり窒素10〜13kg，リン酸7〜8kg，カリ7〜8kgが標準である．耐肥性に優れるため，多肥多収栽培が可能である．子実は製粉して小麦粉やそば粉に混ぜたり，味噌，しょうゆ，酒の醸造原料に用いる．また，近年は「はとむぎ茶」用の茶原料としても多くの需要がある．

図2-50 開花期のハトムギとその種子
（写真提供：今井　勝氏）

2. マメ類

1）ダイズ（英名：soybean，学名：*Glycine max*）

(1) 来歴と生産状況

マメ科，ダイズ属（*Glycine*）に属する一年生草本である（$2n = 2x = 40$）．東アジアにおいて起源した．起源地は，かつて中国東北部近辺と考えられてきたが，近年では中国の華中あるいは華南であるという説が出され，定説が得られていない．近縁野生種はツルマメ（wild soybean, *Glycine max* (L.) Merr. ssp. *soja* (Sieb. et Zucc.) H. Ohashi）であり，かつてはダイズとは別種とされたが現在では同種の扱いとなっている．

図2-51　ダイズ
アメリカ・イリノイ州にて．

ダイズ栽培の歴史は古い．中国では5,000年以上前から利用が始まっており，中国最古の農書『斎民要術』（6世紀）にその栽培・利用法が説明されている．日本でも2,000年前には栽培が始まり，『古事記』（712）と『日本書紀』（710年）にダイズの記述がある．18世紀にインドおよびヨーロッパへ，19世紀に北アメリカさらに南アメリカに伝わった．

世界の生産量は最近の30年間に約3倍に増加し，生産量の近年の伸びは他の主要食用作物に比べて著しい．これは世界各地で需要が高まっている植物油原料としての生産の拡大による．そして，近年の生産量の約2億5,000万tの90％近くが南北アメリカ（アメリカ（約35％），ブラジル（約27％），アルゼンチン（約18％），パラグアイ（約3％），カナダ（約2％））が占めている．これらの地域では収量も大きく増加している．日本では，すべての都道府県

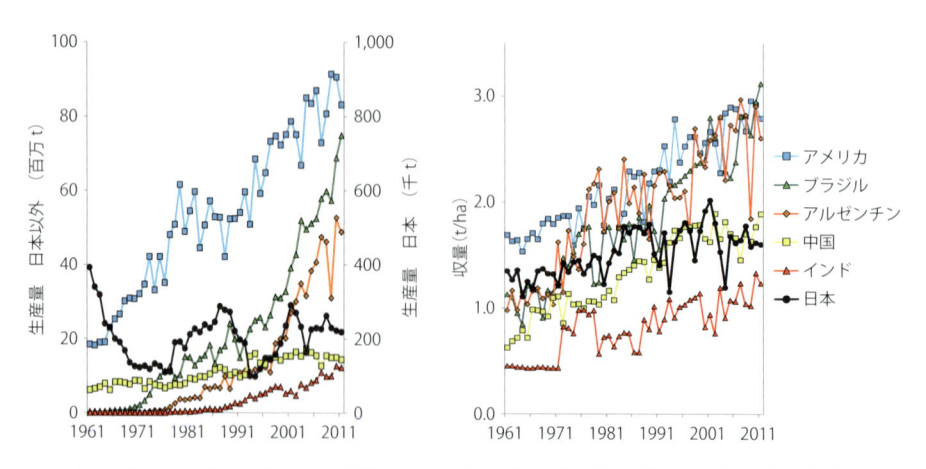

図2-52　主要生産国および日本におけるダイズの生産量および収量の推移
（FAOSTATより作図）

で栽培が見られ，北海道，北九州，関東および東北地方で生産が多い．しかし，生産量は約20〜25万t（世界の0.1％）で推移しており，消費量400万tの90％以上をアメリカなどから輸入している．

(2) 成長と発育
a．種子と発芽

種子の外形は円または楕円であり，球形が多いが扁平のものもある．大きさは径5〜12mm，百粒重10〜80gで，色（種皮）は黄が多いが黒，茶，緑などもある（図2-53）．種子が莢と連絡していた部分である臍（hilum）の色もさまざまで，白，黄，茶，褐色，黒などがあり，種皮（seed coat）の色とともに品種判別の指標となっている．

ダイズは無胚乳種子であり種子重の約90％を占める子葉（cotyledon）に発芽と初期成長に必要な養分が蓄えられている．子葉表皮の内部に数層の柵状組織（palisade tissue）があり，さらに内部の肥大した貯蔵細胞に，糊粉粒およびタンパク粒と脂肪粒が蓄積される．デンプン粒は成熟した子葉にはない．

発芽は臍からの給水による種子の膨張から始まる．まず幼根（radicle）が伸び，次に胚軸（hypocotyl）が伸長し子葉を持ち上げて出芽する（図2-54）．そして，種皮が剥脱し子葉が展開する．このように，出芽時に子葉が持ち上げられる性質は，アズキやエンドウのように子葉が地下に残る性質と区別され，地上子葉（epigeal cotyledon）型と呼ばれる．

b．栄養器官の成長

根は主根（taproot）と側根（lateral root）からなり，さらに培土により胚軸や節間が土中に埋まるとそこからも不定根（adventitious root）が発生する（図2-54）．これらによっ

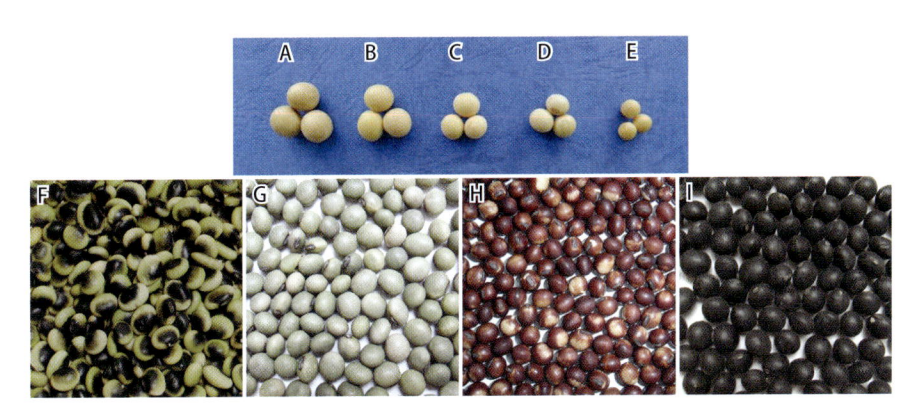

図2-53 ダイズ種子の大きさと種皮色の品種間差異
A：'タマフクラ'，B：'ゆめのつる'，C：'ユキホマレ'，D：'フクユタカ'，E：'スズマル'，F：'クラカケ'，G：'青大豆'，H：'紅大豆'，I：'黒大豆'．（写真提供：北海道立総合研究機構中央農業試験場 鴻坂扶美子氏（A〜E），豆平HP（http://mamehei.com/?mode=cate&cbid=798683&csid=0）（F），日本豆類基金協会：北海道における豆類の品種，北海道共同組合通信社，1991より（G〜I））

図 2-54　ダイズの出芽から成熟まで
（日本豆類基金協会：北海道における豆類の品種，北海道共同組合通信社，1991 より）

て形成される根系の深さは土壌水分の影響を強く受け，乾燥しているほど深くなる．根粒は一般に根系の上層に多く着生し，土壌が湿潤なときにはさらに土壌の表層近くに多くなる．

根粒は，根の表面の根毛などに根粒菌（rhizobium）が感染，増殖し，皮層が肥大して形成される．根粒では共生的窒素固定が行われ，根粒菌はバクテロイドにおいて宿主であるダイズからショ糖の供給を受けて窒素ガスを還元し，ウレイド態窒素を宿主に供給する．多大なエネルギー消費を伴うため根粒の呼吸量は根の呼吸量よりはるかに大きい．

子葉節の上に単葉の初生葉（primary leaf）が対生し，そしてその上から 3 小葉からなる複葉（trifoliate leaf）が互生する（図 2-54）．複葉は長い葉柄を持ち，基部に葉枕（pulvinus）がある．葉枕は小葉着生基部の小葉枕とともに葉の就眠運動や調位運動を担っている．小葉の形は長葉から丸葉の変異があり，品種特性となっている．気孔密度は裏面が表面よりも 2 ～ 3 倍高い．

分枝（branch）は通常は初生葉以上の葉腋から発生する．条件によって子葉節からも分枝が出る．長い分枝にはさらに 2 次分枝が出る．イネの同伸葉同伸分げつ理論と同様の規則性があるが，実際の分枝の発達は個体間競合が大きくなるにつれて抑制される．

主茎および分枝の葉数と節数は開花の早晩によって決まる．各枝条において，上位数節の葉の葉腋には栄養枝である分枝にかわって結果枝（花房，flower cluster）が生じる．これを

1次花房と呼び，やがて条件によりその腋に2次花房，さらに3次花房が生じる．2次花房は1〜2節の栄養枝として発生する場合がある．後述の有限伸育性品種では頂芽優性が弱いため，中位節にこのような複葉を持つ2次花房が数多く着くことがある．

c. 開花，結莢，子実肥大

花は午前に開花し，数日後に莢の伸長が始まる（図2-54）．花は虫媒花の形態を持つが，葯の裂開が開花前のためほとんどが自家受粉となる．花および莢の発達過程でそれらの多くが落花，落莢する．特に開花後約1週間における落莢が多い．結莢率は，通常30〜50%である．1莢に1〜4粒の胚珠（ovule）が着き，その一部が子実となる．結莢率と1莢子実数は環境の影響を受けて変動し，開花，結莢・結実期の低温，水分ストレス，日照不足などにより減少する．子実の成長は莢の外形が最大に達する頃から活発となり，やがて1粒当たり乾物重が最大となる．この時期を生理的成熟期（physiological maturity）という．粒の大きさは，粒肥大期間と粒肥大速度によって決まる．

生育段階の表記には，アメリカで提案された方法（Fehr and Caviness, 1977）が広く用いられている（表2-11）．

表 2-11 発育時期の表示

略号	発育時期	生育状況および特徴
発芽から開花まで		
VE	発芽期	子葉が地上に現れたとき
CV	子葉期	初生葉が展開中のとき
V1	初生葉期	初生葉が完全に展開したとき
V2	第1複葉期	第1複葉まで完全に展開したとき
V3	第2複葉期	第2複葉まで完全に展開したとき
⋮	⋮	
V6	第5複葉期	第5複葉まで完全に展開したとき
開花から完熟まで		
R1	開花始期	主茎上で1花が開花したとき
R2	開花盛期	完全展開した葉を着けた最上位2節のうち1節で開花したとき
R3	着莢始期	完全展開した葉を着けた最上位4節のうち1節で0.5cmに達した莢を認めたとき
R4	着莢盛期	完全展開した葉を着けた最上位4節のうち1節で2cmに達した莢を認めたとき
R5	子実肥大始期	完全展開した葉を着けた最上位4節のうち1節で粒が肥大を始めたとき
R6	子実肥大盛期	完全展開した葉を着けた最上位4節のうち1節で莢の空隙を粒が満たしたとき
R7	成熟始期	莢が黄化し，葉の50%が黄葉したとき．生理的成熟
R8	成熟期	95%の莢が熟色を呈したとき．完熟

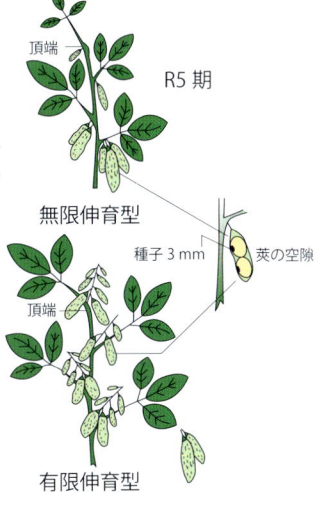

（Fehr, W. R. and Caviness, C. E.：Stages of soybean development. Spec. Rep. 80, Coop. Ext. Serv., Agric. Stn., Iowa State Univ., Ames, 1977）

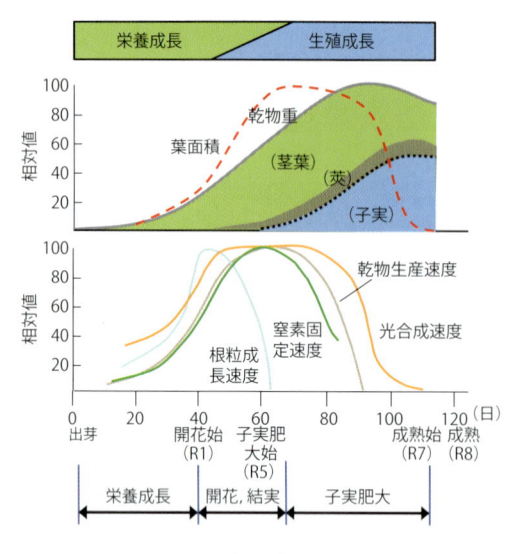

図2-55 ダイズの生育経過
横軸の数字は出芽後日数で，近畿地方において中生品種を6月に播種した場合の例．縦軸は各形質の生育期間中の最大値を100としたときの相対値．

(3) 生育経過と乾物生産

生育に伴う乾物重の推移，葉面積，成長速度，および個葉光合成と窒素固定（nitrogen fixation）の活性の推移を図2-55に示す．見かけの乾物生産速度（落葉を除いた乾物重の増加速度）は開花期頃から大きくなり，子実肥大期後期に低下する．イネ科作物では，開花を境にして光合成産物のシンクが栄養器官から生殖器官にほぼ完全にかわるが，ダイズの場合は開花の開始以降もしばらく栄養成長が続く．茎の伸長および乾物増加は，品種によっても異なるが，子実肥大が本格的に始まる頃（開花期の約1ヵ月後）まで見られることが多い（図2-55）．この間に起こる莢実の形成は栄養器官と光合成産物を分け合いながら進む．

個体群はイネ科作物の個体群に比べて，日射エネルギーを上層で多く吸収し，受光態勢が劣る．群落下層への光の透過を改善すると収量が増加することが実験的に知られている．

ダイズはC_3植物で，他のC_3植物の作物と同様な個葉光合成特性を示す．光合成速度は個体群の上層葉において最も高い．上位葉の光合成活性は子実肥大始期頃に最大に達し，子実肥大後期に葉の老化（senescence）に伴い低下し始める．窒素固定はダイズの収量形成を支える重要な作用であるが，その活性の低下は光合成よりも早く，子実肥大盛期から始まる（図2-55）．これは，根粒は他の栄養器官よりも早く成長を終えて活性が低下するためと思われる．

(3) 生理的特性

ダイズは短日植物であり，短日下で開花が促進される．多くの開花期支配遺伝子の存在が知られており，いくつかはフィトクロム（phytochrome）などの光受容タンパク質もしくはそれに関連する働きを持つことが明らかにされている．加えて，日長とは無関係に開花が遅くなる遺伝子もあり，特に高温短日のために生育期間が短くなりやすい低緯度地帯で有用となっている．これら遺伝子のさまざまな組合せにより開花・成熟期の早晩には幅広い変異が存在する．

ダイズはマメ科作物の中では比較的適温域が広く，インゲンマメよりも高温に強く，ラッカセイよりも低温に耐える．このことが日長感応性の幅広い変異とともに，ダイズ生産が赤道直下から高緯度地帯にまで広がった要因と考えられる．発芽可能温度は5〜40℃，同適

温は 20 ～ 33℃，成長の最低温度は 10℃弱，最適温度は 25 ～ 30℃とされる．光合成の適温域は 18 ～ 30℃までと広いため，乾物生産の適温域も一般に広い．低温や高温による生産阻害は，栄養成長よりも生殖器官の形成もしくは成長に強く現れる．低温は結莢阻害などによる減収を引き起こす．開花・結莢期の高温も莢数や粒数を減じ，結莢期以降の 27℃を越える高温下では百粒重が小さくなり減収する．

　ダイズが蓄積する元素は炭素，水素，酸素を除けば，窒素，カルシウム，カリウム，リン，マグネシウムの順に多い．窒素，カリウムおよびリンは乾物蓄積とほぼ同調して蓄積されるが，カルシウムとマグネシウムは子実への蓄積が非常に小さい．微量必須元素では，相対的に鉄およびマンガンの吸収が盛んであり，窒素固定を担うニトロゲナーゼに含まれるモリブデンの投与効果も認められている．

　窒素は，土壌からの硝酸態窒素の吸収および窒素固定でまかなわれる．窒素固定の寄与率は 50 ～ 90％に及び，ダイズはアルファルファとともに窒素固定量が最も大きい作物である．窒素固定活性は地温に依存しており，約 10℃以上が必要であり，約 30℃までの間，温度上昇に比例して促進される．

　子実には多量のタンパク質が蓄積するため，子実肥大が始まると窒素の要求性が高まり，その程度は光合成産物が多く子実の成長が速いほど顕著になる．一方，窒素の獲得に必要な硝酸還元と窒素固定の活性は光合成速度よりも早く低下する．このため，子実肥大に必要な窒素が不足し，葉身に多量に存在する窒素の子実への再転流が活発化し，葉面積の減少が起こる．収穫期にほぼ完全に落葉するのはこのためであり，自己破壊（self-destruction）と呼ばれ，窒素要求性が大きいダイズの生理的特性にあげられる．

　乾物生産は，栄養成長段階では葉面積に応じてイネに近いかほぼ同等の速度を示す．しかし，莢実の成長が始まるとタンパク質や脂質の合成にエネルギーを要するため，乾物生産速度は葉の光合成が活発であっても低下傾向を示す．さらに，葉の老化が進むと乾物生産力は著しく低下する（図 2-55）．

　ダイズは，要水量（water requirement）が比較的多い作物とされている．これは主に生殖成長における乾物生産性の低さによる．加えてダイズの生育は土壌水分の影響を受けやすい．根粒着生と根粒活性は水分と酸素の両方を多く必要とするが，そのために土壌水分の過剰と不足の両方に敏感に反応する．

(4) 品　　種

　ダイズには非常に多くの在来品種が存在する．現在，日本の農業生物資源研究所ジーンバンクには国内から約 6,000 の遺伝資源が，アメリカ農務省のコレクションには 1 万 7,000 以上の品種と 1,000 以上の野生ダイズが保存されている．日本で栽培されている主要品種は図 2-56 のようである．

　栽培品種は，生育日数，形態および用途によって分類される．

a．生 育 日 数

　品種は生育日数の相対的な長短により，各地域で早生，中生および晩生に分けられる．生

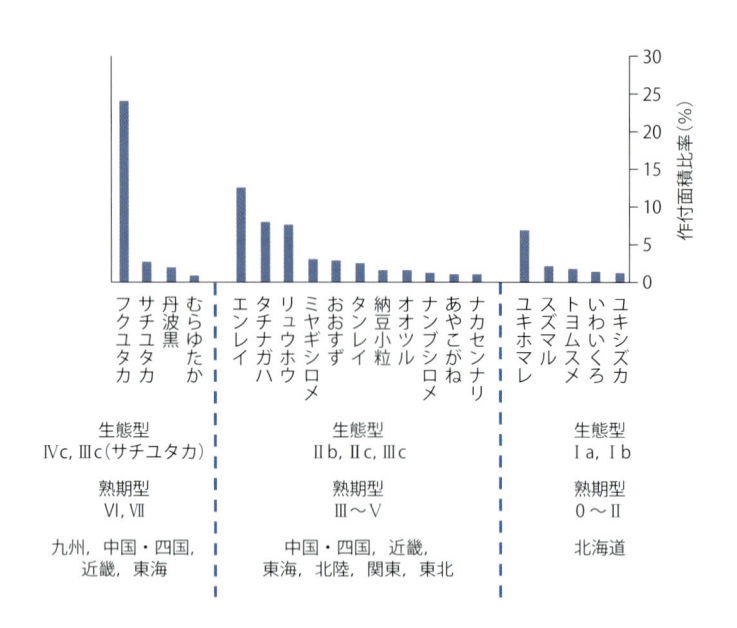

図2-56 主要品種の作付面積比率，生態型，熟期型および主要作付地域（2010年）
（水陸稲・麦類・大豆奨励品種特性表　平成23年度版より作図）

育日数は感光性，感温性および基本栄養成長期間の長さに分類される品種固有の発育特性と，播種後の日長および温度の推移によって決まる．そして，短日植物であるため，通常播種時期が早いほど生育日数は多くなる．生育期間は，播種から開花までと開花から成熟までの期間からなるが，日本では，前者をⅠ～Ⅴの5段階，後者をa～cの3段階に分け，それらの組合せによる品種生態型分類が用いられている．北アメリカでは品種を熟期の早晩によって000，00，0，Ⅰ，ⅡからⅩまで13段階の熟期型（maturity group）に分類する方法が用いられる（図2-56）．一般に，緯度が高い地域ほど感光性が弱い品種（熟期型の数字が小さい品種）が栽培され，中緯度地域では播種が遅い栽培ほど感光性の強いものが栽培される．暖地には夏ダイズと秋ダイズという作型があり，それぞれ，早生品種を春に播いて夏に収穫するもの，初夏に播いて秋に収穫するものである．現在の夏ダイズは，盛夏に収穫する枝豆栽培などに限られる．

b．茎伸育性など

茎の伸育特性によって無限伸育型（indeterminate type）と有限伸育型（determinate type）に分けられる．それらの中間のタイプである半無限伸育型（semi-determinate type）もある．無限伸育型は花芽分化開始後も茎頂での葉の分化成長が続くのに対して，有限伸育型では花芽分化が始まると茎頂端でも花が形成され，葉の増加は停止する．無限伸育型では茎は長く葉数も多くなるが，葉や節間は徐々に小さく細くなり，子実肥大が盛んになるにつ

れ発達中の葉と花房を着けた状態で茎葉は成長を終える．有限伸育型では茎頂端の葉は大きくなり，花房も結実する．無限伸育型の主要遺伝子が頂端の花成を抑える働きを持つことが知られている．日本の品種はほとんどが有限伸育型であるのに対して，北アメリカや中国では両方が栽培されており中高緯度地帯では無限伸育型が，低緯度地帯では有限伸育型が多い．日本では，茎の長短（長茎，短茎），分枝の多少（分枝型，主茎型），分枝の開閉程度（開帳型，閉鎖型），葉の形態（丸葉，長葉）などの外部形態に基づく分類が古くから行われている．

c．用　　途

製油用と食品用（food-grade soybean）に大きく区別される．アメリカでは製油用品種が多く日本では食品用が多い．食品用には，豆腐用，豆乳用，納豆用，枝豆用，煮豆用品種などがある．

(5) 育　　種

育種は，安定多収に加えて用途別品質，病虫害抵抗性，機械化適応性などを重視して行っている．エンレイなど複数品種の全ゲノムが解読され，ダイズの遺伝子情報の蓄積が急速に進んでいる．有用形質に関係する精度の高いDNAマーカーの開発と利用による育種の効率化が期待されている．

a．安定多収

収量性はアメリカなどで着実に改良が進んでいるが，品質が重視される日本では1970年代以降の品種においては改良がごく限られ，この違いが図2-52の国による単収推移の差の要因にもなっている．増収要因として，かつては収穫指数の増加が主であったが，近年は全乾物重の増大も寄与している．収量の安定性に関しては，倒伏抵抗性，耐冷性，冠水抵抗性，耐湿性などの改良が行われている．

b．品　　質

納豆用には小粒，豆腐用には高タンパク質含量，煮豆用には外観と味が重視され，外観では大粒，種皮色（黄白色または黒），臍の色（白または黄），裂皮がないこと，などが主要な選抜形質になっている．吸水を不均一にする裂皮は加工品質としても重視される．近年は種子成分の機能面に着目した品種開発が活発化している．種子貯蔵タンパク質の大部分を占める7sグロブリン（globulin）と11sグロブリンの比率に起因する品質特性の変化を利用した高含硫アミノ酸（7sグロブリンが低下）品種や，リポキシゲナーゼを欠失させることで豆乳の青臭みの原因を除いた品種が育成されている．この他，サポニン，イソフラボン，トコフェロールなどの機能成分の制御が試みられている．

c．病虫害抵抗性

日本ではタバコモザイクウイルス病（本州以南で多い，以下同様），シストセンチュウ（東日本），矮化病（北海道など），茎疫病（全国），紫斑病（北陸など），ハスモンヨトウ（西日本）などの抵抗性品種の育成が行われている．

d．機械化適性

コンバイン収穫を容易にするために，強い倒伏抵抗性，高い最下着莢位置，耐裂莢性の改

良が進んでいる．

(6) 栽　　培

ダイズ栽培は熱帯から亜寒帯まで見られるが，温暖もしくはやや冷涼で適度に湿潤な地域が最適であり，無霜期間に栽培が可能である．栽培管理の概要を日本のダイズ栽培を中心に以下に記す．

a．土壌および施肥

排水と保水性がともによく，弱酸性から中性の肥沃な埴土ないし壌土が適している．窒素固定の最適 pH が 6～6.5 であるので，必要に応じて酸度矯正を行う．3 要素の標準的な施肥量は，窒素，リン酸，カリがそれぞれ 1～3，5～8，5～8kg/10a 程度であるが，土壌肥沃度，堆肥施用量および前作への施肥量などにより加減し，リン欠乏を起こしやすい黒ボク土などではリン酸の施用を多くする．ダイズの栽培前歴がない圃場では根粒着生が著しく劣るため，あらかじめ種子に根粒菌を接種（粉衣）する．

b．播　　種

慣行播種期は概して北から南になるほど遅く，品種の早晩性，前作の収穫期，梅雨の影響などによって前後する．北海道では 5 月，九州では 7 月が中心となる．枝豆栽培では早生品種を早期に播種することが多い．栽植密度は 1m^2 当たり 10～15 個体，条間 60～75cm，株間 10～20cm を標準とし，品種，播種の早晩，土壌条件に応じて調節する．耕うん整地のあとに播種を行い 3～4cm 程度覆土する．近年はトラクタに装着する施肥播種機などを用いて施肥，砕土，播種および覆土を同時に行うことが多い．

作付面積の 80％以上を水田転換畑が占めており，しかも播種時期が梅雨期と重なる地域が多いため，播種時期の排水条件はきわめて重要である．そこで，播種前に条件により弾丸暗渠を施したり，排水溝を作るなどの入念な排水処理が推奨されている．さらに，出芽苗立ちをよくする目的で播種方法に工夫が加えられ，耕うん同時畝立て播種や有芯部分耕栽培などの技術が開発された．最近，湿害による出芽・初期生育不良には茎疫病などの土壌病害が関与することが明らかになり，その薬剤防除の顕著な効果が報告されている．

c．中耕，培土

中耕，培土は雑草防除に加えて，不定根発生の促進による吸水力増強と倒伏抵抗性の強化ならびに根粒着生の促進に効果があると考えられている．中耕は開花期までに 2 度行い，2 度目は同時に培土を行うのが一般的である．

d．灌水と干ばつ回避

水利用量は盛夏に最大になる．午後に葉の萎れが見られるほど土壌が乾燥すると灌水が必要である．一般に，大陸性気候など降雨が不足しやすい地域では干ばつが重要な制限要因となる．夏に雨が多いモンスーン気候の日本でも，生育初期が過湿気味であると根の発達が阻害されるため，乾燥ストレスが生じる危険は大きい．生育期を調節して，乾燥の影響を受けやすい開花・結実期が乾燥期に当たらないようにすることも有効であり，この目的でアメリカの中・南部では早期栽培が増加した．なお，日本では梅雨期の過湿を避ける必要があり，

逆に晩期播種栽培が九州地方を中心に奨励されている．

e．病害虫管理

病害虫対策は栽培技術の中で重要な位置を占める．ダイズは子実のみならず莢や葉身も窒素栄養に富む傾向があるため，多種類の病害虫にとって格好の宿主となる．病害にはウイルス病であるダイズモザイク病およびダイズ矮化病，糸条菌などによる立枯性病害（くろ根腐病，茎疫病，白絹病），紫斑病および葉腐病がある．ダイズモザイク病，ダイズ矮化病および茎疫病などに対する抵抗性育種が進められているが，耕種的防除と化学的防除に頼るところが大きい．輪作，被害粒や被害株の除去の他，土壌伝染性の立枯性病害は転換畑での過湿が誘因となるため，土壌排水が重要な防除手段となっている．害虫にはカメムシ類，マメシンクイガ，シロイチモジマダラメイガ，フタスジヒメハムシ，ハスモンヨトウ，ダイズサヤタマバエなど，線虫類にはダイズシストセンチュウなどがあり，マメシンクイガや畑作地に多いダイズシストセンチュウを除くと暖地ほど発生が多い．抵抗性品種の開発は限られており，対策は化学的防除に頼るところが大きい．一部は播種期を遅らせることや集団栽培によって，被害の軽減が図られる．ダイズシストセンチュウは抵抗性品種の利用と輪作が対策となる．

f．雑草管理

雑草は，ヒエ類，タデ類，カヤツリグサなどに加え，近年，帰化雑草であるアサガオ類やアレチウリなどの発生が問題化している．発生初期の除草が肝要であるが，過湿などにより中耕の実施が遅れた場合には被害が大きくなる．土壌処理剤を用いた化学的防除が併用される．初期の管理が十分でないときは茎葉処理剤も使用される．アメリカでは，非選択性除草剤（glyphosate）に対する抵抗性が付与された遺伝子組換え品種が1996年に登場し，約10年で作付け比率が90％以上に達するとともに，南アメリカにも急速に普及した．雑草管理の顕著な効率化による．ただし，最近では除草剤抵抗性雑草の増加が問題になっており，多角的な雑草管理が再び検討されている．

g．収　　穫

成熟期に達し，かつ茎水分が60％を下回ると収穫適期となる．茎水分が高いとコンバイン収穫の際に茎の汁液によって収穫物の汚損が多くなる．莢が成熟しても茎に緑色と水分が残る現象を青立ち（もしくは莢先熟，delayed stem senescence）と呼ぶ．発生すると汚損粒の増加により機械収穫が困難になる．青立ちの発生機構には不明な点が多いが，虫害などにより窒素や光合成産物のシンクとなる莢実が不足する場合によく発生することから，害虫管理や適期の灌水により着莢および結実を良好にすることが予防に結び付く．裂皮やしわ粒も品質の低下要因である．裂皮には大きな品種間差異があるが，粒肥大期間の乾燥などによっても発生が増加する．しわ粒は子実肥大期間の栄養不足（ちりめんじわ）や成熟後の吸湿と乾燥の繰返し（亀甲じわ）により増加することが明らかにされている．

h．不耕起および狭条栽培

これらはいずれもアメリカなどで先行して発達した管理技術であるが，近年日本でも増加

しつつある．狭条栽培および不耕起栽培は，通常，合わせて実施される．条間を慣行の約1/2にする狭条栽培は，草冠が早く閉じることにより個体群の受光量と乾物生産を高める．不耕起栽培は，梅雨期に滞りがちの耕起・整地作業および生育期間中の中耕および培土をほぼ完全に省くものであり，省力化と播種作業をはかどりやすくする利点がある．雑草と倒伏の問題は，それぞれ，狭条による草冠の早期閉鎖と化学的防除，耐倒伏性品種の選択による解決が図られている．

(7) 利　　用

製油用ダイズは植物油と飼料として，食品用ダイズはさまざまな発酵・無発酵食品として用いられる．世界的に見れば前者が圧倒的に多いが，後者はアジアにおいて長い歴史があり，利用形態は多様である．ダイズは，タンパク質を35％以上，脂質を約20％含むことに加え，健康維持に有効な微量成分を数多く含むなどの優れた特性を有し，食品としての評価は高く，さらなる機能性食品の開発への期待は大きい．近年の日本では製油用に約69％，食品用に約28％，飼料用に約3％が使われている．

a．食用・燃料油

ダイズ油の多くは食用油として用いられる．てんぷら油やサラダ油などであり，その消費は経済発展が進む地域で急増している．リノール酸などの不飽和脂肪酸を多く含み，コレステロール低下作用を持つ．近年は，ヨーロッパや南アメリカでバイオディーゼル原料としての利用も増加し，これら製油目的での利用がダイズ需要と生産を高める原動力になっている．

b．家畜飼料

脱脂ダイズはダイズミールと呼ばれ，主に養鶏および養豚などの飼料の他，ペットフードや水産飼料としても用いられる．

c．無発酵食品

豆腐，豆乳，ゆば，きな粉，枝豆，煮豆，菓子用として広く用いられる．タンパク質を抽出して用いる豆腐などでは，高タンパク質であることが第一に求められる．枝豆と煮豆は，外観形質の粒大，臍の色（白目），種皮色などが重視される．加えて，これらの食品の味には多くの呈味・香気成分が関わり，分析技術の進歩により詳細な検討が行われつつある．なお，前述のダイズミールは，醤油の他，さまざまな食品加工にも用いられる．

d．発酵食品

日本食に不可欠の醤油と味噌は，中国起源とされるが日本で発達し，現在は世界各地に普及している．コウジカビによって米や大麦とともに発酵させて作られる．塩分を加えるため長く保存できる．納豆は納豆菌で蒸煮ダイズを無塩発酵させて作られる．アジア各地に存在し，タイ（トゥアナオ）やネパール（キネマ）では日本と同様のものが，インドンネシア（テンペ）ではクモノスカビで発酵させたものが作られる．これら発酵食品は，いずれも風土にあった食生活の要素として各地の文化を担ってきた．

2）インゲンマメ（英名：kidney bean，学名：*Phaseolus vulgaris*）

（1）来歴と生産状況

マメ科，インゲン属（*Phaseolus*）の一年生作物である（$2n = 2x = 22$）．*P. vulgaris* は var. *vulgaris*（栽培のインゲンマメ）と祖先野生種と考えられる var. *aborigineus* に分かれる．蔓性で支柱に巻きついて 1.5 〜 3m となる系統 var. *communis* Asch.（無限伸育性）と，ツルナシインゲンと呼ばれる矮性で高さ 30cm ほどの系統 var. *nanus* Martens（有限伸育性）がある．多源説が有力で，小粒の栽培品種は小粒の野生種から中央アメリカで，大粒の栽培品種は大粒の野生種から南アメリカアンデス地域で栽培化されたと考えられ

図 2-57　インゲンマメ
（写真提供：今井　勝氏（A, C））

ている．B.C.600 〜 500 年頃のメキシコやアンデスの遺跡で種子が出土している．16 世紀にスペインを経て 17 世紀には北ヨーロッパ，アフリカ大陸に伝わり，日本へは中国を経て 1654 年に隠元禅師が渡日の際にもたらしたとされ，名の由来となった．同禅師がもたらしたのは，実際はフジマメであったとの説もある．江戸時代には栽培されていたが，明治期以降北アメリカから優良品種が特に北海道に多く導入され，現在の栽培の基礎となった．

FAO の統計では完熟種子（dry beans）にアズキやリョクトウなども含まれ，近年の世界の栽培面積は約 3,000 万 ha，生産量は約 2,300 万 t である．日本における栽培面積は 1965 年には 9 万 ha を超えていたが，近年は約 1 万 ha まで減少している．近年の生産量は約 2 万 2,000t, 単収は約 200kg/10a であるが，年変動が大きい．約 1 万 4,600t（2006 年）がカナダ，中国，アメリカなどから輸入されている．全国の生産量の約 94％を北海道が占め，十勝地方が主産地である．近縁種のベニバナインゲン（*P. coccineus*）はインゲンマメとはやや異なった特性を示すが，日本では統計上，菜豆（インゲンマメ）に含まれる．野菜としての未熟種子・サヤインゲン（軟莢品種）の生産も世界で 150 万 ha，1,983 万 t である．日本では 6,500ha，4 万 4,900t と多い．

（2）成長と発育

発芽時に下胚軸（hypocotyl）が伸長する地上子葉型で，子葉は葉緑素を持たない．初生葉は単葉で対生，本葉はひし形で長さ 10cm ほどの小葉 3 枚からなる複葉で，矮性品種では 3 〜 4 枚，叢生品種で 7 〜 8 枚，蔓性品種では 10 〜 30 枚互生する（図 2-57）．無限伸育性品種では上位葉ほど小さく，上位節間ほど短くなり，頂部に花房は着けない．夏季に，葉腋から花茎が伸び，総状花序に 2 個から数個の 5 花弁からなる蝶形花を開く（図 2-57）．開花は午前 3 時頃から始まり 7 時頃にピークを迎える．開葯および受粉（受精）は開花前に起こる．主に自家受精をするが，結莢率は低く，暖地でも全開花数の 10 〜 40％である．花色は白，紅，紫色などがある．莢は長さ 10 〜 30cm，幅 1 〜 2cm で，黄褐色に熟し，1 莢に 5 〜 10 個の

種子を含む．種子（豆）は長さ1〜2cmの腎臓形や長球形で，白色，紫褐色，斑紋，縞紋など，色彩の変化に富む．ベニバナインゲンでは他家受精が多く，結莢率は5％前後と著しく低い．

(3) 生理生態的特性

一般に短日植物であるが，矮性品種では非感光性品種が多い．熱帯・温帯地域で幅広く栽培されるが，湿潤熱帯地域では降雨によって病気や落花が多発する．多湿に弱いが，黒色種皮の品種は湿害抵抗性が大きい．排水のよい，土壌有機物に富む砂壌土，シルト質壌土，埴壌土などが栽培に適する．好適土壌pHは6〜6.5の弱酸性で，酸性土壌には食用マメ類の中で最も弱いとされる．酸性土壌では苦土石灰などによる酸度矯正が不可欠である．また，耐塩性もマメ類の中で最も弱い．比較的冷涼な気候を好み，発芽適温は20〜23℃で，生育適温は15〜25℃である．受粉および受精の適温は，16〜25℃とされ，13℃以下，30℃以上では受精不良を起こし，落花が多くなり奇形折莢の割合も多くなる．そのため，硬莢品種（種実用）では冷涼な北海道や高冷地が適し，温暖地のサヤインゲン栽培では盛夏期の収穫は避ける作型が望ましい．耐冷性はダイズやアズキに比べて強い．

(4) 品　　種

品種は世界で1万4,000以上，日本で200以上あるとされる．利用上からは種実用の硬莢品種，若莢用の軟莢品種（サヤインゲン）に分かれる．伸育性の違いにより，草型が蔓性，半蔓性，叢性，矮性に分類され，感温性および感光性により早晩性が異なり，生育日数は早生品種で約90日，晩生品種で約130日である．北海道の品種では，支柱を用いずに栽培する普通菜豆は金時類，手亡類，白金時類，うずら類に，支柱を用いて栽培する高級菜豆は大福類，虎豆類，そして花豆類に分けられる（表2-12）．花豆類はインゲンマメと近縁のベニバナインゲンで，流通では高級菜豆に含まれる．用途は，豆の大きさや種皮色により，煮豆や甘納豆，餡用に用いられる．軟莢品種には矮性の'マスターピース'，'エバーグリーン'，蔓性の'ケンタッキーワンダー'，'衣笠'などがある．

(5) 栽　　培

北海道における硬莢品種の栽培方法は次の通りである．矮性・叢性品種の播種は5月下旬〜6月上旬に，プランターで施肥，播種，覆土，鎮圧の各作業が1工程で行われる．条間約60cm，株間約20cm（約8.3株/m^2，2〜3粒/株）とする．ダイズに比べインゲン根粒菌は着生が遅く，窒素固定活性も低いことから，10a当たり3kg程度をスタータ窒素として施用する．サヤインゲン栽培では10a当たり10〜15kgの窒素施肥を必要とする．基肥として他に，リン酸14kg，カリ9kgを施用する．開花期（7月中旬）までに2〜3回中耕除草を行う．完熟期前に，刈り倒して乾燥後に脱粒する．最近ではピックアップスレッシャにより，刈り倒した株を自動的に拾い上げて脱粒する方式が普及している．蔓性品種の播種は5月中下旬に条間および株間60〜70cm，ほぼ正方形播き（1.8〜2.5株/m^2，1株2粒）を行い（手作業），機械で覆土，鎮圧する．施肥は機械播種と同様である．出芽後5日目頃に畦間サブソイラなどにより中耕を行い，支柱を立て，誘引作業を行う．成熟期に，支柱ごと茎を地際から根切りして，数日間そのままの状態で乾燥させたのち，ビーンスレッ

表2-12 北海道のインゲンマメ（菜豆）の主要品種

種　類	伸育性・草型	主要特性，用途，品種
1. 金時類	有限・矮性	赤紫色の大粒種で，煮豆，甘納豆，餡用． 品種：'大正金時'，'福勝'，'北海金時'，'福寿金時'
2. 白金時類	有限・矮性	白色の大粒種で，甘納豆，餡，煮豆用． 品種：'福白金時'
3. 手亡類	有限・叢性	白色の小粒種で，白餡用． 品種：'姫手亡'，'雪手亡'，'絹てぼう'
4. うずら類	有限・矮性 無限・半蔓性	淡褐地色に赤紫の斑紋がある大粒種で，煮豆用． 品種：'福うずら'（矮性），'福粒中長'（半蔓性）
5. 大福類	無限・蔓性	白色，扁平腎臓形の極大粒種で，甘納豆，煮豆，餡用． 品種：'洞爺大福'
6. 虎豆類	無限・蔓性	白地に臍周辺黄褐地で赤紫斑．中粒種で，高級美味な煮豆用． 品種：'福虎豆'
7. 花豆類*	無限・蔓性	大粒，扁平腎臓形の子実．白と紫があり，甘納豆，煮豆，餡用． 品種：'大白花'，'白花っ娘'，'紫花豆'

*異種の「ベニバナインゲン」．

シャにより脱粒作業を行う．

　インゲンマメの主要病害は，炭そ病，菌核病，灰色かび病，黄化病（アブラムシが媒介）などで，殺菌剤の種子消毒や茎葉散布による防除や抵抗性品種が利用される．主要害虫はタネバエで幼虫が幼植物内に侵入，食害する．要防除害虫として，ハダニ類，アブラムシ類，コガネムシ類，ダイズシストセンチュウなどがある．エンドウほどではないがダイズよりも連作障害が大きく，イネ科作物や根菜類との輪作が推奨される．

(6) 利　　用

　乾燥したインゲンマメ100gの熱量は333kcalあり，水分16.5g，タンパク質19.9g，脂質2.2g，炭水化物57.8gである．アミノ酸組成のバランスもよく，特にリシンを豊富に含む．わが国の需要量の3/4が白餡用である．また，煮豆あるいは洋風のクリーム煮や，肉や野菜との煮込みなどにも多く使われる．他に甘納豆などの和菓子の材料とされ，野菜としての若莢は，タンパク質，ビタミンA，B_1，B_2，Cを多く含み，栄養価が高い．

3）ラッカセイ（英名：peanut，学名：*Arachis hypogaea*）

(1) 来歴と生産状況

マメ科，*Arachis* 属の一年生草本（図2-58）で，栽培種は *A. hypogaea* のみである．栽培種は4倍体（$2n = 4x = 40$）で，多くの野生種は2倍体である．南アメリカ，ボリビア南部のアンデス山脈東山麓地域が起源である．ボリビアは変異が最も豊富で，さらにペルー，ブラジル，パラグアイ，ウルグアイ，アルゼンチンを含む各地域が第2次中心地となり，さまざまな変種が形成された．16世紀にポルトガル人が西アフリカ，南アフリカに伝えた．ほぼ同時期にスペインへ伝わり南ヨーロッパ，北アフリカ，インドネシア，フィリピンへと伝播した．インドへは18世紀に東インド会社により導入された．北アメリカへは17世紀頃にアフリカから導入され，1930年までブタの放牧用飼料として栽培されたが，これ以降油料作物としての栽培が急増した．日本には中国経由で1706年に伝来し南京豆と呼ばれたが，普及したのは明治に入ってからである．

図 2-58 ラッカセイ
（写真提供：今井 勝氏（立毛），平沢 正氏（子房柄））

熱帯から寒冷地を除く世界中の温帯に広く栽培される．近年の作付面積は世界で約2,400万ha，その50%をインド，中国，ナイジェリアの3ヵ国で占める．生産量（殻付き）は約3,800万t，その41%を中国が占める．日本では1960年代に6万ha以上の作付けがあったが，近年は約7,500haまで減少している．主な産地は千葉，茨城，神奈川各県で，作付面積の75%を千葉県が占める．2010年にはむきみで30,910t（大粒種7,008t，小粒種22,606t）が中国，アメリカ，南アフリカなどから輸入されている．他に7,730tが加工品として主に中国から輸入されている．

(2) 成長と発育

種子（豆）は幼芽と幼根を子葉が挟み，第4葉までと子葉節からの分枝がすでに分化している．発芽時に子葉は地表面で水平に展開し緑色を帯び，地下子葉性と地上子葉性の中間型である．葉は2対の4小葉からなる羽状複葉で，睡眠運動をする．葉の海綿状組織に貯水細胞を持ち，乾燥に強い．直根性の主根を発達させ，側根は主根から縦に4列に列状に発根し，四方に向かって伸びる．根粒は側根の基部に多く形成される．葉の展開とともに1次・2次・3次分枝が順次発生する．主茎は直立するが分枝は地面をはって伸び，長さ1〜1.5mになる．分枝には栄養枝（vegetative branch）と結果枝（reproductive branch）があり，分枝習性は品種により異なる．栄養枝は各節に本葉を持ち，腋芽には栄養枝や結果枝を着ける．結果枝は各節に本葉を着けずに花を着ける．花は黄色の直径1cmほどの蝶形花（図2-58）で各節に数個着く．自家受精し，開花5日後頃から子房と花托との間が伸長して子房柄（gynophore）となり，伸びて地中に潜り込み，先端の子房が地表下数cmのところで

肥大して莢となる．この性質から落花生の名が付けられた．子房が地中に入らないものは枯死する．結莢率は 10％程度である．結莢する花（有効開花）は開花初期に多い．子房壁は果皮（莢殻）となり胚珠は種子を形成する．莢の表面は網状の凹凸のある多肉質で，養分を直接吸収することができ，熟すると乾燥して堅い莢殻となる．莢は長さ 2～5 cm で，内部に通常 2 個，品種により 1～5 個の種子がある（図 2-58）．種子は長さ約 1～2 cm で，紅褐色や橙黄色の薄い種皮（甘皮）に包まれ，子葉は乳白色である．

(3) 生理生態的特性

本来熱帯作物で高温，多照と適度の降雨を必要とする．欧州ではスペインなどの南部で栽培され，アメリカでは北緯 36°が栽培北限であるが，中国では北緯 45°の黒竜江省でも油料用に栽培される．日本の栽培北限は小粒種で南東北，大粒種で関東であったが，マルチ栽培と極早生品種の開発により青森・岩手両県でも栽培されるようになった．

種子は高温多湿，密封条件で著しく発芽率が低下する．種子は収穫後休眠期間があり，小粒種で短く，大粒種で長い．発芽の最低温度は約 12℃で，適温は 25～30℃である．生育の最適温度は 25～27℃とされるが，小粒種の必要積算温度は約 2,800℃で，発芽や生育適温が低く，開花期も早く，生育日数は 120 日程度である．大粒種は高温要求性が高く，積算温度は約 3,400℃で，生育日数は 150 日程度である．

耐乾性が強く，インドやアフリカの乾燥地でも栽培されるが，灌漑による増収が大きい．降水量は年 1,000～1,300 mm 程度が最適とされ，収穫期は少雨が望ましい．梅雨期に雨が多いと根が湿害を受け減収する．土壌は排水がよく膨軟で石灰を多く含む砂壌土や火山灰壌土が適し，子房柄の地中への進入に有利であり，収穫が容易で，莢への土の付着も少ない．土壌 pH は 5.5～6.0 の弱酸性が最適で，耐塩性は低い．結実にはカルシウムが不可欠で，子房は土中のカルシウムを直接吸収して莢殻に蓄積し，茎葉へは移行しない．莢の網目模様は，成熟とともに表皮細胞が剥離し，維管束網が表面に現れたものである．

(4) 品　　種

ラッカセイは，主茎着花の有無により *A. hypogaea*（無）と *fastigiata*（有）の 2 亜種に大別される．さらに *hypogaea* は *hypogaea* と *hirsuta* の 2 変種に，*fastigiata* は *fastigiata*, *peruviana*, *aequatoriana*, *vulgaris* の 4 変種に細分される．アメリカでは種子の大きさ，形状，用途に応じて，バージニアタイプ，ランナータイプ，スパニッシュタイプ，バレンシアタイプの 4 マーケットタイプに品種を区分する．日本ではランナータイプをバージニアタイプに含めて分類する．バージニアタイプは主茎に結果枝を着けずに 1 次分枝はすべて栄養枝となり，1 次分枝では 2～3 節ごとに栄養枝と結果枝が交互に出る．スパニッシュタイプとバレンシアタイプは，主茎にも結果枝を着け，1 次分枝からは連続して結果枝が出る．スパニッシュタイプの主茎では一部栄養枝も出る．草型には立性，伏性（ほふく性），中間型があり，立性の主茎は直立して長く，側枝の分枝角度が小さく，密植で多収となるものが多い．伏性の主茎は短く側枝の分枝角度が大きく，着莢数が多くなるが，収穫しにくいため，現在日本の栽培品種には見られない．中間型は伏性に類似するが分枝の途中から立ちあがる性質

を示し，生育後期には群落が閉鎖して雑草害が少ない．バージニアタイプには立性から伏性の品種があり，晩生で莢殻は厚く，子実は大粒で1莢2粒，スパニッシュタイプとバレンシアタイプは立性で，早生，子実は小粒で1莢粒数はスパニッシュタイプでは2粒，バレンシアタイプでは3～5粒と多い．

　日本では収量性の高いバージニアタイプの千葉半立（栽培面積の約70％を占める），タイプ間交雑種の'タチマサリ'，'ナカテユタカ'，'郷の香'，'おおまさり'など，主茎着花性，1次分枝への結果枝連続着生性の導入，立性，大粒，1莢2粒で，甘み，風味，食味に優れ，煎り豆用，ゆで豆用の品種が多く育成されている．日本での育種は千葉県八街市にある千葉県農業試験場落花生試験地で行われている．

(5) 栽　　　培

　九州では3月下旬～4月上旬，関東では5月中～下旬，マルチ栽培の東北では5月中旬に，畝幅60～70cm，株間20～30cmの栽植様式で莢から手むきした種子を1～2粒播種し，3cmの覆土を行う．マルチ栽培は発芽，生育を促進し，収量および品質を向上させるため，全国的に普及している．10a当たり石灰を50kg，堆肥1t程度を散布し，施肥は窒素3kg，リン酸とカリは10～15kgを施用する．根粒菌による窒素固定があるので窒素施肥は控え，野菜後作の場合は無施用でも栽培できる．ラッカセイは連作すると収量および品質が低下するため，連作を避けるか，麦類，陸稲，野菜（トウモロコシ，サツマイモ，サトイモ，キャベツ，ダイコンなど）と輪作するのが望ましい．

　マルチ栽培では播種後7日，露地栽培では10日後に出芽を迎え，週に1葉の展開が進む．出芽後30～35日で開花が始まる．開花後約7～10日までの子房柄が土壌表面に達する前に，マルチを除去して除草と中耕培土を複数回行い，子房柄の地中への伸長を促す．褐斑病，黒渋病，そうか病は薬剤による防除効果が高いが，茎腐病，白絹病などの土壌病害は罹病株の除去が基本となる．害虫は，コガネムシ，ヒョウタンゾウムシ，アブラムシなどがあり，連作によりキタネコブセンチュウも増えて減収する．莢実の肥大が始まる7月下旬以降は，土壌水分が欠乏すると空莢が増えて収量および品質が低下するため，適宜灌水を行う．収穫時期は70～80％の莢の網目が明確になる頃で，開花期後日数で早生種は75日，中生種は80～85日，晩生種で90～95日である．莢実を上側に向けて7～10日乾燥させたのち，野積み（ボッチ積み）を30～40日程度行う．

(6) 利　　　用

　乾燥子実は，100g中タンパク質25g，脂質48g（不飽和脂肪酸が多い），炭水化物19gを含む．無機質ではカリウム含量が比較的高く，またビタミンE，ナイアシン含量も高く，栄養的に優れる．薄皮には，レスベラトロール（抗酸化成分）が含まれる．食用の他に小粒種は搾油原料とされ，また豆腐や味噌の原料にもなる．落花生油は，オレイン酸約50％を含む弱不乾性油で，香りがよく，フライ油やサラダ油，ショートニング，マーガリンの原料となる．茎葉は緑肥や青刈り飼料とされる．近年，流通するラッカセイのアフラトキシン（土壌かび由来の発癌物質）汚染が問題となり，含有基準値が設定されている．

4）アズキ（英名：adzuki bean, 学名：*Vigna angularis*）

(1) 来歴と生産状況

マメ科，ササゲ属（*Vigna*）の一年生草本作物（$2n = 2x = 22$）．かつてはインゲンマメ属（*Phaseolus*）に分類されていた．アズキの祖先野生種とされるヤブツルアズキは本州以南の日本，朝鮮半島，中国，ネパール，ブータンに広く分布している．縄文時代遺跡である福井県鳥浜貝塚から，採集されたと推測されるヤブツルアズキの種子が出土している．しかし，アズキが栽培化された原産地はよくはわかっていない．中国や日本など複数の地域でそれぞれ独立に栽培化された可能性も

図 2-59　アズキ
品種 'エリモショウズ'．（写真提供：あずきミュージアム）

考えられている．現在，アズキを栽培および利用する国は東アジアに限られ，中国の生産量が最も多い．日本への輸出目的としてカナダなどでも栽培される．近年の日本における栽培面積は約 3 万 ha，収穫量は 5 〜 7 万 t である．主産地の北海道の栽培面積は約 2 万 3,000ha，収穫量は 4.5 〜 6 万 t である．中国から約 1 万 5,000t，カナダから約 9,000t を輸入している．製品である加糖餡も約 9 万 t（乾燥豆換算で約 3 万 t）輸入される．

(2) 成長と発育

種子の吸水は臍の一端にある約 0.5mm の隙間を持つ種瘤で行われるので，吸水速度が遅い．上胚軸（epicotyl）の伸長によって 1 対の初生葉が出芽する地下子葉（hypogeal cotyledon）型である．初生葉に続いて出葉する本葉は 3 小葉からなる複葉で，互生する．第 1 本葉が開く頃に根粒菌が共生し始める．根は直根型であり，上胚軸からも側根が多数出る．蔓性の品種もあるが，一般に草型は直立し，無限伸育型である．草丈は 30 〜 70cm である．主茎の下位節から数本の分枝が発生する．

開花は分枝発生節のすぐ上の節から始まり，分枝では少し遅れる．花柄（5 〜 10cm）は葉腋から生じ，その先端に 2 〜 3 花ずつ対生し，総状花序を形成する．開花は午前中に多く，ほとんどが自家受粉である．花は黄色（約 2cm）である（図 2-59）．竜骨弁がねじれており，左右対称でない蝶形花が特徴である．花外蜜腺がある．開花期間は 30 〜 40 日間と長い．結莢率は先に開花した花ほど高く，個体全体では約 50％である．1 莢に 7 〜 10 個の種子が着生する．一般的な品種の百粒重は 12 〜 15g である．熟した莢の色は品種によって異なり，ごく淡い褐色から黒に近いものまである．種子は楕円あるいは長楕円形である．種子色は赤がほとんどであり，黒，白，緑などの品種もある．

(3) 品種と育種

アズキの品種は成熟の時期，種子の大きさ，種皮の色，葉の形などで分類される．初夏に

播種し，晩夏に収穫する感温性の強い夏アズキ型，7月に播種し，秋に収穫する感光性の強い秋アズキ型および中間型の品種に分類される．北海道は夏アズキ型，西日本では夏アズキ型と秋アズキ型が分布する．北海道では，耐冷で良質多収な'エリモショウズ'の栽培面積が大きく，落葉病や萎凋病抵抗性のある'きたのおとめ'，'きたろまん'が続く．古くから日本で栽培されてきたので，多様な在来種があり，京都府と兵庫県にまたがる丹波地方の'丹波大納言'，岡山の'備中白小豆'などが有名である．

育種は北海道立十勝農業試験場などで行われ，主な育種目標は，耐冷性，耐病性（土壌伝染性の落葉病，茎疫病，萎凋病抵抗性），餡加工適性などの品質，機械収穫適応性（長胚軸系統によって着莢位置を高める）などである．

(4) 栽　　培

酸性土壌を嫌い，最適pHは6～6.5である．霜害に弱い．栄養成長期には高温，多湿を好む一方，登熟期間は比較的冷涼で乾燥した条件を好む．高温下での登熟では種子重が小さくなり，品質が低下する．そのため，国内産のほとんどが北海道の十勝地方で生産される．十勝地方の夏の気温は不安定であり，冷害による減収が起きやすい．夜温が15℃以上で雨が続くと種子の莢内発芽や腐敗が発生する．初期に開花結実したものを確保するように，適期に収穫することが重要である．葉は就眠運動をする．

土壌伝染性病害やセンチュウによる連作障害が起きやすいので，5～6年以上の輪作が必要である．十勝地方では，ジャガイモ，コムギ，テンサイなどとの組合せの輪作が一般的である．北海道での播種適期は5月下旬から6月上旬で，発芽まで約2週間かかる．晩霜害は6月中旬に起きやすく，未熟莢が被る初霜害は9月終わり頃に発生する．初期生育が緩慢なので雑草の防除が重要である．除草と土壌の通気性および保水力の改善や倒伏防止のための培土を兼ねて，播種後20～30日頃から2～3回中耕する．開花は7月中下旬である．薬剤防除が必要な主要病害虫はアブラムシの媒介するアズキモザイク病，さび病，アズキノメイガ，タネバエ，カメムシなどがある．施肥量は10a当たり窒素3～4kg，リン酸12～15kg，カリ7～10kg，栽植様式は畝間60cm，株間20cmの2本立て，播種深度3cmが標準である．

北海道では収穫は機械で，列状に刈り倒したあと，拾い上げながら脱穀する方式（ピックアップ収穫体系）が主流である．さらに，立毛状態でコンバインで収穫する省力的な方法（ダイレクト収穫体系）もある．しかし，倒伏しやすく，着莢位置が低いため，収穫損失が大きい．本州以南の秋アズキ栽培では莢の成熟が斉一でないため，成熟した莢から手摘み収穫する．

(5) 品質と利用

収穫された種子のほとんどは餡や甘納豆などの菓子の原料となる．種子には食物繊維，ビタミンB群が豊富に含まれる．子実（水分15%）には約60%の炭水化物，20%のタンパク質，2%の脂質を含む．サポニン，ポリフェノールなどの機能性成分も豊富に含まれる．マメ類の中でも，タンパク質や脂肪の含量が特に少なく，炭水化物含量が高いため製餡材料に適する．赤飯などにも古くから利用されている．

5）ササゲ（英名：cowpea, black-eyed pea, 学名：*Vigna unguiculata*）

(1) 来歴と生産状況

マメ科，ササゲ属（*Vigna*）の一年生草本作物（$2n = 2x = 22, 24$）．かつては異なる3～4種に分類されていたが，現在では栽培種はすべて *V. unguiculata* に分類される．ササゲの原産地は西アフリカ，南アフリカ，エチオピアなどの諸説があり，はっきりしていない．ササゲ属の中心は南アフリカである一方，ササゲの多様性は西アフリカで最も大きく，栽培も盛んである．乾燥に強いため，中央および西アフリカの乾燥地帯で広く栽培されている．アメリカなどでも，土壌肥沃度の回復などの効果があるために輪作体系における重要作物となっている．日本には平安時代には伝わった．

図 2-60　開花－莢伸長期のササゲ（改良品種）
（写真提供：国際農林水産業研究センター 村中　聡氏）

近年の世界の収穫面積は約1,100万 ha，生産量は約560万 t で生産量は伸びている．主要生産国はナイジェリア（約220万 t），ニジェール（約177万 t）である．

(2) 成長と発育

草型は直立あるいは蔓性である．無限伸育性を示す品種が多いが，有限伸育性の品種もある．発芽子葉は地上で開く地上子葉型である．初生葉は対生し，その後に出る本葉は3枚の小葉からなる複葉で，互生する．主根は大きく伸長する．地表近くの土壌には側根が生じ，大きな根粒が着生する．葉腋に総状花序が着く．花柄が15～40mmと長く，手での収穫が容易である．1つの花柄に莢が2～3個着く．花外蜜腺によって訪花昆虫を誘引する力が大きい．虫媒花であるが，ほとんどが自家受粉する．開花は早朝から午前中で，その日のうちに花弁が落下する．花の色は白，紫などである．種子の色は白，黒，緑など多様であり，縞，斑点などの模様が入る品種もある．子実の重さは80～320mg，形は丸いものから腎臓型まである．莢は円筒形でまっすぐのものや屈曲するものがある．1莢に8～15個程度の種子が入る．

(3) 生理生態的特性

高温を好み，乾燥にきわめて強く，貧栄養土壌でも生育する．pH4.5以下の強酸性土壌でも生育可能である．したがって，マメ類の栽培が困難な地域で栽培するマメ類として重要である．非感光性の早生品種では，収穫までの期間が60日前後と比較的短いため，干ばつなどの被害回避という観点から，熱帯乾燥地域に適した作物である．根粒菌による窒素固定と菌根の共生によって低い肥沃度の土壌でも育つ．アルカリ土壌には弱く，耐塩性はあまりない．アルミニウム耐性は高い．湿害には弱いので排水性のよい土壌が好ましい．

短日植物であるが，その程度は品種間差が大きく，気温によってもその程度がかわる．遮

図 2-61 ササゲにおける多様な種子の形質
（写真提供：国際農林水産業研究センター 村中　聡氏）

光に耐えるので，背の高いイネ科作物との間作に利用できる．

(4) 品種と育種

莢の形や子実の大きさ，形などからいくつかのグループに分けられる．その中の1つである，40～100cmと長い若莢を野菜として利用するジュウロクササゲは東南アジアで発展し，日本でも栽培される．

西アフリカが最大の生産地であるので，ササゲの育種はナイジェリアにある国際熱帯農業研究所（IITA）を中心に行われており，遺伝資源も多数保管されている．主な育種目的は，多収，品質，耐虫性，耐病性である．ウイルス病，細菌病，菌病，センチュウのみならず，寄生植物である *Striga gesneroides* への抵抗性品種も育種されている．単作向け品種だけではなく，アフリカで一般的な間作，混作に適した品種の育成も行われている．

(5) 栽　　培

霜の危険がなくなってから播種する．乾燥子実のための栽培は中央および西アフリカで盛んで，トウモロコシ，パールミレットやソルガムなどイネ科作物あるいはラッカセイ，キャッサバなどとの間作として行われることが多い．

アメリカなどでは子実，飼料用だけではなく，緑肥，被覆作物（cover crop）としても利用される．生育が早いので，雑草や土壌侵食を抑制する効果が高く，高い窒素固定能力と菌根によるリンの有効化による土壌改良効果も高く，輪作体系に組み入れられる．

(6) 品質と利用

ササゲは，雑穀やキャッサバなどのイモ類などの低タンパク質の食料を主食とする熱帯アフリカなどの発展途上国にとって，タンパク質供給源となるだけではなく，現金収入のためにも重要な作物である．乾燥子実だけではなく，新鮮な葉や乾燥した葉，未熟な種子や莢も野菜として消費される．茎葉は家畜の飼料としても価値が高い．子実のタンパク質含量は23～32％程度である．葉酸などのビタミン，ミネラルも子実に豊富に含まれる．脂質は約2％と少ない．食物繊維は約6％と多い．

日本では乾燥した子実や未熟な莢を利用する．ササゲの子実は，大きさも形もアズキに似ているので，種皮の赤い種類はアズキの代用品として赤飯，甘納豆や餡の材料に利用されてきた．野菜用のジュウロクササゲは若莢が野菜として利用され，実取り用の品種でも，若莢や葉が野菜として利用される．

6）ソラマメ（英名：broad bean，学名：*Vicia faba*）

(1) 来歴と生産状況

マメ科の一年生または越年生草本で，染色体数は $2n = 2x = 24$ である．北アフリカの地中海沿岸地域から西南アジアが起源地と考えられており，中東では紀元前 8500 年頃の新石器時代にコムギとともに半栽培化されていたという記録がある．日本へは 8 世紀に中国から伝えられた．乾燥子実は世界全体では，約 250 万 ha の栽培面積があり，生産量は約 420 万 t である．中国が世界全体の 1/3 の生産量をあげ，次いでエチオピア，フランスで生産量が多い．日本では明治から昭和初期にかけて 4 万 ha を超える栽培面積があったが，昭和中期以降は急激に減少し，近年の野菜としての利用を含む作付面積は，鹿児島県や千葉県などを中心として合計 2,230ha である．乾燥子実の栽培面積は，わずか 100ha 程度である．ソラマメという名称の由来は，莢が上（空）を向いて着生するためという説があり，同様に漢名の「蚕豆」は，莢の形状が蚕に似ていることや，春蚕の時期に結実することに由来するという．

(2) 形態的特性

草丈が 0.3～2m 程度の強健な茎を持つ立性のマメ科作物である（図 2-62）．茎と直結する直根は同様に旺盛な生育をし，側根が多数発生する．地下に子葉を残す地下子葉型で，上胚軸が伸長し出芽する．葉は 1～3 対の小葉からなる羽状複葉で，葉柄の基部に托葉（stipule）を持つ．花は白色を基調とする蝶形花で，旗弁には淡紫色の線紋が入り，一方，翼弁には暗紫色～黒色の斑紋があるのが特徴的で，白地に黒目が映えるように見える．莢は直立し，1 莢内に通常は 2～3 粒程度の種子が入るが，長莢品種では 5～7 粒が発達する．子実の色は濃緑色，淡緑色，赤褐色などがある．大粒種では百粒重が 110～250g という文字通りの大粒になる．小粒種の百粒重は 28～120g である．

図 2-62　ソラマメ
（写真提供：今井　勝氏（立毛，実））

(3) 生理生態的特性

冷涼な気象条件を好む．ヨーロッパでの栽培北限はロシアやスカンジナビア半島とされる．ヨーロッパや中東で栽培される品種の中には，幼苗期に－10～－15℃という低温にも耐えることができるものもあるが，生育が進むにつれ低温耐性は急激に低下する．生態型には秋播型と春播型があり，秋播型品種は花芽分化に低温が必要である．土壌の適応範囲は広く，多くのマメ類に比較して，酸性土壌に耐性がある．湿潤にも比較的強い．ただし，出芽までに時間がかかるため，播種直後の湿害には弱い．一方，乾燥害には概して比較的弱い．根雪に対する耐性も概して強くはない．耐雪性には品種間差があり，積雪期間中の非構造性炭水化物含有率が高い品種や無機養分の溶出しにくい特性を持つ品種で耐性が高い．生育適温は15～20℃であり，熱帯圏の平地では高温障害のため，通常は結莢が難しい．

(4) 品　　種

種子の大きさにより大粒種（broad bean（var. *major*）），中粒種（horse bean（var. *equina*）），小粒種（field bean，pigeon bean（var. *minor*））に分けられるが，交雑が容易であり，変異も大きいため厳密な区別はできない．日本では，小粒品種は早生で，大粒ほど晩生になる傾向がある．日本で栽培される代表的な品種は，大粒種の'一寸ソラマメ'と呼ばれる品種群であり，良食味品種の'陵西一寸'などが有名である．

(5) 栽　　培

日本では冬作として栽培される地域が多いが，東北および北海道の寒冷地では一般に春播きする方が安全とされる．同様に，低緯度地方の高地では春に播種される．冬期温暖な西南暖地では，催芽種子を低温処理することによって，ハウス栽培での夏播き冬取りも可能である．生育が進んだ状態で越冬すると，低温障害を受ける可能性があるため，早播きしすぎない注意が必要である．

標準的な基肥施肥量は10a当たり窒素1～2kg，リン酸3kg，カリウム3kg程度である．畝間は，大粒種では75cmが標準で，小粒種はこれよりも狭い．連作をするとウイルス病などが発生しやすくなるため，輪作が必要となる．同一圃場での作付けは4～5年は避けた方がよい場合もある．

(6) 品質と利用

種子の栄養成分は，タンパク質が約25％あり，インゲンマメやエンドウなどより多い．カルシウム，リン，鉄なども多く含まれ，ビタミンA，カロチンなども多い．古代エジプト，ギリシャ，ローマ文明では広く主食として利用されていた．現在でも中東地域では最も重要な冬作マメ類の1つである．茎葉部は飼料となる他，スーダンやエチオピアではレンガの材料や燃料としても利用されている．被覆作物としてもよく利用される．日本では，未熟種子の茹で豆や，完熟種子の煮豆（おたふく豆）や菓子（甘納豆），さらに味噌や醤油の原料とされる．

7) エンドウ（英名：pea，学名：*Pisum sativum*）

(1) 来歴と生産状況

マメ科の1～2年生草本で，染色体数は $2n = 2x = 14$ である．ヨーロッパからアジア西部が起源地と考えられており，ソラマメ同様，世界で最も栽培の歴史が古いマメの1つである．紀元前7000～6000年頃の新石器時代に南西アジアで栽培化された記録がある．日本への来歴は明確ではない．乾燥子実は世界全体では，約640万haの栽培面積があり，1,000万t近い生産量がある．カナダ，ロシア，フランスなどの冷涼な地域での生産が多い．他にグリーンピースとして，200万ha

図 2-63　エンドウ
（写真提供：今井　勝氏）

を超える栽培面積がある．日本では江戸時代の農書にすでにエンドウの記述が見られるが，本格的な栽培は明治になってからである．最盛期の大正時代には最大で6万haを超える栽培面積があったが，昭和40年代以降は急激に減少した．近年の莢エンドウの作付面積は約4,000haで，鹿児島県，和歌山県，福島県での生産が多い．実エンドウ，スナップエンドウの作付面積はそれぞれ約650ha，270haである．漢名の「豌豆」は，蔓が曲がりくねった（豌の語彙）マメという意味に由来するという．

(2) 形態的特性

地下に子葉を残す地下子葉型のマメで，上胚軸が伸長し出芽する．矮性から蔓性まで草型の変異が大きく，草丈は，矮性（30cm以下），半矮性，高性種（120cm以上）により異なる．葉は互生し，1～3対の卵型の小葉からなる羽状複葉を持ち，その先端部は分枝した巻きひげになり，支柱に巻きついてよじ登る．主茎および分枝の伸長は，長日・高温で促進され，短日で抑制される．主根は深さ約100cmに達し，側根を多く出す．

上位の葉腋から長い花梗（peduncle）が伸長し，その先端部に蝶の形状に似た蝶形花が咲く．花弁の色は白または赤～紫色を呈する．ほとんどが自家受精である．莢は長さ3～13cm，幅1～3cmに成長し，未熟時は緑色で，成熟すると褐色，まれに紫色あるいは黒色となる．一般にしわが寄って裂開しない．1莢内に3～6粒程度の種子が発達する．種子は球形あるいは角ばった形をしており，完熟するとしわが寄るものが多い．大きさは直径3～10mm，百粒重は15～50gである．

(3) 生理生態的特性

食用マメ類の中で最も寒さに強い種の1つであり，発芽は0～2℃以上で可能なため，

冷涼な気象条件下で栽培されることが多い．ヨーロッパでは主産地が北緯50～53°の付近，北アメリカではカナダ南部，アメリカ北部で栽培が多い．開花に必要な春化処理条件は品種によって異なり，低温感応性の高い品種は秋播栽培に適し，低い品種は春夏播栽培に用いられる．生育適温は15～20℃であり，熱帯圏の平地では高温のためよく育たない．年降水量は800～1,000mmで，年間を通して降雨のある条件でよく生育する．膨軟な砂質壌土または埴壌土が適するが，土壌適応性の幅は広い．土壌の硬さに関するモデル植物として利用されることが多い．ただし，湿害には弱く，耐塩性も高くない．忌地（soil sickness）現象を示すため連作を避ける必要がある．

(4) 品　　種

莢の硬さにより，実エンドウ（硬莢種，field pea（subsp. *arvense* Poir.））と莢エンドウ（軟莢種，garden pea（subsp. *hortense* ASCH. & GRAEBN.））の2つの品種群（亜種）に分けられるが，交雑品種が多く生まれているため厳密な区別はできない．日本では，莢エンドウは莢の大きさによって，絹莢品種と大莢品種に分けられる．最近では実エンドウを莢ごと利用するスナップエンドウ（snap peas, sugarsnap peas（var. *macrocarpon*））が増えつつある．メンデルによる，エンドウ品種を用いた遺伝法則の発見は有名な史実である．

(5) 栽　　培

日本では全国的に栽培される．播種期には，春播き，夏播き，秋播きがあり，寒冷積雪地では春播きが，温暖地では秋播きが一般的で，夏播きは両地域で見られる．湿害を起こしやすいため，深耕して畝を高く作るとよい．海外ではエンバクなどとの混作（mixed cropping）も見られる．

標準的な基肥施肥量は，10a当たり窒素1.5kg，リン酸5kg，カリウム4kgである．砂丘地，開墾地などでは，種子に根粒菌を接種する．畝間と株間は，それぞれ60～90cm，30～60cmであり，矮性品種は密に，蔓性や晩生品種は疎とする．

収穫は，乾燥子実用では茎葉の約70%が黄変し，莢が黄褐色になる頃，通常は開花初め後，おおよそ50日頃である．グリーンピース用では，莢が太り，種子は充実するが鮮緑色を保った状態の開花後おおよそ40日頃である．

主要な病気には，うどんこ病，さび病，褐紋病（褐斑病）などがあり，害虫には豆を食害するマメゾウムシなどがある．

(6) 品質と利用

乾燥子実の栄養成分はタンパク質が約22%，炭水化物は約60%である．西ヨーロッパ諸国ではかつては実エンドウの乾燥子実を主食としていたこともあったが，現在では，野菜としての副食的な利用方法が一般的である．生豆はグリーンピース用として缶詰などの利用が多い．若莢は莢エンドウとして，また，莢と実を同時に利用できるスナップエンドウは独特の甘みを持った野菜として，最近では広く利用されている．茎葉部は飼料としても利用される．

8）その他のマメ類

(1) ヒヨコマメ（英名：chickpea，学名：*Cicer arietinum*）

中東地域を起源地とする説が有力であり，紀元前8000〜9500年頃にはすでに栽培されていた最も古いマメの1つである．近年の世界の栽培面積は1,200万ha，生産量は1,100万tである．50ヵ国以上，特に中東から熱帯アジア地域で広く栽培されており，食用のマメ科作物の中で栽培面積では世界第3位，収穫量では第4位の主要なマメである．インドでは800万haを超える栽培面積があり，パキスタン，イラン，トルコなどでの生産も多い．冷涼な乾燥気候に適応しているが，熱帯圏の高温条件でも栽培が可能である．直根が土壌深くまで伸長し半乾燥地で無灌漑でも生育が良好であることが，広大な面積で栽培される理由の1つである．種子の形がヒヨコの輪郭を連想させることから，この英名が付けられ，その和訳がヒヨコマメの由縁である．

図2-64　ヒヨコマメ
（写真提供：柏木純一氏）

(2) キマメ（英名：pigeon pea，学名：*Cajanus cajan*）

インド東部を起源地とし，紀元前1500〜2000年頃から栽培化されたマメである．多年生の常緑低木であるが，1〜3m程度の樹高に調整して一年生作物として栽培することが多い．近年の世界の栽培面積は約500万ha，生産量は約400万tで，熱帯圏全域，主として，アジア東部と南部アフリカ，ラテンアメリカ，カリブ海諸国の20ヵ国で栽培されている．食用のマメ科作物種の中で栽培面積では世界第6位の主要なマメである．インドでは350万haを超える栽培面積があり，ミャンマー，マラウイ，ケニア，中国ではいずれも数十万haで生産されている．統計上の記録がない国々でも同様に，インド系の農民が入植した地域，例えば南太平洋地域など多くの熱帯圏で栽培されている．高温な乾燥気候に適応しているが，多雨条件でも栽培が可能である．原産地周辺国では，水田のあぜマメとして栽培されることが多い．直根が土壌深くまで容易に伸長し地下水へ到達しやすいことと，根から分泌される有機酸により鉄と結合したリン酸を可溶化させることができるため，半乾燥熱帯の低リン酸土壌地帯でも生育することができる．英名の由来はハトが好んで食べることであり，一方，和名は，木にできるマメから命名された．マメを砕いてカレースープとして食用にされることが多いが，茎や葉は飼料や燃料としても利用される．

図2-65　キマメ
（写真提供：岡田謙介氏）

(3) ヒラマメ（レンズマメ）（英名：lentil，学名：*Lens culinaris*）

南西アジアを起源地とし，ヒヨコマメ同様，古くから栽培されてきたマメの1つである．近年の世界の栽培面積は約400万 ha，生産量は約450万 t で，マメ科作物の中で栽培面積では世界第7位のマメである．カナダとインドでそれぞれ130万 ha の栽培面積があり，アメリカやトルコでの生産も多い．冷涼な気候に適応しており，一般に冬作として栽培されることが多い．乾燥地での生育も良好である．南西アジアでは，若莢は野菜として利用される．ビタミンB含量が高く，歯応えが肉に似ているため，肉の代用食として利用されることもある．完熟種子はスープとして利用する場合が多く，種子を粉砕して粉を利用することもある．初めて作製された凸レンズの形が，このマメの種子の形に似ていたため「レンズ」と名付けられた史実は有名である．同様に和名の「ヒラマメ」は，種子が平たい形状であることに由来する．

図 2-66 ヒラマメ
（写真提供：今井 勝氏）

(4) ルーピン類（英名：lupin(e)，学名：*Lupinus* spp.）

北アフリカの地中海沿岸地域を起源地とし，紀元前1000年～紀元前後から栽培されてきた．食用とされる種としては，エジプトルーピン（Egyptian lupin(e)（*Lupinus termis*））やシロバナルーピン（white lupin(e)（*Lupinus albus*））などが知られている．有毒なアルカロイドを含むが，含有量が少ない品種を水にさらすことにより食用にできるため，原産地周辺地域では貧しい人々の食用とされてきた．近年の世界の栽培面積は約90万 ha，生産量は約100万 t で，食用として栽培される地域があるが，飼料用や観賞用の栽培が大半であると推定される．

(5) バンバラマメ（フタゴマメ）（英名：bambara groundnut，学名：*Vigna subterranea*）

西アフリカを起源地とする，サブサハラアフリカの熱帯地域で広く栽培される．高温耐性が強いとともに，雨が少ない半乾燥気候地帯での貧栄養土壌でも比較的生産力が高いため，アフリカの貧しい人々の貴重なタンパク質源となってきた．ラッカセイと同様に地下結実（geocarpy）のマメであるが，地上でも結実する．湿害環境には弱く，砂質土壌を比較的好む．近年の世界の栽培面積は約20万 ha しかないが，アフリカ諸国では依然として重要な食用マメ類の1つである．例えば，半乾燥地の貧栄養地帯が広がる南西アフリカのナミビア国では貴重なタンパク質源として広く栽培されている．

図 2-67 バンバラマメ
（写真提供：岡田謙介氏）

3. イ モ 類

1）ジャガイモ（英名：potato，学名：*Solanum tuberosum*）

(1) 来歴と生産状況

　ジャガイモは，ナス科（Solanaceae），ナス属（*Solanum*）に属する多年草である．染色体の基本数は 12 本で，2 倍体から 6 倍体までさまざまな倍数種が存在している．近年，ジャガイモの分類についての再検討が行われているが，一般には J. G. Hawkes の分類が広く用いられている．この分類によると，ジャガイモは栽培種 7 種と野生種 226 種に区分される（表2-13）．このうち一般に広く栽培されているのは，4 倍体種の *Solanum tuberosum* L. である．

図 2-68　ジャガイモ

　ジャガイモの野生種は，北はアメリカ南西部から中央アメリカを経て，南はチリ南部の海岸地域に至るまで広く分布している．この分布域中での高度差は，標高 0m の海岸から 4,500m のアンデス高地にまで達している．栽培種の近縁野生種は，すべてペルーからボリビアにかけてのアンデス高地に分布していることから，この地域で栽培種が起源したと推定されている．栽培種の祖先種については諸説あるが，*S. stenotomum* が最初に栽培化されたと考えられている．

　ジャガイモの栽培化は，栽培種の起源地域であるペルー南部で，約 7,000 年前に始まったと推定されている．遺跡の出土品などから，ジャガイモはアンデスの文明を支える重要な食用作物であったと考えられている．その後，16 世紀初頭にスペイン人がアンデスに達するまでのジャガイモの栽培や利用については，アンデスの文明では文字が使用されていなかったこともあり不明な部分が多い．1570 年頃にスペインにもたらされたジャガイモは，スペイン国内での普及はほとんど進まなかったが，ここを起点にヨーロッパ北部へと広がった．当初は食物としてではなく，観賞植物として薬草園などで栽培されていたが，18 世紀にヨーロッパでたびたび発生した飢饉や戦争により，食料として注目されるようになった．そして，ヨーロッパ各国では，政府が食物としての栽培を奨励したことにより，ドイツや東ヨーロッパ諸国では，18 世紀末より本格的にジャガイモの栽培が始まった．ナポレオン戦争（1795～1814 年）の頃には，ジャガイモ栽培はロシアにまで広まった．

　一方で，18～19 世紀にジャガイモを重要な食用作物として広く栽培していたアイルランドでは，

表 2-13　ジャガイモの栽培種

S. stenotomum（2*x*）
S. ajanhuiri（2*x*）
S. phureja（2*x*）
S. chaucha（3*x*）
S. juzepczukii（3*x*）
S. tuberosum（4*x*）
　　　subsp. *andigena*
　　　subsp. *tuberosum*
S. curtilobum（5*x*）

（　）は倍数性．

1840年代にジャガイモの収量に壊滅的な被害をもたらす疫病が大発生し，「大飢饉」（The Great Hunger）と呼ばれる歴史的な災禍をもたらした．これにより，アイルランドでは100万人にも達する餓死・病死者を出し，150万もの人々が海外移住を余儀なくされている．

アメリカ（新大陸）では，アンデスでインカ帝国が栄えていた頃も，ジャガイモの栽培は行われていなかった．アメリカへのジャガイモの導入は，1621年にイギリスあるいはアイルランドより行われ，瞬く間に常食として栽培されるようになった．アフリカへは，ヨーロッパの入植者により19世紀に入ってから導入されたようである．アジアへの伝播は，インドが最初で，1600年代にポルトガル人のムンバイへの上陸とともにもたらされた．その後インドでは，イギリス人によって，全土に栽培が拡大していったが，ジャガイモが大量に生産されるのは，1960年頃からである．中国へは，1650～1700年頃に，オランダ領西インド諸島からと，ロシアを通じて，宣教師や商人によってもたらされた．

日本への伝播時期には諸説あるが，17世紀に現在のインドネシアに進出したオランダとの交易を通じて，長崎の出島にもたらされたのが最初とされている．その後の日本国内での栽培の拡大については詳しい記録がないが，17世紀から19世紀にかけて冷害による米の不作により発生した大飢饉を経て，冷害時にも収穫できるジャガイモは，徐々に栽培を広めていったと考えられる．そして幕末までには，救荒作物として全国的に栽培が行われていた．日本で本格的にジャガイモの栽培が普及したのは，北海道開拓使などが，北海道に海外品種を導入および試作するとともに，栽培を奨励した明治初期以降のことである．

近年の世界の栽培面積は約1,900万ha，生産量は約3億3,000万tで，中国（世界の生産量の約22％），インド（約11％），ロシア，ウクライナ，アメリカ（いずれも約6％），ドイツ（約3％）で生産量が多い．日本での生産量は約245万tで，国内の3/4以上が北海道で生産されている．日本でのジャガイモの生産は減少傾向（1999年は約300万t）で，輸入量は約90万tとなっている．

(2) 成長と発育

ジャガイモの地上部は，草丈が0.5～1.0mになり，生育初期は直立しているが，生育終期には倒伏して，ほふくすることもある．葉は，茎上の各節より2/5の葉序で形成される．主茎には，13～17葉が着生する．下位の葉は単葉であるが，上位の葉は頂小葉と複数の側生小葉と2次小葉からなる複葉となる（図2-69）．複葉の大きさや，小葉の大きさ，重なりは品種によって異なる．若い葉は，顕著な就眠運動を行い，夜間は日中に比べて，葉柄や小葉が鋭角に立つ．

集散花序で，花は茎の頂部より伸長した花柄先端の小花柄に複数形成される．花冠は，5枚の花弁が

図2-69 ジャガイモの葉

合着した合弁花弁で，星型の外観となる．花弁の色は，白，赤紫，青紫などである．多くの栽培品種は，風媒または虫媒により自家受精するが，自然結果の程度は品種によって大きく異なる．受精後数週間で，直径1〜3cmの球形で緑色の果実（しょう果）を着ける．しょう果内には，100〜300粒程度の種子が含まれる．

　根は，種子由来の実生では直根が認められ，そこから分枝根が出て樹枝状の根系を形成する．一方，種イモから成長する場合は，茎の地下部（地下茎）の各節から繊維状の不定根を発根する（ひげ根）．また，地下茎の節部からは，茎の一種であるふく枝（ストロン，stolon）が生じる．ストロンは地下部にあるため，葉緑体ではなく白色体を有し，黄白色である．ストロンの先端には，かぎ状に曲がった部分があり，成長点が内側に曲がり込んで保護されている．土中での伸長を停止したストロンの先端は，肥大して新たなイモとなる．

　地下部に新たに形成されるイモは，ストロン（茎）の先端が肥大した塊茎（tuber）（図2-70）で，根が肥大してイモとなるサツマイモとは形態学的に異なる．イモは貯蔵器官であり，その細胞は多量のデンプンを蓄積する．イモの表面には，「目（eye）」と呼ばれる芽が集まっている場所が，葉序と同じ2/5の開度でらせん状に配置されている．目では，中央の主芽が萌芽（イモが芽生えること）し（sprouting），その周囲に2〜3個ある側芽は萌芽しないことが多い．萌芽力は，イモの先端の目にある芽が，頂芽優勢（apical dominance）のために最も強い．また，目の深さは，品種によって差異がある．

　塊茎（イモ）の内部は，塊茎の通導組織である維管束環を境に，その内側を髄部，外側は皮層部とする．髄部は，さらに外髄部（周辺髄部）と，含水量が多い内髄部（中心髄部）とに分けられる．皮層部は，さらに周皮と皮層組織に区分される．最外部に当たる周皮（periderm）は，7〜8層からなるコルク形成層のコルク細胞が成熟してコルク化したものである．周皮には，塊茎内外へのガス交換通路である皮目（lenticel）が点在する．過湿な土壌環境で形成された塊茎では，皮目の顕著な肥大が認められる．貯蔵デンプン粒が最も多く見られるのは皮層部であり，次いで外髄部で，内髄部は最も少ない．塊茎の色は，通常は周皮の色である塊茎皮色のことで，色素の種類や量により，白，黄，紅，紫などさまざまな色となる．皮色は，環境による影響も受けるが，基本的には品種が持つ遺伝的な特性である．環境の影響による皮色の変化としては，塊茎の緑化がある．これは，日光に曝された塊茎の皮層部にクロロフィルが蓄積することにより生じるもので，塊茎本来の色ではない．塊茎内部の成分のうち，デンプンやセルロースなど大半の成分は無色であるが，アントシアンやカロテノイドは有色である．これら色素の種類と，濃度によ

図2-70　ジャガイモの塊茎

り塊茎の肉色が決定される．塊茎の肉色も，品種の遺伝的特性によるところが大きい．

(3) 生理生態的特性
a．生育適温

ジャガイモの栽培には，冷涼で雨の少ない環境が適している．高温な環境は栽培に適さないため，熱帯地域では高地を除いて一般的に栽培されない．日本では，全国的に栽培可能である．休眠があけたイモは，気温が4～8℃以上で萌芽が始まる．イモの植付け後の出芽の伸長および茎の成長に適した気温は，18℃からやや低い気温とされる．地下部でのイモの形成の最適温度は，20℃以下とされ，30℃以上の高温ではイモの形成はほとんど停止する．形成されたイモの肥大成長には，15～20℃が最適温度であり，25℃以上ではイモの肥大成長が抑制される．

b．休眠，萌芽

休眠には，ストロン先端に形成されたイモの頂芽が休眠する内生休眠と，内生休眠のあとにイモの置かれた環境が萌芽に不適当なため，芽の伸長成長が生じない外生休眠とがある．内生休眠にある頂芽は，塊茎を収穫したのち，萌芽に適当な環境に置かれても一定期間は萌芽・伸長成長しない．一般的に休眠とは，内生休眠を意味する．内生休眠は，さらに2つに区分され，①内生休眠前期（イモが地上部とつながっている状態），②内生休眠後期（収穫して貯蔵中の休眠期間）とがある（図2-71）．内生休眠前期中のイモは，地上部と連絡しているので，地上部が受けた環境の変化による影響で休眠が破られることもある．このため内生休眠前期は，環境依存型の休眠と考えることができる．これに対して，内生休眠後期中は，ほとんど細胞分裂が生じず，また休眠状態が安定して維持されるため環境独立型の休眠であると考えられる．

休眠中のイモでは，ジベレリンの合成量が低下するとともに，休眠物質の蓄積が生じ，これらの物質の消長で休眠状態が保たれる．休眠中は，呼吸や生理的代謝が低く維持されるので，貯蔵養分の消費はほとんど起こらない．休眠は，イモのオーキシンやジベレリンの含有量が増加し，休眠物質量が低下することで打破される．

休眠が破れたイモは，好適な環境下で萌芽を始めるが，これには吸水を要しない．したがって，収穫後にイモを長期間貯蔵すると，貯蔵期間中に萌芽が起こることがあるので注意が必要である．萌芽に必要なエネルギーを生み出すために，イモは活発に酸素呼吸を行い，貯蔵デンプンは糖化されてグルコースとなり，グ

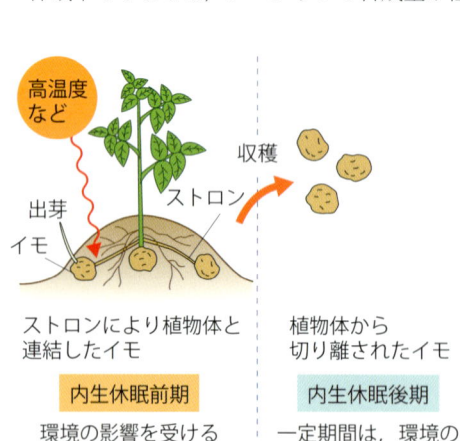

図2-71 内生休眠前期と内生休眠後期

ルコースは酸化されて大量の ATP を合成する．こうして，休眠中は低く抑えられていた生理的活性が活発化し始め，芽が活発に伸長して地上部に出芽し，茎葉として成長する．

c．イモの形成および肥大

塊茎形成期は，ストロンの伸長期終了からおよそ 10 ～ 15 日の期間とされる．塊茎形成は，短日条件が刺激となって始まる．欧米や日本の栽培品種は，長日条件でも塊茎形成を行うが，短日条件でさらに促進される．塊茎形成には，ジャスモン酸の酸化物質であるチュベロン酸の関与も報告されている．葉におけるジベレリン合成が低下し，チュベロン酸合成が増加することで，ストロン先端でのジベレリン含量が低下し，チュベロン酸含量が増加して塊茎形成を誘導すると考えられている．塊茎形成期の終了から地上部が完全に枯死する約 10 日前までの期間は，塊茎肥大期に当たる．塊茎肥大のごく初期に，地下部のグルコースおよびスクロース含量は最大となり，塊茎の肥大が始まるとともに，デンプンに合成されて塊茎内に蓄積される．

d．茎葉の成長

乾物生産は，葉面積，個体群構造，個葉光合成速度により説明することができる．ジャガイモの葉面積は，出芽後の成長に伴って増加し，生育中期に最大値を示したあとに減少する．乾物生産速度が最大となる葉面積指数（LAI）を，最適 LAI と呼び，ジャガイモではおよそ 3 である．葉がほぼ水平に展開するための最適 LAI はイネ科の作物に比較して小さい．生育期間中の乾物生産量を大きくするためには，生育の早期に最適 LAI を確保し，これを長期間維持することが重要となる．LAI の最大値は，早生品種では 2 程度，晩生品種では 3 ～ 4 程度である（北海道における通常栽培）．LAI は品種の熟性だけではなく，気象条件や栽植密度，そして施肥条件などの栽培環境によっても影響される．特に施肥条件は，葉面積の拡大に大きく影響する．

ジャガイモはイネやダイズと同じ C_3 型光合成を行い，個葉光合成速度の最大値はこれらの作物とほぼ等しい．しかし，光合成の適温域は 18 ～ 20℃と低く，25℃以上の高温では低下する．実際の栽培では個葉光合成速度は，日射量に大きく影響される．したがって，イモの収量を増加させるためには，十分な日射量が得られる時期に，最適葉面積を長期間維持することが重要となる．寒冷地では，十分な日射量が得られるのは，生育初期の短い期間である．そのため，浴光催芽・育芽により出芽および初期生育を促進して，早い時期に最適 LAI を得ることは非常に重要である．

e．同化産物のイモへの転流とデンプン合成

ジャガイモにおいても，光合成による同化産物の余剰は一時的に茎部に蓄積され，イモの肥大が始まると，それらの同化産物がイモへと転流する．同化産物の転流に関して，地上部の成長とイモの肥大は，相互に密接に関係しているが，品種の熟性によって転流のタイミングや，地上部とイモの転流割合の傾向は異なる．すなわち，地上部の窒素濃度が高い場合には，茎葉の成長に必要なタンパク質の合成が容易なために，茎葉の再生産が活発に行われ，イモへの乾物分配率が低下する．また，イモは地上部で合成された同化産物を蓄積するシンクと

しての機能がある．イモの肥大が活発な品種は，地上部からイモへ同化産物が滞りなく転流する．一方，肥大性が小さい品種では，同化産物は地上部に停滞しがちとなり，これが茎葉の再生産に使用されて，光合成部位が増加してさらに同化産物が合成される．しかし，イモの肥大が伴わないため，同化産物のイモへの転流は促進されない．このため，イモの肥大性の小さい品種では，生育期間を通じて茎部に同化産物が集積する傾向がある．

イモは，ほとんどが水分であるが，蓄積成分として最も多いものはデンプンである．ジャガイモのデンプンは，米やサツマイモのものとは異なり，単粒で1つのアミロプラスト中に1つのデンプン粒しか形成しない．イモに蓄積されたデンプン含有率の指標であるデンプン価は，栽培環境によっても変化するが，品種の遺伝的特性が大きく影響する．デンプン価は，成長が進んでイモが肥大するにつれて増加し，黄変期頃に最大となるが，高デンプン価の品種ではその増加程度が大きい．

イモの維管束は，ストロンを通じて地上部とつながっている．葉の葉緑体で光合成により生産され，蓄積されたデンプン（同化デンプン）は，可溶性のショ糖に再合成されて，篩管を通じてイモへ転流する．イモへ転流したショ糖は，イモの皮層と周辺髄の篩部周囲に存在する貯蔵組織の細胞へ運ばれ，貯蔵細胞内のアミロプラストで再びデンプンに合成されて，貯蔵される（貯蔵デンプン）．なお，イモの中心髄には維管束が分布しないため，デンプン価が低い．

(4) 品　　種

組織的な育種は，1840年代に大流行した疫病による壊滅的な被害を契機に開始された．育種のために，まず，異なるジャガイモ系統間で交配を行う．交配後に得られる果実には，多数の種子（種イモと区別して真正種子と呼ぶ）が含まれており，これら真正種子を栽培して新たな変異を作出する．ジャガイモは塊茎の栄養繁殖により増殖ができるため，イネやコムギなどのように作出した変異を固定する必要はない．交配により得られた新たなジャガイモ系統は，複数年にわたって収量や品質，耐病性などさまざまな形質について調査されたのち，優良と判断されたものが新品種となる．

日本では，1869年に設置された北海道開拓使により，欧米から多くのジャガイモ品種が北海道に導入されてから，本格的なジャガイモの栽培が始まった．その後の育種は，公的機関および民間企業で行われてきた．近年は，用途に応じて品種が育成されているが，現在でも食用品種としては約1世紀前に導入された'男爵薯'と'メークイン'の栽培面積が大きい．

a．導入品種

'アーリーローズ'（Early Rose）…アメリカで'Garnet Chili'の実生から育成され，日本へは1873年に導入された．食味が良好で，明治・大正時代の基幹品種であった．塊茎は，淡赤皮で白肉である．

'男爵薯'（Irish Cobbler）…アメリカでアイルランド系の靴修理屋が'Early Rose'の中から見つけたといわれている．1908年に函館ドック社長の川田龍吉男爵が導入し，導入者にちなんで'男爵薯'と呼ばれている．国内の主要品種の中では最も早熟な，早生の品種である．

デンプン価は 15％前後である．やや粉質の肉質のため煮崩れも中程度であるが，食感はほくほくとしており，消費者の人気が現在も高い品種である．

 'メークイン'（May Queen）…イギリスの E. Sadler が栽培していたものを，1900 年にサットン父子商会が紹介した品種である．1913 年以前に日本に導入された．熟性は中早生である．デンプン価は，'男爵薯'よりやや低い．肉質は粘質で煮崩れが少ないので，煮物に適した品種として知名度が高い．

b．育 成 品 種

 'ばれいしょ農林 1 号'（登録年：1943 年）…熟期は中晩生で多収である．食用およびデンプン原料用品種として，北海道をはじめ多くの都府県に普及したが，近年の栽培面積は減少している．

 'デジマ'（登録年：1971 年）…暖地向けの晩生品種で，九州では栽培面積の約 11％（2008 年）を占める．収量は，春作および秋作ともに多く，肉質は中～やや粘質で，少し煮崩れが見られるが，良食味な品種である．

 'トヨシロ'（登録年：1976 年）…国内ポテトチップス用の主力品種である．熟性は'男爵薯'よりも遅く，'農林 1 号'よりも早い中早生である．収量は多く，'農林 1 号'と比べて，貯蔵中の還元糖含有量が低いことから油加工用向けの適性を持つ．暖地での栽培適性も有するため北海道だけでなく関東，宮崎県や鹿児島県を中心に栽培されている．

 'ニシユタカ'（登録年：1978 年）…西南暖地向けの中晩生品種である．デンプン価は'デジマ'よりやや低く，肉質はやや粘性である．食味は並み程度であるが，煮崩れしないために煮込み料理に向いている．栽培管理が容易で，多収なうえ暖地品種の中では休眠期間がやや長く，貯蔵中のイモの腐敗も少ないなどの利点があり，九州では栽培面積の約 51％（2008 年）を占める暖地の主力品種となっている．

 'コナフブキ'（登録年：1981 年）…国内デンプン原料量の主力品種で，中晩生の品種である．デンプン価は 21～22％と高い．2002 年以降，'男爵薯'を抜いて北海道では最も栽培面積の多い品種である．デンプン用としてだけではなく，焼酎やスナック菓子の原料として使用されることもある．

 'キタアカリ'（登録年：1987 年）…ジャガイモシストセンチュウ抵抗性であるが，他の病害には弱い．熟性は'男爵薯'よりも 1～2 日遅い早生である．肉質はやや粉質で，良食味でビタミン C 含量が高いことで人気があり，ジャガイモシストセンチュウ抵抗性品種の中では最も普及している品種である．

 'インカのめざめ'（登録年：2002 年）…原産地のアンデス地域の小粒種を，日本の長日環境でも栽培可能とした品種である．'男爵薯'よりも早い極早生の品種である．デンプン価は'男爵薯'より高く，煮崩れの少ない肉質である．独特のナッツフレーバーを有し，食味はきわめて良好である．食味に優れるだけでなく，ポテトチップスやフライの加工性にも優れている．

c．海外の主要品種

'ラセットバーバンク'（Russet Burbank）…アメリカの主要品種である．1910年前後に，アメリカにおいてBurbankの芽条変異として選抜された．イモの形状は，長筒形あるいは卵形で，大型，表面は網目のような形状（russet）を有する．フレンチフライの加工に適し，マクドナルドのフライドポテトの材料として知られる．

'ビンチェ'（Bintje）…オランダで古くに育成された品種である．ヨーロッパで広く普及している品種である．

（5）栽　培
a．植付け

日本での作型は，大きく分けて春作と秋作がある．春作は，春に種イモを植付けして，秋に収穫するもので，日本では一般的な作型である．春作の植付けは，霜害を考慮しつつ可能な限り早い時期に行う．北海道では，5月上・中旬を中心に4月下旬～6月上旬，暖地では2月上旬～中旬頃，それらの中間地域では，3月中旬～4月上旬となる．収穫時期は用途や品種の熟期によって異なるが，北海道では，8月上旬から10月上旬頃，暖地では6月中旬～下旬頃，それらの中間地域では，6月～8月下旬に始まることが一般的である．秋作は，暖地において行われる作型で，種イモの植付けを8月下旬～9月上旬に行う．収穫は，11月末～12月上旬となることが一般的である．

一般にジャガイモは，土壌に対して比較的適応性が広い作物であるが，地下にイモを形成するため，通気や透水が良好な土壌環境が望ましい．したがって，耕起は深めに行い，砕土も十分に行うことが必要である．栽培は，耕起した畑に種イモを植え付けることにより行う．現在の日本では，独立行政法人種苗管理センターが，ウイルスフリーで無病の種イモ（原原種）を管理および生産しており，これを基に病害虫のない安全な種イモが流通している．植付けには，中庸な大きさの種イモを用いる．種イモが大きい場合には，中庸な大きさに切って用いる．植付け前に，種イモを1ヵ月ほど日光に当てることにより，萌芽を促進させる浴光催芽を行うことが推奨される．

栽植密度は，用途や畑の条件により異なるが，畝幅は60～75cm，株間は30～35cmとし，植付け深度は5cm程度とするのが一般的である．施肥量は，窒素が8～10kg/10a，リン酸とカリは12～15kg/10aとするのが標準的である．出芽後7～10日に，除草を兼ねて中耕を行い，その後地上部の繁茂状態を見ながら畝間の土を株元に寄せてかまぼこ型に盛り上げる本培土を行う（図2-72）．

図2-72　本培土の様子

b．病害虫管理

①病害　ジャガイモの栽培において注意すべき病害として，以下のものがある．
菌類病…疫病，そうか病，黒あざ病など．
細菌病…輪腐病，軟腐病，黒脚病など．
ウイルス病…葉巻病，モザイク病など．
とりわけ，疫病は感染後の蔓延（まんえん）が早く大被害をもたらす．また，アブラムシ類が媒介するYモザイク病や葉巻病は被害が大きく薬剤防除は困難である．したがって，栽培には無病の種イモを使用するとともに，適宜薬剤の予防散布を行って，初期防除することが肝要である．

②害虫，センチュウ　ジャガイモの害虫のうち被害が著しいものとしては，オオニジュウヤホシテントウ，ニジュウヤホシテントウがあり，これらは葉を食害する．その他にもジャガイモガ，トビイロムナボソコメツキ，マルクビクシコメツキなどがある．
根や塊茎に被害をもたらすものとして，ジャガイモシストセンチュウ，キタネグサレセンチュウ，ミナミネグサレセンチュウなどのセンチュウがある．ジャガイモシストセンチュウは，汚染土壌と汚染種イモで伝染し，ジャガイモの根に寄生して大幅な減収をもたらすセンチュウである．このため，このセンチュウの発生圃場では，種イモの生産が法令によって禁止されるとともに，汚染土壌の移動も制限される．

c．収穫および貯蔵

収穫の適期は，用途や栽培目的に応じて決定されるが，地上部の特徴としては，茎葉が変色あるいは退色して黄変し，枯死した時期とするのが一般的である．新たに形成されたイモは，この時期に比重が最高か，最高から少し下がった値で，糖分は最も低くなっている．収穫適期よりも早い時期での収穫は，イモの収量が少なく，遅すぎるとイモの腐敗や病害虫の発生による品質の低下を招く．収穫部位であるイモは土壌中にあるため，収穫には土壌を掘り起こす必要がある．収穫作業は，ジャガイモ栽培での総労働時間の約50％を占める．そのため，規模の大きいジャガイモ栽培での収穫は，ポテトディガー（potato digger）やポテトハーベスタ（potato harvester）などの収穫機械を用いて行う．ポテトディガーは，ジャガイモを土壌から掘り出し，土壌をふるい落としたあとに，イモを地表に並べながら排出する機械である．ポテトハーベスタは，ポテトディガーが地表に並べたイモを拾い上げて収納するものと，掘取りと収納を1工程で行うものとがある．掘取り後のイモを長時間日光に曝すと緑化して，有害物質であるソラニンが蓄積されるため，収穫したイモは，その日のうちに日陰の涼しい場所に移動して保管する（仮貯蔵）．仮貯蔵中に，収穫作業中に生じたイモの損傷個所をコルク化させて，イモからの水分の損失やイモへの病害の侵入を防ぐ．

長期間貯蔵するためには，収穫したイモの呼吸を抑制する必要があるので，低温下の貯蔵庫で保管する．貯蔵庫内では，湿度を高く保つことで，イモからの蒸散も抑制してイモの鮮度を維持することができる．現在では，生食用のジャガイモは，温度は2℃程度，湿度は95％程度で貯蔵されており，この条件で収穫翌年の6月頃までの貯蔵が可能である．ただし，低温下ではイモの貯蔵デンプンが，還元糖に変化する．したがって，低温下での長期貯蔵に

より，還元糖を多く含んだイモをフライ加工すると，褐変して焦げの多い外観となり，ポテトチップスの商品価値を著しく損なうことがあるので注意を要する．

(6) 品質と利用

ジャガイモは，デンプンを多く含み，食味もよいことから，世界の多くの地域で食用として栽培されている．日本での年間消費量は，1人当たり21～25kgであるが，ヨーロッパでは90kgを越え，北アメリカでは約60kgと非常に多く消費され，特に東ヨーロッパの一部では主食的に扱われている．また，欧米では養豚などの飼料としても，多くの利用がある．南アメリカのアンデス高地では，水分の多いジャガイモを長期保存するために，自然凍結後に，氷解脱水させて乾燥したチューニョと呼ばれる加工食品を古くから食用として利用している．

ジャガイモデンプンは，粒径が15～100μmと大粒で，品質がよい．このため，糖化用（水飴，ぶどう糖など），片栗粉，食品用（水産練製品，麺類，菓子類など），化工デンプン（インスタント食品基材，製紙，粘着テープ糊など）などの多くの用途でジャガイモデンプンが用いられている．

デンプン含有量の多寡も，ジャガイモの品質に関わる重要な形質である．デンプン含量は，比重との相関が高いため，比較的測定が容易な比重をもとに算出したデンプン価（ライマン価）が便宜的に用いられている．このデンプン価の算出式は，

$$デンプン価（\%）= 214.5 \times （比重 - 1.05）+ 7.5$$

$$比重 = 空中重 /（空中重 - 水中重）$$

である．デンプン価は，生食用品種では低く，10数％であるが，デンプン用品種では高く30％前後に達するものもある．デンプン価は，同一品種でも栽培環境によっても変化するが，品種が有する遺伝的特性による影響が大きい．

日本でのジャガイモの用途は，生食用，加工食品用，デンプン用とに大別される．生食用の消費は，外食や調理済み食品の普及により減少傾向にあり，国内生産量に占める割合は約30％である．加工食品用が，国内生産量に占める割合は約20％である．海外から輸入されるジャガイモのほとんどは加工食品用であり，その量は増加している．これは国内の加工用ジャガイモの生産量が減少していることに加え，植物防疫法により生鮮状態のジャガイモは，輸入が困難であることに起因している．デンプン用の国内生産量に占める割合は35～40％である．ジャガイモのデンプン工場は，北海道のみで稼働している．

ジャガイモは，植物体のほぼすべての部位にポテトグリコアルカロイドという有毒物質を含んでいる．栽培品種では，α-ソラニンとα-チャコニンが主なポテトグリコアルカロイドの構成要素であり，これにより苦味やえぐ味を感じる．食用部位であるイモに含まれるポテトグリコアルカロイドの濃度は，低いので中毒を起こすことはないが，萌芽部分や日光に曝されて緑化したイモでは，ポテトグリコアルカロイド濃度が高くなっており，多量に摂取すると有毒である．

2) サツマイモ（英名：sweet potato，学名：Ipomoea babatas）

(1) 来歴と生産状況

ヒルガオ科（Convolvulaceae），サツマイモ属（Ipomoea）に属する多年生の6倍体植物で，染色体数は $2n = 6x = 90$ である．サツマイモの祖先種は南米の熱帯地域に自生する I. Trifida で，野生の4倍体種と2倍体種が交雑して3倍体植物ができ，それが複2倍体となって現在の6倍体の栽培種ができたと推定されている．

栽培化は紀元前3000年以前と推定される．4世紀には中央・南アメリカおよびカリブ海の諸島で広く主食として栽培されていた．他地域への伝播は，①古くにペルーからポリネシアに伝播した経路，②新大陸発見によりヨーロッパへ伝わり，インドやアフリカ，北アメリカへと伝播していった経路，③メキシコからグアム，フィリピンへの伝播経路の3つがある．この3つの経路はフィリピン，ニューギニア周辺で再合流している．

図 2-73　サツマイモ

わが国へは，1605年に琉球の野國總管（のぐにそうかん）が中国福建省から持ち帰ったのが最初らしい．その後，鹿児島県（薩摩（さつま））や長崎県へ伝えられ，救荒作物として日本各地へ広がった．

近年の世界の栽培面積は約800万ha，総生産量は約1億300万tである．収量はやや増加しているが，作付面積の減少を受けて総生産量は減少傾向にある．世界の約80％を生産する中国をはじめとするアジアでの生産が多く，アジア以外ではナイジェリアやウガンダなどのアフリカ諸国で生産される．原産地の中央アメリカやヨーロッパでは栽培が少ない．

わが国では明治末期から大正年間は約30万haが栽培されていたが，第二次世界大戦の戦中と戦後には穀物（米）の代替品として増産され，1949年には栽培面積44万ha，総生産量は600万tに達した．そして食料事情の好転に伴い食用の生産は減少したが，デンプン用の生産量が増加したため，1955年には700万tに達した．その後，デンプン用には安価な輸入コーンスターチが利用され，サツマイモの作付けは1960年代に入ると急速に減少した．近年は作付面積は約4万ha，生産量は100万t前後である．地域別では九州が多く，鹿児島県を中心にデンプン用，焼酎用の生産が多い．一方，関東では茨城県，千葉県などで青果用，加工用の生産量が多い．

(2) 成長と発育

a．茎および葉

サツマイモは一般には蔓（つる）性で，植え付けた苗の主茎とそれから発生する1次分枝，さらに1次分枝から2次分枝，そして3次，4次の分枝が発生する．高次の分枝はあまり伸長しないが，1次，2次の分枝は2〜6mほど伸長して地面を覆うほふく性を持つ．一部の品

種では，茎が短く，半直立性のもの，また茎が支柱に巻きつく性質（巻蔓性）も見られる．葉は，茎の各節に 2/5 の葉序で着生する．

b．花および種子

花序は葉腋から出る長い花梗（3〜15cm）に，4〜5花ずつ着生する腋生集散花序である．花は，アサガオに似たロート形の円錐形の合弁花で，1つの花に1本の雌ずいと5本の雄ずいがある両性花である．

開花に8〜10時間の日長が必要な短日植物で，開花適温は22〜25℃である．亜熱帯および熱帯では，7月下旬頃から開花し，10〜11月まで次々に咲き続ける．温帯地域では花芽形成に必要な短日条件を満たしても，着蕾・開花時期が低温となるため，自然条件下では花を着けることはまれである．

開花・受粉後，蒴果(さくか)と呼ばれる実を着け，中に最大4粒の種子が入るが，多くは1〜2粒である．種子は30〜60日で成熟する．しかし，サツマイモ品種の大部分が自家不稔性であり，また品種間にも交配不稔群がある．

c．根

通常，サツマイモは茎挿しで栽培されるので，その根系は茎や葉から発生する不定根とそこから出現する側根で形成される．不定根は環境条件あるいは植物体の状態により，若根の状態から細根，梗根，塊根（tuberous root）へとそれぞれ分化する（図2-73）．細根は養水分の吸収を担い，生育中期以降広く，また，土壌の深い層まで到達するので，サツマイモは土壌表層の乾燥には強く，国内では比較的干ばつに強い作物として位置付けられている．

収穫対象部である塊根は，栄養貯蔵機能が発達して根の中間部が肥大することによって形成される．基本的には紡錘形をとる．肥大に伴い，表皮と皮層は剥脱して表面は周皮となる（図2-74）．中心柱の周囲は第1次形成層で囲まれ，内部はそれより生じた大型の柔組織細胞と，その中に散在して生じた2次，3次の形成層およびそれから生じた柔細胞組織とからなり，これらの柔細胞にデンプンが蓄積され肥大していく．塊根表面には多数の列の根痕があり，皮色は紅，紫，黄白色などで，肉色は白，黄などが普通であるが，アントシアニンを含んで紫色や，カロテンを含んで橙，桃色のものもある．

細根，梗根，塊根への分化は組織的には1次形成層分化期以降に現れ，1次形成層，2次形成層の活動と中心柱の柔組織の木化程度で決定される．1次形成層の活動が小さく，しかも中心柱柔組織の木化程度が大きいとほとんど肥大せずに細根となる．梗根は，第1次形成層が活動して細胞は増殖するが，中心柱細胞の木化か早く起こるために，ある程度は肥大するが，2次形成層による肥大発達が行われないため，それほど太くはならないもので，俗にゴボウ根と呼ばれる．1次形成層の活動が大きく，中心柱柔組織の木化程度が小さいと，拡大した木部領域に多数の2次形成層が発達し，根が肥大し塊根となる．塊根の肥大が大きいのは，1次形成層の発達に続いて，2次形成層の発達が起こるためである．2次形成層の発達によって，貯蔵性の柔組織が増え，さらに導管および篩管を網目状に張り巡らせて，葉からの光合成産物を効率よく転流するシステムとなっている．

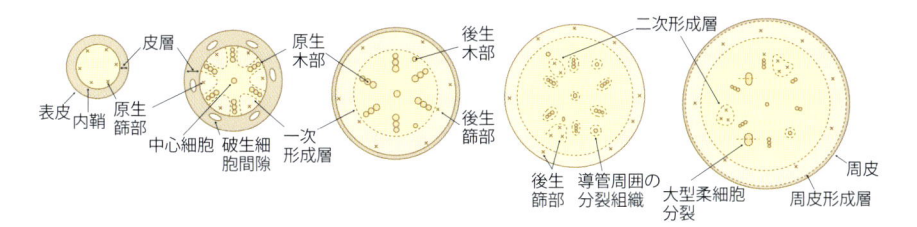

図2-74 サツマイモの塊根の発達過程における根の断面図
（国分牧衛，1973を一部改変）

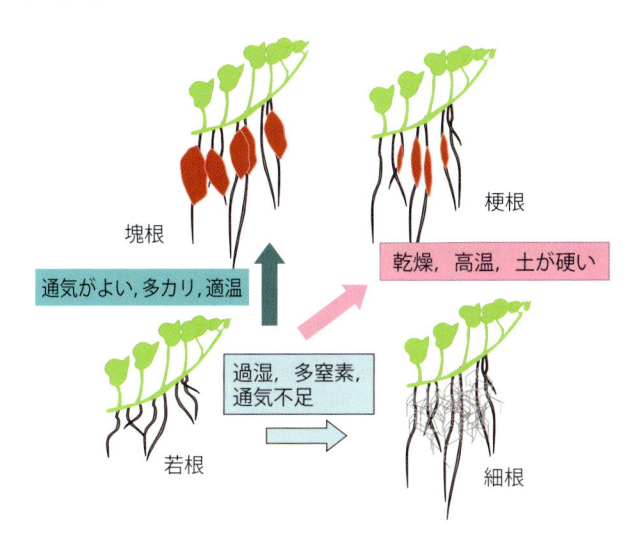

図2-75 サツマイモの根の分化に関連する要因
（戸苅義次，1950を参考に作図）

　若根から，細根，梗根，塊根への分化には，根の置かれる条件が深く関与している（図2-75）．土壌中の酸素不足や多窒素条件では，形成層の活動が劣り，中心柱の木化を促進するので塊根となりにくく，細根の状態となる．また，日照が不足すると形成層の活動が衰え，木化も進まないので若根の状態が長く続く．土壌が緻密な場合は，形成層の活動が盛んであるが，中心柱の木化が進み，梗根になりやすい．土壌温度は22～24℃で形成層の活動が盛んで，中心柱細胞の木化も少なく，塊根となりやすい．カリウムが多い場合には，中心柱の木化程度は標準並であるが，形成層の活動が盛んで，やはり塊根形成を促す．

(3) 生理生態的特性

　サツマイモはC_3植物で，展開完了した若い葉の個葉光合成速度は，19～26 μ mol/m^2/sで，品種や生育条件よって異なる．光合成速度の適温は30～35℃で，1,000～1,500 μ mol/m^2/sの光強度で光飽和する．茎葉は蔓性で広く水平な葉を持つほふく性であるため，

個体群では受光態勢が悪く，最適葉面積指数は 4.5 前後で比較的低い．しかしながら，最大葉面積指数が長く維持されることによって，乾物生産量が多い．さらに，塊根はシンクとしての容量が制限されにくく，シンクとしての期間が長く持続することから，収穫指数は 0.6 〜 0.8 と高い．このような特徴によって，サツマイモは単位土地面積当たり収穫部分（イモ）の乾物重は非常に大きく，わが国の作物の中では最もカロリー生産量の大きい作物といわれている．九州で 120t/ha，沖縄で 80t/ha，バヌアツで 60 〜 80t/ha の多収例がある．

　光合成および乾物生産に大きく影響する体内成分は 窒素とカリウム濃度で，葉の窒素濃度が高くてもカリウム濃度が低いと，光合成速度は低くなる．また，光合成産物は葉の窒素濃度が高い場合には地上部に多く，カリウム濃度が高い場合には地下部に多く分配されるようになる．したがって，カリウム施肥によって塊根収量が増大しやすい．反対に窒素肥料が過多の場合は茎葉部ばかりが繁茂し塊根収量の低い，「蔓ぼけ」となりやすい．

　サツマイモの生育適温は 30℃付近である．35℃を超えると成長速度が低下し，40℃を超えると成長を停止する．土壌温度が 30℃では，茎葉が繁茂するわりには塊根の分化が妨げられ，また夜温が高くても，茎葉だけが繁茂して塊根が着かない「蔓ぼけ」となりやすい．地温が 20℃以下になると，葉面積指数，純同化率ともに低下して，成長速度は著しく減少する．さらに，10 〜 13℃では低温障害が発生する．塊根肥大も平均気温 20℃以下になると著しく抑制されて収量が減少する．このようなことから，わが国では，北海道でも一部の地域で栽培は可能であるが，経済的な栽培の北限は東北南部までとなる．

　土壌酸度に対しては，サツマイモは最も強い作物として知られ，アルカリ性にも比較的強く，pH5.5 〜 8.0 の間であれば，収量にあまり影響が出ないとされている．

(4) 品　　種

　サツマイモの育種目標は，多収性，食味，病害虫抵抗性などに加え，早期肥大性，萌芽性，貯蔵性，また，塊根の皮色，肉色，形状や大きさなど非常に多くの形質に及ぶ．一方で，自家不和合性や交配不和合性を示し，突然変異した形質が栄養体繁殖により維持されるなど，遺伝子のヘテロ性が高く，遺伝様式が複雑で有用形質の遺伝解析や遺伝子の集積が困難である．

　戦前までは，'源氏'，'紅赤' をはじめとする在来品種がすべてであったが，第二次世界大戦期には '沖縄 100 号'，'護国藷'，次いで '農林 1 号'，'農林 2 号' などが順次育成され，収量の増大安定に貢献した．さらに，外国品種や近縁野生種を活用しながら，近親交配と雑種強勢を発現する組合せを用いて，高デンプン多収品種として，'コガネセンガン' をはじめ，'コナホマレ'，'ユメノダイチ' などの品種が育成され普及している．近年は，β-カロテンを含み肉色がオレンジ色の 'ジェイレッド' やアントシアニンを含み肉色が紫色の 'ムラサキマサリ' など多様な品種が育成され，機能性食品として利用されている．葉柄を野菜用として利用する品種，'すいおう' なども育成されている．近年は 'ベニアズマ' が全生産量の約 30％を占め，'コガネセンガン' や '高系 14 号' なども多く栽培されている．

(5) 栽　　培

　茎葉がほふく性であるため，サツマイモは土壌侵食の防止効果があり，また，茎葉の再生力も強く，収穫部が地中にあり，台風の害を受けにくいので台風常襲地に適する．干ばつにも比較的強く，連作も可能であるが，吸肥力が強いので地力を消耗しやすく，病虫害の発生防止のうえからも，長期の連作は避ける．熱帯および亜熱帯では，蔓を切断して採苗し周年栽培が行われ，年3回の収穫も可能である．わが国では，種イモを苗床に伏込み，萌芽させ，苗として本畑に植え付ける方法が一般的である．種イモを本畑に直接植える直播栽培も行われるが，栽培面積は少ない．

a．育苗と採苗

　種イモは，無病で在圃期間が短いイモ（若いイモ）がよく，200～300g程度のものを用いる．種イモ量は，通常は6～10kg/m^{2}である．種イモの消毒は，温湯消毒（47～48℃，40分）や粉衣による薬剤消毒が用いられる．

　萌芽には30℃以上の地温が必要で，4～5日を要する．萌芽後の苗床は，日中23～25℃で，夜間は18℃程度に保ち苗の成長を促す．健苗には温度管理が重要で，温度が高すぎると苗が軟弱になる．

　苗が展開葉6枚以上，長さ25～30cmに達したときに，地際の1～2節を残して，1本ずつていねいに切り取る．採苗は5～7日ごとに4～5回可能で，1個の種イモからは20本程度の苗が得られる．

b．施肥，植付け，管理

　施肥では，蔓ぼけ防止を第1に肥培管理を行い，通常は10a当たり窒素とリン酸は3～8kg，カリは窒素の3倍程度の10～24kgを与える．堆肥は土壌の物理性や化学性の改良にも役立つので，10a当たり600kg以上を施すのがよい．一般に，サツマイモは条間60～90cmの高畝で栽培される．高畝は土中の酸素含有量を多くし，土壌を柔軟にする（物理性の改善），雨水による過剰な水分を避ける（排水性の改善），蔓刈りや収穫が容易になる（作業性の改善）などの利点があり，多湿地，粘土質，緊密な土では特に効果がある．

　植付け適期は，平均気温18℃，地温18～20℃頃で，露地栽培の場合，暖地で4月下旬から，関東などで5月中旬以降である．植付け，すなわち挿し苗の方法は，直立植え，斜植え，

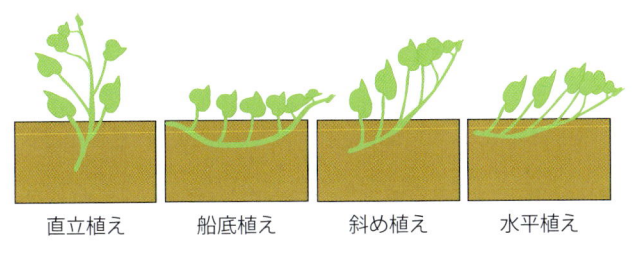

　　　直立植え　　　船底植え　　　斜め植え　　　水平植え

図2-76　挿し苗の方法

水平植え，舟底植えなどがある（図 2-76）．苗の大小に応じて植えやすい方法をとる．

　c．病害虫防除

　サツマイモの病害のうち，土壌中の糸状菌あるいは放線菌により引き起こされる主なものは，黒斑病，黒星病，蔓割病，紫紋羽病があり，いずれも土壌消毒の効果が高い．黒斑病は蔓，イモの両方を侵し，苗床，本圃，貯蔵中を通じ発生するので，種イモの消毒も行う．

　害虫としては，葉を食害するナカジロシタバ，イモコガ，ハスモンヨトウがあり，農薬により適期に防除する．一方，イモを食害するものには，コガネムシとハリガネムシなどがあり，植付け前の殺虫剤の土壌混和が有効である．土壌線虫としては，サツマイモネコブセンチュウ，ミナミネグサレセンチュウがある．サツマイモネコブセンチュウは植付け前の土壌消毒や殺センチュウ剤により防除する．ミナミネグサレセンチュウは抵抗性品種の他，輪作による抑制が有効である．

　ウイルス病としてはサツマイモ帯状粗皮病やサツマイモ葉巻病の発生が報告されている．これらは，ウイルスフリー苗の使用によって防ぐことができる．

(6) 収穫および貯蔵

　サツマイモは，低温により茎葉の成長や塊根の肥大が停止し，霜にあうと茎葉は黒変して枯れ，イモも腐りやすくなるので，降霜前に収穫するのが望ましい．

　イモの貯蔵の適温は 10 〜 14℃，適湿は 85 〜 90％である．貯蔵温度が 15℃以上の高温に保たれると萌芽して貯蔵養分が減少し，低温では腐りやすい．収穫後，温度を 30 〜 33℃，湿度 90 〜 95％の条件にして 3 〜 4 日おくと，イモの傷面にコルク層が形成され，黒斑病や軟腐病菌の侵入を防ぐ組織を作る．これをキュアリング（curing）といい，その後，速やかに放熱して，適温適湿で貯蔵する．長期貯蔵には，横穴式，あるいは縦穴式のむろ式貯蔵法が適し，近年では大規模な温湿度の調節が可能な室内貯蔵も増えて，周年出荷を可能にしている．

(7) 利　　用

　多量のデンプンを含み，食物繊維に富んでおり，ミネラル類（カリウム，カルシウム，マグネシウムなど），およびビタミン類（C が多く，系統によっては A（カロテン）や E を豊富に含んでいる）にも富むことから，食用に利用され，デンプンやアルコールの原料としても用いられる．デンプンは，飴，ブドウ糖，食品加工原料，紡績糊，化粧料，医薬など多岐に利用されている．近年は高カロテン品種や高アントシアニン品種が育成され，機能性食品として需要拡大の兆しが見られる．また，飼料用としても用いられ，養豚を中心に飼料専用品種も育成，利用されている．わが国の近年の自給率は約 94％で，国内産の主な用途は，生食用（約 48％），アルコール用（約 23％），デンプン用（約 15％），加工食品用（約 9％），飼料用（約 0.6％）などである．

3) キャッサバ（英名：cassava，学名：*Manihot esculenta*）

(1) 来歴と生産状況

トウダイグサ科（Euphorbiaceae），イモノキ属（*Manihot*）の熱帯多年生灌木である（$2n = 2x = 36$）．紀元前5000～7000年頃にブラジル～ペルー～ボリビアにわたる地域で，野生種の*M. esculenta* ssp. *flabellifolia*を栽培化したものとする説が有力視されている．コロンブスの新大陸発見当時には，すでに北緯25°～南緯25°の地帯で広く作られていた．16世紀後半には，ポルトガル人によりアフリカ西部海岸に伝えられた．18世紀に入り，ブラジルからレユニオン島，マダガスカルを経てアフリカ東部へ伝えられたが，アフリカの内陸部へ広がったのは20世紀に入ってからである．アジアへは18世紀後半にジャワ，マレー，セイロンなど東南アジア諸島に伝わり，19世紀にはアジアの熱帯各地に栽培が広がった（図2-77）．

図2-77 ナイジェリアの国際熱帯農業研究所におけるキャッサバの栽培
（写真提供：遠城道彦氏）

イモ類ではジャガイモに次いで多く作られ，近年の世界の栽培面積は約1,920万ha，生産量は約2億4,100万tである．主な生産国は，アフリカのナイジェリア（4,390万t），コンゴ民主共和国（1,520万t），南アメリカのブラジル（2,480万t），東南アジアのタイ（2,470万t），インドネシア（2,330万t）などで，わが国では鹿児島県南部と沖縄県でごくわずかに栽培されるにすぎない．

(2) 成長と発育

2～3mに成長し，茎の断面は丸く，分枝の発生は非常に少ないものから多数のものまで品種により異なる．葉は，3～9裂の深い切込みがある葉身と，それを支える長い葉柄とからなり，葉序は2/5である．茎系の発達と葉群の広がりは，植付け後90～180日で最大に達する．茎伸長速度は最大で4cm/日，出葉速度は20～40枚/月である．

地下部は，茎基部から放射線状に伸長した不定根が2次肥厚により肥大を開始し，やがて紡錘形の塊根となるが，早生品種を除き，一般に光合成産物蓄積の主要期間は，植付け後180～300日である．長さ15～100cm，太さ3～15cmの塊根が1株に5～10個着くが，品種や栽培条件による変異が大きい．

図2-78 花と仮軸分枝
（写真提供：今井 勝氏）

花は茎の先端に着く雌雄同株異花の虫媒花である

が，自家受精率が 60 〜 70% と高い品種もある．雌花は雄花より 1 週間ぐらい早く開花し，雌花 2 に対し雄花は 8 〜 10 花着く．受粉後 3 〜 5 ヵ月で長さ 10 〜 15mm の種子が 3 個入った果実（蒴果，capsule）が成熟する．花が着くと，その下部の葉腋から分枝が伸びてくる（仮軸分枝，sympordial branch）習性を有する（図 2-78）．

(3) 生理生態的特性

キャッサバの生育には，年平均気温 20℃以上が必要であるが，乾燥に強く年降水量が 500mm の地域でも育つことから，北緯 30°〜南緯 30°，標高 0 〜 2,000m の熱帯および亜熱帯の広い地域で栽培されている．熱帯では 1 年中植付けが可能であり，在圃期間も長いので，単位土地面積当たりの熱量生産量は主要作物では最大級とされている．強光条件を好み，光合成代謝は C_3 型であるが，個葉の光合成速度は 21 〜 28 $\mu mol/m^2/s$ で，光合成適温域は 25 〜 35℃にある．生産力は高く，全乾物生産が 4,100kg/10a というデータもある．また，塊根肥大のための最適葉面積指数は，3 〜 3.5 である．収穫指数は，0.5 〜 0.7 である．

不良環境下でも生育が可能なので，土壌を選ばずに栽培されているが，塊根の肥大に着目すると，排水良好で肥沃な砂壌土が最適で，湿潤で腐植の多い粘質土や硬い緊密な土壌では生育は良好ではない．植付け後の萌芽には，適当な降雨が必要である．生育を開始してからは，著しい干ばつや寒波に遭遇するとすべての葉が枯れて落ちるが，環境が好転すると成長を再開し，新しい葉を生じる．

(4) 品　　　種

栽培の歴史が長く，栽培地域も熱帯全域に広がっていることから，多くの品種や系統がある．キャッサバには有毒な青酸配糖体（葉で生産される）が含まれ，その多寡によって甘味種と苦味種に分けられており，青酸配糖体が高含量の苦味種（bitter cassava）と低含量の甘味種（sweet cassava）とに大別される．一般に，苦味種は甘味種より生育が旺盛で生産性が高く，栽培も容易である．ナイジェリアにある国際熱帯農業研究所（International Institute of Tropical Agriculture，IITA）やコロンビアにある国際熱帯農業研究センター（Centro Internacional de Agricultura Tropical，CIAT）を中心に収量性，病虫害抵抗性，品質（高デンプン含量，低青酸配糖体含量）について育種が進められてきたが，近年はアフリカで感染が拡大しているキャッサバ・モザイク・ウイルス（CMVD）やキャッサバ・ブラウン・ストリーク（CBSD）に対するウイルス病抵抗性品種の育成が，早急に解決を必要とする課題となっている．

(5) 栽　　　培

植付けは，主に挿し木（cutting）で行われる．通常，成熟した茎の中央部を長さ 20 〜 40cm に切り，サトウキビの場合と同様に下部の半分から 2/3 を土に斜め，または水平に埋めるが，畝の中央に垂直に挿す地域もある．栽植密度は 1,000 〜 1,200 本 /10a が標準で，肥沃な畑では疎植に，痩地ではより密植とする．植付け後，芽が出揃った頃に除草を行い，塊根が肥大し始める頃に除草を兼ねて中耕培土を行う．集約的な栽培ではカリウムを中心に施肥することもあるが，小規模農家では自給的な作物（home-consuming crop）として無肥料で栽培されることが多い．雑草や病害虫にも強いので，粗放的な栽培では収穫までほとん

図 2-79 キャッサバの塊根
マダガスカルの市場にて．

ど手を入れない．植付けから収穫までは，栽培時期や品種により6〜20ヵ月の幅があるが，通常は10〜12ヵ月の品種が多く，苦味種は甘味種より生育期間が長い．収穫は地際から20〜30cmの部分で茎を切り，イモを傷付けないよう株ごとに掘り上げる．収量（生体重）は1.5〜5t/10aである（図2-79）．1.5t/10aという塊根収量でも，畑からの養分の持ち去り量は窒素35 kg，リン5.8kg，カリウム46kg，カルシウム4.1kgとなるので，持続的生産を図るためには，これらの補塡を怠らないことが肝要である．

キャッサバは栽培期間が長いので，世界のキャッサバ栽培地の1/3以上では，キャッサバと食用作物や工芸作物との混作が行われている．このことにより，各種災害のリスクを低め，土地の利用性を高め，単位土地・時間当たりの労働力投入効率を高めることができる．

(6) 品質と利用

塊根の可食部分100gの栄養成分は，水分59.7％，熱量159kcal，炭水化物38.1g，タンパク質1.4g，脂質0.3g，灰分0.5gであり，ビタミンCに富む．また，キャッサバデンプン（タピオカと呼ぶ）100gの栄養成分は水分14.2％，熱量346kcal，炭水化物85.3g，タンパク質0.1g，脂質0.2g，灰分0.2gである（図2-80）．

熱帯の多くの国で，米や他のイモ類とともに主食として利用されている．調理方法には，蒸す，煮る，焼くなど加熱する方法と発酵させる方法とがある．また，飼料やバイオ燃料の原料として利用される他，良質なデンプンは工業原料として多分野に供給されている．

図 2-80 沖縄県産のキャッサバデンプン
（写真提供：今井　勝氏）

甘味種では，大部分の青酸配糖体が皮の部分に含まれるので，皮を剥ぐことで取り除くことができる．苦味種の利用には青酸配糖体の除去が必要となる．ただし，青酸配糖体自体には毒性がなく胃酸中でも沸騰水中でも分解されない安定な物質であるが，キャッサバ自身が持つ加水分解酵素（リナマラーゼ）により分解されて有毒な青酸が発生するのである．一般的な青酸配糖体の除去法は以下の通りである：①配糖体が水溶性であることから，イモを細かくして水にさらし溶出させる．この方法には前段階として加熱し茹でる方法と皮を剥いで摺りおろす方法がある．②自身の細胞内にあるリナマラーゼで分解させたあとに除去する．この方法にも皮を剥ぎすり下ろして一晩放置する方法と，薄切りにして天日に干すことで緩やかに乾燥させる方法がある．③微生物により分解する．主として発酵作用による加水分解を利用する．かびかバクテリアか，好気状態か嫌気状態かなど，活用する微生物の種類や環境条件により，多様な方法が採用される．④加熱によりリナマラーゼを失活させ，配糖体の分解を防ぐ．リナマラーゼは 72℃以上で失活するので，十分に加熱すれば無毒化が可能である．

キャッサバの利用における青酸配糖体の除去は，育種や栽培条件から調理方法に至るまで，最も重要な事案である．

キャッサバデンプンは，繊維やタンパク質をほとんど含まないので，純度の高いデンプンとして多くの用途に供されている．デンプンを加熱して糊化させたあとに冷却した半透明の塊がタピオカフレーク，これを粉にしたものがタピオカフラワー，水で柔らかく練り加熱して球状にしたものがタピオカパールとして利用される．イモの取引きではデンプン歩留りが重視されるので，計量に際しては比重に着目して，池や川の水中に沈めた状態でイモを入れたかごを天秤で量るといった方法が用いられるなど，発展途上国においても，分析機器が普及する以前から品質確保に種々の工夫がなされていた．

葉にはタンパク質とビタミンAが豊富に含まれており，アフリカでは野菜として利用されている．また，市場では手動のミンチ機で挽いたものも売られている（図 2-81）．

家畜飼料としては，主に茹でたイモがブタに与えられている．甘味種については，ペレット状に加工されて家畜飼料や水産養殖用飼料として利用されている．

キャッサバの単位面積当たりの生産量が高いことから，近年バイオ燃料（エタノール）の原料としても注目されている．そこでは，塊根を乾燥させて砕いた「キャッサバチップ」が原料として取引きされている．また，対象はキャッサバチップだけではなく，例えばタイでは，デンプンを抽出した残渣である「キャッサバ粕」を原料としたエタノール製造プログラムも進められている．

図 2-81 キャッサバの葉のミンチ
マダガスカルの市場にて．

4）タロイモ（英名：taro，学名：*Colocasia esculenta* 他）

(1) 来歴と生産状況

タロイモはサトイモ科（Araceae）の多年生草本で，イモや葉柄，葉身が食用として利用されるイモ類の総称で，サトイモ属（*Colocasia*），アメリカサトイモ属（*Xanthosoma*），クワズイモ属（*Alocasia*），キルトスペルマ属（*Cyrtosperma*）の作物が含まれる．これにコンニャク属（*Amorphophallus*）を加えて，アロイド（aroids）とも呼ばれる．

図 2-82 沖縄県金武町でのタロイモ栽培
水田で水稲との輪作．（写真提供：今井 勝氏）

サトイモ属の中で，わが国や温帯アジア圏で栽培されているサトイモには，親イモが比較的小さく子イモ（孫イモを含む）を利用する3倍体（$2n = 3x = 42$）の品種群（*C. esculenta* var. *antiquorum*，英名：eddoe）が多い．また，東南アジアからポリネシアにかけては，親イモが大きくこれを利用する2倍体の品種群（*C. esculenta* var. *esculenta*，英名：dasheen）が中心である（図 2-82）．

アメリカサトイモ属のアメリカサトイモ（*X. sagittifolium*，英名：cocoyam, yautia, tannia）は，中央・南アメリカ原産で，16世紀以降にアフリカ，太平洋諸島，アジアへ導入された．草丈は 1.5～2m あるいはそれ以上となり，乾燥に強く生育も盛んで，かつ味もよいため，アフリカ，太平洋諸島，東南アジアでの栽培が広がった．葉身は矢じり形をしており，葉縁の裏側に葉脈が走行し，葉の切込みの基部で葉柄と連絡しているのが特徴である．

クワズイモ属の多くはえぐみが強いため，あく抜きをしたうえで利用されているが，インドクワズイモ（*A. macrorrhiza*，英名：giant taro）はアジアないし東南アジア原産で，えぐみが少なく，太平洋諸島のトンガやサモアで食用として栽培されている．草丈は 3～4m，茎（親イモ）は直径 20cm 程度で地上 1m ぐらいまで伸長して木化する．

キルトスペルマ属はメラネシア北部の原産で，葉柄に刺があって草丈は 5～6m にも達し，前記サトイモ科4属の中では最も大きくなる．*C. chamissonis*（= *C. merkusii*）は，主にミクロネシアとメラネシアで栽培されており，英名の swamp taro が示すように，湿地で栽培されている．

サトイモ属のタロイモは，インド東部からインドシナ半島にかけての地域の原産で，恐らく地球上で最も古く（1万年以上前）から栽培された作物である．民族の移動に伴って，2,000～2,500年前に原産地から東西に広がった．東方へ伝播したものの一部は東アジアへ，他はミクロネシア，メラネシア方面へ伝えられた．西方へはアラビア半島から東地中海，エジプトへ伝えられ，2,000年前にはアフリカ東部を南下し，さらにアフリカを横断して西アフリカへ伝わった．カリブ海周辺へは，17世紀に奴隷船とともに西アフリカから伝わった．

わが国には，古く南方民族の移動によって伝えられ，また，中国からも渡来したと考えられており，稲作以前の焼き畑における重要な作物であった．また，サツマイモやジャガイモが伝来するまでは，主要な食用イモであった．

近年における世界のタロイモ栽培面積は約127万 ha，生産量は約950万 t で，平均収量は約 7.5t/ha である．世界の生産量のうち，73％はアフリカ，22％はアジアが占め，国別に見ると，33％がナイジェリア，18％が中国，16％がカメルーン，15％がガーナで生産されている．近年の国内のサトイモ栽培面積は約1万3,800ha，総生産量は17万3,800t，平均単位収量は 12.6t/ha で，千葉，宮崎，埼玉，鹿児島の各県が主産地である．

以下，本項ではサトイモ属のタロイモについて述べる．

(2) 成長と発育

単子葉植物であり，茎は地下にあってほとんど伸長せず，肥大して塊茎（イモ）となる．イモの各節から地上部へ葉を出す．葉は長さ1〜1.5mの葉柄を直立し，葉身は楯形，卵円あるいは心臓型形で，長さ30〜50cm，幅25〜30cmとなる（図2-83）．雌雄異花同株で，地上部に抽出した長い花茎の先に長さ10〜25cmの肉穂花序（spadix）を着け，仏炎苞（spathe）に覆われる．熱帯では着花するが，日本ではまれにしか着花しない．

繁殖は，子イモまたは孫イモを種イモとして植え付ける．種イモの頂芽が伸長してその基部が肥大して親イモとなる．親イモには20〜30の芽があり，芽の位置は2/5の旋回性を示す．この芽が伸長するに従ってその基部が第一分球（子イモ）となり，同様にして第1次分球から第2次分球(孫イモ)，第2次分球から第3次分球(曾孫イモ）ができる（図2-84）．

一般に，生育周期を6つの相に分けることができる：①発根と出葉による植物体の形成（植付け後1〜3週），②親イモの形成を伴う急速な根と茎葉の発育（同3〜10週），③親イモの急速な肥大を伴う根と茎葉の最大成長期（同10〜20週），④茎葉部への急速な乾物の蓄積（同20〜30週），⑤親イモと子イモの肥大の継続を

図 2-83 サトイモの茎葉部

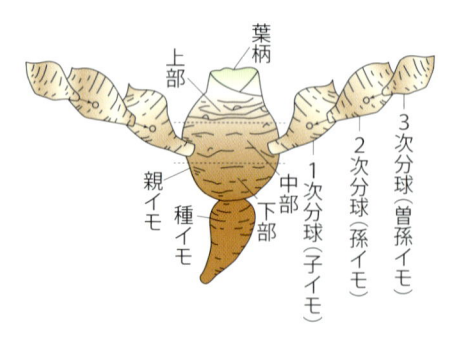

図 2-84 サトイモの分球模式図
節数は20以上あり，分球は中央部に多い．下方から2〜5節は休眠に終わる場合が多い．（飛高義雄，1974を改変）

伴う根と茎葉の成長減退期（30～40週），⑥休眠および新たな栄養成長の開始によるイモ重の減少（同40週以降）．

(3) 生理生態的特性

サトイモは熱帯性で，本来は多年生であるが，わが国では高温期間が短いので，ほとんどの地域では一年生作物ということになる．高温を好み，多湿を必要とする．萌芽の最低温度は15℃，生育適温は25～30℃（地温22～27℃）で5℃までは低温に耐えられるが，霜にあうと枯れる．日本では，北海道を除いた本州以南で栽培されている．個葉の光合成能力は19～22 μ mol/m^2/s で，適温は25～30℃の範囲にあり，若い葉の光飽和点は1,100 μ mol/m^2/s 程度である．最大個体群成長速度は，15～25g/m^2/day で，あまり高くはないが，生育末期でも10g/m^2/day と比較的高い値を維持する品種もある．葉面積指数は1.5～3.0と，他作物に比べると低い．

土壌適応性は広く，砂土から埴土まで栽培が可能であるが，壌土が最もよい．乾燥には弱いが，耐湿性はきわめて強い．土壌 pH が4～9の範囲では生育に差はない．しかし，連作すると生産性が著しく低下する．連作畑での収量性の推移は，初年度を100とすると，2年目65%，3年目33%，4年目23%と年々低下する．連作障害の原因は，土壌線虫（ミナミネグサレセンチュウ），土壌養分の不均衡，成長抑制物質の蓄積などであり，少なくとも3～5年の輪作が必要とされている．

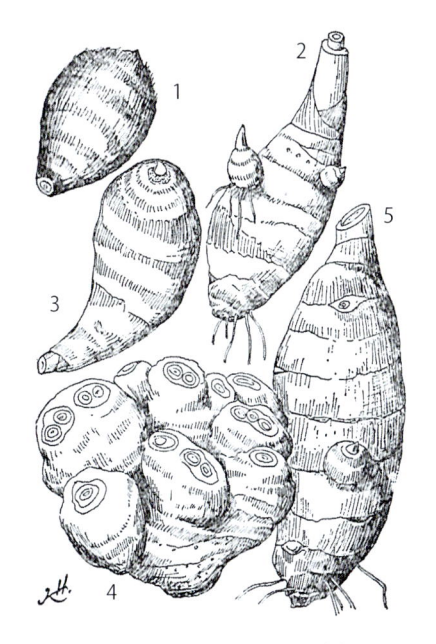

図 2-85　サトイモの品種
1：'土垂'（子芋用），2：'高知赤芋'（親子芋兼用），3：'海老芋'（親子兼用），4：'八頭'（親芋用），5：'筍芋'（親芋用）．（星川清親：新編食用作物，養賢堂，1980）

(4) 品種と育種

日本の栽培品種は，15品種群，36代表品種に分類されている．また，利用部位によって，子・孫イモを利用する品種（'土垂'，'石川早生'，'えぐ芋'），親イモと子イモの両方を利用する親子兼用品種（'赤芋'，'唐芋'，'八頭'），親イモのみを利用する親イモ用品種（'筍芋'），葉柄を「ずいき」として利用する葉柄用品種（'蓮芋'）に類別されている（図2-85）．なお，'蓮芋'（*Colocasia gigantea*）は，分類学上は *C. esculenta* とは別種であるが，栽培上は1品種として扱われている．

(5) 栽培管理

a. 作　　　型

サトイモの作型には早掘り栽培と普通掘り栽培がある．早掘り栽培はマルチやトンネル，ビニルハウスなどを利用して初期生育を早め，5～8月に収穫し，市場入荷量が少ないこの

時期に出荷する作型である．最も生育の早い'石川早生'が早掘り栽培に広く用いられている．普通掘り栽培は，国内では北海道を除いた各地で栽培可能で，4～5月に植え付け，9～12月に収穫する作型である．ほとんどの品種が用いられている．従来この作型は露地栽培が主体であったが，現在ではマルチ栽培が多くなった．マルチ栽培は露地栽培に比べて発芽が2週間程度促進され，収量も多い．

　b．種イモの準備

種イモは頂芽が健全で最小で40～50gのものを選ぶ．種イモが黒斑病やネグサレセンチュウに汚染されている恐れのある場合は種子消毒（薬剤消毒または温湯消毒）をする．植付けは，種イモを直接本圃に植え付ける方法と，催芽床を設け3～4cm程度出芽させてから葉が展開する前の苗を植え付ける方法がある．催芽処理を行うと，生育が促進され出芽が揃うので，早掘り栽培では有効である．

　c．畑の準備と施肥，植付け

サトイモは畑作だけではなく，湿地や水田で栽培されるものもある（水芋，田芋）．また，多肥性の作物であり，施用量は栽培地域，作型，土壌によって異なるが，10a当たり窒素13～30 kg，リン酸10～30kg，カリ15～30kgである．いずれも半量を基肥とし，残りを1～2回に分けて追肥する．リン酸は全量基肥でもよい．堆肥は20～30tの施用が望ましい．植付けは10cm程度覆土する．畦幅は90～120cm，株間は30～60cmとする．

　d．管理，収穫，貯蔵

土寄せは，イモの肥大に欠かせない重要な作業である．除草と中耕を兼ねて2～3回行うことが望ましい．7～8月の高温乾燥期における灌水や敷きわらは，イモの肥大に有効である．収穫適期は作型や栽培地域により異なるが，暖地での早掘り栽培では，最も早い場合6月，温暖地の普通掘り栽培では，最も遅い場合12月に収穫可能である．収穫後，株を十分に乾燥させ，8℃前後の貯蔵庫に株の上下を逆にして積み重ね，貯蔵する．

　e．病害虫防除

サトイモの主な病害虫は，腐敗病，根腐病，ハスモンヨトウ，ハダニ類などである．腐敗病や根腐病を防ぐには，健全な種イモを使用し，3～5年の輪作を行う．

（6）利　　用

塊茎は豊富に炭水化物（デンプン）を含み，安価なエネルギー源となっている．熱帯地域では主食とされている他，ポリネシアやハワイでは「ポイ（poi）」と呼ばれる煮たイモをつぶして発酵させたものが知られており，タロイモチップスとしての利用も多い．日本では，煮物や汁物の副食として利用されている．イモの粘りはムチンやガラクタンによるもので，えぐ味やかゆみの原因物質はシュウ酸カルシウムである．'蓮芋'のように葉柄を利用する「ずいき」専用品種もあるが，'唐芋'や'八頭'などの品種も葉柄のシュウ酸カルシウム含量が低いので，「ずいき」として煮物，汁物，酢の物などにする．

5）ヤムイモ（英名：yam，学名：*Dioscorea* spp.）

(1) 来歴と生産状況

ヤマノイモ科（Dioscoreaceae）は6属からなる単子葉草本で，約750種を擁する．ヤマノイモ属（*Dioscorea*）は最大の属で，約640種が知られており，ほとんどが熱帯に分布しているが，いくつかは温帯にも分布する．食用として栽培されるものは50～60種で，栽培種は15種ある．ヤムイモは，紀元前5000～7000年には栽培化されていたといわれる．

主要な栽培種は，熱帯では，アジア原産のダイジョ（大薯，英名：greater yam, water yam, winged yam, 学名：*D. alata*），トゲドコロ（英名：lesser yam, Asiatic yam, 学名：*D. esculenta*），ゴヨウドコロ（英名：five-leaved yam, 学名：*D. pentaphylla*），アフリカ原産のシロギニアヤム（英名：white Guinea yam, 学名：*D. rotundata*），キイロギニアヤム（英名：yellow Guinea yam, 学名：*D. cayenensis*），アジアとアフリカで独立に栽培化されたカシュウイモ（英名：aerial yam, bulbil yam, 学名：*D. bulbifera*），南アメリカ原産のミツバドコロ（英名：aja, aje, cush-cush, 学名：*D. trifida*）などがある．また，温帯では，アジア原産のナガイモ（薯蕷，英名：Chinese yam, Japanese yam, 学名：*D. opposita*）がある．

アジアで多く栽培されるダイジョはインドシナ半島原産とされ，*D. hamiltonii* と *D. persimilis* の雑種集団から人為選抜により生じたものと推察されている．紀元前1世紀以前に，タイ，ベトナム地域から航海時の食料として東太平洋地域へ伝播し，西へはインドを経てアフリカへと伝播したとされる．日本でも，温暖地では栽培されることがある．体細胞染色体数の変異が多く，30，40，50，60，70，80のものがある．

日本で栽培されるヤムイモのほとんどは，ヤマノイモ属の中では最も低温に適応した種であるナガイモで，類似のヤマノイモ（自然薯，学名：*D. japonica*）は，日本に自生する食用野生種である．ナガイモは中国の華南西部が原産地であるとされ，紀元前3世紀から栽培

図 2-86　ダイジョの栽培
沖縄県嘉手納町．（写真提供：今井　勝氏）

されたという．日本へは，中世に朝鮮を経て日本へ伝播したと考えられている．体細胞染色体数は140である（$2n = 14x = 140$）．

近年の世界のヤムイモ栽培面積は約490万haで，生産量は約5,400万tである．最大の生産国であるナイジェリアは世界生産量の約64％を占めている．これに次いで，ガーナ（約11％），コートジボワール（約10％），ベナン（約5％）などの生産量が多い．世界のヤムイモ生産量の約95％をシロギニアヤムとキイロギニアヤムが占めている．近年のわが国のナガイモ栽培面積は約2万750ha，生産量は約14万100tであり，生産量が多いのは北海道（約44％），青森県（約42％），長野県（約6％），岩手県（約2％）などである．

(2) 成長と発育

ヤムイモは，一般に雌雄異株で，地下にデンプンを蓄えるイモ（担根体：茎と根の中間の性質を持ち，胚軸に由来する組織と考えられる）を形成する．種イモから新芽が伸びて生育を開始すると，当初は種イモの栄養分を使って成長するが，茎葉が発達して光合成産物を生産し始めると，茎の基部に新たなイモが通常は1個形成され，肥大が始まる．一方，種イモは栄養分を消費され，やがて萎びた皮を残すのみとなる．通常，種イモから複数の萌芽が見られる場合，通常は萌芽数と同数のイモが形成される．カシュウイモやナガイモを除き，一般のヤムイモでは，茎と葉柄の間に着生するイモ状繁殖体の「むかご（aerial tuber）」はできにくい．また，種子を着けることも少ない．地上部やイモの形状は種や品種によって異なり，多様性に富む．

ダイジョは草勢が旺盛な蔓性植物で，蔓を2～3m伸ばす（図2-86）．茎には翼があり，断面は四角となっているのが特徴である．茎にとげはなく，やや狭い心臓形の葉は対生し，葉柄にも翼がある．イモは，大きいものは1個で40kg（生体重）にもなるが，通常は植付け後6～9ヵ月で1個3～5kgとなる．イモの形状は，円筒形の他に，イチョウ形，つくね形，塊状形，へびいも形など，多様であり，色も白色から濃紫色まで変異に富んでいる（図2-87）．

ナガイモは蔓性で3～4mとなる茎には稜があり，葉柄とともに紫色を帯びるので，ヤマノイモと区別される．葉は対生し，分枝を多く出す．イモの形状により，棍棒状に長く伸びたナガイモ群，イチョウの葉の輪郭に似た形状のイチョウイモ群，球状のツクネイモ群に分類されている（図2-87）．一般に多くのむかごを着生するが，種子はできにくい．

(3) 生理生態的特性

ヤムイモでは，イモやむかごにより栄養生殖を行う．ほとんどの栽培種では，温帯や亜熱帯のみならず熱帯においても1年に一度，イモ以外の部位は枯死し，イモは2～4ヵ月間ほど休眠する．休眠は，温帯では冬季に，熱帯では乾季において行われる．休眠を終えたイモから萌芽して新たに茎，葉および根が発生，成長する．一般に，長日条件は地上部の栄養成長を促し，短日条件は葉の老化とイモの肥大を促すが，種により日長に対する反応は異なり，特に温帯のナガイモでは，短日による花成誘導とイモ肥大の反応が大きい．

ダイジョを含む多くの熱帯性ヤムイモは25～30℃が生育適温で，20℃を下回ると生育が抑制される．萌芽の適温も25～30℃である．比較的湿気を好み，茎葉の繁茂する生育

期前半は雨が多い方がよいとされる．純光合成速度は，13〜15μmol/m²/s で C₃ 型植物である．耐陰性は低い．施肥をすると葉群の葉面積指数は 5 を超えることがある．収穫指数は，0.6〜0.7 程度である．

日本のナガイモの場合，4 月下旬〜5 月上旬に種イモから萌芽した蔓(つる)が，当初は貯蔵養分に依存して伸長し，養分吸収根が発育するが，土中を浅く張るので乾燥には弱い．その後，茎葉の繁茂期に移り，6 月中・下旬に入ると伸長した蔓の基部から新しいイモが発生する．7〜9 月がイモの肥大盛期に当たり，晩秋には茎葉部が老化して枯死する．イモは低温に弱く，0℃以下では凍害を受ける．

(4) 品　　種

アジアで最も広く栽培されているダイジョの品種は数百を越えるといわれている．早生系統は感光性が弱く，イモの肥大成長と成熟が早期に始まり，晩生系統は逆に感光性が強く，肥大成長の開始と成熟が遅い．

日本で栽培されるナガイモは，イモの形態によって 3 つの品種群に類別される．

①ナガイモ群：イモが長く伸びた円筒形で長さ 50〜100cm にも達し，生育が速やかで夏の短期間に肥大する．ヤムイモは一般に耐寒性が弱く，高温多湿を好むが，ナガイモ群の品種は比較的低温に強く，イモの成長肥大も早い．また，イモが長い品種の栽培では，表土が深くて軽い火山灰土壌や砂質土壌が適し，深耕する．②イチョウイモ群：イモは扁平でイチョウ葉の輪郭に似た形状をし，ナガイモ群に比べると短いので表土の浅いところでも栽培される．関東地方に栽培が多い．③ツクネイモ群：イモが球状で，関西地方に栽培が多い．大和いも群とも呼ばれる．乾燥に弱く，他の群よりも草勢が弱く，肥沃で排水がよくやや粘質な土壌で栽培される傾向にある．

ナガイモ群とイチョウイモ群は，イモの肥大成長の日長感度が低く，早生形質であるのに対し，暖地で栽培されるツクネイモ群は，イモの肥大成長の日長感度

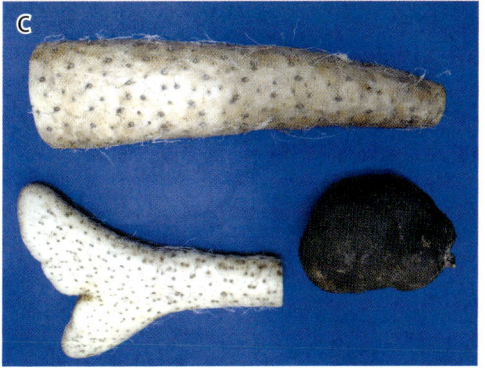

図 2-87　ダイジョ（A，B）とナガイモ（C）
C は，上：ナガイモ群（青森県産），左下：イチョウイモ群（群馬県産），右下：ツクネイモ群（石川県産）．ナガイモ群とイチョウイモ群は，販売用のため塊茎は途中で切断されている．（写真提供：今井　勝氏（A，B））

が高く，晩生形質である．品種は各栽培地域での地方名を有するものや種苗登録されたものなど，非常に数が多い．

(5) 栽　　　培

熱帯のヤムイモ栽培では，雨季の終わり頃から林野の伐採と火入れをしたあとに，0.5～1.2mの高さに盛り土（マウンド）をし，そこに種イモを定植する焼畑式農法がよく行われているが，西インド諸島やニューカレドニアでは，機械化栽培も行われている．

わが国のナガイモ栽培では，種イモを植え付ける場合が多く，種イモには，大きいイモを切断したり，むかごや小さいイモを1年間養成して用いる．後者の方がイモの大きさと形がよく揃う．植付けは，畝幅100～120cm，株間約30cmとし，覆土は10～12cmとする．施肥は，多収（ha当たり30～40t）を目指す場合，ha当たりで窒素270～350kg，リン酸130～250kg，カリ150～200kgおよび堆肥10～20tとし，このうち，窒素は全量の50～70％を基肥で，残りは2～3回に分けて追肥する．植付け後，萌芽まで時間がかかるのでこの間に除草を行う．イモが肥大する7～9月は日照が多いことと，土壌があまり乾かないことが重要である．出芽前に支柱を立て，蔓をからみつかせる．支柱は高いほどイモ肥大が優れるが，倒伏するので2m程度とする．イチョウイモ群やツクネイモ群では，無支柱栽培もある．収穫は茎葉が黄化したら始める．一般には10月上旬から，暖地では翌春までの間に随時掘り取る．イモに傷害を与えると病害の原因となるので，掘上げ後表皮を傷付けないようにし，陽に当てないようにして品質を保つ．ナガイモ群の長形品種の栽培では，収穫の容易さを考えて，プラスチック製の筒の中にイモが伸長するように工夫したパイプ栽培法や，植付け前の深耕（1～1.2m）ないし堀取りの際に溝掘り機（トレンチャー）が用いられることがある．

(6) 品質と利用

イモは水分を多く含み（新鮮重の60～80％），デンプンを主体とする炭水化物は15～30％で，タンパク質は比較的少なく（1.4～3.5％），脂質は非常に少ない（0.1～0.2％）．デンプンのアミロース含有率は15～25％で，イネやジャガイモのそれに近い．また，ビタミンやミネラルなどを含み，栄養豊富な作物といえる．中国では古くから「山薬」と呼ばれ，漢方薬や健康食品として広く利用されている．

熱帯地域では生食することはほとんどなく，煮る，焼く，蒸すなどして利用している．アフリカでは，煮たイモを臼で搗いて餅状にした「フフ（fufu）」がよく食べられる．日本では，すり下ろしや千切りにして，生のまま食用とされる場合が多い．タンパク質と少量のマンナンからなる，粘性物質のムチンを含むため，伝統的に「とろろ汁」や「山かけ」などへの利用がある．その他，製菓原料や各種食品のつなぎ材料などの用途がある．ダイジョは，鹿児島県名産の饅頭「かるかん」や，沖縄県などで観光客に人気のある「ウベ（Ube）アイスクリーム」の原料としても利用されている．

第3章

工 芸 作 物

総　　　論

1）工芸作物とは

　工芸作物（industrial crop）とは，収穫目的部位が工業原料となるか，食用となる場合でも利用されるまでに工場内で比較的多くの加工を必要とする栽培植物の総称である．また，特用作物と呼ばれることもあるが，それは普通作物である食用作物に対して相対的に用途が特殊であることに基づいている．第1章で述べたが，食用作物，工芸作物，飼料作物，緑肥作物の分類は利用上の便宜的なものであって，植物分類学と合致するものではなく，世界の地域や時代によって捉え方が異なる場合がある．例えば，トウモロコシ（第2章「食用作物」に記載）を古くから主食としている地域も相当あるが，現在では家畜飼料（飼料作物）としての利用の方がはるかに多い．また，アルコールやプラスチックの原料（工芸作物）としてトウモロコシのデンプンを利用する場面も増えつつある．別の例として，本章に記載のホップは，雌花の分泌物であるルプリンが古くから医薬（薬用作物）として用いられてきたが，その雑菌繁殖抑制作用や，過剰なタンパク質を沈殿させ濁りをとる作用と相まって，近年ではビールの苦みと爽やかな香りを醸し出す要素としての利用（嗜好料作物）の方がはるかに多い．さらに，ある種の工芸作物には複数の用途がある場合もあり，例えば，ワタやアマは繊維作物として有名であるが，種子の含油量が高く，油料作物としての用途も大きい．

2）工芸作物の特徴

　① 種類がきわめて多く，利用される部位も多様である…表3-1に示したように，工芸作物の種類はきわめて多い．また，植物の種類により花，種子，葉，茎，根などに種々の物質（ショ糖，デンプン，セルロース，油脂，タンパク質，アルカロイド，イソプレノイドなど）を蓄積するので，多様な用途に応じて，利用される作物の種類や部位も多様となる．いずれの作物も特有の性質や利用目的を持つので，それぞれが専門的知識を要する産業となっている．しかし，研究が十分に進んでおらず改善の余地が大きい作物が多数存在する．

　② 食料に比べ，一般に貯蔵や輸送が容易なので，地価と労賃の安い遠隔地で栽培が盛んである…遠隔地（多くは開発途上国）で栽培がなされる場合，生産者から買い上げた収穫物（原料）に簡単な操作を加え，半製品化（乾燥，抽出など）をすることにより，貯蔵期間を延長したり，軽量にして輸送コストを下げる．そして，原料種子（ナタネやゴマなど）や半製品（コプラ：ココヤシ果実の胚乳を乾燥したもの．のちにヤシ油を抽出する）などを，最新設備が

表 3-1 主要工芸作物の名称、利用部位および起源地

和 名	英 名	学 名	利用部位	起源地
繊維作物	**Fiber crop**			
ワタ (棉)	cotton	G. arboreum L., G. herbaceum L., G. barbadense L., G. hirsutum L. などを含む	種子の毛	インド、中央・南アメリカ
カポック	kapok	Cebia pentandra (L.) Gaertn.	果実の毛	熱帯アメリカ
アマ (亜麻)	flax	Linum usitatissimum L.	茎 (靭皮)	西南アジア
タイマ (アサ：大麻、麻)	hemp	Cannabis sativa L.	〃	中央アジア
チョマ (ラミー、カラムシ；苧麻)	ramie, China grass	Boehmeria nivea (L.) Gaud.	〃	西南アジア
ボウマ (イチビ、Indian mallow)	China jute, Indian mallow	Abutilon avicennae Gaertn.	〃	アジア
ジュート (コウマ；黄麻)	jute	Corchorus capsularis L. および C. olitorius L.	〃	アジア、アフリカ
ケナフ	kenaf, ambari hemp	Hibiscus cannabinus L.	〃	熱帯アフリカ
マニラアサ (アバカ)	Manila hemp, abaca	Musa textilis Née	葉鞘	フィリピン
サイザル、シザルアサ	sisal	Agave sisalana Perrine ex Engelm.	葉	中央アメリカ
パナマソウ	Panama hat palm(plant)	Carludovica palmata Ruiz et Pav.	〃	中央・南アメリカ
イグサ (イ；藺草)	mat rush, rush	Juncus effusus L. var. decipiens Buchenau	茎	温帯各地
コリヤナギ (杞柳)	osier	Salix koriyanagi Kimura	〃	朝鮮半島
コウゾ (楮)	paper mulberry	Broussonetia kazinoki Sieb.	茎 (靭皮)	東アジア
ミツマタ (三椏)	mitsumata	Edgeworthia chrysantha Lindl	〃	中国
ホウキモロコシ (箒蜀黍)	broom corn	Sorghum bicolor (L.) Moench var. hoki Ohwi	茎、枝梗	アフリカ
油料作物	**Oil crop**			
アマ (亜麻)	flax	Linum usitatissimum L.	種子	西南アジア
エゴマ (荏)	perilla	Perilla frutescens (L.) Britton var. japonica (Hassk.) H. Hara	〃	東アジア
ヒマワリ (向日葵)	sunflower	Helianthus annuus L.	〃	北アメリカ
ベニバナ (紅花)	safflower	Carthamus tinctorius L.	〃	アジア
ゴマ (胡麻)	sesame, gingelly	Sesamum indicum L.	〃	熱帯アフリカ
ナタネ (菜種)	rape	Brassica napus L. および B. rapa L.	〃	地中海沿岸、インド
ヒマ (蓖麻；トウゴマ、唐胡麻)	castor, castor bean	Ricinus communis L.	〃	アフリカ
オリーブ	olive	Olea europaea L.	果実、種子	地中海沿岸、西南アジア
ココヤシ (ココ椰子)	coconut palm	Cocos nucifera L.	〃	太平洋諸島
アブラヤシ (油椰子)	oil palm	Elaeis guineensis Jacq.	〃	西アフリカ
ナンヨウアブラギリ	phisic nut, Barbados nut, Jatropha	Jatropha curcas L.	種子	南アメリカ
ハゼノキ (櫨)	Japanese wax tree	Rhus succedanea L.	果実	中国、日本
ダイズ、トウモロコシ、ラッカセイ → 食用作物				
嗜好作物	**Recreation crop**			

第3章 工芸作物

コーヒー（珈琲）	coffee	*C. arabica* L., *C. canephora* Pierr. ex Froeh., *C. libelica* W. Bull ex Hiern などを含む	種子	アフリカ
カカオ（加加阿）	cacao, cocoa	*Theobroma cacao* L.	"	中央・南アメリカ
マテチャ	mate	*Ilex paraguayensis* A. St. Hil.	葉	南アメリカ
ガラナ	guarana	*Paullinia cupana* Humb.	種子	ブラジル
コーラ	cola, kola	*Cola nitida* (Vent.) Schott et Endl.	"	西アフリカ
ホップ（忽布）	hop	*Humulus lupulus* L.	花（雌花）	ヨーロッパ
タバコ（煙草）	tobacco	*Nicotiana tabacum* L.	葉	南アメリカ
香辛料作物	**Spice crop**			
セイヨウトウキ（西洋当帰），アンゼリカ	angelica	*Angelica archangelica* L.	全体	ヨーロッパ
ショウガ（生姜）	ginger	*Zingiber officinale* Rosc.	根茎	東南アジア
ミョウガ（茗荷）	mioga ginger	*Zingiber mioga* (Thunb. ex Murray) Roscoe	花蕾，若茎	中国
ウコン（鬱金）	turmeric	*Curcuma longa* L.	根茎	東南アジア
ワサビ（山葵）	wasabi	*Eutrema japonica* (Miq.) Koidz.	葉，茎，根	東アジア
シナモン（セイロンニッケイ）	cinnamon, Ceylon cinnamon	*Cinnamomum verum* J. Presl	"	セイロン
チョウジ（丁子，丁字）	clove	*Syzygium aromaticum* (L.) Merr. et Perry	花蕾	モルッカ諸島
トウガラシ（唐辛子，唐芥子）	hot pepper, chili pepper	*Capsicum annuum* L.	果実	熱帯アメリカ
コショウ（胡椒）	pepper	*Piper nigrum* L.	"	インド
ダイウイキョウ（大茴香，八角茴香）	star anise	*Illicium verum* Hook. f.	"	中国～インドシナ
アニス	anise	*Pimpinella anisum* L.	"	東ヨーロッパ～西アジア
ウイキョウ（茴香），フェンネル	fennel	*Foeniculum vulgare* Mill.	"	南ヨーロッパ～西アジア
サンショウ（山椒）	Japanese pepper	*Zanthoxylum piperitum* (L.) DC.		中国
コエンドロ，コリアンダー	coriander	*Coriandrum sativum* L.	果実，葉	地中海沿岸
ショウズク（小豆蔲，カルダモン）	cardamon	*Elettaria cardamomum* (L.) Maton	種子	インド南西部
シロガラシ（白芥子）	white mustard	*Sinapis alba* L.	"	地中海沿岸
クロガラシ（黒芥子）	black mustard	*Brassica nigra* (L.) Koch	"	ユーラシア
ニクズク（肉豆蔲）	nutmeg	*Myristica fragrans* Houtt.	"	モルッカ諸島
バジル（メボウキ：目箒木）	basil, sweet basil	*Ocimum basilicum* L.	葉	インド，アフリカ
ハッカ（薄荷，ニホンハッカ）	Japanese mint	*Mentha arvensis* L. var. *piperascens* Malinv. ex Holmes	"	中国
ペパーミント（セイヨウハッカ）	peppermint	*Mentha × piperita* L.	"	地中海沿岸
ゲッケイジュ（月桂樹）	bay laurel, laurel	*Laurus nobilis* L.	"	"
セージ	sage	*Salvia officinalis* L.	"	ヨーロッパ南部

（次ページへ続く）

表 3-1 主要工芸作物の名称、利用部位および起源地（続き）

和　名	英　名	学　名	利用部位	起源地
糖料作物	**Sugar crop**			
サトウキビ（カンショ：甘蔗）	sugar cane	Saccharum officinarum L.	茎	ニューギニア
テンサイ(ビート，サトウダイコン：甜菜)	sugar beet	Beta vulgaris L. ssp. vulgaris	塊根	地中海沿岸
サトウモロコシ（ロンガ；蘆粟，砂糖蜀黍）	sweet sorghum, sugar sorghum	Sorghum bicolor (L.) Moench var. saccharatum (L.) Mohlenbr.	茎	アフリカ
サトウカエデ（砂糖楓）	sugar maple	Acea saccharum Marsh.	樹幹	北アメリカ
ステビア（アマハステビア）	stevia, kaa he-e	Stevia rebaudiana (Bertoni) Hemsl.	葉	パラグアイ
デンプンおよび糊料作物	**Starch and paste crops**			
サゴヤシ（サゴ椰子）	sago palm	Metroxylon sagu Rottb.	樹幹	マレーシア
キクイモ（菊芋）	Jerusalem artichoke	Helianthus tuberosus L.	塊茎	北アメリカ東北部
コンニャク（蒟蒻）	konjak	Amorphophallus konjac K. Koch	球茎	インドシナ，インド
トロロアオイ（黄蜀葵）	sunset hibiscus	Abelmoschus manihot Medik.	根	東南アジア
サツマイモ，ジャガイモ，コムギ，イネ，トウモロコシ，キャッサバ　→　食用作物				
ゴムおよび樹脂料作物	**Rubber, gum and resin crops**			
パラゴム	para rubber	Hevea brasiliensis Muell.-Arg.	樹幹	アマゾン流域
インドゴム（アッサムゴム）	Indian rubber, Assam rubber	Ficus elastica Roxb.	〃	熱帯アジア
グアユール	guayule, Mexican rubber	Parthenium argentatum A. Gray	全体	北アメリカ南部
ゴムタンポポ（ロシアタンポポ）	Russian dandelion, kok-saghyz	Taraxacum kok-saghyz L. E. Rodin	根	トルキスタン
グッタベルカ	gutta-percha	Palaquium gutta (Hook. f.) Bail.	樹幹	マレーシア
サポジラ（チクル）	sapodilla, chicle	Manilkara zapota (L.) P. Royen	〃	中央アメリカ
アラビアゴム	gum arabic, gum Senegal	Acasia senegal Willd.	〃	アフリカ
ウルシ（漆）	Japanese lacquer tree	Rhus verniciflua Stokes	〃	中国，日本
バルサムモミ	balsam fir	Abies balsamea Mill.	〃	北アメリカ
芳香油料作物	**Essential oil crop**			
ダマスクスバラ	damask rose	Rosa damascena Mill.	花	西南アジア
ラベンダー	lavender	Lavandura angustifolia Mill., L. latifolia Med., L. intermedia などを含む	〃	地中海沿岸
ソケイ（素馨），（蔓茉莉）	poet's jasmine, common white jasmine	Jasminum officinale L.	〃	イランへヒマラヤ～中国南部
イランイラン	ylang-ylang, cananga	Cananga odorata (Lam.) Hook. f. & Thomson	〃	東南アジア
ライム	lime	Citrus aurantifolia (Christm.) Swingle	果皮	熱帯アジア
ベルガモット	bergamot, bergamot orange	Citrus aurantium Risso et Piot.	〃	〃
バニラ	vanilla	Vanilla planifolia Andr.	〃	西インド諸島

第3章 工芸作物

ペラルゴニウム	pelargonium	*Pelargonium graveolens* L'Hér. ほか多種	葉	南アフリカ	
コウスイガヤ (シトロネラグラス)	citronella grass	*Cymbopogon nardus* (L.) Rendle	〃	熱帯アジア	
レモングラス	lemongrass, West Indian lemongrass	*Cymbopogon citratus* (D.C. ex Nees) Stapf	〃	〃	
パルマローザ	palmarosa, rosha grass	*Cymbopogon martini* (Roxb.) Wats.	〃	〃	
タンニン料作物	**Tannin crop**				
カシワ (柏)	daimyo oak, Japanese emperor oak	*Quercus dentata* Thunb. ex Murray	樹皮	日本，中国	
アメリカヒルギ	red mangrove	*Rhizophora mangle* L.	〃	熱帯アメリカ	
ミモセンナ	Abaram senna, Tanner's cassia	*Cassia auriculata* L.	〃	インド，スリランカ	
ヨーロッパグリ	sweet chestnut, European chesnut	*Castanes sativa* Mill.	〃	ヨーロッパ～パアジア	
カキ (柿)	Japanese persimmon, kaki	*Diospyros kaki* Thunb.	〃	中国	
染料作物	**Dye crop**				
ベニノキ (紅木)	annatto tree	*Bixa orellana* L.	種皮	南アメリカ	
サフラン (泪夫藍)	saffron	*Crocus sativus* L.	花 (雌ずい)	ヨーロッパ南部，小アジア	
ベニバナ (紅花)	safflower	*Carthamus tinctorius* L.	花	インド，北アフリカ	
ブラジルボク	brazilwood	*Caesalpinia echinata* Lam.	樹幹	ブラジル	
タイワンコマツナギ (キアイ；木藍)	true indigo	*Indigofera tinctoria* L.	葉	インド～東南アジア	
アイ (藍)	Chinese indigo	*Persicaria tinctoria* (Aiton) H. Gross	〃	中国	
セイヨウアカネ (西洋茜)	common madder, madder	*Rubia tinctorum* L.	塊根	地中海沿岸	
薬用作物	**Medicinal crop**				
チョウセンニンジン (朝鮮人参)	ginseng	*Panax ginseng* C. A. Mey.	根	極東	
ダイオウ (大黄)	medicinal rhubarb	*Rheum officinale* Baill.	根茎	中国，チベット	
ウラルカンゾウ (カンゾウ；甘草)	Chinese licorice	*Glycyrrhiza uralensis* Fisch. et DC.	根	シベリア南部～中国東北部	
オウレン (黄連)	goldthread	*Coptis japonica* (Thunb.) Makino	根茎	日本	
センブリ (千振)	Japanese chiretta	*Swertia japonica* (Shult.) Makino	全体	日本，朝鮮半島，中国	
ゲンチアナ	yellow gentian	*Gentiana lutea* L.	根，根茎	ヨーロッパ	
キナ (規那)	cinchona, quina	*Cinchona* spp. (*C. pubescens* Vahl など)	樹皮	南アメリカ	
コカ (古加，古柯)	coca, cocaine plant	*Erythroxylum coca* Lam.	葉	〃	
ジギタリス	common foxglove, foxglove	*Digitalis purpurea* L.	〃	ヨーロッパ	
ミブヨモギ (壬生艾)	sea wormwood	*Artemisia maritima* L.	茎葉	バルカン半島	
ジョチュウギク (除虫菊)	Darmatian pyrethrum	*Tanacetum cinerariifolium* (Trevir.) Schultz-Bip.	花	南ヨーロッパ	
ケシ (芥子)	opium poppy	*Papaver somniferum* L.	果実	東南アジア	
ハトムギ (鳩麦，薏苡)	Job's tears	*Coix lacryma-jobi* L. var. *ma-yuen* (Roman.) Stapf	種子	熱帯アメリカ	
エビスグサ (夷草)，ロッカクソウ	oriental senna, sicklepod	*Senna obtusifolia* (L.) H.S. Irwin & Barneby	〃	〃	

整った海外の工場まで輸送して加工し，製品化することが多い．

③**品質を非常に重視する**…製品の品質（quality）は，原料の利用部位の品質に強く依存するので，高品質の原料作物が生産される環境を備えた立地条件が適地となる．したがって，そこには特有の原料作物が生産される特産地が形成され，銘柄（brand）が成立する．しかしながら，品質と収量の間には往々にして負の相関があるので，高品質の原料作物の単位面積当たり収量を高く維持することは，そう容易ではない．

④**商品作物（commercial crop），換金作物（cash crop）としての性格が強い**…多くの工芸作物では，食料や家畜飼料のようには大量を要せず用途も限定されるので，収量および品質の良否による価格変動が大きい．また，自給作物（home-consuming crop）ではなく貿易対象となるので，国策や嗜好の変化と相まって投機の対象にもなる．また，農閑期に加工できるものも多いので，副業として現金収入が得られる利点もある．

⑤**利用部位を加工する工場を必要とする**…工芸作物は種類が多く，かつ利用部位も変化に富むので，例えば，ワタやアマには製糸・織物工場，サトウキビやテンサイには製糖工場，ナタネやゴマには精油工場，チャには製茶工場など，製品化にはそれぞれ特化した工場が必要である．また，経営上の面からはそれらが年間を通じて効率よく稼働するよう，十分な量の原料作物が継続的に供給されるための一定規模の栽培や，集荷を容易にする手段の裏付けが必要とされる．沖縄県のサトウキビ（収穫後直ちに処理をせねば品質低下が著しく，保存が利かない）の例では，収穫期間が限られているので製糖工場が稼働しない期間が長く，年間を通じた運営は未解決の問題となっている．

⑥**化学合成品との競合が大きいものがある**…合成化学の発達は著しく，特に繊維，ゴム，香料，染料などでは価格が低廉な化学合成品が出回るようになると，比較的高価な工芸作物は大打撃を受けて栽培が激減した．しかし，化学合成品では代替できない工芸作物に由来する天然物の価値が見直されるようになり，復活しているものもある．

⑦**生命維持に必須とはいえない**…食料（食用作物）が人類の生存に不可欠であり，かつ安価に供給されるのに比べると，工芸作物は必ずしもそうではなく，比較的贅沢品が多く，価格も高く，かつ変動しやすい傾向がある．

3）工芸作物の分類

工芸作物の分類は，用途によって行うのが普通であるが，中には用途が多岐にわたるものもある．ここでは，主要な用途別に作物の和名，英名，学名，利用部位，起源地を一括して表 3-1 に示し，個別に概説する．

(1) 繊維作物（fiber crop）

繊維には，それを保有する動植物の種（species）によって特有の性質があるが，人類は用途に応じてその特性を利用してきた．植物繊維としてアマは最も早くから利用されたらしく，紀元前数千年のエジプトのミイラにはアマ布が巻かれている．次いで羊毛，さらにタイマが用いられたとされる．中国では紀元前 3000 年頃から生糸の利用が始まり，古代の日本

の貴人は絹，一般庶民はタイマの繊維を衣服に用いたという．繊維作物としてタイマやイグサが日本では最も古く用いられ，チョマやボウマは 10 世紀になって中国から伝わった．インドでは紀元前 2300 年頃にワタの利用が始まり，それ以降紀元 1500 年頃まで世界の綿工業の中心地であった．ワタは綿紡績機（1764 年）や綿繰機（1793 年）の発明と相まって紡績業の主役を務めたが，レーヨン（セルロースを原料とし，絹に似せた再生繊維で，人絹ともいう）の製造（1884 年）や近年の化学合成繊維の急増に伴い，ワタをはじめ繊維作物全般が大打撃を受けた．しかし，最近では天然繊維のよさが見直され，栽培が復活してきたものもある．

a．繊維の存在部位による区分

①**表面繊維（surface fiber）**　ワタやカポックのように，種皮（seed coat, testa）や果皮（pericarp）の表皮細胞（epidermal cell）の伸長した単細胞繊維を用いるものである．

②**靱皮繊維（bast fiber）**　アマ，タイマ，ジュートなどの双子葉植物の茎の靱皮部の繊維を用いるもので，軟質繊維（soft fiber）とも呼ばれる．ワタと靱皮繊維は織物にするので，紡織繊維（textile fiber）とも呼ばれる．

③**組織繊維（structural fiber）**　マニラアサやサイザルのように，単子葉植物の葉の維管束周辺に形成される厚壁組織（sclerenchyma）を利用する．繊維束（fiber bundle）は粗剛で弾力に乏しく，硬質繊維（hard fiber）と呼ばれ，また，主に索綱に用いるので，索綱繊維（cordage fiber）とも呼ばれる．

b．繊維の用途による区分

①**紡織用繊維（textile fiber）**　繊維が柔らかいワタ，アマ，タイマなどは衣服や布材料として用いる．

②**索綱用繊維（cordage fiber）**　繊維が硬くて強靱なジュート，サイザル，ケナフなどは，ロープや麻袋などの材料として用いる．

③**製紙用繊維（papermaking fiber）**　コウゾ，ミツマタ，ガンピなどの樹皮の内側にある靱皮繊維が和紙の原料となる．

④**組編用繊維（plating and weaving fiber）**　イグサやシチトウイなどは畳表，パナマ草は帽子，コリヤナギは行李，トウは椅子やカウチの材料などとして用いる．これらはほとんどの場合，繊維を含む茎全体を利用する．

⑤**ブラシ用繊維（brush fiber）**　中果皮の繊維をタワシや刷毛に利用するココヤシ，葉柄基部の繊維をロープや箒に利用するシュロ，種子を除いた穂を箒に利用するホウキモロコシ，果実の網状繊維を利用するヘチマ，強靱な鉤状の苞を有する頭花を毛織物の起毛に利用するチーゼルなどがある．

⑥**充填用繊維（filling fiber）**　クッションや枕などの材料にカポック（果実繊維）やトウワタ（種子繊維）などを用いる．

c．繊維の特性

繊維細胞は 1 次壁，2 次壁（外層，中層および内層）と作物の成長に伴い順次内側にセ

ルロース（cellulose）を沈積して厚壁となったものであるが，リグニン（lignin）がミクロフィブリル（microfibril），ミセル（micell(e)）その他の微細結晶成分間の空隙に沈積すると，繊維は粗剛でもろくなる．繊維細胞は多数集まって繊維束を作るが，細胞間の中層（middle lamella）には多くペクチン質（pectic substance）が充填して細胞同士を硬く結合している．紡織繊維として要求される品質は，細胞が長く細く，長さと太さが揃うこと，繊維同士のからみ付きがよいこと，弾性（elasticity）に富み粗剛でもろくないこと，吸湿性，保温性，染色性，比重などが適度で，セルロースの純度が高いことなどである．ちなみに，植物繊維のセルロース含有率は，ワタ 90 〜 95％，アマ 65 〜 70％，ジュート 60 〜 65％ 程度である．

(2) 油料作物（oil crop）

油の利用は灯火が初めであるらしい．エジプトでは 4,000 年以上前から灯火に用い，9 世紀の日本ではハシバミ（*Corylus heterophylla*）の種子の油を灯明に使ったという．ナタネは 2 世紀頃に中国から伝来し，当初は葉を食用としたが，9 世紀になり種子の油を灯油に使った．ベニバナは 5 世紀，ゴマは 6 世紀，エゴマ，ヒマは 10 世紀に伝来した．これらの大部分は中国から，エゴマはインドから伝わったらしい．

油脂（fat and oil）は 1 個のグリセリン（glycerol）と 3 個の脂肪酸（fatty acid）が結合したエステル化合物で，一般に種子に蓄積し，常温で液体のものを油（oil），固体のものを脂肪（fat）という．油は不飽和脂肪酸（unsaturated fatty acid）を，脂肪は飽和脂肪酸（saturated fatty acid）を多く含む．油には空気に触れると飽和度が高まり，粘度を増してやがて固まる乾性油（drying oil；アマ，エゴマ，タイマ，ナンヨウアブラギリ，ベニバナ，ヒマワリなど），固まらない不乾性油（non-drying oil；オリーブ，ラッカセイ，ヒマ，チャ，ツバキなど），中間的な半乾性油（semi-drying oil；ワタ，トウモロコシ，ゴマ，ナタネ，ダイズなど）がある．乾性油は二重結合（double bond）の数が多く，ヨウ素価（iodine value，油脂 100g に吸収されるヨウ素の g 数で表す．構成脂肪酸の二重結合数の多少（不飽和度の程度）を示す指標）は 130 以上で，ワニス，印刷インキ，油布および紙，リノリウムなどに用いる．不乾性油のヨウ素価は 100 以下で，食用，石鹸，化粧品，潤滑油，薬用などに用いる．半乾性油のヨウ素価は 100 〜 130 で，食用，石鹸原料などに用いる．脂肪（ココヤシ，アブラヤシ，カカオなど）は食用，石鹸原料などに用いる．また，葉，茎および果実に含まれる蠟（wax；ハゼノキ，ヤシ類）は，脂肪酸と高級アルコールからなるエステルで，ほとんど固形である．つや出し，化粧品，蠟燭などに用いる．植物油脂には，ビタミン A，D，E，植物ステロール，抗酸化物質（antioxidant）なども含まれることがある．

(3) 嗜好料作物（recreation crop）

喫茶（tea drinking）は古代中国（紀元前後の漢時代）で始まったらしく，わが国には 8 世紀に伝わった．コーヒーは古くエチオピアで用いられた．茶もコーヒーも，はじめは僧侶の眠気覚ましに飲んだらしい．タバコの利用（喫煙，smoking）はアメリカインディアンが古くから儀式で行っていたが，新大陸の発見以後，短期間に世界中に広がり，わが国には 16 世紀に伝来した．

嗜好料作物は精神の鎮静化や刺激のために用いるもので，喫煙，咀嚼（mastication），飲料（beverage）用がある．これらには刺激性ないし麻酔性のアルカロイド（alkaloid）の他，特有の芳香（aroma）や香味（flavor）をもたらす成分が含まれている．乾燥（curing）過程で，芳香や香味が増す場合が多い．飲料用には，アルカロイド，精油（essential oil），タンニン様物質を同時に含むのが一般である．ニコチン（nicotine）やカフェイン（caffeine）などのアルカロイドは窒素を含む塩基成分で，植物塩基ともいわれ，炭素と窒素からなる複素環式化合物が多く，酸と結合して塩を作り液胞内に存在する．少量で顕著な薬理作用（pharmacological effect）を示し，著しい生理作用と苦味（bitter taste）を持つ．

(4) 香辛料作物（spice crop），芳香油料作物（essential oil crop），タンニン料作物（tannin crop），染料作物（dye crop），薬用作物（medicinal crop）

香辛料作物（コショウ，ワサビ，ハッカなど）は，食べ物や飲料に好ましい香りや辛味を付け，食欲増進を図るために用いられる作物であり，代謝促進や殺菌効果を期待されるものもある．作物により，利用する部位は種子，花蕾，葉，樹皮，根，根茎など，さまざまである．

芳香油料作物（バラ，ラベンダー，ソケイなど）は，花，果実，葉などに揮発性の芳香成分である精油を含むので，それを熱水蒸気や有機溶媒で抽出して利用する．香水や石鹸その他の香り付けに用いられる．原料は熱帯で生産されるものが多く，わが国で生産できるものはほとんどない．

タンニン料作物（ヨーロッパグリ，カキ，カシワなど）に含まれるタンニン（ポリフェノールの一種）は，タンパク質を凝固させる性質があるので，獣皮の「なめし」に用いられる．また，アルカロイドその他の有機物と化合して難溶性沈殿を作る性質もあり，インク製造にも用いられる（タンニンは鉄と作用して暗青色を呈する）．

染料作物（ベニノキ，サフラン，ベニバナなど）は，花，種子，葉，材，根茎などに特有の色素を含み，布地や食品，その他の物品に色彩を与えるために用いられる．古くから文化の一端を担う重要な原料作物である．

薬用作物（ヤクヨウニンジン，ダイオウ，カンゾウなど）は，太古から世界中の人々が病気や怪我の治療や予防のために利用してきた医薬（medicine）となる作物で，利用部位はさまざまであり，種類や用途もきわめて多い．生薬，漢方薬として流通している．

(5) 糖料作物（sugar crop），デンプン・糊料作物（starch and paste crops），ゴム・樹脂料作物（rubber, gum and resin crops）

糖料作物は，砂糖や液糖を製造するための作物で，含有するショ糖が主として甘味源として利用され，また，エネルギー源としても利用される．熱帯気候に適応したサトウキビと，冷涼気候に適応したテンサイが代表作物である．しかし，サトウカエデ（樹液にショ糖を含む）やサトウヤシ（花梗の液にショ糖を含む）などもショ糖源であるし，ステビアに含まれるステビオサイドのように，ショ糖の数百倍も甘いがエネルギー摂取が不可能なものも糖料作物に含まれる．

デンプン・糊料作物は，デンプン（サゴヤシ，アロールート，インディアン・アロールー

トなど）やアラビノースやマンナンなどの多糖類（トロロアオイ，コンニャク，キクイモなど）を利用する作物の呼称である．食用作物に分類されるイネ，コムギ，トウモロコシ，ジャガイモ，サツマイモ，キャッサバなどもデンプン・糊料用として大量に利用されている．

　ゴム・樹脂料作物は，含まれるイソプレノイド，高分子多糖，カテコール誘導体などを利用するもので，成分の物性により①弾性ゴム（rubber；パラゴム，インドゴムノキ，ゴムタンポポなど），②非弾性ゴム（粘着ゴム，gum；チクル，アラビアゴム，ガッタペルカなど）および③樹脂（resin；ウルシ，マスティック，コーパルなど）への用途に分けられる．なお，弾性ゴムは力を加えて変形させると元に戻ろうとする性質があるが，非弾性ゴムはチューインガムのように引き伸ばすと元に戻らない．

4）生産状況

表 3-2 に近年の主要な工芸作物の生産状況を示す．

表 3-2　主な工芸作物の生産（2012）

作物	主用途（分類）	収穫面積（千 ha）	生産量（千 t）	主要生産国
ワタ（綿毛）	繊維	34,961	25,955	中国，インド，アメリカ，パキスタン，ブラジル
アマ	〃	219	243	フランス，ベラルーシ，ロシア，中国，イギリス
タイマ	〃	41	53	中国，北朝鮮，オランダ，チリ，オーストリア，ルーマニア
チョマ	〃	83	154	中国，ラオス，フィリピン，ブラジル
ジュート	〃	1,600	3,462	インド，バングラデシュ，中国，ウズベキスタン，ネパール
ワタ（種子）	油料	34,961	48,872	中国，インド，アメリカ，パキスタン，ブラジル
アマ（種子）	〃	2,349	2,041	カナダ，ロシア，中国，カザフスタン，インド，アメリカ
ヒマワリ	〃	25,108	37,535	ウクライナ，ロシア，アルゼンチン，中国，フランス
ベニバナ	〃	931	828	メキシコ，インド，カザフスタン，アルゼンチン，アメリカ，
ゴマ	〃	7,952	4,441	ミャンマー，インド，中国，タンザニア，ウガンダ，スーダン
ナタネ	〃	34,102	64,564	カナダ，中国，インド，フランス，ドイツ，オーストラリア
ヒマ	〃	1,657	2,245	インド，中国，モザンビーク，ブラジル，タイ，エチオピア
オリーブ	〃	10,231	16,682	スペイン，チュニジア，イタリア，モロッコ，ギリシャ
ココヤシ	〃	12,137	62,140	インドネシア，フィリピン，インド，ブラジル，スリランカ
アブラヤシ	〃	17,572	259,416	インドネシア，マレーシア，タイ，ナイジェリア，コロンビア
チャ	嗜好料	3,276	4,818	中国，インド，ケニア，スリランカ，トルコ，ベトナム
コーヒー	〃	10,040	8,827	ブラジル，インドネシア，コロンビア，メキシコ，ベトナム
カカオ	〃	9,933	5,003	コートジボワール，インドネシア，ガーナ，ナイジェリア
マテチャ	〃	275	889	ブラジル，アルゼンチン，パラグアイ
ホップ	〃	77	116	ドイツ，アメリカ，エチオピア，中国，チェコ，ポーランド
タバコ	〃	4,291	7,491	中国，インド，ブラジル，アメリカ，インドネシア
ショウガ	香辛料	322	2,095	インド，中国，ネパール，ナイジェリア，タイ，インドネシア
コショウ	〃	540	461	ブラジル，インド，インドネシア，中国，ベトナム
ペパーミント	〃	4	106	モロッコ，アルゼンチン，ブルガリア，スペイン，グルジア
サトウキビ	糖料	26,095	1,842,266	ブラジル，インド，中国，タイ，パキスタン，メキシコ
テンサイ	〃	4,906	269,825	ロシア，フランス，アメリカ，ドイツ，ウクライナ，トルコ
パラゴム	ゴム料	9,864	11,445	タイ，インドネシア，マレーシア，ベトナム，インド

FAO 統計（FAOSTAT）より作表．

1. 繊維作物

1）ワ　タ（英名：cotton，学名：*Gossypium* spp.）

(1) 来　歴

アオイ科（Malvaceae），ワタ属（*Gossypium*）植物は一年生から多年生の生育特性を持ち，世界の熱帯から亜熱帯の半乾燥地に約50種分布する（図3-1）．細胞遺伝学的解析から，8つの2倍体種（ゲノムグループ，A～G，K）が知られている．繊維を目的として栽培化されたものは4種である（表3-1）．アジア棉と呼ばれる2倍体（ゲノム構成，AA；$2n = 2x = 26$）のキダチワタ（木立棉）とシロバナワタ（白花棉）はアフリカ・アジア地域で，異

図 3-1　ブラジルにおけるワタの栽培
（写真提供：岡田謙介氏）

質倍数体の4倍体（ゲノム構成，AADD；$2n = 4x = 52$）のカイトウメン（海島棉）とリクチメン（陸地棉）は新大陸で，それぞれ独立して栽培化された．新大陸での栽培化の歴史をたどると，Aゲノムを持つ2倍体種が土着のDゲノムを持つ2倍体種（*G. raimondii*）と交雑し，さらに染色体が倍加して，商業的に重要である4倍体の2つの栽培種が生まれたと考えられる（表3-3）．この異質倍数化がワタの高品質繊維と広い環境適応性を付与し，広く世界に栽培されようになったとされる．利用の歴史も古く，綿織物の断片が考古学者によりインドとパキスタン（キダチワタ，紀元前4300年）で，蒴と繊維がメキシコ（リクチメン，紀元前5500年）とペルー（カイトウメン，紀元前4500年）などで発見されている．

キダチワタはインド原産とされ，綿毛の長さは短いが，強度が大きい特徴を持つ．原産地から中国を経て，日本に伝来し，江戸時代から明治20年頃までは関東以西で栽培され綿花の自給に貢献した．その後は機械紡績の発達につれ，国産のものは繊維が短く不揃いであるためワタの栽培面積は減少し，1965年にはほとんど見られなくなった．日本の在来品種は中国大陸部での一年生のキダチワタに由来する．シロバナワタはアラビア半島から中近東原産とされる．両種は現在，アジアとアフリカの限られた地域でしか栽培されていない．

カイトウメンは多年生の4倍体の野生種（ペルーワタ）が温帯域に伝播する過程で一年生を獲得し，その中から長い繊維で有名なエジプトメンが生まれている．綿毛は最も長い

表 3-3　ワタの栽培種

和　名	英　名	学　名	染色体数	ゲノム構成
キダチワタ	Tree cotton	*G. arboreum* L.	$2n = 2x = 26$	AA
シロバナワタ	Short staple cotton	*G. herbaceum* L.	$2n = 2x = 26$	AA
カイトウメン	Sea island cotton	*G. barbadense* L.	$2n = 4x = 52$	AADD
リクチメン	Upland cotton	*G. hirsutum* L.	$2n = 4x = 52$	AADD

図3-4も参照のこと．

(38〜50mm)．リクチメンはメキシコワタとも呼ばれ，カイトウメンと同様に伝播の過程で一年生を獲得し，18世紀初頭にアメリカ内陸部に導入され，南部の大綿花地帯を形成した．現在，リクチメンは他の3種からの作付け転換が進み，世界で栽培される一年生ワタの90％以上を占め，商業生産上最も重要な地位を占めている．

(2) 生産状況

ワタは温暖な気候に適し，北緯45°から南緯32°の地帯で栽培され，最も重要な織物用繊維を供給し，全世界の繊維生産量の約40％を占めるといわれている．綿花の繊維が高品質であり，綿毛（cotton lint）の収穫を機械化することができ，効率よく紡績でき，安価な織物が生産できる利点があるとともに，綿実からは綿実油が搾油でき，さらに，絞り粕に含まれるタンパク質は飼料としての利用価値が高い．

世界の近年の推定栽培面積は3,440万haであり，綿毛と綿実（cotton seed）の生産量の推移を，図3-2に示した．綿毛は綿実種子の表皮細胞が伸長したものなので，綿毛と綿実の生産はほぼ平行的に推移する．綿毛生産量は1980年頃1,300万tから2000年には1,900万tまで着実に増加してきた．2,000万tを超える顕著な生産量の増加が2004年頃から起こり，最近10年間の増加は遺伝子組換え品種が急激に普及したことによるといわれる．

最近の綿毛生産量は約2,400万tで，中国が約600万tで世界生産の26％を占め，次いでインド約570万t（24％），アメリカ約400万t（17％），パキスタン約200万t（8％）の順となっている．遺伝子組換え品種はアメリカ，中国，オーストラリア，南アフリカで急速に普及し，最近は中国やインドの零細な小規模農家が遺伝子組換え品種を採用し，薬剤散布回数の低減による収量・収益性の向上が見られている．最近の綿毛輸出量はアメリカが約300万t，インド約160万t，ブラジル約51万t，オーストラリア約47万t，ウズベキスタン約46万tであり，輸入量は中国約300万t，トルコ約90万t，インドネシア約60万t，

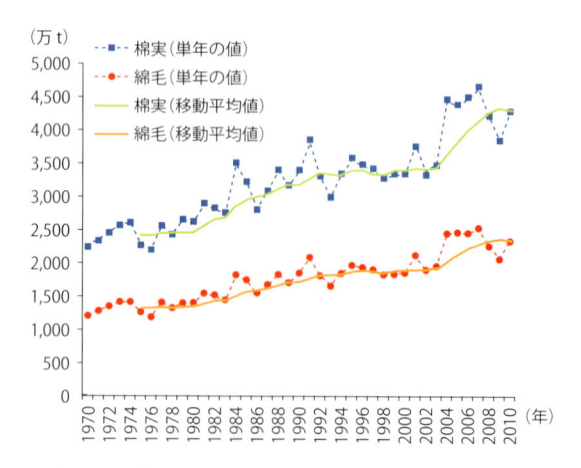

図3-2　世界における綿毛と綿実の生産量推移
破線は単年の値，実線は過去5年の移動平均値の推移．（FAOSTATより作図）

バングラデシュ約40万t，タイ約38万tで，日本は7万4,000tを輸入している．

(3) 成長と発育

主茎は出芽後，生育に伴い下位の節から単軸分枝性の発育枝を伸ばし，上位節に仮軸分枝性の結果枝を水平に着ける．発育枝も主茎と同様に結果枝を形成する．結果枝は頂部に花蕾を生じ，葉腋の腋芽が成長して上位の花蕾を形成する．このように葉と花蕾は対生するように見えるが，結果枝は側芽の発育によるものである．ワタの花蕾（square）は3枚の苞葉に包まれ，ピラミッド型で，肉眼で観察されてから約1ヵ月後に開花する（図3-3）．開花は下位の結果枝から始まり，順次上位に及ぶ．果実は蒴(さく)(boll，図3-4)と呼ぶ．

図3-3 キダチワタの花
(写真提供：今井　勝氏)

蒴は3〜5室に分かれ，1室に6〜9個の種子が形成される．蒴は発育に伴い水分が減少し，やがて蒴皮が裂けて中の綿毛が現れる．これを開絮(かいじょ)と呼ぶ．この花蕾の成長の過程で，花蕾や蒴が落下する現象が見られる．これは生理的障害ともいわれるが，正常な場合でも40〜60％ある．この落下は花梗基部の離層形成に起因する．

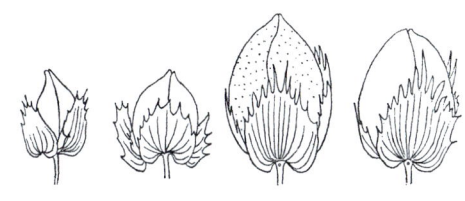

図3-4 栽培ワタの蒴と苞葉
左からキダチワタ，シロバナワタ，カイトウメン，リクチメン．(佐藤　庚氏　原図)

種子の表面には繊維が密生する．この繊維は種子表皮細胞が伸長してできたもので，これを綿毛と呼ぶ．これは表皮細胞の約25％が伸長し，25〜35mmに成長したもので，1つの種子に1万4,000〜1万8,000生じる．綿毛の成長は，分化，伸長，2次細胞壁合成，成熟の過程を経る．綿毛は開花受精後から直線的に伸長し，約3週間で最長になり，その後細胞壁の厚さと天然のよじれ程度を示す稔曲数が増加して40〜60日で成熟する（図3-5）．成熟綿毛は結晶性セルロースで構成される1次細胞壁と2次細胞壁，また中心には中腔がある．2次細胞壁の厚さは繊度（fineness）に関係する．この構造が繊維の多面的利用，染色性，吸湿性，反復洗濯に耐える強度を付与する．開絮により，綿毛は乾燥に伴い平たく，よじれてリボン状の構造となり，

図3-5 蒴が開絮して現れた綿毛のかたまり（綿絮(めんじょ)）
(写真提供：今井　勝氏)

綿毛相互が抱合する．これにより強い糸に紡ぐことができる．

(4) 栽培と生理的特性

温暖な気候に適し，酸性土壌には弱いが塩分の多いアルカルリ性土壌でも栽培が可能で，連作障害も比較的少ない作物である．良好な生育には 15℃以上の年平均気温が必要で，さらに，無霜期間が 180～200 日以上，年間降雨は 500mm 以上，生育期間の 40％以上の晴天日が必要である．棉作地帯は，北緯 40°～南緯 35°の熱帯～温帯に広く分布する．大規模栽培の畑では，機械による収穫が行われるが，葉片などの混入を防ぐために，収穫前に薬剤で落葉させる．その際，落葉することによって蒴果が直射日光にさらされ，開裂が促進される．アメリカでは 6～12 個体/m^2 の栽植密度が推奨されているが，棉実収量や繊維の品質に対する栽植密度の効果は小さく，環境の影響が大きい．主根は地下水位の低いところでは深く伸長する．品種育成の過程で，収穫指数が高く，また早熟化が進められてきた結果，花蕾の形成が早まり，蒴の保持力が高まるなどの特性が付与されてきた．水ストレス（乾燥）はアブシジン酸レベルを高めエチレンの生成を促し葉の老化をもたらすので，葉の生存期間を短くし，光合成産物の生成量が減少して新葉のサイズの低下や着生する蒴数の減少につながる．

栽培されているワタは，開花盛期に葉面積指数が 4～5 に維持されると最大収量をもたらす．個葉の最大光合成速度（約 25 μmol $CO_2/m^2/s$）は，葉が展開し始めてから 16 日前後で得られ（最大面積の 75～90％に達したとき），24 日頃までその値が維持されるが，以後老化のため徐々に低下する．光合成適温は約 27℃である．C_3 植物であるので，戸外の最大日射強度の半分程度で個葉の光合成速度は飽和に近づく．また，窒素とカリウムが葉の大きさや光合成速度に最も影響を及ぼす．窒素施肥量は過多になると，着生蒴数が減少し，開裂が遅れ，減収の原因となる．また，個々の葉が大きくなり，下位の結果枝を庇陰することになり，蒴の落下，腐敗，開裂の遅れ，成熟度の低下を引き起こす．カリウムの要求量は蒴が着生する時期に顕著に多くなり，蒴はカリウムの主要なシンクとなる．カリウムは綿毛の伸長に際して膨圧維持に重要な役割を担うとされる．

花蕾や蒴の落下は花梗基部に形成される離層によるが，その形成はホルモンバランスによるとされており，アブシジン酸とエチレンは促進，インドール酢酸は抑制する効果を持つとされる．この落下は朔の成長の過程で感受性が異なり，開花・受精後の小さな蒴が環境ストレスにより落下しやすい．実際に，畑で栽培中の蒴の落下は開花前後 10～15 日間における果実の成長速度と関係のあることが知られている．落下には，光合成産物や無機養分の供給の過不足が影響を及ぼす．CO_2 施肥による多くの研究から，光合成産物の供給制限が綿花生産を限定する大きな要因となっていることが明らかになっている．また，高温（33℃以上）は蒴果の成長停止をもたらす．

(5) 品種と育種

最近の品種は，古い品種と比べて栄養成長の速度が速く，かつ花蕾の出現から開裂までの期間も 7～12 日早まっている．従来育種法による育種の動きをアメリカの例で見ると，宿

主植物抵抗性品種の開発では，主要病害虫であるワタミハナゾウムシ（cotton weevil），ネコブセンチュウ，バーティシリウム萎凋病が対象とされた．棉実に大被害を及ぼすワタミハナゾウムシ耐性遺伝子は抵抗性遺伝資源がなく，早生品種の栽培により，シーズン後半の世代を回避することで成果が得られている．非生物性ストレスについては，土壌水分欠乏，塩類蓄積，高温および低温などの耐性品種の開発が進められている．繊維の品質については，①細さ，②伸長性，③長さの斉一性，④繊度，⑤成熟度の特性に重点が置かれる．また，種子の品質については，飼料価値を低める有毒物質ゴシポール（gossypol）の低減に向けた品質改良が着目されている．

　品種の開発で注目すべきは，遺伝子組換え品種の急速な普及にある．遺伝子組換え品種の商業用栽培は1996年に世界で始まった．*Bt*タンパク質産生遺伝子を組み込んだ害虫抵抗性品種は同年に普及が始まり，除草剤グリホサートやグルホシオネート抵抗性遺伝子を組み込んだ除草剤抵抗性品種，さらには害虫抵抗性遺伝子と除草剤抵抗性遺伝子の両方を組み込んだ品種が開発され，世界に普及が拡大している．害虫抵抗性品種は防除薬剤散布回数の大幅な低減，収量と収益の増加に，また除草剤抵抗性品種は不耕起栽培の導入による土壌侵食防止，省力，低コストにも大きく貢献している．国際アグリバイオ事業団（ISAAA，2011）によると，遺伝子組換え品種の作付面積は世界のワタ推定作付面積3,600万haのうち2,470万ha（68％）を占めると推計されている．害虫抵抗性品種は作付面積の多いインド，中国，パキスタンなど11ヵ国，除草剤抵抗性品種は同様にアメリカ，ブラジル，アルゼンチン，オーストラリアなど7ヵ国，両抵抗性品種はアメリカ，アルゼンチン，オーストラリア，ブラジルなど7ヵ国で栽培されている．このようなことから，ワタの遺伝子組換え品種は商業的な普及の成功例の1つと評価されている．

(6) 品質と利用

　綿毛の付いた種子を実棉（seed cotton），種子を取り除いた綿毛を綿花または繰綿（ginned cotton）と呼ぶ．綿毛は紡織用で綿糸，綿織物など，製綿用でふとん綿，脱脂綿などに利用される．綿毛の繊維の品質は，①強さ，②厚さ，③長さ，④斉一性の4つが基本的なものとされ，これらに染色性，しわ耐性，収縮耐性が付与されることで，水分の吸湿性と発散性，保温性，弾性などが人造繊維に優るといわれる．

　種子表面には地毛（linter，fuzz）と呼ぶ短い綿毛が密にあり，これをかき取ったものはセルロースや紙の原料になる．種子には，油脂18〜24％，タンパク質16〜23％程度が含まれる．種子から棉実油が搾られ，精製油には，パルミチン酸を主体とする飽和脂肪酸が21％，オレイン酸を主体とする一価不飽和脂肪酸が17％，リノール酸を主体とする多価不飽和脂肪酸が54％含まれ，サラダ油やマーガリンの原料に使用される．遺伝子組換え技術を利用して，オレイン酸含量の増加やリノール酸含量の低減など脂肪酸組成の改変についても研究が進められている．絞り粕にはタンパク質が23％と比較的豊富に含まれ，飼料や肥料としての利用価値が高い．しかし，絞り粕には毒性フェノールの一種であるゴシポールが含まれ，ダイズやナタネに比較して製油経費と利用面において競争力がやや低い現状にある．

2）タイマ（英名：hemp，学名：*Cannabis sativa*）

(1) 来歴と生産状況

アサ科（Cannabaceae），アサ属（*Cannabis*）の雌雄異株で一年生の草本である．中央アジア原産で4,000年以上も前から茎が繊維採取用，子実(果実)は食用として栽培されてきた．古代中国では子実が五穀の1つに数えられたこともある．日本へは縄文時代にすでに渡来しており，繊維用として最も広く栽培されてきた．しかし，麻薬成分を含むため，1948年の大麻取締法により栽培が許可制になって激減した．タイマは「アサ」ともいうが，これは麻繊維をとる植物の総称である．日本では家庭用品品質表示法により「麻製品」の表記はアマとチョマの繊維だけを指し，タイマは含まない．

近年のタイマ繊維の世界生産量は約8万t，栽培面積は約5.4万haであり，中国がその55％を，北朝鮮が17％を生産している．子実生産は9万t，栽培面積は2.7万haであり，中国とフランスが約50％ずつ生産している．日本では，1945年に栽培面積が9,400haもあったが，最近では繊維生産量は3t，栽培面積は6haしかない（88％が栃木県，図3-6）．

(2) 成長と発育

葉は，細かい鋸歯を有する細長い小葉5〜9枚からなる掌状複葉であり，茎に対生するが，茎の上方では3裂になり互生する．茎は四角柱状で，高さ1〜5mにまっすぐ伸びる．疎植にすると茎下部からも側枝が発生するが，密植にすると側枝がほとんど発生しない．繊維は靱皮にある内鞘だけでなく，内鞘の内側にある篩部にも発達する．茎の横断切片で篩部繊維はジュートと同様に層状に見えるが，内鞘繊維は層状ではなく，篩部繊維より細胞の直径が大きい．篩部繊維は短くもろいため，内鞘繊維が繊維として重要である（図3-7）．夏に雄花が茎の先端に円錐状に着生する．淡黄緑色のがく片が5個あり，雄ずい5個が垂下する．雌花は2本の花柱を持ち，緑色で剛毛のある苞に包まれて茎頂付近の葉腋に着生し，穂状に集合する．子実はやや扁平な卵円形で灰褐色をしている．

図3-6　タイマの栽培　　　　　図3-7　茎の横断面の顕微鏡写真

(3) 品　　種

日本などで栽培されるタイマはアジア種と呼ばれる．欧州（スルミナ）種は植物体が短く，早生である．日本では茎の色から青木種，白木種，赤木種に分けられている．他に麻薬成分が多く含まれる系統が麻薬原料の目的で栽培されるが，別種ではない．栃木県において，1982 年に麻薬成分の含まれない白木種の品種'とちぎしろ'が育成されて栽培されているが，他県には普及していない．'とちぎしろ'でも配布用の種子生産栽培では全株の麻薬成分調査が行われており，農家が栽培するに当たっては大麻取扱者免許を取得する必要がある．

(4) 栽　　培

タイマ主産地の栃木県の栽培法を見ると，繊維用としては 3 月 20 日を基準にして，条間を約 25cm とし，5cm 幅の二条，株間約 2cm に，手で引くタイプの専用播種機または手で播種する．側枝の発生を防ぎ良質の繊維を得るためにこのように密植するが，早期に葉が地表面を覆うために雑草がほとんどなく，除草剤を使わなくて済み，地表面の乾燥も防げるために茎がよく伸長する．子実用栽培では約 60cm×30cm の密度にする．基肥として窒素成分で 4kg/10a 施し，年によっては追肥を行う．2 回ほど間引きして株間を約 5cm にする．殺虫剤，殺菌剤も使わないが，風による倒伏が問題になる．7 月に一条刈バインダー，草刈機または手刈りで収穫する．収穫茎は葉を落とし，湯につけてからビニールハウス内に広げて約 4 日乾燥させたのち倉庫に貯蔵する．8 月中旬以降，水につけたあとに積み上げて菰を被せて発酵させる．約 2.5 日後に皮をはいで（麻はぎ），すぐに柔組織を取り除く（麻ひき）．とれた繊維は物干し竿にかけて乾燥する．

(5) 品質と利用

日本においては，乾燥した直後の繊維は長さ 2m 以上で澄んだ薄い黄色のものがよいとされ，そのために収穫時の茎長は 2.7m 以上必要である．繊維は古くから衣服用の他に，蚊帳，ロープ，畳表の経糸，鼻緒心，釣糸，漁網などに利用されてきた．特殊な用途では相撲の横綱や神社のしめ縄などがあり，これらは日本産を要求される．くず繊維は他の繊維と混合して紙にする．麻はぎで残った茎は苧殻と呼ばれ，お盆の迎え火や送り火に用いる．麻ひきで出たカスは「おあか」と呼ばれ，肥料にする．

子実は苧実と呼ばれ，タンパク質に富み，食用にされ，七味唐辛子に用いられる．鳥の餌にもされている．また，子実は 30～35％の油を含み，石鹸やペイントの原料にもなる．葉や雌花を乾燥させたもの（マリファナ）や雌花から浸出した樹脂状の分泌物（ハシシュ）は，麻薬成分のテトラヒドロカンナビノール（THC）異性体であるカンナビノール，カンナビジオール，カンナビノール酸などを含み，医薬などに利用される．

3）ジュート（英名：jute，学名：*Corchorus* spp.）

(1) 来歴と生産状況

シナノキ科（Tiliaceae），ツナソ属（*Corchorus*）の一年生草本であり，ツナソとも呼ばれる丸実種（*C. capsularis*）とタイワンツナソ，シマツナソまたはナガミノツナソとも呼ばれる長実種（*C. olitorius*）がある（図3-8）.

中国南部，インド東部，ミャンマー地域が原産地で，インドとバングラデシュにまたがるベンガル地方で古くから栽培されている．1795年にヨーロッパに知られ，世界中で利用されるようになった．ブラジル

図3-8　ジュート丸実種（左）と長実種（右）

など世界各地で栽培が試みられたが多くは失敗した．日本では戦後，畳表の縦糸用としてイグサ栽培に随伴して栽培されたが，1966年になくなった．

近年の世界生産量は約280万t，収穫面積が約120万ha，収量は2.3t/haである．1960年代に比べると収穫面積が減少したが収量があがり，生産量はほとんど変化していない．世界生産量の96％がインドとバングラデシュで生産されている．

(2) 成長と発育

高温を好み，発芽適温が類似作物のケナフなどより高い．主茎は頂端に花房が着生するまではほとんど分枝せず，披針状で長さ10〜20cmの葉が互生する．幼植物期を過ぎれば湛水には強く，茎の水没部位から通気組織の発達した根が発生して，水深が深くなければ成長が旺盛になる．主茎頂端に花房が分化すると花房直下の数節から側枝が成長する．開花までの日数は85〜125日であり，主産地では収穫期に茎の直径約2cm，長さ3〜5mになる．日本では約1.5mにしかならない．丸実種では直径約1.5cmの球形の蒴果が，長実種では長さ約9cmの細長い蒴果が発達する．丸実種の種子は褐色で約1.5mmの卵型であるが，長実種の種子は暗緑色でそれよりやや小さい．

ジュート繊維は直径約20μm，長さ2〜5mmの繊維細胞がペクチンで接着した束になっている（図3-9）．繊維束は，篩部の表皮側から形成層側に向かって層状に発達し，内層のものほど新しく，束数が多い．また，内層の繊維束ほど短いため，茎先端に近づくほど繊維層数が少なくなる．繊維組織の発達には，光合成産物の多少が最も大きく影響を及ぼすようである．

(3) 品　　種

ジュートは2種とも多数の品種を持っているが，主産地では丸実種の栽培が多い．丸実種は湛水に強いため川の氾濫が起こるところで栽培され，長実種は繊維の品質が劣るが，乾燥に強いため丸実種の適さない水分不足地帯で栽培される．ベンガル地方ではwhite juteとtossa juteの区別があり，前者に丸実種，後者に長実種が多いが，あくまで商取引上の区分

である．ベンガル地方，台湾，日本の品種は短日性のため，赤道に近い熱帯で栽培すると早期に開花し，主茎が短くなってしまう．赤道に近いボルネオで育成されたハルマヘラ種，アマゾンで育成された尾山種やバンブー種はきわめて晩生で日長に鈍感なため，赤道地帯に適するが，日本では種子がとれない．

(4) 栽　　培

側枝の発生によって繊維の品質が低下するため，地表から側枝までの長さ（有効茎長）が重要になる．したがって，開花期が適切な品種と播種期を選ぶ必要がある．ベンガル地方では 2～5 月に，日本では 5 月下旬に，丸実種では 7～13 kg/ha，長実種では 4～9 kg/ha の種子を散播，または条間約 30 cm で条播し，2～3 cm の覆土をする．出芽後 2 回の間引きで株間 10～15 cm にする．施肥は河川の氾濫水のあるところではあまり行わない．6～9 月の落花期が収穫適期である．地上 6～10 cm で刈取り，約 7 日放置して葉と分枝を除き，水辺で浸水して精練する（retting）．鉄分が多いと繊維が着色するため，水質は清潔な軟水がよい．約 14 日で腐熟するので繊維を剥ぎ取って水で洗浄し，天日乾燥する．

(5) 品質と利用

ジュート繊維は強度が弱く，耐久性に乏しいため繊維としては低質であるが，安価に生産できるため広く利用される．しかし，リグニンを約 40% も含むため，肌ざわりが粗剛で，衣服用にはされない．吸湿性と断熱性が高いため，ヘシアンやガンニーと呼ばれる袋が穀物，綿花，砂糖，コーヒーなどの包装用とされ，需要が大きい（図 3-10）．布は湿気を忌む博物館や美術館などの壁貼り，カーペット基布，カバンの裏張り，椅子の下張，馬具に用いられる．また，電気の不良導体のため電線の被覆巻糸に使われる．織物に亜麻仁油と砥の粉の混合物を塗ってリノリウムが作られる．他に，紙やフェルト，日本では畳表の縦糸に用いられる．

長実種にはモロヘイヤ（mulokhia）という開花前から分枝の多い品種があり，葉や若枝が野菜として食用にされる．強心作用の強い心臓毒（ストロファンチジン）が，茎葉には含まれないが種子には含まれるため，注意が必要である．

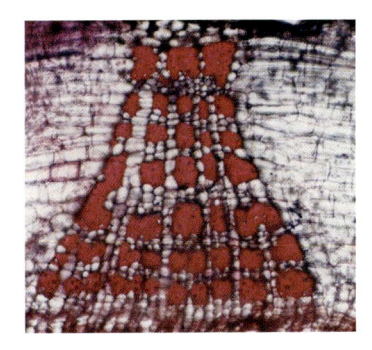

図 3-9　茎の横断面の一部（顕微鏡写真）
赤く染色されたものが繊維束で，ここでは 7 層からなる．

図 3-10　ジュートの織物
左：ガンニー，右：ヘシアン．

2. 油料作物

1）ナタネ（英名：rapeseed，学名：*Brassica* spp.）

（1）来歴と生産状況

ナタネは，種子から油をとるためのアブラナ科（Cruciferae），アブラナ属（*Brassica*）植物の総称で，現在はほとんど洋種ナタネ（西洋アブラナ，*B. napus* L., $2n = 2(9+10) = 38$, AACC）を指すが，わが国で古くから栽培される在来ナタネ（アブラナ，*B. rapa* L., $2n = 2x = 20$, AA）もナタネと呼ばれる．在来ナタネはわが国では奈良時代以前から野菜として利用され，江戸時代に灯火用，食用として広く栽培されるようになった．しかし，明治初期に洋種ナタネが導入され，油収量が高いため在来ナタネにとってかわった．現在は在来ナタネの蕾が食用菜花として利用されるのみなので，本項では主に洋種ナタネについて述べる．

ナタネは 19 世紀のドイツで機械油用に品種改良などが進み，収量が向上して栽培が広がった．現在の主要生産国は，カナダ，中国，インド，ヨーロッパ諸国，オーストラリア，ウクライナ，ロシアなどであり，大きく分けて，温暖な中国の長江流域や北インドで比較的短期の冬作物として栽培されている地域と，寒冷地で生育期間の長い冬作物，あるいは春作物として栽培されている地域とに分かれる．近年の世界の栽培面積は約 3,250 万 ha，生産量は約 6,200 万 t，収量は約 1.9t/ha である．わが国では，昭和 30 年代までは水田の裏作として広く作られ，約 26 万 ha の作付面積があったが，その後，水田の移植時期の早まりなどにより，作付面積は大幅に減少した．近年の作付面積は約 1,700ha，生産量は約 1,950t で，主な産地は北海道，青森県，秋田県，熊本県などである．

（2）成長と発育

種子は小さく球形である（千粒重は 2.7 〜 5.7g，図 3-16）．通常は秋に播種され，幼植物は本葉が 15 枚程度のロゼット状態で越冬する．初春に出葉を再開し，35 枚程度になってから 4 月の長日・高温とともに茎が伸長し（抽苔，bolting；図 3-13），開花後，莢（pod）が成熟すると収穫される．わが国の場合，暖地では 10 〜 11 月に播種し，翌年の 5 〜 6 月に収穫する．北東北および北海道のような寒地では 8 〜 9 月に播種し，翌年の 6 〜 7 月に収穫するため，栽培期間が 10 ヵ月になる．カナダのような寒冷地では，春播きの夏作物として栽培する．主茎から分枝が出，茎の先端に花軸を形成して総状花序（無限花序）を着け，

図 3-13　抽苔開始期

図 3-14　開花期

下から順に黄色い花を開く（図 3-14）．草丈は品種によるが 1 〜 1.5m ほどである．自家受精が基本であるが，虫媒や風媒で容易に他家受精をする．受精後，子房が発達して果実（莢）を形成し，中に約 30 粒の種子ができる．完熟すると莢が自分で開裂して種子が周辺に飛び散る．種子の色は，在来ナタネが赤褐色であるのに対して洋種ナタネは黒色である．また，洋種ナタネの葉は在来ナタネより硬いうえ，成長した葉は蠟質の白粉で覆われるという特徴がある．種子は種皮と胚からなる．胚は 2 枚の子葉が胚軸を挟んで向き合い，胚軸基部には幼根がある．子葉に油脂が脂肪球となって蓄積し，含油率は 44 〜 50% である．

(3) 生理生態的特性
　ナタネは耐寒性があるとともに耐湿性も高い．作土の深い壌土などに適しているが，土壌適応性は高い．花芽分化には冬の低温を，抽苔（とう立ち）のためには春の長日・高温を必要とする．花芽分化のために長期間の低温が必要な（低温要求度が高い）品種は寒地に適しており，低温要求度が低い品種は暖地に適している．莢は植物体の頂部に位置し，緑色である期間は光合成を行い，物質生産に大きく貢献している．莢の発育に使われる炭素の約 70% が莢自身の光合成により，残りの約 30% が葉などからの転流により供給される．

(4) 品種と育種
　わが国での育種は現在，公的機関としては東北農業研究センターで行われているのみである．在来のナタネ品種は，ナタネ油を構成する脂肪酸の中で，エルシン酸（エルカ酸）の含量が高かったが（25 〜 40%），1960 年頃から動物実験などでエルシン酸が心臓機能に害を及ぼすことが知られ，1970 年代に入りエルシン酸をほとんど，または全く含まない品種が世界的に作られるようになった．わが国では，東北南部向けの'アサカノナタネ'（1990），東北北部・北海道向けの'キザキノナタネ'（1990），温暖地向けの'ななしきぶ'（2002）などが無エルシン酸品種として育成された．また，アブラナ科植物は，ダイコンやワサビの辛み成分の基となるグルコシノレート（カラシ油配糖体）を多く含んでいる．ナタネも例外ではなく，その油の搾り粕を家畜に給与した場合に，この分解産物が家畜の甲状腺異常を引き起こすということが近年わかってきた．そこで，'カノーラ'などの低グルコシノレート品種が育成されるようになってきた．グルコシノレートとエルシン酸がともに低い品種は「ダブルロー」と呼ばれている．わが国では 2002 年に日本初の「ダブルロー」品種である'キラリボシ'が作られた．現在では，「ダブルロー」品種の拡大と，高オレイン酸（60 〜 70%）品種の育成が進められている．

(5) 栽　　培
　比較的湿害に耐性があるが，水田転換畑などでは明渠などにより，表面排水を確保することが重要である．また，畝立てをする場合もある．酸性土壌では，土壌 pH を是正するために適宜石灰などの散布を行う．施肥は，窒素，リン酸，カリをそれぞれ 10a 当たり成分量で 15kg，15kg，10kg 程度を施すが，火山灰土ではリン酸を多く施す必要がある．窒素は，基肥と越冬直後の追肥に分けて施す．過度の窒素施用は，菌核病の発生を助長するので避ける．越冬作物であるので，適切な播種期の選定によって冬前の生育を確保し，越冬率を高め

図 3-15　収穫作業　　　　　図 3-16　収穫直後の種子

ることが重要である．播種には，手あるいは散粒機などによって散播したのち，軽く表層を撹拌して覆土とする全面散播方式と，ドリルによる条播（条間約 30cm），あるいはベルト式やロータリー式種子繰出器を装着した播種機による高密度点播などがある．播種量は，ドリル播きでは 10a 当たり 250 〜 300g，全面全層播きでは 300 〜 400g である．除草のためには，播種直後に土壌処理剤を用いる．

　成熟期は，主茎の穂先から 1/3 の位置の莢中の種子が 5 〜 6 粒黒色となった時期である．収穫が早過ぎると赤色粒が混入して油の品質が低下し，遅くなると莢がはじけて自然脱粒し，減収する．収穫は，一般的には汎用コンバインによる（図 3-15，3-16）．莢の水分が 20 〜 40％となる成熟期後 10 〜 15 日が適期である．収穫時期が早すぎると，コンバイン脱穀部内で残渣とともに排出されて損失が多くなり，遅すぎた場合には刈入れ部での脱粒によって損失が増える．小規模栽培では手刈りも行われ，その場合は，コンバイン収穫より早い成熟期後 3 〜 4 日が適期となる．刈り倒し，1 週間ほど圃場でそのまま乾燥させたのち脱穀する．収穫後は直ちに平型，あるいは縦型の通風乾燥機によって，また，温室などの床に広げて，天日で含水率を 10％程度にまで乾燥する．調製は網目 3mm 程度の篩で夾雑物を取り除いたのち，唐みなどで選別する．

(6) 品質と利用

　無エルシン酸品種の脂肪酸組成は，オレイン酸約 63％，リノール酸約 20％，α-リノレン酸約 8％，パルミチン酸約 4％，ステアリン酸約 2％である．一般的な大規模工程では，ヘキサンで化学的に抽出し，その後，脱ガム（レシチン除去），脱酸（遊離脂肪酸除去），脱色，脱蠟，脱臭（ビタミン E など除去）の工程を経て，サラダ油を製造する．小規模な地場の搾油法としては，スクリュー型の連続圧搾機で搾油し，ほぼそのままで地油として製品にする．搾油前に焙煎することが多いが，近年は無焙煎でコールドプレス搾油することもある．グルコシノレートを含まない品種の油粕は，良質な飼料となる．また，肥料としての利用も多い．ヨーロッパではバイオディーゼル原料としての利用も商業的に進んでおり，日本でも廃食油を用いた地域での取組みが行われている．

2）ゴ マ（英名：sesame, gingelly, 学名：*Sesamum indicum*）

(1) 来歴と生産状況

ゴマ科（Pedaliaceae），ゴマ属（*Sesamum*）の一年生草本で，古くから，熱帯・亜熱帯地方で栽培されてきた（図3-17）．ゴマ属の野生種の多くがアフリカのサバンナ地帯に分布していることから同地帯のエチオピア付近が原産と考えられている．その後，ナイル川を北上し，5,000年前にはエジプト，その後オリエント，インド，中国へと伝わっていったと考えられている．また，アフリカ西部へもサバンナ地帯を通り伝播した．現在では，熱帯から亜温帯地帯を中心に広く栽培されるが，栽培期間が短いことから南北緯45°までの比較的高緯度地方でも栽培されている．日本では縄文晩期の貝塚遺跡から紀元前1200年頃と推定されるゴマが発掘されている．したがって，西日本へはそれ以前に中国から渡来したと考えられている．700年代には価格の記録が

図 3-17　開花期のゴマ
（写真提供：今井　勝氏）

残されている．なお，和名が類似のエゴマ（シソ科（Lamiaceae）シソ属（*Perilla*），英名：perilla, 学名：*Perilla frutescens* var. *japonica*）は，ゴマよりやや早く渡来し，熱帯原産のゴマは西日本を中心に，温帯原産のエゴマは東北地方を中心に栽培されていた．

近年の世界のゴマ栽培面積は約820万ha，生産量は約435万tで徐々に増加しており，生産量の多い国はミャンマー（約87万t），インド（約75万t），中国（約61万t），スーダン（約31万t），エチオピア（約27万t）などである．わが国では1955年には生産量がピークとなり，6,348t（沖縄を除く）が北海道を除く都府県で栽培された記録があるが，その後漸減し，2007年にはわずか96tにまで減少した．なお，わが国は近年ゴマを約15～17万t輸入している．

(2) 成長と発育

発芽最適気温は35℃程度，最低温度は10～12℃といわれているが，低温発芽性には品種間差が大きく，日本の品種でも東北地方の品種は関東の品種より低温発芽性が高いとされている．その後の生育にも平均気温で20℃程度が必要である．ゴマは生育すると草丈1mほどになり，茎の断面は方形である．葉は対生または互生し，全縁型単葉であるが，下位節に3裂葉が着く品種もある．播種後30～40日（本葉が5～6枚）頃，本葉4～5葉目の葉腋から花芽が着き始める．初期の成長は遅いがその頃から急速に伸長成長が起こる．播種後40～50日で開花が始まり，以後頂部に向かって開花が進行する．花は白または淡い桃色で釣り鐘状の唇形花弁を有し，各葉液に1～3個着く．自家受精性であり，果実は蒴果で2心皮4房室，3心皮6房室，4心皮8房室のものがある．4房室の品種は熱帯品種に多く，種子は大きいが少なく，8房室のものは温帯品種に多く，種子は小さいが多い．1蒴果

は70〜100個の種子を有する．種子の大きさは1.5〜4mm程度である．成熟は下位から進むが，成熟が進むと裂開し，種子が撒かれる．成熟までには2,500〜3,000℃日の積算気温が必要で，播種後収穫までの期間は100日前後である．

(3) 栽　　培

原産地がサハラ地帯であるため，乾燥に強いが湿害には弱く，酸性土壌でも生育がよくない．そのため，排水の良好な圃場を選び，土壌酸度の調整が必要な場合もある．また，連作障害も出やすいので輪作に取り入れることが望ましい．播種は地温が20℃前後の頃に行い，寒冷地ではマルチフィルムで保温する．畝幅60〜70cm，株間15cmとして5粒ずつを点播し，出芽後株2本立てとする．ゴマは下位より順次開花が進むので成熟期が揃わず，成熟した蒴果から順次裂開して行く．そこで，早く開花した蒴果が裂開を始める頃が収穫適期となる．収穫後天日乾燥を行ったのち，種子をたたき落とす．

(4) 品　　種

ゴマは，熱帯型品種と温帯型品種に分けられる．温帯型品種は比較的寒さに強く分枝のない単一茎型で，熱帯性品種は一般に分枝が多い．しかし，分枝に関しては中間型も存在する．日本の品種はシルクロード・中国華北経由で伝わった温帯型品種であるが，単一茎型と低い位置で分枝する品種がある．種皮の色も変異が大きく品種特性として重要であり，黒，白，茶，紫，緑などがあるが，野生ゴマでは黒色ないし黒褐色であることから，変異は栽培化後の突然変異による．日本では白ゴマ，黒ゴマ，金ゴマと呼ばれ，種皮の色で用途ごとに使い分けられている（図3-18）．日本の品種は多数あるが，ほとんどが在来種である．また，開花・成熟期の早晩性および分枝性などにも変異があり，それぞれの品種の適応地域は狭い．

(5) 品質と利用

種子の成分は油脂約50％，糖質22％，タンパク質19％，繊維6％である．含油量は品種により異なり，黄ゴマ，白ゴマでは50％程度であり，搾油用として利用されるが，黒ゴマでは約42％である．ゴマ油の主成分はオレイン酸，リノール酸およびパルミチン酸である．黒ゴマは炒ったときの香りが高いことから，そのまま利用されることが多い．

ゴマ油は酸化されにくく，貯蔵中の品質の低下が少なく，また，種子の寿命も長い．これらの特性は，種子中にある抗酸化力を持つセサミンなどのリグナン類やビタミンEによるものと考えられている．近年，ゴマ油の機能（細胞の老化防止，癌発生抑制，肝機能の向上，過酸化脂質の生成抑制など）が注目され，多くの健康食品が開発されている．また，リグナン含量の高い品種も育成されている．

図3-18 白ゴマ，黒ゴマ，金ゴマ
（写真提供：今井　勝氏）

3）ベニバナ（英名：safflower, 学名：*Carthamus tinctorius*）

(1) 来歴と生産状況

キク科（Asteraceae），ベニバナ属（*Carthamus*）は25種からなり，西アジア，中央アジアおよび地中海沿岸に分布する．ベニバナの起源地としてユーフラテス川流域が有力である．ベニバナの染色体は $2n = 2x = 24$ で，一年生あるいは越年草本である．中性，長日植物であり，乾燥した暑い気候帯に適する．

ベニバナは4,000年前にはエジプトで栽培されており，ミイラを巻いた布の染色やミイラの花輪に使用され，寺への供物から種子が発見されたり，初期のエジプトの壁画にベニバナの花が描かれている．古くから中東，インド，アフリカでも薬，染料として使用されていた．日本へはインド，中国を経て，推古天皇の時代（6世紀末）に朝鮮半島を経由して渡来したと考えられている．ヨーロッパを経てメキシコに16世紀，アメリカには20世紀に伝播し，1950年代にはアメリカで商業栽培が開始された．

図3-19　ベニバナの草姿（中央），頭花（右下）および種子（左下）

日本では，平安時代には主に関東から中国地方にかけて栽培され，その後，東北や九州に拡大し，山形県最上地方や仙台，福島，伊勢，筑後が名産地となった．近年は福島県（塙町，下郷町），兵庫県，群馬県，埼玉県，宮城県でベニバナの生産実績があるが，切り花としての栽培も含まれている．2014年に山形県で6.5ha，181kg生産されている．世界では，ベニバナの収穫面積は1988年の152万ha，生産量は1979年の111万tをピークに減少を続けているが，単収は1960年代の600kg/haから上昇し，近年では生産量約71万t，単収861kg/haである．60カ国以上で栽培されており，世界の27％を生産するインドでは食用油として国内消費される．アメリカは第3位の生産国で，ベニバナ油輸出量4.6万tの約半分を担っている．種子での貿易はごく一部である．その他カザフスタン，メキシコ，アルゼンチン，中国，トルコでも生産が多い．日本は世界貿易量の19％を輸入している．アメリカ最大の生産地はカリフォルニア州で，60～80％を生産し，単収も2.46t/haと高い．

(2) 成長，発育と生理的特性

最低発芽温度は2～5℃．出芽後はロゼット状態が約1カ月続き，秋播きではこの状態で越冬する．この時期は耐寒性が強く−7℃にも耐えるが，成長が遅いので雑草害を受けやすい．その後，茎が急激に伸長し，分枝を生じる．主茎および枝の先端には，頭花（棘のある苞で覆われた花序）を着生する．直根が深さ2～3mまで達するので，他の穀類が利用できない深層部の水と養分を利用できる．開花は主茎頭花が最も早く，次いで1次側枝の上位節から下位節へ，2次側枝頭花へと進む．頭花には20～250の小花が形成され，開花は外層の小花から始まり，数日で中心の小花へと進む．花色は初めは黄色で，次第に橙色，

鮮紅色に変化し，最終的に汚褐色〜赤黒色となる．小花は管状花で自家受精であるが，訪花昆虫により他殖も起こる．1個体の開花は1ヵ月以上に及び，1頭花に15〜60個の種子（痩果）が結実する．痩果は4陵の光沢のある白色で，開花後4〜5週間で成熟する．収量構成要素として個体当たり頭花数が最も重要で，次いで1次分枝数および2次分枝数である．

（3）品　　種

山形県立農業試験場が，古くから栽培されていた'出羽在来'から3品種を育成した．'もがみべにばな'は葉および苞に鋭い棘を持つ基本品種で，花色が同じ'とげなしべにばな'は棘がなく，'もがみべにばな'に比べ分枝数が少なく開花が約1週間早い．'しろべにばな'は突然変異種で，花色がクリーム色を帯びた白色で，開花期が'もがみべにばな'よりやや遅く，棘がある．世界的には使用目的に応じて脂肪酸組成を変更した品種が育種されている．

（4）栽　　培

関東以西は秋播き，北関東以北では春播きで，土壌が乾くのを待って極力早く播種する．播種適期は山形県で3月下旬〜4月下旬である．排水良好な圃場をpH6.5を目安に矯正し，堆肥約3t/10a，10a当たり窒素，リン酸，カリ各約12kgを施用する．畝間90cm，条間12cmの2条播きで3〜4kg/10aの種子を播種する．秋播きは2〜3月，春播きは本葉2，3枚の頃（5月上中旬）より，2回間引きを行い株間10cmの千鳥状にする．間引き後は除草を兼ねた中耕培土を，草丈約20cmと約60cmの頃の2回行う．5月中旬〜6月下旬に，炭そ病，アブラムシなどの防除を行う．染料用には，7〜8分咲きで，花弁下部がやや紅色にかわった頃が収穫適期で，朝露のある早朝，手で花弁だけを摘み取る．

（5）品質と利用

種子から油がとれ，食用，塗料・ワニス用，薬用に使用される．油の絞りかすは24％のタンパク質を含み，繊維が少ないことから牛や羊の飼料として利用される．油を燃焼させた煤から紅花墨を作る．種子は鳥の餌としても用いられる．花からは染料がとれる他，薬にもなる．間引いた茎葉は食用に，また切り花としても栽培される．痩果は33〜60％の果皮，40〜67％の仁で構成され，果皮が薄いほど油やタンパク質の含有量が多い．旧品種の含油率は22〜29％であったが，現在は38〜40％で，45〜55％の系統も育成されている．一般的なベニバナ油（サフラワー油）は，リノール酸71〜75％，オレイン酸16〜20％，パルミチン酸6〜8％，ステアリン酸2〜3％を含む乾性油であるが，脂肪酸組成を改良した高ステアリン酸（4〜11％）品種，中間オレイン酸（41〜53％）品種，高オレイン酸（75〜80％）品種，超高リノール酸（87〜89％）品種が育成されている．サフラワー油の日本農林規格によれば，ヨウ素価は，ハイリノレイック種から採取したもので136〜148，ハイオレイック種で80〜100で，酸価0.20以下，けん化価186〜194と定められている．

管状花には，水に可溶なベニバナ黄色素（本質はサフロミン）26〜36％，水に不溶でアルカリに溶解する橙赤色色素カルタミン0.3〜0.6％を含む．収穫された花弁は，染料用途により「乱花」，「摺花」，「紅餅」に加工される．また，陰干した花は，血液のうっ滞を除き痛みを直す作用を持つ，生薬の「紅花」となる．

4）アブラヤシ（英名：oil palm，学名：*Elaesis guineensis*）

(1) 来歴と生産状況

ヤシ科（Arecaceae または Palmae），アブラヤシ属（*Elaesis*）の熱帯木本で，現在単位面積当たり最高の油収量を誇る作物である．原産地はアフリカ中西部の湿潤熱帯で，15世紀中頃ポルトガル人が初めてヨーロッパに紹介した．16世紀半ばからパーム油は奴隷の食料として交易されたが，19世紀に入り西欧で石鹸，蠟燭，マーガリン，潤滑油などの利用法が開発されるとともにその貿易量が急速に拡大した．20世紀初頭からマレーシアで大規模なプランテーションが開かれ，第二次世界大戦までには産油量がアフリカを凌いだ．戦後，マレーシアとインドネシアを中心に栽培が急速に拡大し，両国が今日の世界のパーム油生産をリードしている（約82％）．最近では，パーム油（4,500万t）がダイズ油（約4,000万t）を凌ぐ地位を占めている．

図 3-20　アブラヤシ
マレーシアの農園．（写真提供：佐藤雅俊氏）

(2) 成長と発育

柔らかく油分を豊富に含む果皮（中果皮）を果実から除去すると，殻（内果皮）と核からなる種子が残る．種子はアフリカ品種では長さ2～3cm，重さ約4gであるが，アジア品種は5～6gになる．発芽1ヵ月後に緑葉が出て，1～4ヵ月で茎の基部が太さを増し，主根が発生する．葉は順次大きくなり形態をかえ，成木では長さ8mもの羽状複葉となる．葉を構成する小葉は成熟葉で250～300枚，長さ1.3m，幅6cm程度である．茎は植付け後数年で節間伸張を始め，年間30～60cm伸張する．樹高は15～18mとなるが，商業栽培では25年程度で10mを越えると更新する（図3-20）．茎の直径は20～75cmである．成木は30～50枚の葉を持つ（開度は137.5°）．主根には下方に伸びるもの（排水良好地では深さ数m）とほぼ水平に伸びるものがあり，4～6齢で総根長3～4.5万mに及び，通気組織を持つ．

花序（雌雄異花）は多くの花が集まった房状で，ほとんどの期間，仏炎苞という2重の繊維質の鞘で包まれている．花房には100～300本の枝軸が形成され，1枝軸当たり10～15花が着く．果実は卵形の核果で，長さ2～6cm，重さ3～30gである．果色は，頂部が濃紫～黒色で基部が緑黄色のタイプ（*nigrescens*）が最も多く，未熟時は緑色で成熟すると橙色となるタイプ（*virescens*）もある．果実は殻の厚さにより *dura*（2～8mm）と *tenera*（0.5～4mm），殻のない *pisifera* に3区分する．成熟には4.5～6ヵ月を要し，成熟した房は長さ50cm，幅35cm，重さ25kgに達する．1房当たりの果実数は1,500～2,000

図 3-21 アブラヤシの果房
（写真提供：佐藤雅俊氏）

である（図 3-21）．果肉（中果皮）から通常のパーム油（palm oil），核（種子）からパーム核油（palm kernel oil）を得る．

(3) 生理生態的特性

温暖湿潤で季節的な温度変化が少ない気候に適している．年降水量 2,000mm 以上，明瞭な乾季がなく各月最低 100mm の降雨があり，平均気温が最高 29 〜 33℃で最低が 22 〜 24℃，年間を通じて 1 日 5 〜 7 時間の日射（15MJ 程度）があること，土壌は保水性および排水性に優れ，深くて礫がなく養分保持力の高いこと，が最適条件である．酸性土壌に耐性があり，pH は 4 以上であれば問題ない．排水不良地，深い砂質土壌，泥炭地などは適さない．また，ココヤシとは異なり耐塩性はない．東南アジアに多い酸性硫酸塩土壌では地下水位を注意深く制御する必要がある．

花は虫媒性であるが，東南アジアでは花粉を媒介するハナアザミウマが若い林には生息しないので初期の受粉率が低く，人工授粉を行っていたが，カメルーンからアブラヤシのみを宿主とするゾウムシを導入して問題を解決した．

(4) 品種と育種

アフリカで 1920 年代から育種が始まり，高油含量を目指して果皮の薄い *tenera* 同士の交配をすると約 1/4 が実を着けない *pisiferas* となることがわかった．これをきっかけに研究が進み，*dura* と *pisifera* を別々に維持してから交配して *tenera* を安定的に得る手法が 1950 年代に確立し，商業栽培で広く用いられている．

(5) 栽　　培

種子には休眠性がある．50 × 40cm 程度のポリ袋に約 16kg の土と砂を詰めて縦横 90cm 間隔に配置し，休眠打破（約 40℃に 80 日間置く）した種子を播く．10 〜 20 ヵ月後，本圃に 7.5 〜 10m 間隔の三角配列で 150 本/ha 程度植え付ける．植付け後 3 年目から収穫できるが，生産の盛期は 9 〜 16 年目にかけてで，25 年を目途に更新する．

(6) 品質と利用

果房の加工工程は，①高圧蒸気滅菌，②穂軸から果実の分離，③粉砕と加熱，④圧搾搾油，⑤油分分離，浄化，水分除去，⑥種子から繊維分除去，⑦種子の乾燥，粉砕，⑧殻から核の分離，⑨核の乾燥および袋詰めである．核油は，大規模工場では溶媒抽出，小規模工場では圧搾法で行う．パーム油は橙色で，常温では固体と液体部分とが共存する．油は固液分離，水素付加，エステル交換などの加工を経て，ショートニング，マーガリン，フライ油などの食用，ならびにオレオケミカルやバイオディーゼルなどの原料となる．

5）ココヤシ（英名：coconut palm，学名：*Cocos nucifera*）

(1) 来歴と生産状況

ヤシ科（Arecaceae または Palmae），ココヤシ属（*Cocos*）唯一の種（species）で，ヤシ科植物では最も古くから人類に利用されてきた（図 3-22）．かつては南米起源説もあったが，現在では太平洋起源と考えられている．高木で果実が堅い殻を有し，水面に浮かび洋上で 3～4 ヵ月間生存して漂う性質を持つので，海流によって広く伝播する．南～東南アジアの海岸地帯に人類が住むようになってから利用が始まり，5,000 年～1 万年前にオーストロネシア語族の人々が農業を始めた際に，タロイモやバナナとともに栽培化が始まった．紀元前 4000～5000 年にポリネシア人が太平洋を拡散して行った時期には，ココヤシは洋上での保存食として有用であったと考えられている．また，西方向にはインド洋を経て，インド

図 3-22 ココヤシの樹体
(写真提供：Mahinda 氏)

の海岸線，さらにはマダガスカルにまで伝播した．15 世紀末にバスコ・ダ・ガマがインドから他の世界に広め，カポ・ベルデ諸島を皮切りに西アフリカや中南米の大西洋岸に伝播した．近年の世界の栽培面積は約 1,140 万 ha で，平均収量は約 5.26t/ha である．生産の多い国はインドネシア，フィリピン，インドであり，この 3 ヵ国で世界の生産量（約 6,000 万 t）の約 3/4 を占める．

(2) 成長と発育

果実が成熟すると胚が分化し，やがて内果皮（殻）の出芽孔から幼芽・幼根部を出す．それらは上下に成長を始め，外果皮を突き破る．数ヵ月間は胚乳の栄養のみで成長できる．3 ヵ月後に光合成を行う緑葉が現れるが，完全に独立栄養となるまで約 1 年かかる．茎の高さは 30m にもなり，普通は直立せずやや傾いて生育する．茎は柔軟性があり，強風の際には地面と接するくらい曲がることができる．生育 3 年目頃から茎の根元が太くなり茎を支えるようになる．茎の伸長速度は生育初期には 1m/ 年にもなるが，次第に緩慢となり，25 年くらい経過すると 50cm/ 年程度となる．根系は不定根からなり，直径 6～10mm の根が茎基部から周囲 5～7m にまで伸張し，地上に突き出す通気根もある．根には根毛がなく，菌根菌との共生もない．葉は羽毛状で，葉序は 144°である．10～20 年経過すると，下部の葉が垂れ下がって典型的なヤシの樹形を示すようになる．葉は下方から順次脱落する．植付け 5～7 年後に花が咲き，受粉から果実の成熟まで 1 年かかる．花房は年間 4～5 回着き，1 花房に 15～20 個の実を着ける（図 3-23）．当初，殻の中はほとんどココヤシ水が充満して白く柔らかいゼリー状の胚乳が殻の内側に付着しているが，成熟が進むと水が減り，胚乳は最終的に厚さ約 1cm の硬い層（図 3-24）となる．

図 3-23　果房
（写真提供：Mahinda 氏）

図 3-24　内果皮と胚乳
（写真提供：Thilak 氏）

（3）生理生態的特性

温暖な気候に適し，最適気温が年平均約27℃，多雨（1,500〜2,000mm）で湿度の高い場所でよく育つ．生育には直射日光が必要である．風になびき強風に耐える幹を有する．塩類耐性があり，珊瑚礁からできた砂などpHが8.3程度のアルカリ性土壌でもよく育つ．また，他の作物と異なり，大量の塩素を必要とするという特徴がある．

（4）品種と育種

丈の高い普通品種，矮性品種，その中間の3品種群に大別できる．普通品種は長さ5〜7mの羽状複葉を有し，雄花の開花期間が雌花のそれに先行して重ならないため，通常は他殖性である．矮性品種はやや小型で葉長も4m程度，自殖性である．20世紀に入り，油採取が目的の大規模プランテーションが始まり，近代的育種が実施されるようになった．近年は，分子マーカーによる遺伝的多様性の解明，罹病株の早期発見，病害抵抗性育種への利用なども始まった．前記2タイプ間の雑種強勢の利用や乾燥抵抗性品種の育成も行われている．

（5）栽　　培

圃場で育苗することもあるが，通常は高さ45cm，直径45cm程度のポリエチレン袋で育苗し，8ヵ月後に本圃へ移植する．本圃での栽植密度は，普通品種で160〜180本/ha，矮性ハイブリッド品種で180〜220本/haである．通常，圃場を円形に除草してその中心に植え付け，ヤシが成長するにつれて除草区域を拡大する．開花は，普通品種では7年目に始まるが，矮性品種は約2年早い．

（5）品質と利用

昔から有用な植物として，ほとんどすべての部位が利用されてきた．その中でも特に乾燥した胚乳（コプラ）から取られるヤシ油（油含量55〜65％）が重要である．ヤシ油は，飽和脂肪酸のラウリン酸が約1/2を占めることが特徴であり，空気による酸化に強く，安定している．融点は24〜27℃で溶解しやすく，さらさらした粘度の低い油となる．食用油として用いられる他，クッキー，マーガリン，アイスクリームなどの加工食品原料や，洗剤など界面活性剤の工業製品原料となる．成熟した果実の中果皮は褐色の粗い繊維で，タワシ，ブラシ，マットなどに用いられる．

6）ナンヨウアブラギリ（英名：physic nut, Barbados nut, Jatropha, 学名：*Jatropha curcas*）

(1) 来歴と生産状況

トウダイグサ科（Euphorbiaceae），ナンヨウアブラギリ属（*Jatropha*）の落葉低木で，ヤトロファともいう（図3-25）．原産は南アメリカとされる．現在は野生種，栽培種を含め，中央アメリカ，東南アジア，インド，アフリカ，オーストラリアなどの熱帯，亜熱帯地域にも分布する．類似名のシナアブラギリ（英語名：tung oil tree，学名：*Aleurites fordii*）はアブラギリ属（*Aleurites*）で，原産地は中国である．

図 3-25　ナンヨウアブラギリの栽培風景
（写真提供：藪田　伸氏）

(2) 成長と発育

乾燥地帯で生育し，成長が早いのが特徴である．通常 3～5m 程度の低木であるが，好適条件下では 8～10m になる．種子は発芽後，主根と 4 本の側根を生じ，葉は 5～7 個の浅い切込みのある広卵形で，長い葉柄を有し互生する．葉は 10～15cm まで拡大し，多肉で干ばつや強度の乾燥に耐えられるが，年に一度落葉する．熱帯では乾季に，亜熱帯では極端な乾燥が始まると落葉し，再び出葉する場合もある．葉の断面からは有毒な乳液を出す．葉の光合成速度は，飽和光下（1,000 μmol/m^2/s）で 20 μmol/m^2/s 程度を示す．雌雄同株で，集散花序の先端に位置する部位に両性花が着生し，下部域に雄花が着生する．ただし，系統や生育環境によっては単性花（雄花，雌花）のみの性表現を持つ個体もある．着花数の 80～90％を雄花が占める．雄花は 8～10 日間開花するのに対して両性花は 2～4 日と短い．乾季がある地域では，雨季の初めと終わりに開花し，定常的に湿潤な熱帯，亜熱帯では年中開花する．受粉後，花序に直径 2～3cm の卵型の果実を約 10 個着け，各果実は 2～3 個の種子を有する（図3-26）．亜熱帯の沖縄島では，個体内の集散花序ごとに長期開花，結実を行うが，その期間は平均 1.5 ヵ月である．受粉は主にハナバチ，ハエ，アリなどの虫媒で行われ，自家受粉のものより大きな種子が得られる．継続的に開花を行うので，先に開花した下部では黄色く成熟し，遅く開花した先端部では緑の未熟果になるなど，収穫時期がずれる．このことが果実の収穫作業の効率を悪化させるため，商業栽培を行うに際しての問題となっている．

(3) 生理生態的特性

栽培は南北緯 30～35°の熱帯，亜熱帯および温帯の一部を含む地域（これらの地帯では気温が 15～40℃，降雨量が 250～3,000mm の範囲で推移）で可能とされている．生育適温は 17～28℃で，10℃を下回ると落葉する．その後，気温の上昇により葉の再展葉を行う．霜には弱く，遭遇すると枯死する．乾燥条件下でも生育は可能であるが，経済目的である果実の収量が確保されるわけではなく，高収量のためには年間 625～750mm の降水量を必要とするといわれる．乾燥条件で成熟した種子は，油含有量が高いとの報告もある．

図 3-26 ナンヨウアブラギリの果実と種子
（写真提供：福澤康典氏）

さらに，痩せた土壌でもよく育つとの誤解から施肥をほとんど行わずに栽培し，低収量となる場合もある．

(4) 栽　　培

畑地での栽培は，播種育苗または挿し木苗の方法で行われる．挿し木は，約 1 年間栽培した 25 ～ 30cm の枝を用いる．前処理として 10 ～ 100mg/L のインドール酪酸に 24 時間浸漬すると発根が促進され，開花時の葉数も増加する．大面積で栽培を行う場合は，種子による育苗を利用する方法が一般的である（種子を 6 時間水に浸漬し，27 ～ 30℃で 5 ～ 10 日間飽和湿度条件で前処理）．いずれも，約 2 ヵ月後には圃場に移植が可能となる．移植は春または雨季の直前に行う．乾季には葉を落として活動を休止する．生育管理を簡易にするため断幹（主幹の切断）を行う．地上部から 50cm 以下での断幹処理は主幹の伸長と頂芽優勢を抑え，側枝，すなわち結実枝を増やす効果がある．栽植密度などは環境によりいくつかのモデルがあり，一例として，インドのモデルでは，2×2m の植栽間隔（2,500 本 /ha）で栽培を行う．この場合の種子収量は 2 ～ 4t/ha になる．通常は 3.2t/ha 程度で，1.5t の油脂が 700 ～ 800mm の降雨地域で採集可能である（一般的なヤシでは 3.2t/ha，ダイズでは 0.38t/ha の油脂が採取可能）．しかし，この方法では機械の導入が難しいため，5×2m の植栽間隔での栽培を行い，機械化するなどの方法がとられる場合もある．熱帯の湿潤な気候あるいは灌漑などを行っている地域では開花結実が 4 ヵ月もの長期間継続し，収穫を数回に分けて行う．作業の中で最もコストがかかるのはこの収穫作業で，ナンヨウアブラギリ栽培の大きな制限要因となっている．

(5) 品質と利用

種子には有毒な油分を 33 ～ 50％含み，クルカス油，フィジックナット油，シード油，クロトン油などと呼ばれるが，品種によっては無毒の場合がある．油脂成分を多く含むため，エネルギー作物（バイオディーゼル燃料用）としての利用が始まった．油脂成分は飽和脂肪酸のミリスチン酸（C14:0, 1.4％），パルミチン酸（C16:0, 15.6％），ステアリン酸（C18:0, 9.7％），アラキジン酸（C20:0, 0.4％）と不飽和脂肪酸のオレイン酸（C18:1, 40.8％），リノール酸（C18:2, 32.1％）からなる．搾油後の残渣にも回収しきれなかった油脂成分が含まれているため，良質の直接燃焼用の燃料としての利用も可能で，1kg のブリケット（圧縮固形燃料）で 535 ～ 780℃の温度を 35 分発熱する．ナンヨウアブラギリの樹液中には有毒タンパク質であるクルシン，種子中には発癌性物質であるホルボールエステルが含まれているため食用としては適さない．これらの毒性により，動物に摂食されにくいことから，中～大型哺乳家畜からの食害を防ぐため，生け垣用植物として利用する地域もある．

7）ヒ　マ（英名：castor [bean]，学名：*Ricinus communis*）

(1) 来歴と生産状況

トウダイグサ科（Euphorbiaceae），トウゴマ属（*Ricinus*）の草本植物で，種子をヒマシ，種子中の油をヒマシ油と呼ぶ．北東アフリカ原産で，古代エジプトではヒマシ油が燃料，塗料，香油原料に用いられていた．その後ギリシャに入り，ヨーロッパに伝わった．日本へは明治年間に伝わったようである．

近年のヒマシ生産量は約176万tで，量は少ないが増加傾向にある．収穫面積は約150万ha，収量は

図3-27　栽培中のヒマとその種子

1.1t/ha程度である．1994年以降は生産費の安いインドが世界生産量の約70％を生産し，中国とブラジルを合わせると90％以上になるが，このような寡占状態は安定供給という意味では問題がある．現在主産地からは，種子の形ではなくヒマシ油または誘導体の形で輸出されている．

(2) 成長と発育

種子は硬い種皮を持ち，中に薄いフィルム状の子葉と胚を挟むように2枚の胚乳がある．発芽すると子葉，対生の初生葉が発生したのち，掌状の本葉が2/5葉序で互生する．主茎は花房分化までほとんど分枝せず，主茎先端に花房が分化すると同時にその直下の2～3節から側枝が成長を開始し，側枝上でも同様の発育パターンを繰り返す．これを仮軸分枝（sympordial branching）という（図3-28）．熱帯および亜熱帯では多年生であるが，温帯では冬に枯死するので草丈2～3mの一年生である．また，1個体上に収穫期の異なる多くの果房が存在することになるので，機械収穫は難しい．茎は中空で節がよく発達している．長い直根と地表付近に側根が発達するので，乾燥に強い．

花房は花房軸の上部に二枝集散花序の雌小花房が，下部に雄小花房が総状配列している．雌花は開花時に赤色の雌ずいを抽出させ，表面に棘のある果実に発達する．雄花は黄色の多くの葯を着ける．果実中には普通3個の種子が含まれる．

(3) 品　種

種皮は独特の大理石様の斑紋と光沢を持つのが一般的であるが，種皮色が黒色，褐色，白色などの品種もある．また，種子は長さ0.5cmで1粒0.1gの小粒品種から，長さ2cmで1粒1gを超える大粒品種まであり，一般に1粒約0.3gの品種が栽培されている．果実に棘のない品種や，茎葉や果実の赤い観賞用品種もある．

世界の主産地であるインドでは，草丈が低く，著しく大きな第一果房だけで収量増加を狙うハイブリッド品種が栽培されている．中国では矮性で果実が成熟時に裂開しない品種が求

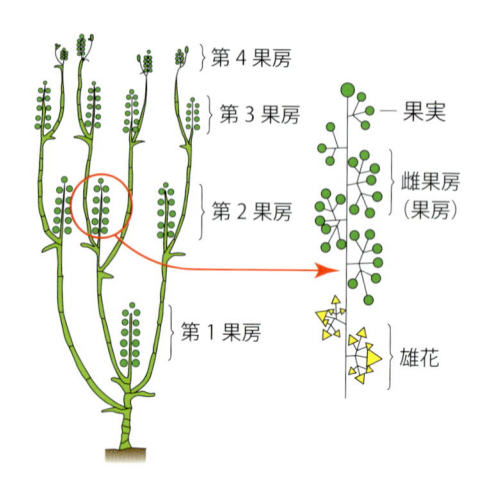

図3-28 雌雄花の位置と分枝
（Weiss, E. A., 1983を参考に作図）

められている．また，インドネシア，タイなどで古くから栽培されている品種は短日性が強いと考えられる．

(4) 栽　　培

熱帯では雨季の初めに播種し，乾季に収穫する．温帯では降霜の危険がなくなってから播種し，秋の降霜まで収穫する．施肥量は無施肥の場合もあり，さまざまである．種子収量が1.7t/haのとき，窒素が50kg，リン酸が20kg，カリが16kg吸収されるといわれ，これを参考にして施肥量を決定するとよい．播種は主に人手で行うが，矮性品種は0.5〜1mの間隔で，普通品種は1.5〜2mの間隔で，巨大品種は2〜4mの間隔で播種する．1株に数個の種子を播き，出芽後間引きする．ヒマは乾燥に強い反面，土壌の過湿に弱いので栽培地選定時に注意を要する．アメリカで収穫機が開発されたが，手収穫が多い．

病害としては蓖麻疫病，蓖麻葉枯病，蓖麻細菌斑点病などがある．虫害としては，出芽直後に胚軸を食害するヨトウムシ類が重大な被害を及ぼす．また，熱帯地域の大規模単作では，ヤガ科のアシブトクチバ類などの幼虫によって1〜3日ですべての葉が食害されることがあり，混作が推奨される．

(5) 品質と利用

種子の含油率は約50％で，対胚乳では約60％にも達する．構成脂肪酸の80〜90％がOH基を持つリシノール酸である．現在，人類が栽培している作物でこのような脂肪酸を生産する作物はヒマだけである．ヒマシ油は緩下剤としての利用が有名であったが，現在では，硫酸化ヒマシ油，脱水ヒマシ油，硬化ヒマシ油，セバシン酸，ウンデセン酸，ヘプタナールなどのさまざまな誘導体に転換されて，界面活性剤，水虫治療薬などの医薬品，化粧品，トイレタリー用品，潤滑油，潤滑グリース，プラスチック添加剤，繊維油剤，電気絶縁油，インキ，塗料，ゲル化剤，6,10-ナイロン，11-ナイロン，ポリウレタンなどの合成繊維および合成樹脂など，ハイテク分野を含む工業用として特殊で幅広い用途がある．このような特殊性は，脂肪酸がOH基を持つことと深く関係している．

種子には猛毒のタンパク質のリシンやアルカロイドのリシニンが含まれ，医療用になる．これらは油には含まれないが，搾油粕に含まれるため搾油粕は飼料にできず，肥料にされる．茎葉や果実の赤い系統は生け花用や庭園観賞用にもなる．葉はヒマ蚕の飼育に使われる．

3．嗜好料作物

1）チャ（英名：tea，学名：*Camellia sinensis*）

(1) 来歴と生産状況

ツバキ科（Theaceae），ツバキ属（*Camellia*）の常緑性木本である（図3-29）．葉にカフェイン（caffeine）やタンニン（tannin）を含む．原産地は中国西南部の雲南周辺地域で，分布を拡大して環境適応し，中国種（var. *sinensis*）とアッサム種（var. *assamica*）の2変種に分化したと考えられる．わが国の栽培種は主に中国種である．中国種は小葉種とも呼ばれ，低木性で葉が小さい．アッサム種は大葉種とも呼ばれ，高木性で葉が大きい．中国種は比較的寒さに強く，中国，台湾，日本などで栽培され，カテキン含量と酸化酵素活性が低く緑茶に適する．アッサム種は寒さに弱く，中国西南部，インドシナ半島，インド，スリランカ，インドネシア，ケニアなど熱帯・亜熱帯地域で栽培され，カテキン含量と酸化酵素活性が高く紅茶に適する．また，両種の交雑（cross(ing)）は容易である（図3-30）．

図3-29　チャの新梢

茶の歴史は古く，中国では紀元前の前漢時代に記録が見られ，中国最古の農書『斉民要術』（530～550年頃）にも記載がある．唐の時代（760年頃）には茶に関する書物『茶経』が著された．わが国には最澄や空海らが800年頃に中国から種子を持ち帰り，喫茶の風習をもたらしたとされる．その後，栄西が1191年に宋から種子を持ち帰り，1211年に茶の製法や薬効を記した『喫茶養生記』を著し，喫茶の風習が広まった．ヨーロッパには17世紀頃に緑茶が伝わり，その後，紅茶に嗜好が変化し，かつ需要の高まりにより，19世紀にインド，インドネシア，セイロン（現スリランカ）でプランテーションでの生産が始まった．20世紀初めには，ケニアなどアフリカでも生産が始まった．

世界のチャ生産は，1980年代から2005年以前までインドが30％，中国が20％，スリランカが10％程度を占めていたが，2005年以降，中国が世界最大の生産国となった．近年の世界のチャ生産面積は約310万haで，生産量は約450万tである．そのうち，中国が149万t（33％），インド98万t（22％），

図3-30　中国種（左）とアッサム種（右）の葉
試料提供：野菜茶業研究所金谷茶業研究拠点．

ケニア36万t（8%），スリランカ32万t（7%），トルコ22万t，ベトナム20万t，イラン16万t，インドネシア15万tで，わが国は9万tを下まわり，9～10番目である．なお，世界の生産量の約3/4は紅茶が占めてきたが，中国の生産増に伴い緑茶の割合が上昇し，最近では紅茶65%，緑茶30%，ウーロン茶5%となった．緑茶に限ると，中国100万t，日本8.4万t，ベトナム7万t，インドネシア3万tと，わが国は第2位の生産国である．世界の生産量の1/2近くは輸出向けで，その内訳はケニア21%，スリランカ17%，中国16%，インド11%である．ケニアやスリランカでは，生産量の1/2以上が輸出されている．

わが国では，2005年の摘採面積4.1万ha，生葉収穫量42万t（荒茶生産量9万t）から，最近では4万ha，38.5万t（8.4万t）とやや減少している（静岡県40%，鹿児島県30%，三重県8%，宮崎県4%，京都府3%など）．生葉収量は全国平均950kg/10a，うち一番茶は430kg/10a，荒茶収量は210kg/10a程度である．わが国は緑茶を年間約0.6万t，紅茶とウーロン茶をそれぞれ約2万t輸入しているが，緑茶約0.2万tを輸出している．明治～大正時代は輸出が多く1917年には3万t，第二次大戦後も1954年には1.7万tを輸出した．

(2) 成長と発育

茶樹は秋に日平均気温が15℃以下になると成長が停止し，冬の低温期は休眠状態に入る．休眠打破に必要な低温要求量を満たし，春の日平均気温が10℃以上となると休眠が覚醒されて萌芽（sprout）する．萌芽時期は地域や品種により異なるが，わが国では3～4月が一般的である．萌芽後約5日の割合で葉が1枚ずつ開葉する．一番茶の摘採適期は萌芽後約1ヵ月，二番茶は一番茶摘採後約40～50日，三番茶は二番茶摘採後約40日である．秋から冬に開花が見られる．花は，ツバキやサザンカに似た形の直径2～5cm程度で，5枚の白い花弁を持ち，雌ずいと多数の雄ずいを備える（図3-31）．果実には1～3粒の種子があり，1年間かけて成熟する．茶樹の植物としての寿命は長く，中国の雲南省などには樹齢1,000年を超えるとされる大茶樹が見られ，わが国でも樹齢300年以上とされるものがある．しかし，経済栽培上の寿命は約30～40年とされる．

図3-31　花と果実

(3) 生理生態的特性

わが国で主に栽培されているチャは，中国種でも比較的寒さに強い種類であるが，生育限界温度は年平均気温12.5～13℃以上で，適温は14～16℃とされる．また，気温が高すぎても品質が低下する．年間降水量が1,300～1,400mm以上（4～10月の降水量は1,000mm以上）で，最低気温-12～-11℃以上が必要とされる．冬季の1～2月にはハードニング（hardening，順化）により耐寒性

(cold hardiness）を獲得し，−15℃程度まで凍結しないが，春先の萌芽後は耐寒性が低い．晴天日の夜間に，放射冷却により最低気温が4℃を下まわり，霜の降りることがあり，その際，新芽の温度は−2℃以下まで低下し，細胞が凍結して凍霜害（frost damage）を受ける危険がある．わが国での経済的な栽培北限は，新潟県村上市と茨城県大子町を結ぶ線とされる．チャは過湿にも乾燥にも弱く，土壌はpH4〜5で排水・通気・保水性を備えた腐植の多い団粒構造となったものが適している．

(4) 品種と育種

従来，わが国でのチャ栽培は各地の在来種を用いて行われてきたが，明治初期に政府が多田元吉を中国，インドに派遣し，紅茶に適したチャ種子を導入してから育種が始まった．重要な輸出品であった紅茶の品質向上を目的に，導入された遺伝資源から'べにほまれ'など紅茶用品種が育成された．民間でも篤農家が早晩性などに注目した分離育種（breeding by separation）を行い，現在最も普及している'やぶきた'は，1908年に静岡県の杉山彦三郎が選抜したものである．その後，国や県に茶業試験場が設置され，効率的な育種を目的に1932年に交雑育種（cross breeding）が始まり，アッサム種と中国種の交雑から1953年に寒さに強い紅茶用品種'はつもみじ'などが育成され，緑茶でも1962年以降多くの品種が育成された．1953年に茶品種登録制度ができ，1960年代に挿し木繁殖法（cuttage）が確立し，茶園の品種化率は1960年の約10％から，1980年には50％，1990年には80％，2008年には95％に達している．品種化率の上昇と相まって，改植により1970年代から'やぶきた'の茶園占有率は急増し，2008年には全国の茶園の約76％，品種茶園の約80％を占めている．'やぶきた'は品質と収量の両面で優れ，耐寒性も強く地域適応性も高いが，病害抵抗性が弱く，生態系の単純化により病害虫被害が増大し，また，摘採期の集中化による労力面や，製茶工場の大型化や操業時間の短縮化による経営面の問題，香味の画一化など，過度の集中による弊害が顕在化している．生物多様性（biodiversity）の観点から，複雑な生態系の下で安定した生産を行うためには，多様な品種の育成と普及が望まれる．最近では，'ゆたかみどり'が茶園面積の約5％を占め（鹿児島県で普及），'おくみどり'や'さえみどり'も茶園面積の約2％を占める．農林認定されている優良品種は，2012年現在で57品種（分離育種22品種，交雑育種35品種）あり，約1/3が海外から導入された遺伝資源の血を引いている．

チャは木本性のため，品種育成には長期間（20〜30年）を要するので，バイオテクノロジーやDNAマーカー利用の選抜（selection）による育種年限の短縮化が期待される．なお，紅茶の発酵性の早期検定法や緑茶の少量製茶機が開発され，品質の早期検定に活かされている．育種目標には，早晩性や多収性，高品質，耐寒性などに加え，環境保全型農業のために求められる病害虫抵抗性や肥料吸収効率の高い減肥栽培適応性，国産紅茶やウーロン茶需要の高まりなど多様な嗜好や機能性成分の需要への対応なども求められている．近年，抗アレルギー成分を有する紅茶用品種'べにふうき'が育成された．玉露・碾茶用には主に在来種から選抜された品種が用いられ，玉露用には'ごこう'，'こまかげ'など，碾茶用には'あさひ'，'さ

みどり' などが用いられる．

(5) 栽　　培

　チャは他殖性 (allogamy) で自家不和合性 (self-incompatibility) のため，種子栽培では遺伝的に分離して形質が均一化しないので，一般に挿し木により栄養繁殖 (vegetative propagation) をする．挿し木は，新梢の下半分が硬化する6月頃が適期である．挿し木床に挿し木したあとは寒冷紗で遮光し，十分灌水する．ビニル被覆の密閉挿しでは，挿し木直後以外は無灌水でよい．寒冷紗は9月上旬にはずし，翌年3～4月に圃場へ定植する．定植後3～4年から摘採可能で，5～6年で成園となり，約35年で生産性が低下して改植期を迎える．従来，チャは施肥量を増やすと品質が高まるとされ，化学肥料の普及とともに1960年頃から窒素を中心に多量に施肥され，窒素が100kg/10aを超える場合もあったが，1980～1990年代に過剰施肥による肥料流亡で茶畑周辺の池の魚に被害が出た（水中の硝酸態窒素 (NO_3-N) が環境基準10ppmを超える例も見られた）．チャの窒素吸収量は約20kg/10aであり，施肥を増やすと流亡は大幅に増加するので，環境負荷低減のためには肥料や施肥法の改善，根圏の拡大，根の活性化による肥料吸収率向上などによる減肥が肝要である．窒素吸収に土壌窒素が占める割合は高いので，堆肥などの有機物による地力向上が有効である．最近の各都府県の施肥基準 (kg/10a) は，窒素50～70，リン酸15～35，カリ20～40程度である．しかし，玉露や碾茶は多肥傾向にある．

　機械摘みは畝間約180cm，樹高は1年目約15～20cm，3年目約40～50cmで剪定し，可搬型摘採機では主に弧状仕立て，近年普及の乗用型摘採機では主に水平仕立てにする．玉露や碾茶は，主に手摘みで自然仕立てにする．摘採時期は品質および価格と収量を考慮して決める．遅れると収量は高まるが品質と価格は低下するので，適期判断が重要である．一番茶は萌芽後約1ヵ月の開葉4～5枚頃が適期で，手摘みの場合，新芽と展開した3～4葉を摘むのが一般的であるが，高品質を目指す場合は一心二葉で摘む．摘採後7～10日頃に摘採面を揃える整枝を行う．剪枝は，品質向上と摘採面維持のため深切りで樹体を更新する．

　玉露や碾茶は茶園に棚を作り，よしず，こも，黒寒冷紗などで摘採の約20日前から遮光する．かぶせ茶は摘採前約7日から低い遮光率の直接被覆などで遮光する．

　凍霜害対策は，防霜ファン (wind machine) による送風法が普及している．晴天日の夜間は放射冷却により茶株温度は上空より低下し，萌芽後は凍霜害の危険が生じるので，防霜ファンにより地上約5～8mの暖かい空気を吹き下ろして温度を高める（図

図 3-32　茶園の防霜ファン

3-32).スプリンクラーによる散水氷結法(付着した水が凍る際に潜熱を放出することを利用して新芽を0℃ぐらいに保つ)の有効性は高いが,多量の水を使うので適用は限られる.

(6) 品質と利用

緑茶(不発酵茶),紅茶(発酵茶),ウーロン茶(半発酵茶)は加工法が異なる.緑茶は中国種の茶葉を摘採後速やかに加熱し,酵素活性を失活させる(殺青).わが国では主に蒸し機で約30秒(深蒸しは1~2分)蒸し,中国では釜で炒る.殺青後は揉みと乾燥で針状に整える.玉露も同様であるが碾茶は揉まずに葉脈を除く.抹茶は碾茶を挽いて作る.紅茶は主にアッサム種(純ダージリン紅茶は中国種)を用い,室内で葉を萎凋させたあとに揉んで細胞を破壊し,高湿度下でカテキンを細胞内のポリフェノール酸化酵素で適度に酸化させたのち,乾燥して発酵を止める.ウーロン茶は,まず,葉を数十分日光で萎凋させ,次いで室内で萎凋させながら部分発酵させ,その後,炒って発酵を止め,揉みと乾燥を行う.

インドのダージリン,スリランカのウバ,中国のキーマンは高品質の紅茶生産地で知られるが,栽培地が標高1,000m以上,温度の日較差が大きく,朝夕に霧がかかり日中は晴れる環境がよいとされる.葉の含有成分にはカテキン類,カフェイン,テアニン,ビタミンCなどがある.チャのタンニンの80%以上はカテキン類(ポリフェノールの1種)で,渋味を持ち緑茶に多く含まれる.抗酸化,抗菌,コレステロール上昇抑制,血圧上昇抑制,血糖上昇抑制,抗癌作用などが報告され,メチル化カテキンの抗アレルギー作用も注目されている.カフェインは覚醒・強心作用を持つ.緑茶に含まれるテアニン(アミノ酸の1種)はうま味と甘味の成分で,リラックス効果があるが,紅茶やウーロン茶にはほとんど含まれない.覆下栽培の玉露や碾茶では,カテキンが少なくテアニンが多い.ビタミンCは緑茶に多く含まれ,抗酸化・抗癌作用を持つとされる(表3-5).

表3-5 茶の主な成分(100g 当たり)

茶の種類	タンパク質 (g)	ビタミンC (mg)	カフェイン (g)	タンニン (g)
茶				
玉 露	29.1	110	3.5	10.0
抹 茶	30.6	60	3.2	10.0
せん茶	24.5	260	2.3	13.0
ウーロン茶	19.4	8	2.4	12.5
紅 茶	20.3	0	2.9	11.0
浸出液				
玉 露	1.3	10	0.16	0.23
せん茶	0.2	6	0.02	0.07
ウーロン茶	微 量	0	0.02	0.03
紅 茶	0.1	0	0.03	0.10

文部科学省科学技術・学術審議会資源調査分科会「日本食品標準成分表2010」による.
ウーロン茶の茶の値は科学技術庁資源調査会「四訂日本食品標準成分表」による.

2）コーヒー（英名：coffee，学名：*Coffea* spp.）

(1) 来歴と生産状況

アカネ科（Rubiaceae），コーヒー属（*Coffea*）の常緑小高木である．この属に含まれる植物は約60種存在し，アラビカ種（*Coffea arabica*），カネフォラ種（*C. canephora*），リベリカ種（*C. liberica*）の3種が主要栽培種である．アラビカ種とカネフォラ種で世界の生産量の99%を占める．これら2種の主な特徴について表3-6に示した．

アラビカ種は，最も品質に優れ，世界中の熱帯地域で栽培されている．他の2つの栽培種とは異なり4倍体（$2n = 4x = 44$）で自殖性である．エチオピア起源と考えられており，6世紀頃にアラビアに伝播して栽培化された．

カネフォラ種は，代表的な1変種の名称をとってロブスタコーヒーとも呼ばれ，2倍体（$2n = 2x = 22$）で自家不和合性である．西・中央アフリカ起源と考えられている．コーヒーとしての品質はアラビカ種よりも劣るが，インスタントコーヒーの原料としては適している．

図3-6 コーヒーの樹体，花および果実
（写真提供：三本木一夫氏（花と果実），今井 勝氏（草姿））

表3-6 *Coffea arabica* と *C. canephora* の特徴

形 質	*C. arabica*	*C. canephora*
染色体数（$2n$）	44	22
受精様式	自殖性	他殖性
開花から成熟の期間	7〜9カ月	8〜10カ月
開花時期	雨季の直後	不定期
成熟後の果実	落 果	枝に残る
カフェイン含量（%）	0.6〜1.5	2.0〜2.7
収量（kg豆/ha）	1,500〜2,500	2,300〜4,000
根 系	深 い	浅 い
適温範囲（年平均）	16〜24℃	19〜32℃
最適降雨量	1,500〜1,800mm	2,000〜3,000mm
銹病（*Hemileia vastatrix*）	感受性	耐 性

カネフォラ種は，病虫害にも強く，粗放栽培にも耐え，アラビカ種では不適な高温多湿地帯でも栽培が可能である．

リベリカ種は2倍体（$2n = 2x = 22$）で自家不和合性である．リベリアのモンロビア付近の低地を原産とし，栽培化により西アフリカに広まった．品質はアラビカ種に比べて劣り，苦みが強い．アフリカの一部でのみ栽培され，生産地で消費されている．

主要な生産国はブラジル，ベトナム，インドネシア，コロンビア，エチオピア，ペルーで，世界全体の約70%を生産している．

(2) 成長と発育

樹高はアラビカ種で5m，カネフォラ種で10m，リベリカ種で17mに達する．アラビカ種とカネフォラ種では，主幹から2つのタイプの枝が生じる．主幹の各葉腋に2種類の芽が存在し，このうち上位の芽が成長して，水平方向ないしは斜め上方向に伸びて斜生枝となる．下位の芽は通常休眠しているが，主幹を摘心したり弓形に曲げて固定したりすると，休眠が破れ直上方向に成長を始め，直立枝を形成する．斜生枝は，花と果実を着け，生育につれて地面にまで垂れ下がるようになる．直立枝は，主幹と同様に花や果実を着けることはなく，生育に伴い肥大して主幹のようになる．

葉は短い葉柄で対生し，アラビカ種の葉は長さ10～15cm，幅約6cmで濃緑色の長楕円形，カネフォラ種の葉は長さ15～30cmでやや淡緑色，基部が丸い楕円型で，表面は波状，リベリカ種の葉は長さ20～35cmで先端は短くとがっており肉厚である．

アラビカ種とカネフォラ種では斜生枝の葉腋に4～8つの花房を形成する．花は白色の星状花で，花房当たりアラビカ種で4花，カネフォラ種で6花である．リベリカ種では葉腋当たりの花房数は1～3で，花房当たり1～4花である．果実は円形あるいは楕円形で，成熟に伴い緑色から深紅色にかわる．成熟した果実には，外果皮，果肉，内果皮の3層の内側に，柔らかい銀皮（種皮）に包まれた半球形の2個の種子が存在する．

(3) 生理特性

アラビカ種の生育適温は16～24℃で，コーヒーベルトと呼ばれる南北緯25°の範囲で栽培される．赤道付近は高温のため，標高1,000m以上の高地で良質なコーヒーが生産されている．年間1,500～1,800mmの降雨量があり，開花期前に数ヵ月の乾季がある地域が望ましい．カネフォラ種の生育適温は19～32℃とアラビカ種より高温であり，南北緯10°の範囲内で標高600m以下の丘陵地や平地で栽培されることが多く，年間降雨量2,000mm以上の場所でも栽培は可能である．リベリカ種は他の2種に比べて環境に対する適応力が高く，湿潤な平坦地でも栽培可能である．

(4) 品種

アラビカ種の栽培品種として次のものがある：'ティピカ'は最も古い品種で原種に近く，生育は旺盛で早いが，銹病に弱い．ジャマイカのブルーマウンテンやハワイのコナコーヒーはこの品種である．'ブルボン'はティピカの突然変異種で，18世紀の初めに，ブルボン島（現在のレユニオン島）とモーリシャスに導入され，かつてはブラジルで多く栽培された．'カ

トゥーラ' は 'ブルボン' の突然変異種で，成長が早く生産性も高い．中央アメリカで広く栽培される．'ムンドノーボ' は 'ティピカ' と 'ブルボン' の自然交雑で生じたと考えられている．病虫害に強く生産性も高い．ブラジルで多く栽培される．'カトゥアイ' は 'カトゥーラ' と 'ムンドノーボ' の交配種である．高品質で，中央アメリカで広く栽培される．'マラゴジペ' はブラジルのマラゴジペで発見された 'ティピカ' の突然変異種である．生育旺盛で，アラビカ種の中で葉と実が最大である．

(5) 栽　　培

排水がよく腐植の多い苗床に播種し，最初は 50～60％の庇陰条件で育苗し，徐々に無庇陰の条件にする．播種後 1～2 ヵ月で出芽し，10～12 ヵ月育苗して移植する．

アラビカ種では，作業の容易化，病気予防，結果過多の防止のために，適当な高さで摘心し，整枝および剪定を行って樹形を整える．仕立て樹形には，単幹仕立てと多幹仕立てがある．

世界の多くの地域では直射日光の下でコーヒーを栽培しているが，マメ科植物などの庇陰樹を利用して永続的に庇陰栽培しているところもある．庇陰栽培により，直射日光による葉・気温の上昇が抑えられるとともに低夜温や霜の害が緩和され，気温の日較差が小さくなるなど，コーヒー樹への環境ストレスが軽減し経済的寿命が延びる．また，結果過多と隔年結果も防ぐことができ，安定した収量が得られる．

アラビカ種は植付け後 3～4 年で果実を着け始め，6～8 年で盛果期を迎える．開花から果実の成熟までの期間は 7～9 ヵ月で，果実は緑から赤色になり始めて 7～10 日で完熟となり，この頃から 2 週間後までが収穫時期である．

(6) 加工と利用

収穫した果実は，生産地で水洗式加工や乾燥式加工により，果実から種子を取り出す．

水洗式加工では，収穫後すぐに外果皮と果肉を除去する．次に，種子に付着して残っている果肉を自然発酵により分解し除去したのち，水分含量 12％程度にまで乾燥させる．乾燥後の種子は，パーチメントコーヒーと呼ばれ，内果皮を有した状態で貯蔵する．内果皮と種皮（銀皮）を取り除いたものがコーヒー豆であり，この状態で流通している．

乾燥式加工は，収穫後の果実を直ちに乾燥させる方法で，水洗式加工に比べて作業工程は少ないが，乾燥にかなりの期間（10～25 日）を要する．水分含量が 12％程度になるまで乾燥させ，その状態で保存する．脱殻機により，外果皮，果肉，内果皮，種皮を一度に取り除き出荷する．

コーヒーの生豆は，200～250℃で 15 分程度焙煎されることにより，特有の色と味，香りが引き出される．これを粉砕して，熱湯で成分を抽出して飲むものがレギュラーコーヒー，抽出した液体を，噴霧乾燥や凍結乾燥により粉末に加工したものがインスタントコーヒーである．コーヒーの品質は，品種や生育環境，栽培方法などにより影響を受け，各産地のコーヒー豆は，酸味，苦み，甘み，香りなど，独自の特徴を持つ．ブルーマウンテン，モカ，コナなど，それぞれの産地や輸出港の名称を銘柄名にして流通させ，そのままあるいはブレンドされて用いられている．

3）カカオ（英名：cacao，学名：*Theobroma cacao*）

(1) 来歴と生産状況

アオギリ科（Sterculiaceae），カカオ属（*Theobroma*）の常緑小高木で，南アメリカのアマゾン流域を原産とし，2,000年以上前に中央アメリカで原住民によって栽培化されたと考えられている．学名の *Theobroma* はギリシャ語で「神の食物」を意味し，古代の人々にとってカカオの実は神から授かった神聖なものとみなされ貨幣としても利用された．先住民は多汁な果肉を飲物に利用していたが，やがて種子をつぶしたものを飲むようになり，ココアやチョコレートを生産する手法の開発によってカカオは全世界で利用されるようになった．

17世紀にスペイン人がフィリピンのマニラでカカオ実生の移植に成功したのち，他のアジアやオセアニアの地域に広まり，19世紀末にはナイジェリア，ガーナなど西アフリカにまで伝わった．現在では，湿潤熱帯の多くの国で栽培され貴重な換金作物となっている．アフリカ，アジア・オセアニア，南北アメリカでの生産はそれぞれ64，22，14%を占める．

図3-34　カカオの果実と花

(2) 成長と発育

カカオは森林下層では樹高8～10mにまで成長するが，無庇陰では樹高は低くなる．樹形は，特徴的な仮軸分枝構造をとる．すなわち，実生は分枝せずに成長し，樹高1～2mに達すると頂芽の成長を停止する．その先端から3～5本の分枝が発達し，放射状に斜め上方に広がって伸びる分枝構造（fanと呼ばれる）を形成する．その分枝構造のすぐ下の幹から吸枝（sucker）が出て垂直に伸び，1m程度伸長すると成長を停止する．同様に先端から分枝が発達し第2の分枝構造を形成する．同様にして第3，第4の分枝構造を形成する．一般に，上層の分枝構造の形成により下層の分枝構造は退化する．

葉は，長さ20～30cm，幅7～10cmの楕円形で，吸枝では葉柄の長い葉を3/8の葉序でらせん状に着生するのに対し，分枝では葉柄の短い葉が互生する．花は両性花で，幹や分枝から直接分化するので幹生花（cauliflory）と呼ばれる．萼片は，花弁よりも大きくピンクあるいは白色である．花弁は紫縞のある白色で，先端部は黄色でへら状に広がっている．

果実は紡錘形の蒴果で長さ 15 〜 30cm, 径 7 〜 10cm で，表面に縦溝と小瘤がある．果実内部は 5 室に分かれ，粘液質の果肉と 25 〜 50 個の種子（カカオ豆）を含む．カカオ豆は，長さ約 2.5cm の扁平な長卵形で，アルカロイドのテオブロミン（約 1.5%）とカフェイン（約 0.2%）および 30 〜 50% の油脂（ココアバター）を含む．

(3) 生理特性

カカオは熱帯雨林の森林下層で自生している植物で，25 〜 28℃の熱帯湿潤の気候で最も生育がよい．赤道を中心に南北緯 15°の範囲の低地で主に栽培されている．降雨は 1 年を通して必要（年雨量 1,500 〜 2,000mm が最適）で，乾季のあるところでは灌漑が必要である．庇陰樹の下で栽培されることが多いが，十分な水と養分があれば，無庇陰でも生育は旺盛である．

(4) 品　種

品種はクリオロ（Criollo），フォラステロ（Forastero）および両者の雑種であるトリニタリオ（Trinitario）の 3 グループに大別される．クリオロとフォラステロはともにアマゾン上流の野生集団から分化したと考えられるが，その後，クリオロは中央アメリカで栽培化されたのに対し，フォラステロは南アメリカのギアナ地方で栽培化されたと考えられている．表 3-7 にクリオロとフォラステロの主な違いについて示した．クリオロは品質がよいが病虫害に弱いためあまり栽培されず，品質は少し劣るが多収で病虫害に強いフォラステロが生産の主流となっている．トリニタリオは，トリニダード島で交配され，クリオロとフォラステロの性質を受け継いでいるが，変種が多く形質の変異が大きい．

(5) 栽　培

土壌は深く肥沃で，排水がよく保水能力も高いことが必要である．1t のカカオ豆は 20kg N，4kg P，10kg K を含んでいることを参考に，その生産地の収量と庇陰樹による天然の供給量を考慮して施肥量を決める．一般に，無庇陰で栽培する場合は，庇陰栽培の少なくとも 2 倍の施肥量が必要である．

カカオは生育条件が良好なところでは直播することもできるが，約 6 ヵ月間育苗してから移植されることが多い．生育初期は，直射日光と強風を避け栽培する．栽植密度は，品種

表 3-7　クリオロ種とフォラステロ種の特徴

形　質	クリオロ	フォラステロ
果実の色	黄色から赤	緑から黄色
果実の形	長く尖っている	卵　形
果実の表面	凹凸があり深い筋	滑らかで浅い筋
果　皮	薄く軟らかい	硬く丈夫
種子の大きさ	大きく丸い	小さく扁平
果実当たりの種子数	20 〜 40	30 〜 60
子葉の色	淡いバラ色	紫
芳　香	強　い	弱　い
収　量	低　い	高　い

と土地の肥沃度にもよるが，通常 2.5 × 2.5 〜 3.5×3.5m の間隔で植えられる．庇陰で栽培する場合は，マメ科のデイゴ属やグリシディア属の樹木などが庇陰樹として用いられる．移植後，剪定を行い，必要のない分枝と吸枝を取り除いて樹冠を整える．通常，吸枝は幼木時に除かれ，分枝を 2 〜 4 本残し，それぞれの枝からさらに 3 本くらい枝を出させ，分枝構造を 2 段とするのを基本とする．

播種後 2 年目から開花するが，収穫は 4 年生樹から行い，盛果期は 10 年生樹頃からで，経済寿命は 20 〜 25 年である．開花し着果した果実のうち結実するものは 20 〜 30％程度で，果実の成熟には開花後 5 〜 6 ヵ月を要する．果実は成熟に伴い変色（品種によって色が異なる）するので，その色の変化により熟度を判別する．1 本の樹から年間 70 〜 80 の果実が収穫でき，約 20 果から乾燥豆 1kg が得られる．

(6) 加工と利用

収穫した果実は切開し，種子と果肉を取り出し発酵のための箱に入れる．その中では発酵により温度が約 45℃に上昇し，発酵により生じたアルコールは酸化して酢酸になる．生じた酢酸は種子の中に浸透し，胚は発芽能力を失う．発芽能力を失った種子は，細胞の構造が破壊されることで各種の酵素が作用し始め，種々の化学変化が起こる．重要なのはフェノール物質（カテキン，アントシアニン，特にロイコアントシアニン）の化学変化で，これによりカカオ豆独特の色と芳香が生まれる．発酵過程で粘着性の厚い果肉は液化して流出し，カカオ種子が残る．

発酵を終えたカカオ豆の水分含量は約 55％であるが，安全に貯蔵するためには 6 〜 7％にまで乾燥させる必要がある．しかし，豆中での酵素による化学変化が引き続き行えるよう急激な乾燥は避ける．乾燥は，カカオ果実の収穫が乾季に行われる地域では天日で行われることが多く，1 日数時間だけ天日に曝して約 7 日を要する．日射が少なく高湿度の地域では人工乾燥を行い，この場合も，酵素による化学変化が止まらないよう，60 〜 70℃でゆっくりと行う．乾燥した豆は等級分けされ輸出される．

カカオ豆は 90 〜 140℃で焙煎し，豆中の水分と酢酸を除去する．焙煎によりさらに着色と芳香が発達する．種皮の除かれた子葉を粗挽きしたものをカカオニブ（cacao nibs）と呼び，それを磨砕したものをカカオマス（cacao mass）と呼ぶ．カカオマスは，50 〜 60％の脂肪分が含まれるためペースト状態であり，圧搾により脂肪分を 2/3 程度除いて粉末にしたものがココアパウダー（cocoa powder），除かれた脂肪分がカカオバター（cacao butter）である．

ココアパウダーには興奮剤であるテオブロミンが約 1％含まれるが，その作用はカフェインに比べて穏やかである．カカオマスに砂糖とカカオバターを加えて固めたものがチョコレートである．カカオバターは融解点が 34 〜 35℃であり，体温よりわずかに低い温度で溶け始める性質を利用して，化粧品や医薬品にも用いられている．

4）ホップ（英名：hop，学名：*Humulus lupulus*）

(1) 来歴と生産状況

アサ科（Cannabaceae），カラハナソウ属（*Humulus*）の多年生草本で，ヨーロッパや西アジアに野生する．栽培種は南北半球の緯度 35〜55°でやや寒冷な地域で栽培されている（図 3-35）．古くから健胃，鎮静，鎮痙などの作用を持つ薬用植物として利用されてきたが，現在はビールの原料として多くが利用される．蔓性で，長さが 7〜12m にもなる．雌雄異株で，「球果（毬果）」と呼ばれる松毬状の雌花序（小花と苞の集合体，図 3-35 下）の苞基部にできるルプリン粒子（図 3-35 下）

図 3-35 ホップ園と球果（右下）およびルプリン（中央下）

に種々の成分が含まれ，苦味（α酸），爽やかな香り（精油），抗菌作用，泡の保持，清澄作用など，ビールの味や香りに効果をもたらす．

近年の世界の生産量は約 13 万 t で，ドイツ，アメリカ，中国，チェコ，スロベニアの順に生産が多い．日本の生産量は約 340t で，そのほとんどを東北地方で生産している．

(2) 成長と発育

夏から秋にかけて地上部の養分が地下部に転流して蓄積し，冬季は地上部が枯れ，地中株で越冬する．翌春，地温が約 15℃ にまで上昇すると，前年に形成された幼芽が萌芽する．商業栽培では，蔓を「登はん糸」と呼ばれるナイロン製の紐に巻き付けて伸ばす．人間のほぼ目線の高さとなった頃に側枝も伸び始める．主茎は 1 日当たり 10〜20cm も伸び，全長 8m くらいに達することもある．初夏（北海道の場合は 7 月）になると，柱頭が目立ち「毛花」と呼ばれる雌花序が発達する．この時期に雄株から花粉が飛んできて受精すると，種子を着けるが，商業栽培では雄株を栽培しないので，未受精のまま柱頭は脱落し，その基部付近から苞が成長して淡い緑色の松毬状の球果となる．8 月には苞基部のルプリン腺毛から分泌されたルプリンに α酸（フムロン）や精油が蓄積して黄金色になり，開花後 40 日頃に成熟期を迎えると，収穫となる．収穫は 1m ほど地上部を残して行い，残存部は霜の降りる頃まで放置し，養分を地下部へ移行させて翌年の成長に備える．

(3) 生理生態的特性

ホップは短日植物である．また，発育は年によって若干異なることから，温度の影響も受けていると考えられる．日長や温度に対する反応の強さについては品種間差があると思われるが，正確なところは不明である．

(4) 品種と育種

　改良の目的は明確であり，醸造家からは α 酸が多いもの（ビターホップ，高 α ホップ）や香りのよいもの（アロマホップ），それら特性を兼ね備えるものが求められ，生産者からは病気や害虫への抵抗性や多収性などの農業特性が求められる．雌雄異株のホップは，それぞれ遺伝的にヘテロである点が，育種を難しくしている．一方，栄養繁殖が可能であるので，優秀な 1 個体を探すことができれば，増殖が可能である．しかしながら，積極的に改良を図ろうとすれば，交配によって種子をとり，その後代から優秀な個体を選抜せねばならない．現在，世界第 1 位の生産国であるドイツでの品種改良は 9 世紀に始まっているが，本格的な育種事業は 1920 年代からである．芳香の優れたアロマホップとして有名な'ハラタウミッテルフリュー' は主要な病害であるべと病に対して弱いので，これに抵抗性を付与するためにバイエルン州農業試験場で品種改良が始められた．ホップは環境条件に敏感であり，日本国内の育種事業では外国品種をそのまま栽培しても，十分な栄養成長を行う前に開花が起こるので減収する．したがって，商業栽培の南限に近い日本の産地では，そのまま利用することはできない．日本のホップ栽培は当初からビール会社とのつながりが強く，品種開発は大手ビール会社の手によって行われてきた．近年では，2001 年以降に日本でホップの新品種を登録した国内組織はサッポロビール株式会社のみで，品種は 'リトルスター' や 'フラノスペシャル' などである．

(5) 栽　　培

　圃場の条件としては日当たりがよいことに加え，土壌は肥沃で作土が深く，水はけがよくなければならない．また，風が強い場所は，枝折れや棚倒壊につながるため，不向きである．したがって，多年生の作物であるホップの栽培には，圃場を慎重に選ぶべきである．繁殖は種子ではなく主茎の基部や地下茎を使用する．春には越冬した株から無数の芽が成長するが，栽培に必要な主茎を登はん糸に誘引し，不要な芽は切除する．ホップの蔓は左巻き（真上から見ると時計回り）である．蔓には登はん毛という小さい棘があり，これが紐にしっかり絡み付く．収穫作業は圃場での蔓切りから始まり，速やかに倉庫まで運び，花摘み機械で蔓から球果を摘果して，同日のうちに水分 5% まで乾燥させて放冷後に水分を 10% 程度までにする．

(6) 品質と利用

　収穫，乾燥したホップは，通常は品種ごとにペレットやエキスなどに加工され，苦味成分や精油成分が変質しないよう，酸素と高温を避ける包装で保管し，ビール工場まで運ぶ．ビール醸造では糖化した麦汁を煮沸するときにホップが加えられ，このときホップ由来のフムロンがイソフムロンに変化し，苦味が付与され，併せて精油成分が香りをもたらす．また，ホップタンニンは麦汁の濁りをなくす．醸造家はまず麦芽とホップの品種，量の組合せやホップ添加時期を仕込み工程で調整し，その後の発酵と貯酒を経て，目的のビールの香味を目指す．近年，ホップの持つ種々の抗菌・抗ウイルス作用，女性ホルモン様作用，アレルギー軽減作用などが解明され，その機能性も注目されている．

5）タバコ（英名：tobacco，学名：*Nicotiana tabacum*）

(1) 来歴と生産状況

ナス科（Solanaceae），タバコ属（*Nicotiana*）の一年生草本で，染色体数は $2n = 4x = 48$．アメリカ大陸の先住民が古くから利用していた．7世紀のマヤ文明の遺跡に刻まれた葉巻状のたばこを吸う神の彫刻は，人類による利用を示す最も古い資料とされる．15世紀末，コロンブスによりヨーロッパに伝えられ，その後急速に世界に広まった．日本への葉たばこの伝来は天正年間（1573～1592），タバコ種子の伝

図3-36　タバコの草姿

来は慶長年間（1596～1615）と推定される．タバコ属には71種が知られるが，栽培種はN. tabacum と N. rustica のみで，N. tabacum は世界中で栽培されるが，N. rustica は中近東～中国山岳地帯に限られる．N. tabacum が2倍体種の N. sylvestris と N. tomentosiformis, N. rustica（$2n = 4x = 48$）も2倍体種の N. paniculata と N. undulata の交雑による異質倍数体と考えられている．N. tabacum の原産地はアンデス山脈東側のボリビア～アルゼンチン北部地域と推定される．

近年の世界のタバコ生産量は700万t，栽培面積は400万ha程度で，中国の生産量が全体の40％，ブラジル，インドが各10％，アメリカが5％を占める．日本の生産量と栽培面積は1960年代半ばの20万t，9万haを頂点に減少し，近年は3万t，1.5万haである．

(2) 成長と発育

生育の最低，最高，最適温度は8～9℃，約38℃，25～28℃である．生育期間の雨量が250～500mmで，成熟期には乾燥気候が適する．過湿土壌は嫌う．草丈は1～2mで，葉は約60×30cm，開度144°または135°のらせん葉序で互生する．主幹の葉数は30～40枚であるが，収穫する葉数は黄色種で18枚程度，バーレー種で25枚程度である．花は5枚の萼と花弁，5本の雄ずいと1本の雌ずいからなり（白～桃色の花弁が集合した筒状花），総状花序を呈する．開花は主幹頂端の「さきがけ花」から始まり，順次下位に移る．自殖性が強く，蒴果は1,300～1,500の種子を含む（千粒重は0.06～0.08g）．高畝栽培での根系は，移植苗の根が発達した基本根（主根）と土寄せした茎から出る不定根からなる．

(3) 生理生態的特性

種子は光発芽性であるが，光を必要とする度合いは品種で異なる．タバコは光周性の発見を導いたが，栽培種の多くは短日で開花が促進される量的短日植物か，中性植物に分類される．動物に毒性を示す防御物質と考えられるアルカロイドのニコチン，ノルニコチン，アナバシンを持つが，栽培種の主要なアルカロイドはニコチン，野生種はノルニコチンである．ニコチンは香喫味（喫煙時の香り，味，刺激などの総称）に影響を及ぼす重要成分で，根端細胞で合成され，蒸散流に乗って地上部へ移動し，組織細胞の液胞に蓄積される．

(4) 品　　種

<u>日本在来種</u>…伝来したタバコが各地の気候風土に適応するよう選抜され，在来品種群が成立した．キセルで喫煙する細刻みたばこの材料として発達したが，紙巻きタバコにも利用される．1897年には70種以上の種類があったが，現在は'松川'，'だるま'，'白遠州'の3品種のみが栽培される．

<u>黄色種</u>…間接火力乾燥で仕上げる品種群で，葉たばこは黄色で糖含量が高く，甘みを含む特有の香気がある．紙巻たばこの主要原料で，世界の生産量の約60％を占め，日本では中国地方，四国，九州などの西南暖地で栽培される．

<u>バーレー種</u>…オハイオ州でアメリカ在来種から見出された淡黄緑色の突然変異系統で，チョコレートのような香りとさわやかな喫煙感を与える．世界の生産量の約10％を占め，黄色種よりも肥沃な土壌に適し，日本では東北地方で栽培される．

その他，芳香が強いオリエント種，葉巻たばこ原料用の葉巻種などがある．

(5) 栽　　培

播種から収穫まで160日，乾燥を含めて180日程度を要する．種子を苗床（親床）に播き，本葉が5～6枚の苗をさらに別の苗床（子床）に植え替え（仮植），本葉が10枚程度の苗を本畑に移植する．仮植は，苗の生育を揃え発根を促す．微小な種子は均一散布が難しいので，多量の水と如雨露で散布することが多い（水播き法）．光発芽性の品種が多いので，砂や細末堆肥で薄く覆土する．高畝と被覆を組み合わせた栽培体系では，本畑への移植時期は外気温12～13℃の頃が目安となる（九州の3月～北日本の5月）．栽植密度は，黄色種2,000，在来種4,000，バーレー種2,500本/10aである．移植後1ヵ月頃に土寄せし，不定根の発生を促す．さきがけ花の開花（移植後2ヵ月頃）後間もなく花梗部を切除する摘心作業（心止め）は，同化物質を葉に集中的に蓄積させ，頂芽優勢も失わせる（オーキシン濃度が低下しニコチン合成が活発化）．心止め後は腋芽が成長するので，手摘み除去か腋芽抑制剤を散布する．葉の成熟期判定は葉色（葉緑素が減少し黄色～黄緑色となる），中骨（主脈）の色（白くなる）や葉を掻き取る際のポキッという鳴折音などが目安で，1枚ずつ掻き取る葉掻き方式と幹ごと刈り取る幹取り方式がある．収穫時の着葉位置で下葉，中葉，合葉，本葉，上葉に区分する（葉分け）．幹の中央付近の合葉と本葉は形状と品質が優れ，下位，上位ほど形状は悪く，品質も低下する．葉たばこに仕上げる乾燥作業では，酵素作用で葉中のタンパク質やデンプンなどを分解し，ニコチンなどの一部成分を揮散させながら脱水も行う．

(6) 品質と利用

葉を葉たばこ，葉たばこを原料として喫煙用，噛み用または嗅ぎ用に供する状態に製造したものを製造たばこという．外観や利用形態から紙巻たばこ（シガレット），葉巻たばこ（シガー），パイプたばこ，細刻みたばこなどに分ける．香味料，準香味料，緩和料，補充料など役割により区分された原料をブレンドして製品化する．タバコ属植物は，花の観賞用の他，植物研究のモデル植物として体細胞雑種植物（プロトプラスト融合），形質転換植物の開発（アグロバクテリウム），半数体育種法（葯培養）の確立などに寄与してきた．

4．香辛料作物，芳香油料作物，染料作物，薬用作物

1）コショウ（英名：pepper，学名：*Piper nigrum*）

（1）来歴と生産状況

コショウ科（Piperaceae），コショウ属（*Piper*）の多年生蔓性植物で，染色体数は $2n = 4x = 52$ の4倍体，インド西部ガーツ地方の原産である．コショウの果実をそのまま乾燥したものが黒コショウ，果皮を取り除いたものが白コショウである．香辛味だけでなく防腐効果と矯臭効果があり，スパイスの王様と呼ばれる．現代では塩と並ぶありふれた調味料として日常的に使われるが，古代〜中世のヨーロッパでは高価な貴重品であった．

図 3-37　コショウの果実（左）と花（右）

紀元前5世紀にはインドからアラビアを経由してヨーロッパに伝えられ，6世紀頃にはマレー半島などで栽培されている．中世にはエジプトのアレキサンドリア，イタリアのジェノバやベニスがコショウ貿易で繁栄したが，1498年にバスコ・ダ・ガマがインドへの新海路を開拓したあとはポルトガルがコショウ貿易を独占した．その後，17〜18世紀にオランダが植民地のジャワ島やスマトラ島で，19世紀にイギリスが植民地のマレー半島で大規模に栽培している．20世紀には日本人移住者によってブラジルで栽培が始められた．コショウが日本にもたらされたのは奈良時代であり，756年に薬として東大寺正倉院に収蔵された記録が残る．

近年の世界のコショウ生産量は約40万 t で，栽培面積は約56万 ha，約80％が黒コショウ，約20％が白コショウである．ベトナム，インドネシア，ブラジルの順に生産量が多く，その他にインド，中国，マレーシア，スリランカ，タイなどの約26ヵ国で栽培される．

（2）成長と発育

木本化する常緑の蔓性植物で，茎の直径は4〜6cm，長さは7〜8m になる．節の部分から気根を出して他の樹木などに絡みつく．葉は長さ10〜18cm の長心形から卵状楕円形で互生する．長さ10〜15cm の穂状花序が葉と対生する位置に着生し，下垂する．野生種は雌雄異株であるが，栽培種は雌雄同株で，両性花または雌雄異花の単性花が花序軸に密集する．果実は直径3〜6mm の液果で，1つの花序に50〜70個程度が着生する．開花から成熟には約6〜8ヵ月を要する．果皮は緑色で完熟するにつれて黄色から赤色に変色するが，収穫後に乾燥すると酵素の作用で濃褐色から黒色となる．

（3）生理生態的特性

生育には南北緯度20°以内の熱帯多雨地帯が適し，年間1,000〜3,000mm の降雨量が必要とされる．生育適温は20〜30℃で，10℃の低温や40℃の高温にも耐える．インドでは標高800〜1,500m の高地でも栽培されている．土壌の適応性は広く，pH4.5〜6.5の

範囲の土壌で栽培可能である．

（4）品種と育種

コショウの品種は世界で 100 種類以上がある．インドでは，世界初のハイブリッド種である 'Panniyur-1' やケララ州で最も一般的で多収の 'Karimunda' などが栽培される．多収性，高品質，耐病性などを育種目標に品種育成が行われる．インドでは Calicut の Indian Institute of Spices Research（IISR），Panniyur の Pepper Research Station，マレーシアでは Sarawak の Research Branch，Deperment of Agriculture などで育種研究が進められている．

（5）栽　　培

種子繁殖も行われるが，挿し木による繁殖が一般的である．定植後 6 〜 18 ヵ月の若木から分枝を採取し，苗床で育苗して約 1 年後に畑に移植する．移植後約 3 年目から収穫が始まる．蔓植物なので栽培には支柱が必要である．ブラジル，タイ，マレーシアなどでは湿気に強く腐りにくい堅木やコンクリート製の支柱を用いた集約的な栽培が行われ，インドやインドネシアではデイコ（*Erythrina variegata*），グリリシディア（*Gliricidia sepium*），カポック（*Ceiba pentandra*）などの生木を支柱に用いる粗放的な栽培が行われる．集約的な栽培では 1,600 〜 2,000 本 /ha のコショウが植えられ，経済年数は 10 〜 15 年，収量は 1 個体当たり 5kg 以上である．粗放的な栽培での収量は 1 個体当たり 2kg 程度であるが，経済年数は 25 年以上である．インドの例では，施肥量はコショウ 1 個体当たり窒素 100g，リン酸 40g，カリ 140g を化成肥料で 1 年間に数回に分けて施肥し，堆肥も与えている．

収穫は，黒コショウの場合，果皮が黄色となった果実が花序に 1 〜 2 個見られる程度で，全体に緑色が残る状態の花序を手作業で摘み取り，花序を脱穀したのち，3 日程度日光で乾燥させる．乾燥前に 1 〜 2 分熱湯につけて果皮の褐変を早める場合もある．乾燥後の水分含量は 10% 程度である．白コショウは，黒コショウの場合よりも成熟が進んだ段階で花序を収穫し，流水に数日間浸漬したのち，もみ洗いして果皮を除去してから乾燥させる．

コショウの病害虫では根腐病（*Phytophthora capsici*）やネコブセンチュウ（*Radopholus similis*）による被害が大きい．

（6）品質と利用

コショウのピリッとする辛味成分はアルカロイドのピペリンとその立体異性体であるシャビシンである．ピペリンの含量は 6 〜 9% で，主に果皮に含まれる．白コショウは果皮を除去しているので，香辛味は黒コショウの 1/4 程度になる．芳香性のある精油の成分はピネン，サビネン，リモネン，カリオフィレン，リナロールなどのテルペン類で，含量は 2 〜 3% 程度である．品質は，ピペリンと精油およびオレオレジンの含量で評価される．精油にはピペリンが含まれず，芳香成分として香水，香辛料，化粧品，洗面用品などの製造産業で利用される．有機溶媒で抽出するコショウのオレオレジンは香り，辛み成分が含まれて商業的価値が高く，近年需要が伸びている．

2）ウコン（英名：turmeric，学名：*Curcuma longa*）

(1) 来歴と生産状況

ウコンはショウガ科（Zingiberaceae），ウコン属（*Curcuma*）の多年生草本で，ウコン属には50種類以上が認められている．多くの種は地下に根茎（図3-38）を形成して栄養繁殖を行う．原産地は東インドと考えられており，南アジアを中心に，アジア，アフリカ，中南米の各大陸の熱帯・亜熱帯に広く分布する．

日本には17世紀の琉球王朝時代に明王国（明朝）との貿易を通じて導入され，沖縄県を中心に栽培されている．ガジュツ（後述）を除くウコンの作付面積は全国では50ha程度で，沖縄県はその60～70％を占める．沖縄方言ではウッチンと呼ぶ．

図3-38　ウコン（秋ウコン）の根茎
（写真提供：山根孝志氏）

(2) 成長と発育

熱帯，亜熱帯では生育旺盛で，わが国では沖縄県で栽培すると2mを超えることもある．葉は長楕円形で互生し，葉柄は偽茎を形成する．したがって，ウコン類には茎が地上部にはなく，地下部に根茎として存在する．花穂は主根の最上位から伸び，花穂上部には葉緑素を持たない冠葉を持ち，その下に房が連なり，下部から上部にかけて開花する（図3-39）．

(3) 生理生態的特性

沖縄県における生育経過は高温多湿な気候を好み，生育適温は20～30℃で，最高気温が20℃を下回ると生育は停滞，塊根の肥大も止まり，10℃以下になると枯死する．このため，生育は気温上昇により高まり，収量も増加する．沖縄県での生育期間はおよそ10ヵ月で，温度が制限要因である．他府県ではさらに温度が低いため，収量も沖縄県より低い傾向にある．沖縄県における生育過程は以下の通りである：①発芽可能温度に達する3月初旬に根茎を植え付けるが，4～5月の初期生育は緩慢．②6月初旬～9月の温度が高い時期に生育旺盛期を迎える．この頃に葉数と根数が増加し，主根茎の肥大も開始．③8～9月に最頂葉の基部近傍から花穂が伸長し，開花．④9月で地上部の生育はほぼ停滞し，下位葉から黄化が始まる．その後，収穫期の12月まで葉の黄化と枯死が進むが，地下部では側根茎が肥大．

(4) 品　　種

ウコンには同属別種が存在し，一般的なウコンとして知ら

図3-39　ウコンの花
（写真提供：安和良盛氏）

れる Curcuma longa は「秋ウコン」と呼ばれる．この他，C. aromatica は「春ウコン（キョウオウ）」，C. zedoaria は「紫ウコン（ガジュツ）」と呼ばれる．秋ウコンの名称は，秋に開花することに由来する．C. aromatica は秋にも開花するが，大きな根茎を植え付けると春に直接根茎から花穂を抽出することがあるので，春ウコンと呼ばれる．秋ウコンは葉の裏に毛がなく，根茎の切断面が橙色であるのに対し，春ウコンは葉の裏に毛があり，根茎の切断面は黄色なので，区別は容易である．また，紫ウコンの根茎の切断面は青紫色を呈している．

(5) 栽　　培

繁殖は根茎による栄養繁殖で行う．植付けは，根茎の成長に必要な20℃を上回る時期に行う．ウコンの収量は温度に起因する生育期間に左右される場合が多いので，春先の低温期に根茎を20℃以上の条件に一定期間（1ヵ月程度）置き，発芽を早めると生育期間を延長できる．種根茎が大きいと収量も高い傾向があるので，30～50gの根茎を植え付けるとよい．植付けは深さ15cm程度が望ましく，深すぎると収穫時の掘取りが困難となり，浅すぎると風などによる倒伏に弱くなる．夏季の生育旺盛時期には多量の養分を必要とする．また，乾燥は収量の低下に直結するため，灌水装置の設置が有効である．施肥は，緩効性肥料を主体に元肥として10a当たり窒素12kg，リン酸12kg，カリ12kgおよび堆肥2t程度を，生育旺盛期に窒素2kg，カリ6kgを土寄せと同時に追肥で与える．台風による被害にきわめて弱いので，台風常襲地帯では防風対策も重要な課題となる．

(6) 品質と利用

ウコン類の根茎には黄色色素のクルクミン類や有用な精油成分が多く含まれているので，薬用植物として利用される．クルクミン類は，繊維などの染料としても用いられ，「ウコン染め」として親しまれている．また，根茎を粉末状にして香辛料のターメリックとして利用でき，日本での消費量はインドに次ぐ世界第2位である．ウコン類の有効成分は異なり，クルクミン類の含量が秋ウコンでは0.3%程度であるのに対し，春ウコンでは0.1%未満と少ない．また，クルクミン類を構成する主要な3種類の構成成分であるビスデメトキシクルクミン，デメトキシクルクミン，クルクミンのうち，秋・春ウコンともクルクミンの割合は全体の70～80%程度と高いが，春ウコンではビスデメトキシクルクミンはほとんど生産されない．同じ秋ウコンでも，系統により高いクルクミン生産（3%以上）を示すものもある．沖縄県での琉球王朝時代から栽培されている秋ウコンはクルクミン含量が0.3%程度の前者に属する．精油成分は秋ウコンで1～5%であるのに対し，春ウコンでは6%程度と高い．クルクミン，精油成分それぞれが独自の効能を有するので，用途によって使い分ける．紫ウコンにはクルクミン類がほとんど含まれていない．

ウコンの利用方法は，根茎を乾燥して粉末状にしたものを顆粒や錠剤にして利用する，お茶として飲む，あるいは泡盛の希釈用に利用するなどが一般的である．生のウコンをすり下ろして水で割って飲むなどの利用もある．効能としては，肝機能促進，抗酸化作用，動脈硬化抑制，アルコール分解作用などが注目されている．

3）ワサビ（英名：wasabi，学名：*Eutorema wasabi*）

(1) 来歴と生産状況

日本列島およびサハリン原産で，澄んだ渓流に生育するアブラナ科（Brassicaceae または Cruciferae），ワサビ属（*Eutrema*）の多年生草本である．すりおろして利用される部位は根茎である．飛鳥時代から薬草として利用され，その後，薬味としても利用されるようになった．江戸時代には静岡県で栽培されていた記録があり，静岡市と伊豆を中心に各地に広まった．

ワサビは水ワサビ，畑ワサビ（沢ワサビ，陸ワサビ（農林水産省では水わさび，畑わさびと分類））に区別されるが，植物分類上は同一で，栽培場所の違いによるものである．しかし，水ワサビでは根茎の生産が主であるのに対し，畑ワサビでは葉柄の生産が主である．近年の全国の水ワサビと畑ワサビの生産量は，それぞれ約 1,600t と約 1,100t である．水ワサビ栽培の主産地は長野県で，静岡県がそれに次ぎ，両県で全国生産量の約 90％を占めている（図 3-40）．一方，畑ワサビは岩手県，静岡県，山口県，大分県が主産県である．なお，類似名のセイヨウワサビ（英名：horseradish，学名：*Armoracia rusticana*）は，ワサビダイコンの別名もあるヨーロッパ原産のアブラナ科，セイヨウワサビ属（*Armoracia*）の多年生草本で，肥大した根が粉ワサビの原料として用いられる．

図 3-40　ワサビの覆下栽培
長野県安曇野市．（写真提供：今井　勝氏）

(2) 成長と発育

冷涼な気候を好む半陰生の植物である．水ワサビでは水温は年間を通じ 9 ～ 16℃の範囲がよく，これより高くなると根茎の肥大が悪くなり，また，病気が発生しやすくなる．溶存酸素濃度が低い場合も，病気が発生しやすくなる．ワサビ田での栽培は，一種の礫耕であるので窒素，リン，カリウムなどの養分も用水に十分溶存していることが必要である．畑ワサビの栽培適地は，夏季の気温が 23℃以下で，冬季の気温が－3℃以上（低すぎると凍害で根茎が腐敗および枯死する）の地帯となる．また，半陰生であることから，水ワサビ，畑ワサビともに北，東または東北向きの傾斜地での栽培，あるいは庇陰樹や寒冷紗下での植栽が望ましい．

3 ～ 4 月に開花後，種子は 5 月下旬から 6 月上旬に成熟するが，発芽には低温への遭遇が必要で，2 月下旬から 3 月上旬に発芽する．ハート型の葉を互生し，5 ～ 6 月にかけ盛んに生育し，新葉を展開しながら茎葉の伸長と根茎の肥大が起こり，葉柄の基部には腋芽が発生する（図 3-41）．夏季には高温のため生育が一時停止し，秋になり涼しくなると成長が再開する．翌春，再び生育を開始し，花芽に分化した腋芽の一部が秋から伸長を始め，春に開花する．その年も同様な生育経過で株は伸長肥大する．腋芽の一部は伸長し，分枝茎（子株）

となり葉を展開していく．植付け後，18〜22ヵ月で根茎の発達は緩慢となり，そのまま置いておくと，元の根茎は次第に枯死する．

(3) 栽　培

　水ワサビは山間地方において，良質の水に恵まれた渓流を利用して，砂礫や砂で作った専用の田で栽培する．ワサビ田には，河川や伏流水の水量，谷幅，河川の勾配などの特性を考慮した渓流式，地沢式，畳石式（伊豆式），平地式（穂高式）という方式がある．畑ワサビは，日照時間が短く，排水性，保水性ともに良好な傾斜地で，落葉性の樹木などで被陰して栽培する．水ワサビ，畑ワサビとも移植栽培するが，苗の繁殖様式は実生と栄養繁殖がある．実生の場合，畑ワサビの栽培と同様な環境条件下で播種，栽培し10〜11月に採苗する．栄養繁殖では，収穫時に分枝茎を掻き取ったものを苗として用いる．収穫は植付け後18〜22ヵ月頃，根茎の肥大状況と消費の季節変動によって決まるが，開花期には辛みが少なくなる．収穫はワサビ田1枚ごとに一斉に行い，その後床洗いを行い，次の植付け準備を行う．分枝茎は次作の苗にするとともに，わさび漬けの材料となる．

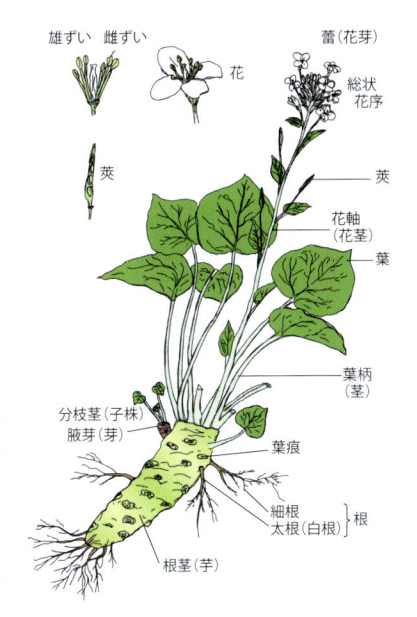

図3-41　ワサビの形状
（長谷川嘉成ら（編著）：わさび博物誌，金印，2004 より）

(4) 品　種

　品種は葉柄および根茎の色の違いによる青茎系と赤茎系という分類と，繁殖様式により分類される．栄養繁殖用品種には'伊沢達磨'，'真妻'，'もちだるま'，'三宝'，'あまぎみどり'などが，種子繁殖用品種には'小沢だるま'，'ふじだるま'，'賀茂自交-13'，'静系-12'，'島根3号'などがある．赤茎系は，生育は遅いが辛みは強い．また，畑ワサビに適した品種には'ふじだるま'，'みどり'，'静系-12'，'みさわ'，'みつき'などがある．

(5) 品質と利用

　おろしたワサビの辛みの主成分はアリルイソチオシアネート（カラシ油）で，ワサビ中ではシニグリンというグルコシノレート（カラシ油配糖体）の一種で存在し，すりおろすことによって局在性の異なるミロシナーゼという酵素と接触し，アリルイソチオシアネートとなり辛みが生じる．この物質には防腐・殺菌効果もある．グルコシノレートにはシニグリン以外にも多数あり，セイヨウワサビやカラシの種子などで組成が少しずつ異なっている．ワサビは，生のまま出荷され，すりおろして利用されたり，「練りわさび」や「わさび漬け」に加工されるとともに，薬草として漢方では山葵根（さんきこん）と称されている．すりおろしての利用では，粘りの強さ，さわやかな香り，後味の甘さの感じられるものが品質としてよいとされる．

4）ハッカ類（英名：mint, 学名：*Mentha* spp.）

(1) 来歴と生産状況

ハッカの仲間はシソ科（Lamiaceae または Labiatae），ハッカ属（*Mentha*）の宿根性の多年生草本で，2亜属（*Pulegium* および *Menthustrum*）15種からなるが，主な栽培種は日本で主に栽培されているハッカ（ニホンハッカ，英名：Japanese mint, 学名：*Mentha arvensis* var. *piperascens*）（図3-42），ヨーロッパで広く栽培されているペパーミント（セイヨウハッカ，英名：peppermint, 学名：*M. piperita*）およびスペアミント（ミドリハッカ，英名：spearmint, 学名：*M. spicata*）である．ハッカを

図3-42　開花期のハッカ

「和種薄荷」，それ以外を「洋種薄荷」とも呼んでいる．ハッカ属植物は交雑しやすく，自然および人為的交配種の各系統を含めると数百種類にも及ぶといわれる．

「洋種薄荷」は南ヨーロッパ原産で，紀元前1550年頃にはエジプトですでに栽培されていた．古代ギリシャやローマでは香料として，その後は薬用，料理用としても利用された．近代的な栽培は18世紀にイギリスで始まり，やがてヨーロッパやアメリカへ広がった．

「和種薄荷」は中国原産であるが，わが国にも野生している．わが国でのハッカ栽培は中国から古い時代に導入されていたが，メントールを採取する作物として本格的な栽培が始まったのは江戸時代で，岡山県で始まり，全国に広がった．明治に入ると産地が山形県に移り，さらに1897年（明治30年）頃に北海道の北見地方へ導入され，1939年には栽培面積が約2万haと世界的な生産地となった．しかし，合成メントールの普及や海外製品の輸入が急増し，現在の国内生産はごく限られている．

近年のFAO統計に見られる世界のペパーミント栽培面積は2,800ha, 生産量は7万4,000tで，主要国はモロッコ（6万5,000t），アルゼンチン（7,100t），ブルガリア（730t），スペイン（600t）などであるが，アメリカ農務省統計では，アメリカのペパーミントとスペアミントの作付けは約7,000haである．

(2) 栽　　培

ハッカの適地としては，温暖多照で適度の降水があることが望ましいが，精油含量を高くし，また，乾燥作業を行ううえで，収穫期には晴天が望まれる．ハッカの地下茎（種根）は凍害にも強いため寒地での栽培も可能であり，日本では岡山県や，北海道の北見地方で主産地を形成した．ただし，暖地では年2〜3回収穫が可能であるのに対し，北海道では年1回の収穫が普通であった．植付けは挿し芽でも行えるが，通常は種根を植え付ける根植え法による．種根の増殖率は0.5〜10倍で，他作物と比べると低い．北海道では秋または春に，暖地では12月に植付けを行い，4〜5年連作したあとに更新する．耕起整地した畑に畝幅

を60cmぐらいに作条し，株間を10cmぐらいとして植え付ける．肥料は，窒素，リン酸，カリをそれぞれ10a当たり8〜9kg，10〜12kg，7〜10kgを施す．毎年萌芽数が増えていくため，生え幅30cm，削り幅30cmとなるよう作条し，過密にならないよう管理する．収穫は，精油（essential oil）の生産量が最も多くなる着蕾期から開花期にかけて行う．茎葉を収穫後1〜2週間陰干しして乾燥し，水分を20〜35％とする．乾燥が長期にわたると，落葉や精油の樹脂化が起こり，収油率や香味も低下する．

(3) 品種

ハッカの品種には，岡山県を中心とした暖地向き品種と，北海道の寒地向き品種がある．育種は多収性，収油率，耐倒伏性と耐病・耐虫性で選定され，北海道向け品種における育種の効果は大きかった（表3-8）．また，岡山県でも'さんび'，'はくび'が育成された．

(4) 品質と利用

乾燥した茎葉から水蒸気蒸留によって精油（取卸油と呼ぶ）を得，さらに遠心分離により「薄荷脳」と呼ぶメントールの針状結晶と「薄荷油」を得る．ハッカの精油成分濃度は葉や花で高く，茎では非常に低い．ハッカの精油成分は，メントールが70〜85％と高い．ペパーミントではメントールは50〜65％であるが，香味はハッカより優れている．スペアミントはメントールを含まず，カルボンを50％程度含む．ハッカの地上部は，生薬の「薄荷」として健胃，駆風薬として家庭薬に配合する他，防風通聖散や加味逍遙散などの漢方処方に配合される．抽出したメントールは石鹸，タバコ，歯磨きの香料など，清涼用の口中香料，飲み物など，また，薄荷糖，薄荷ドロップなどに使用される．ペパーミントとスペアミントは，生葉を肉・魚料理のソースに入れたり，カクテルの緑色と香りを付けたり，精油成分はチューインガムの香料，洋菓子のスパイスやエッセンス，歯磨きや化粧品の香料，薬用など，さまざまな用途がある．

表3-8 北海道向けハッカ品種の収量および精油関連特性 *

品種	品種決定（年）	10a当たり収量（kg）生草重	10a当たり収量（kg）収油量	収油率（％）	採脳率（％）**	メントール（％）単体	メントール（％）化合物
あかまる	1924	1,730	3.1	0.18	46	78.2	4.0
ほくしん	1938	2,010	3.4	0.17	58	79.3	3.3
まんよう	1953	2,330	5.6	0.24	57	78.2	4.0
すずかぜ	1954	2,540	5.2	0.20	60	79.S	3.3
おおば	1962	4,530	7.3	0.16	48	69.8	6.6
ほうよう	1965	3,360	10.7	0.32	11	72.4	5.7
あやなみ	1968	3,110	13.5	0.43	17	70.6	4.9
わせなみ	1973	3,650	16.9	0.46	49	73.3	3.7
さやかぜ	1975	3,870	17.4	0.45	55	77.0	1.6
ほくと	1983	3,880	18.2	0.47	47	68.4	4.6

* 遠軽試験地 生産力検定試験（古山三郎：日本の薄荷，日本はっか工業組合，1996）より．
** 精油中の薄荷脳（メントールの針状結晶）の割合．

5）ラベンダー（英名：lavender，学名：*Lavandula* spp.）

(1) 来歴と生産状況

シソ科（Lamiaceae または Liabiatae），ラベンダー属（*Lavandula*）の多年生草本または低木で，香料や薬用の原料として利用される真正ラベンダー（*L. angustifolia*），スパイクラベンダー（*L. latifolia*），ラバンディン（*L.* × *intermedia*）3種が主であるが，*L. stoechas* など，観賞用も含めてラベンダーと総称される．ラベンダー利用の記録は，エジプト王朝時代からある．紀元前500年頃ギリシャ移民がフランスに持ち込み生育地が広がり，葉や花を浴湯用や香料

図 3-43　ラベンダー（真正ラベンダー）
（写真提供：坂本貴浩氏）

などに使った．中世以降，直火式蒸留器による精油生産が始まり，利用は広がった．1720年頃，ペスト菌を媒介するノミの駆除にラベンダー油の効果が示されたのを契機に，グラースで香水産業が盛んになり，栽培は南フランス一帯に拡大し，1880年代には水蒸気蒸留法が始まって精油の生産量は飛躍的に増加した．さらに1910年頃，フランスのガットフォセがラベンダー油の薬効を発表して，アロマセラピーが注目された．日本には1810年頃に渡来したが，香料原料としての本格栽培は，香料会社の曽田政治が1937年にフランスから導入した種子をもとに，1940年から北海道で始まった．現在，香料用ラベンダーとして栽培および採油している地域は，南フランスを中心に，世界各地に広がっている．日本では観賞用としても人気がある（図3-43）．日本のラベンダー油とラバンディン油の総輸入量は約45tで，フランスから35t，アメリカ3t，オーストラリア2t，イギリス1tなどである．

(2) 成長と発育

草丈0.3〜1.0m，幅1mの大株となる品種もある．緑〜灰緑色の4稜を持つ茎に，無柄，線形，全縁または鋸歯を持つ厚みのある葉を対生する．晩春〜夏に開花する．穂状の輪散花序に，唇形の小花を多数着ける．花冠は2唇形で，上唇は2裂，下唇は3裂し，裂片はいずれも同形同大で，雄ずいは4本，子房は4室からなる．花および茎葉を利用する．

(3) 生理生態的特性

原産地は地中海沿岸，アフリカ北部，インド，西アジア，大西洋諸島，カナリア諸島などで，温暖で乾燥した明るい山地に自生する．耐寒性があるが，高温多湿や酸性土壌を嫌う．香気の主原料となる酢酸リナリルは，栽培地が高地であるほど含量が増す．花芽分化と抽苔は，一定期間の低温とその後の温度上昇と長日を必要とする．花芽分化に低温を要する緑植物春化型の特性を持ち，ジベレリンの蓄積が関与すると考えられている．

(4) 品種と育種

本属約38種は種間交雑しやすいのが特徴で，300以上の品種がある．真正ラベンダーを中心に約10種から芳香油を採取するが，主に採油目的で栽培するのは3種である．真正ラ

ベンダー（図 3-43）には 'ヒッドコート'，'ロゼア'，'ナナアルバ'，'おかむらさき'，'濃紫 3 号' などの品種がある．地中海沿岸の標高 1,000m まで自生するが，品種改良により低地でも栽培される．耐寒性（−15℃）はあるが高温多湿に弱く，香料用や観賞用となる．草丈，穂数，小花数，花色（白，桃色，薄紫〜濃紫）は品種により変異に富み，強い芳香を持つ．スパイクラベンダー（別名，ヒロハラベンダー）はラバンディン系の改良に用いられ，品種はない．西地中海の温暖な地域で，スペインを中心に真正ラベンダーより標高の低い地域に自生し栽培される．草丈が高く，葉は幅広で大きく，花穂は長いが灰紫色の花は非常に小さく，萼（がく）が目立つ．耐寒性（−10℃）も耐暑性もあり，爽やかな芳香を持つ．ラバンディンは前記 2 種の自然または人工交配種で，'グロッソ'，'アルバ'，'アブリアリ'，'瑠璃紫' などの品種がある．地中海沿岸から標高 800m の土地に見られる．真正ラベンダーに比べ南仏の丘陵地でも育てやすく，1950 年代より栽培され始めた．代表的な 'グロッソ' は耐寒性（−10℃）も耐暑性もあり，強健である．種子ができにくく，挿し木で増やす．花柄は真っ直ぐに伸び，花穂は先にいくほど細い．穂が広がる球状の大株となり多数の小花が着く．

(5) 栽　　培

　遺伝的均一性を保つために挿し木繁殖が一般的で，春か秋（平均気温 16 〜 20℃）が適している．やや木質化した新梢を約 15cm に斜めに切断し，花穂と下半分の葉を除き約 1 時間水挿し後，約 2cm の間隔で挿し穂を 6 〜 9cm の深さに挿す．風通しのよい半日陰の場所で，発根まで 1 〜 2 ヵ月間十分に水を与え，その後は乾燥気味にし，5 〜 6 月に定植する．直射日光のよく当たる場所で，赤玉土（小粒）5：腐葉土 3：川砂 2 に腐葉土を加え，水はけのよい弱アルカリ性の土壌条件に整え高畝栽培する（畝間 90 〜 120cm，株間 75 〜 90cm）．10a 当たり窒素 7.5kg，リン酸 9.5kg，カリ 4kg を全量施肥する．湿害に弱いので，活着以降は土の表面が乾いてから灌水する．追肥は年 1 回，9 月頃に少し与える．冬は株元にワラや腐葉土で被覆し低温から守ると，翌春に側枝が伸びて開花する．過繁茂になると下葉が枯れるので，花穂（上部 1/3 位）の収穫を兼ねて剪定し，風通しのよい所で逆さに吊るして陰干しする．

(6) 品質と利用

　水蒸気蒸留または石油エーテル抽出法で花穂や葉茎から精油を得る．ラベンダー油は，香り成分の酢酸リナリルを 30 〜 40％，リナロール 30％，カンファー（樟脳）0.2％，1,8 シネオール 0.6％を含む．香水，ポプリ，線香，ハーブティー，アロマセラピー，皮膚薬などに用いる．酢酸リナリルは，鎮痛，消炎，精神安定，防虫，殺菌，防腐，安眠，皮膚炎などに効果がある．スパイク油はラベンダー油の代用となり，酢酸リナリル 5 〜 10％，リナロール 30 〜 40％，カンファー 13 〜 15％，1,8 シネオール 25 〜 30％を含む．カンファーと 1,8 シネオールが著しく多く，爽やかな香りを持つ．鎮痛，消炎，精神安定，防虫，殺菌，油絵用オイルなどに利用されるが，喘息や気管支炎などに効果を持つのが特徴である．ラバンディン油は，酢酸リナリル 23 〜 30％，リナロール 40％，カンファー 3％，1,8 シネオール 5％を含むが香気は劣り，洗剤，入浴剤，掃除用香料，防虫剤，精神安定などに用いる．

6）ア　イ（英名：Chinese indigo，学名：*Persicaria tinctoria*）

(1) 来歴と生産状況

タデ科（Polygonaceae），イヌタデ属（*Persicaria*）の一年生草本である（タデアイとも呼ぶ，図3-44）．藍色染料であるインジゴの前駆体インジカンを含む含藍植物であり，アイ以外にも異なる科に属する植物10数種が世界各地に分布している．沖縄ではキツネノマゴ科イセハナビ属のリュウキュウアイ（*Strobilanthes cusia*）が，インドや東南アジアなどの熱帯・亜熱帯地域

図 3-44 収穫直前の状況および花穂
（写真提供：村井恒治氏，吉原　均氏（花穂））

ではマメ科コマツナギ属のタイワンコマツナギ（キアイ，*Indigofera tinctoria*）やナンバンコマツナギ（*I. suffruticosa*）が，ヨーロッパなど冷温帯ではアブラナ科タイセイ属のホソバタイセイ（ウォード，*Isatis tinctoria*）が染料作物として利用されてきた．アイはインドシナ半島原産で，中国を経て飛鳥時代に渡来したとされており，江戸時代後期〜明治時代中期にかけ阿波を中心に栽培の最盛期を迎えた（5万ha）．しかし，タイワンコマツナギが原料の藍靛（沈殿藍を乾燥したもの）の輸入が始まり，さらにインジゴの工業的合成法が開発されると，アイ生産は激減した．近年の国内の栽培面積はリュウキュウアイを含め約30ha，乾葉生産量は約120tであり，徳島県がそれぞれの約60％を占め，北海道と沖縄県を合わせた3道県でほぼ100％である．

(2) 成長と発育および形態

種子は千粒重2.5g程度と小さく，発芽適温は15〜20℃である．出芽後，子葉に続き本葉が5〜6枚展開すると，下位の葉腋から旺盛に分枝する．開花までに10数本が分枝し，草丈は60〜80cmとなる．草姿はほふく型，直立型，中間型があるが，主力品種'小上粉'の白花種を含むほとんどがほふく型である．茎は緑色もしくは紅紫色の円柱形で，表面は滑らかで茎質はやや軟らかい．葉は長さ10cm，幅5cm程度で短い葉柄があり，1茎に10数枚が互生する．長葉，丸葉および縮葉に大別されるが，いずれも全縁かつ無毛である．秋に，茎の上位数節から枝を出して穂状花序の花穂を群生させる（図3-44）．花は虫媒で，淡紅色や紅紫色が多いが，白色もある．花弁はなく，5個に深裂した萼の内部に雄ずいが6〜8本と，3本の花柱を有する雌ずいがある．2mm程度の大きさの三稜型の痩果を宿存萼内に形成し，熟すと黒褐色になり脱落する．1株の開花期間は1ヵ月以上に及ぶ．

(3) 生理生態的特性

土壌乾燥に弱く吸肥力が高いので，保水力が高い肥沃な土壌での栽培が適している．一方，湿田で栽培されていたので，耐湿性は高いと考えられる．土壌養分では，特に窒素の吸収量が多く，その多寡が収量と品質に大きく関わる．インジカン含量は着蕾前（花穂抽出前）が最も高くなり，上位葉ほど高い．連作障害が比較的出やすいとされる．

(4) 品種と育種

代表的な品種は'小上粉'，'青茎小千本'，'赤茎小千本'，'百貫'である．'小上粉'は京都近

郊の水田で栽培していた水藍から明治26年に純系淘汰法により選抜した品種で，分枝が旺盛で再生力も強く，一番刈り，二番刈りともに収量が高く品質も優れる．明治から現在までの主力品種であるが，ほふく型なので管理や収穫などの作業性が劣る．'青茎小千本' は江戸時代後期〜明治中期の生産最盛期に最も多く栽培された品種で，直立型で株が開張しない．'赤茎小千本' は縮藍や岩手藍とも呼ばれ，'青茎小千本' とよく似るが茎色が赤味を帯び，品質は劣るが葉肉が厚いので藍商人に好まれた．'百貫' は白色花の品種で開張が大きく多収性であるが，品質は最も悪い．需要が減退し，草姿以外の育種はほとんど進んでいない．

(5) 栽　　培

徳島県の移植栽培における地床育苗では，3月上旬〜4月中旬に種子を散播する．本葉2〜3枚で間引きし，播種後約50日（本葉7〜8枚）の苗を移植する．地床育苗は多大な労力を要するので，近年はセル育苗が普及しており，セルトレイ1穴当たり3〜5粒を播種し，播種後約40日（本葉4〜5枚）の苗を移植機で定植する．定植は育苗方法によらず4月中旬〜5月下旬で，畝間80cm，株間40cmの1条植（1株当たり3〜5本）とする．移植後は雑草防除と追肥を兼ね，中耕および培土を行い，土壌が乾燥したら畝間灌水を行う．収穫は1作で2〜3回行う．一番刈りは6月中旬〜7月下旬，二番刈りは7月中旬〜8月下旬で，最も早い作型では三番刈りを9月上旬に行う．専用機で株元5〜10cmを残して刈り取り後，速やかに茎葉部を細断して葉のみを風選し，天日乾燥する．施肥は，基肥として窒素，リン酸，カリをそれぞれ10a当たり10kg，追肥は定植30日後，一番刈り7日後に各要素をそれぞれ15kg，10kg施用する．また，収穫10日前に窒素のみ10kgを施す．概して病虫害は少ない．

(6) 品質と利用

品質としては，葉藍（乾燥葉）に含まれるインジカンの含量が最も重要で，濃藍色で香りが高く，葉肉が厚いものほど良質とされる．染色は，生葉染めと建て染めに大別される．生葉はインジカン（無色の配糖体）を含み，物理的傷害を受けると β-グルコシダーゼがインジカンを加水分解し，インドキシル（無色のアグリコン）が生成するが，非常に不安定で空気に触れると酸化的カップリング反応により溶性で藍色のインジゴを生成する．生葉染めは，細かく刻んだ生葉を水に浸けてインドキシルを溶出させた染液に繊維を浸して吸着させ，それを空気に曝してインジゴに導き染色する手法である．一方，建て染めではインジゴを含む蒅を作り，これを原料にして染める．葉藍を寝床（発酵を行わせる土間または納屋）内に積み重ねて施水すると発酵が始まり，施水と切返しを約100日間繰り返して堆肥状にしたものが蒅である（これを臼で搗き固めることで，保存および運搬を容易にしたものを藍玉と呼ぶ）．蒅や藍玉に麩，草木灰，石灰，水などを加えて加温すると，微生物によって発酵し，インジゴが還元されて水に可溶な黄褐色のロイコインジゴ（白藍）になる．これに繊維を浸漬して吸着させたのち，空気に曝すと酸化されてインジゴに戻り繊維が染まる．建て染めのうち，微生物により還元するものを発酵建て，ハイドロサルファイトなどの還元剤を使用するものを化学建てと呼ぶ．ごく一部に，解熱や消炎用の医薬原料としての利用も見られる．

7）ヤクヨウニンジン（英名：ginseng，学名：*Panax* spp.）

（1）来歴と生産状況

ウコギ科（Araliaceae），トチバニンジン属（*Panax*）の多年生草本である．「ヤクヨウニンジン」はチョウセンニンジン（オタネニンジン，*P. ginseng*）が主要な種で（図3-45），トチバニンジン（*P. japonicum*），アメリカニンジン（*P. quinquefolia*）などを含む総称である．中国の『神農本草経』（5〜6世紀）に，薬用人参の根は最も珍重される漢方薬との記載がある．日本への渡来は，739年の渤海文王の進上品が最初とされ，東大寺の正倉院に当時の薬用人参（野生種）が保存されている．江戸時代には朝鮮から献上された種子（1607年）をもとに，幕府の御薬園で栽培が始まり，「オタネニンジン（御種人参）」の由来となった．種子は各藩に分与され，1760年代には自給が可能となった．

図3-45　チョウセンニンジン栽培風景
（写真提供：玄東允氏・陳日斗氏）

近年は，国内生産が海外の安い輸入品のため衰退（1960年代）し，福島県，長野県，島根県で8〜19tの生産がある程度で，輸入量は584tである（中国573t，韓国8t，アメリカ2t）．

（2）成長と発育および形態

草丈は60〜80cmで，茎は直立する．長い葉柄のある3〜5枚の掌状複葉を着け，小葉には鋸歯がある．5〜7月頃に10〜20cmの花軸を直立し，先端に1個の散形花序を着ける．花は淡黄色で小さく花弁は5枚，雄ずいは5本，子房は2〜3室である．晩夏に赤または薄黄色の扁球形の液果を着ける（図3-45）．成長は非常に遅く，発芽後5〜6年の肥大した根または根茎が薬用となる．

（3）生理生態的特性

種子は胚が未熟で後熟も緩やかなため，自然には発芽まで約20ヵ月を要する．しかし，15〜20℃以下，土壌湿度10〜15%以下で通気性を保つと，期間を半分に短縮できる．陰生植物で，樹陰の弱酸性土壌に生えるが，根の成長および肥大は遅い．葉も1年に1枚ずつしか増えない．根の成長が緩慢なのは，葉面積の小ささと低照度適応により，光合成速度が低いことに一因がある．光合成の最適温度は，2年生で15〜28℃，6年生で25℃という．3〜4年目以降に開花する．6年生以降は病気に弱くなり，根の成分も減少する傾向がある．生理活性を持つサポニンは夏から秋にかけて増加し，根の表皮に近い皮層部や果肉に多く蓄積する．

（4）種および品種

チョウセンニンジンは，ロシア沿海州〜中国東北部〜朝鮮半島に自生し，主に韓国と中国で栽培される．トチバニンジン属では最も塊根の発達が著しい．乱獲により野生種は激減し，ワシントン条約で保護されている．'Chunpoong', 'Gumpoong', 'Yunpoong', '吉参1号', '吉

林黄果参'，'かいしゅうさん'，'みまき' などの品種がある．トチバニンジンは，北海道〜九州の山地の林床に自生する多年生草本で，地上部はチョウセンニンジンに酷似するが，根は肥厚せず根茎が竹節状で横に伸長し，ひげ根を生じる．長い根茎を竹節人参と呼び，国内でわずかに栽培される．アメリカニンジンは，アメリカ北東部〜カナダ南部の原産で，森林地帯に自生するが乱獲により稀少植物となった．北米を中心に栽培され，チョウセンニンジンの代用品として利用する．中国でも栽培され，広東人参とも呼ぶ．

(5) 栽　　培

増殖は種子または株分けで行う．1〜2年前からの土作りが必要で，通気，排水，保水のよい土壌が適する．腐葉土を混ぜ，植付けまでに2〜3回深耕（30cm以上）する．川砂に播種し，水分と通気に留意して20℃以下で催芽処理し，胚の成熟を促す．催芽期は7月下旬〜8月上旬（採種）から11月上中旬までで，催芽種子は赤玉土3，腐葉土1と酸性度の強い山土を混ぜpH5.5に調整したポットに，深さ2cm程度として播く．発芽期（翌年4月中下旬まで）初期も水分不足に注意する．発芽1年後に間引きか移植を行うが，根の分岐を促すため45°に傾け根先が曲がらないようにする．直射日光，雨水，風を遮るために，北高南低の片屋根式で傾斜を付けた小屋で栽培する．遮光率は90％程度とし，暴風柵を設ける．萌芽後，株元に土寄せして無施肥で栽培する．定植は畝間と株間を各20cm以上とし，植付け3〜6年目に総量で10a当たり窒素28kg，リン酸7kg，カリ31kgを4，6月に分施し，土寄せする．収穫は，定植から4〜5年以降の9〜10月に行う（図3-46）．連作はできない．水耕や根のカルス培養の研究も進んでいるが，2又に分かれた根の形態が珍重され，土耕が主流である．

(6) 品質と利用

「日本薬局方」では「にんじん」と「こうじん」の2区分があり，水洗してそのまま乾燥したもの（生干し人参），軽く湯通しして乾燥したもの（湯通し人参），剥皮して乾燥したもの（白参）を「にんじん」，人参を蒸して乾燥したものを「こうじん」（紅参）とする．白参は4年生，紅参は6年生の根を加工する．根は薬効成分のサポニン配糖体を3〜6％，精油約0.05％を含む．蒸すとサポニンが変化し薬効が高まるので，紅参は白参よりも効果が高いとされる．人参のサポニン配糖体は，ジンセノサイドRb群とRg群に大別され，前者は鎮静作用，後者は亢進作用に働く．種々の漢方薬に配合され，呼吸促進，血行促進，血圧降下，血糖値降下，興奮強壮，免疫増強に機能し，代謝機能減衰，食欲不振，肉体疲労，性機能，低血圧，冷え性などを改善する．飲食用として人参茶，人参酒，蜂蜜漬，サムゲタンなどの料理にも用いられる．

図3-46 チョウセンニンジンの収穫（根）
（写真提供：玄東允氏・陳日斗氏）

8）カンゾウ（英名：licorice，学名：*Glycyrrhiza* spp.）

(1) 来歴と生産状況

マメ科（Fabacea），カンゾウ属（*Glycyrrhiza*）の植物で，ウラルカンゾウ（*G. uralensis*），スペインカンゾウ（*G. glabra*），ロシアカンゾウ（*Glycyrrhiza glabra* var. *glandulifera*）などの広義の植物名である．地中海沿岸地域，中央〜西南アジア，北アフリカ，熱帯アメリカ，オーストラリア南東部に分布する多年生草本または亜低木で，発達した地下部に甘味成分を多く含み，薬用や調味料などに広く使われる（図3-47）．

カンゾウは，紀元前3世紀にギリシアのテオフラストスが記述した，世界で最も古い薬用植物の1つである．中国の『神農本草経』（5〜6世紀）には，「甘草」を主たる薬物として「国老」（帝王の師）との記載がある．日本では，奈良時代（756年）に中国から伝わり正倉院に保管されている乾物は，現存する世界最古の甘草と考えられている．野生種が自生する中国，ロシア，アフガニスタンの乾燥地域では，乱穫による絶滅の危機や環境破壊などの問題が生じ，中国は2000年に野生カンゾウの採取規制を強化し，翌年に輸出規制を始めた．

日本の生薬輸入量の1位はカンゾウであり，近年の輸入量は約2,700tで，中国（1,800t），トルクメニスタン（500t），アフガニスタン（200t）などから輸入している．

図3-47　ウラルカンゾウの3年生株

(2) 成長と発育および形態

高さは1〜2mとなり，葉は奇数羽状複葉で互生し，小葉は4〜8対，長さ2〜5cmの長楕円形で先端は尖る．夏〜秋に短い総状花序に白，黄，淡紫色〜淡青色の小花（蝶形花）を多数着ける．果実は豆果で硬い．利用部位の地下部は，根以外に太い垂直根茎と水平根茎を持つ．垂直根茎の上端は頭状〜棍棒状になり，毎年萌芽して茎葉を伸ばし，新旧の茎が密生して大きな株を形成する．水平根茎は垂直根茎から成長および分枝し，地下一面に伸びる．根茎には明瞭な分節があり，その付け根に芽がある．3年以上の株では，外皮のコルク層が発達して黄灰色から深紅色に変色し，内部は木質化して薬効成分が多くなる．水平根茎は，土壌の硬さや水分条件などにより地下約0.3〜1mを横にはい，根は根茎の下に生える．

(3) 生理生態的特性

カンゾウ属植物は主に北半球の温帯〜亜熱帯のやや乾燥した草原に自生し，単一で群落を作りやすく，生育は旺盛である．弱アルカリ性の粘土質の土壌または砂質の土地に生育する．根茎が太く木質化しているほど有効成分のグリチルリチン含量が高い．根粒菌が共生するので，根圏環境の改善により，根茎肥大促進とグリチルリチン含有量の増大が示唆されている．

(4) 種および品種

利用されるのは薬効成分グリチルリチンを含むウラルカンゾウ，スペインカンゾウ，ロシアカンゾウである．選抜基準として，2年生株の地下部が乾物重100g以上，直径2～0.5cm×長さ70cm，グリチルリチン含量2.5%以上，生薬収率70%以上が望まれるが，品種改良はあまり進んでいない．ウラルカンゾウは円柱状できわめて長い根茎が発達し，東北甘草，西北甘草と呼ばれ，カンゾウの代表種である（図3-47）．スペインカンゾウは太い根茎が発達し，新疆甘草の一部として利用される．ロシアカンゾウはスペインカンゾウの変種で，太く長い根茎が発達し，西北甘草の一部として利用され，生産量はウラルカンゾウに次ぐ．

(5) 栽　培

アルカリ土壌を好むが，生育適応土壌の範囲は広い．根と根茎は地中深く伸長するので，深耕する．明るく，風通しがよく，排水のよい条件にする．硬実種子なので紙ヤスリなどで種子表面に傷を付け，18～20℃の水温に1日浸すと，発芽率は70～80%に上がる．大規模栽培では，60℃の温水で4～6時間処理後水を切り，湿った布で種子を覆い暖かい部屋に置き，出芽するまで毎日洗浄する．出芽後，3月頃に基肥として，10a当たり堆肥500～1,000kg，苦土石灰60～100kgを全層に施した畑に播種する．

根茎で繁殖する方法が一般的で，春または秋の収穫時に，2～3個の芽が着いた細い根茎を5～10cmに切る．畝幅80cm，株間30cm，溝の深さ10cmに整地した溝の中に平らに根茎片を定植する．幼苗が出芽成長し，本葉が2～3枚のとき間引きをする．過湿にならないよう水分管理に注意する．定植2年目の萌芽後に10a当たり窒素6～8kg，リン酸5～7kg，カリ8～12kg，苦土石灰60～100kgを施肥する．3年目の萌芽後は10a当たり窒素10～15kg，リン酸12～18kg，カリ15～20kg，苦土石灰100kgの追肥を行い中耕する．同年の秋に地上部を刈り取り，1m近く掘り地下部を収穫する．水洗後，根と根茎に分けて速やかに天日乾燥する．収穫期の3～4年生株の地下部の乾物重は，10a当たり450～700kgとなる．その他，砂耕，水耕，筒栽培などがある．

(6) 品質と利用

生薬の「甘草」基原植物は，ウラルカンゾウとスペインカンゾウで，生薬同士の調和作用があり，副作用防止効果として漢方薬の需要が最も高く，国内発売の漢方製剤の約70%に配合されている．皮を剥ぎ粉末にしたカンゾウ末（局）はショ糖の約250倍の甘味を有し，低カロリー食品添加物として味噌，醤油，佃煮，スナック菓子などに用いられる．化粧品への用途もある．欧米ではリコリスキャンディやルートビアの原料にもなる．

根と根茎には，サポニンの一種であるグリチルリチン（2～6%），その他グリチルリチンの類縁体，ステロール類，カルコン型フラボノイド類，イソフラボノイド類，クマリン類，多糖類など，多様な成分を含む．日本薬局方では，原材料は乾物当たり2.5%以上のグリチルリチン（抗アレルギー，抗潰瘍，肝細胞庇護，抗ウイルス，解熱，鎮咳，血行促進，健胃消化などの薬理活性）を含むこととされている．アメリカでは，がん予防に効果的な薬品の1つとしても注目されている．

5．糖料作物，デンプン・糊料作物，ゴム・樹脂料作物

1）サトウキビ（英名：sugar cane，学名：*Saccharum* spp.）

（1）来歴と生産状況

イネ科，サトウキビ属（*Saccharum*）の多年生草本で，*S. officinarum*，*S. sinense*，*S. barberi*，*S. robustum*，*S. spontaneum* に分類される．サトウキビ属植物の原産地は種によって異なり，*S. officinarum* と *S. robustum* はニューギニア，*S. barberi* と *S. sinense* はインド，*S. spontaneum* はアフリカといわれる．サトウキビ栽培の歴史はインドが最も古く，紀元前にさかのぼる．その後，中国を経て 1534 年に沖縄に導入されたといわれている．サトウキビは，紀元前 1 万 5000 ～ 1 万 8000 年に原産地のニューギニアとその周辺の島々で作物化され，各地域への伝播は，人の交流の機会か，貿易あるいは探検のための航海によって旅行者の食料の一部として運ばれた．

図 3-48　サトウキビの栽培
沖縄県宮古島．

近年の世界のサトウキビ生産は，作付面積が約 2 億 4,000 万 ha，総生産量が約 17 億 t である．最も栽培面積が多いのはブラジルで，全体の約 38％を，次いでインドが 19％を占めている．生産量は，ブラジルが約 7 億 1,400 万 t（世界の総生産量の約 42％），インドが約 3 億 660 万 t（同約 18％）で，両国で世界総生産量の約 60％を生産している．わが国における生産量は約 150 万 t で，沖縄県が 85 万 t 前後を，残りを鹿児島県が生産している．

（2）形　　態

茎の長さが 3 ～ 4m にもなる大型植物で，栄養器官で繁殖する．通常，地上部の茎を土壌に挿入して増殖し，種子繁殖は，交配育種の際に用いる以外はまれである．茎直径は 1.5 ～ 4cm で多数の節と節間からなり，多い品種では 40 ～ 50 節に及ぶ．節間の長さは品種により異なり，また，同一品種でも生育条件で異なるが，概して茎の中央部で最も長く，茎の基部および梢頭部では短い．節とそれに隣接する節間部には，成長帯，根帯，根基，芽，葉鞘痕，蠟帯，成長亀裂がある．

地中にある茎の節から多数の分げつが出現する．茎の表面は硬く，滑らかで緑色を帯び，成熟すると帯黄色になるが，品種によっては黄，紫，赤紫，紅色を呈し，条斑を有するものもある．節間の内部は充実し，やや硬く多汁質で，成熟期には多量の糖分を含む．各節には芽および葉が互生する．葉は葉身と葉鞘からなり，葉鞘は茎を包む．葉身は長さ 1 ～ 2m，幅 3 ～ 7cm で，中肋は太く白色で，葉舌および葉耳がある．葉舌，葉身，葉鞘には形態の異なる毛茸群があり，その種類，多少および分布状態は品種同定の際の特徴として扱われる．葉身の内部形態は，C_4 型光合成に典型的なクランツ構造で，維管束鞘細胞の周りを葉肉細胞が放射状に取り囲み，高い光合成能力を発揮するのに貢献している．気孔密度は 210 ～ 430/mm^2 で，C_3 型植物の水稲に比べ少なく，麦類よりも多い．また，気孔は葉の表側（向

軸面）に比べ裏側（背軸面）に多く分布（1.7〜3.7倍）し，孔辺細胞の長さは35〜45 μm である．根は苗から出る蔗苗根と，発芽成長後に茎の各節の根帯から出る茎根があり，深根性で多数のひげ根が根系を形成する．成熟期に達すると出穂し，品種により結実する場合もあるが，多くは不稔で花粉の形成は少ない．

(3) サトウキビの種と品種
a．種の特徴と品種

S. officinarum…本種は高貴種（noble cane）と呼ばれ，在来品種には 'Badila'，'Batjan'，'Fiji'，'Lahaina'，'Loethers' など，育成品種には 'CP65-357'，'F161'，'H44-3098'，'NCo310'，'POJ2725'，'ROC5' などがある．

S. sinense…本種は，インド，東南アジア，中国，台湾をはじめ南北アメリカ，アフリカ大陸などに古くから栽培され，日本の在来種は何れも本種に属する．代表的な品種には 'Uba cane'，'竹蔗'（読谷山，鬼界ヶ島），'Canna cane'，'Naanal cane' などがある．

S. barberi…本種は温帯および亜熱帯に好適し，熱帯においてもよく生育する．本種に属する主な品種には 'Chunnee'，'Saretha'，'UK Cane' などがある．

S. robustum…本種は1928年にニューギニアで発見された野生種で，その付近の島嶼ならびにセレベス島に自生し，その分布は比較的狭い純熱帯圏に限られている．

S. spontaneum…本種は一般に野生種と称されている．糖度はきわめて低く（1〜3％），繊維が多い．芽は小さく，根帯の上に着生し，芽翼には長毛を生じる．葉身は長く細く，強剛で，葉鞘は比較的広く短い．雌雄ともに稔性でよく結実し，さらに耐病性が強いために交配母本として利用されている．

S. edule…*S. spontaneum* および *S. robustum* と他の属との交雑で生じたものと考えられている．本種は，ニューギニアやフィジーにかけて分布し，主に，茎ではなく小穂を食べ，メラネシア野菜として有名である．

b．育成品種の名称

育成品種の命名は国際甘蔗技術者学会（ISSCT）の遺伝育種委員会で掌握されており，命名法は国際的慣例が確立されている．なお，地域名の略称は以下の通りである：Co (Coimbatore, インド)，F (Formosa, 台湾)，H (Hawaii, アメリカ)，J (Java, インドネシア)，N (Natal, 南アフリカ)，Ni (Nippon, 日本)，Tn (Tainan, 台湾)．

'POJ2725'…東ジャワ試験場（Proefstation Oost Java）で1917年に育成され，台湾に導入されたのち，1924年に台湾より導入された．作付割合は1934年以降第二次世界大戦が終わるまで90〜99％，戦後 'NCo310' が普及する以前の1959年まで76〜99.9％を占め，首位品種として広く栽培された．

'NCo310'（*S. officinarum*）…インドのコインバトールで 'Co421' × 'Co312' の交配で採取した種子を，南アフリカ連邦ナタールで1947年に育成された品種で，わが国へは台湾を経て1951年に沖縄に導入された．同品種は1957年に奨励品種に指定され，沖縄地方では 'POJ2725' にかわって普及し，1964年には普及率が99％にも達し，その後1985年まで

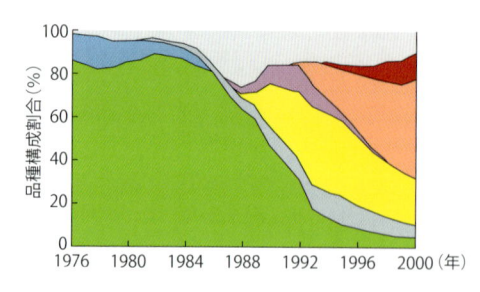

図3-49 わが国におけるサトウキビ品種変遷
1975年以降. □その他, ■Ni9, ■NiF8, ■NiF4, ■F144, ■F161, ■NCo 376, ■NCo 310.

約50%を維持した．同品種は標準品種としてさまざまな試験に利用されている．

'NiF8'（S. spp. Hybrid, '農林8号'）…1980年台湾糖業研究所において'CP57-614'を母本に，'F160'を父本として交配した実生の中から，九州農試作物部が選抜，育成した品種である．1991年に鹿児島県の奨励品種に，沖縄県では1994年に採用された．'NiF8'は茎重型の多収性の品種で，特に夏植えは'NCo310'に比較して20～50％の増収を示す．純糖率，可製糖率とも高く，品質的に優れた早期高糖性品種である．その後，'NiTn10'（S. spp. Hybrid, '農林10号'，1996年），'Ni11'（S. spp. Hybrid, '農林11号'，1996年），'NiH25'（S. spp. Hybrid, '農林25号'，2008年）などが育成された．図3-49に，1975年以降のわが国におけるサトウキビ品種構成の変遷を示した．

(4) 光合成と物質生産

サトウキビを研究材料としてC_4型光合成が発見されたという歴史的な経緯もあり，光合成および蒸散に関する研究報告は多い．栽培種と野生種の光合成速度の比較では，野生種の方が高い傾向を示し，葉の厚さと正の関係がある．葉の光-光合成曲線は不飽和型を示し，2,000μmol/m²/s以上の光合成有効放射束密度（PPFD）でも飽和しない．強光下の光合成速度は50～60μmol/m²/sもあり，C_3型植物のイネ（20～30μmol/m²/s）と比べると非常に高い．光合成速度の最適温度は32～40℃で，C_4植物の中では比較的高い方である．これらの特性を反映して，67.3t/ha/年という高い乾物生産量が報告されている．耐乾性が高く，野生種には葉の水ポテンシャルが－2.0MPaにまで低下しても光合成速度が低下しないものもある．また，葉の窒素含量は2％前後で，イネ（3～4％）に比べると低いが，光合成速度はイネの2倍もあるので，光合成における窒素利用効率（単位窒素当たりの光合成量）もきわめて高い．

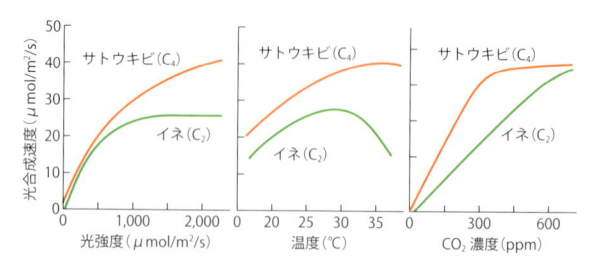

図3-50 光強度，温度およびCO_2濃度に対するサトウキビとイネの反応の模式図

ショ糖収量は，蔗茎収量×糖度で決まり，蔗茎収量はさらに茎数×1茎重で決まる．これらの各要素を高めるには，生育初期の発生茎数を増やして葉面積の拡大を促し，生育中期には茎の伸長と肥大を促すために葉面積の拡大を継続し，かつ受光態勢が良好な草型を維持することが重要である．生育後期の茎への糖分蓄積を促すためには，日射量が多いことと乾燥した条件が重要である．1ha当たりの蔗茎収量（生体重）は，コロンビア（120t），エジプト（95t），グアテマラ（90t），アメリカ（78t）などが高く，キューバ（31t）やフィジー（50t）は収量が低い．わが国は68tで，世界の平均収量と同水準であるが，1998年の沖縄県サトウキビ競作会における優勝者は240t/haもの収量をあげた．このことからも，サトウキビの潜在能力の高さがうかがえる．

(5) 栽　培

サトウキビは有機物を多量に生産し，連作障害が見られず，持続可能な農業にふさわしい作物として知られる．しかし，新開地における植付け前の堆きゅう肥の施用量は，夏植え4.5t/10a，春植え3t/10aとされている．苗の植付けは，畝の溝に行い，発芽後中耕により根の活着を促す．通常，「2節苗」を用いるが，最近では石垣島製糖が開発した「側枝苗」（主茎上部を切断すると，頂芽優性が破れ各節から側枝が発育する）の利用も増えつつある．苗圃は全収穫面積の約10％を占めるので，側枝苗の普及は生産増大に大きく貢献する．また，側枝苗は機械化も可能で，植付けから収穫まで一貫した機械化体系が確立しつつある．

作型は「夏植え」，「春植え」，「株出し」に大別できる．夏植えは，沖縄本島や周辺離島で7月下旬～8月下旬，先島（宮古諸島と八重山諸島）や南大東島で8月上旬～10中旬にかけて植え付け，翌々年の1～3月に収穫する．春植えは，収穫後の2～3月に植え付け，翌年の1～3月に収穫する．株出しは，収穫後の株の萌芽茎を肥培管理して再度収穫する方法である．栽培期間は，夏植えが約18ヵ月，春植えと株出しは約12ヵ月である．したがって，夏植えは収量が高いものの，病害虫，台風，干ばつなどの自然災害を受けやすく，収穫量の年次変動が著しい．また，夏植えは収穫から植付けまで畑を裸地状態にしておく期間が長いので赤土流出の原因ともなり，環境保全の面から緑肥や被覆植物の活用が必要である．

沖縄県で発生する病害には黒穂病，葉焼け病，葉枯病，さび病，根腐病，白星病，葉片赤斑病，梢頭部腐敗病，褐条病，モザイク病などがあり，耐病性品種の育成，健苗の増殖，蔗苗の消毒，植付け時期の調節，病害出現圃場での株出し栽培中止，他作物との輪作，窒素過多の回避，灌漑排水に留意，土壌pHの調整，中間宿主植物の除去，媒介昆虫の駆除などの対応が必要である．害虫は，バッタ・イナゴ類，サトウキビノチビアザミウマ，カンシャコバネナガカメムシ，カンシャワタアブラムシ，カンシャシンクイハマキ，カンシャコナカイガラムシ，イネヨトウ，オキナワカンシャキシコメツキ，サキシマカンシャクシコメツキ，アオドウガネ，シロスジオサゾウムシ，カンシャクシコメツキなど多数おり，個別対応のみならず，物理的，化学的，生物学的防除体系（総合的害虫管理）の確立が望まれる．

(6) 収穫と加工

収穫は，手刈りと機械（ハーベスター）刈りの2通りで行われている．手刈りが理想的で，

工場搬入後の歩留りも高いが，労働が過酷なため機械刈りへ移行しつつある．2000年3月現在，南北大東島は99％，石垣島は40％，宮古島は30％程度が機械刈りである．機械刈りはトラッシュ（梢頭部，枯葉，枯死茎，遅発茎，結束資材，土，石礫）の混入が多く，品質低下の原因となっている．刈り取った蔗茎は，梢頭部と残葉を除く．ショ糖分が不結晶の還元糖に変質しやすいので，収穫後2日以内に工場に搬入しなければならない．

工場では，細断した蔗茎を圧搾して得た汁液を加熱しながら石灰乳を混和して不純物を沈殿および濾過により除去し，濃縮，結晶化の工程を経て，ショ糖の結晶と糖蜜とに遠心分離し，糖分97％の分蜜糖（粗糖）を製造する．黄褐色を呈する分蜜糖は精製糖工場に輸送され，精白，再結晶を通じて，白糖，グラニュー糖などの製品となる．蔗茎汁を煮沸して石灰乳を加え，不純物を沈殿除去して得たショ糖と糖蜜の混合物を凝固させたものが黒糖（含蜜糖）である．わが国におけるサトウキビの原料買取体系は，従来の重量取引に加え，1994年度から品質取引制度に移行した．基準糖度帯は13.1〜14.3°で，それ以上では糖度が0.1°あがると130円加算され，それ以下では逆に減額される．糖度と収量は逆相関の関係にあるので，重量と糖度を同時に向上させる栽培技術の開発が必要である．

(7) 砂糖の種類

サトウキビから製造したものを甘蔗糖（cane sugar），テンサイから製造したものを甜菜糖（beet sugar）という．甘蔗糖には分蜜糖と含蜜糖があるが，甜菜糖は分蜜糖のみである．分蜜糖は遠心分蜜機で砂糖結晶と糖蜜を分離したもので，含蜜糖は両者が分離されずに混在している．製法による砂糖の分類を図3-51に示す．

(8) 砂糖以外の用途

蔗茎汁を絞った残渣をバガス（bagasse）といい，製糖工場の燃料となる他，パルプや家畜の飼料となる．また，バガスを炭化した「バガス炭」を畑に還元すれば，良質の土壌改良剤となる．炭化の過程で得られる木酢液「バガス酢」は，殺虫剤，殺菌剤としての用途がある．ショ糖製造の副産物である糖蜜（molasses）は糖度が50％前後で，蔗糖，ブドウ糖，果糖を含み，さらに，ミネラル成分，有機酸類，アミノ酸類も多く含む．糖蜜はラム酒，アルコール化，有効成分の抽出などへ利用されているが，サトウキビ圃場に10倍に希釈して散布すると微生物の活動が活発になり，収量と糖度が向上する．不純物（filter cake）は肥料，残葉部（trash）は飼料や堆肥となるので，サトウキビは植物全体を余すところなく利用できる有用植物である．

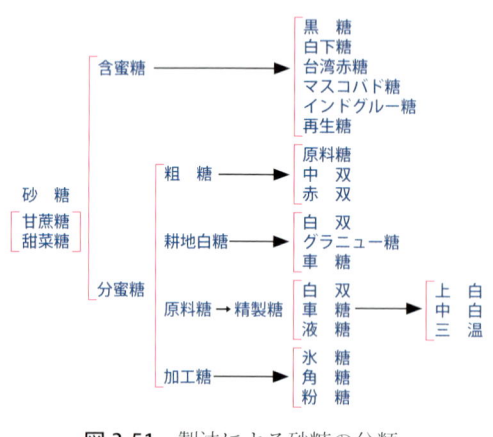

図3-51 製法による砂糖の分類

2）テンサイ（英名：sugar beet，学名：*Beta vulgaris* ssp. *vulgaris*）

(1) 来歴と生産状況

ヒユ科（Amaranthaceae），フダンソウ属（*Beta*）の二年生草本であり，地上部はホウレンソウによく似ている（$2n = 2x = 18$）．栽培種である *Beta vulgaris*（フダンソウ，カエンサイ，飼料用ビート，テンサイ）は地中海沿岸に野生していたハマフダンソウ（*B. vulgaris* ssp. *maritima*）から育成されたものである．

図 3-52　北海道におけるテンサイの栽培

テンサイ（甜菜，ビート）はサトウキビと並んで重要な砂糖の原料作物である．しかし，日本では北海道のみで商業栽培されており，植物体を見ても砂糖を連想する人は多くない（図 3-52）．全世界の砂糖生産量約1億6,000万tのうち，35％はテンサイ由来であるが，日本の砂糖国内自給率約40％のうち約75％がテンサイ由来であり，重要な作物の1つである．寒さに強く，寒冷地作物として世界の中～高緯地域で栽培されている．収穫対象となるのはショ糖を蓄積する根部で，その容姿から砂糖大根とも呼ばれる（図 3-53）．

砂糖原料としてテンサイが栽培され始めたのは，18世紀中頃のドイツにおいてで，1747年に Marggraf がアルコール抽出により，飼料用ビートからショ糖（濃度は約1.6％）を分離することに成功してからである．1801年にはシレジアの Cunerun に初めて製糖工場が誕生した．当時は低濃度であった糖分も，現在の品種では20％近くまでに改良されており，糖収量も1980年代から現在までに年間1.5％の割合で増加している．

生産国は約50にのぼり，主要生産地域はヨーロッパ，旧ソビエト連邦，北アメリカ，中国であるが，最近では南アメリカやインドなどでも栽培されている（世界計約2億4,000万t）．テンサイの生産力は，品種改良によって年々高まっている．しかし，サトウキビとの価格競争などの影響で，栽培面積は世界的に減少している（世界計約470万ha）．日本でも最盛期には栽培面積が7万5,000ha あったが，現在は6万ha にまで減少した．しかし，ha 当たり根収量（生体重）は1956年に22t であったものが，2002年には61t を記録し，世界のトップクラスに入った．他方，ショ糖としての利用とは別に，アメリカなどを中心にテンサイのエネルギー作物としての利用も進められている．

図 3-53　貯蔵根

(2) 成長と発育

北海道では，春季の播種または移植直後から気温の上昇とともに出葉を始め，地上部の成長は6月下旬以降に旺盛となり，9月上旬に葉面積がほぼ最高値に達する．根部の肥大はやや遅れて7月上旬以降から気温が低下する9月にかけて盛んとなり，その後，緩やかではあるが10月下旬まで肥大を続ける．また，糖分はショ糖鞘と呼ばれる柔組織細胞層に蓄積されるが，根部肥大と同時に上昇を始め，収穫期まで直線的に増加する．なお，根部は正確には葉が着生する冠部，胚軸に由来する頸部，および主根とから構成されるが，冠部はショ糖の結晶化を妨げるカリウム，ナトリウム，アミノ態窒素が多く含まれるので，切除される．

(3) 生理生態的特性

テンサイは通常，播種後2年目に開花結実して種子を着ける二年生植物である．ただし，実際栽培では播種または移植をした年の冬が訪れる前に収穫をするので，作物学的には一年生作物ということになる．また，生育初期に低温かつ長日で経過した場合には，たとえ1年目であっても花芽分化して抽苔し，開花結実する場合もある．抽苔した個体は，根部肥大や糖分蓄積が抑制され生産物としての価値が低くなるうえ，花茎が伸びて防除作業などの栽培管理作業の支障にもなるため，テンサイ品種は抽苔耐性を備えていなければならない．個葉の光合成能力が比較的高い（22～28μmol $CO_2/m^2/s$）C_3 植物で，乾物生産力（全乾物重）は10a当たり1.7～2.7tであるが，4.2tという高い値も報告されている．収穫指数は約0.6である．

(4) 品種と育種

日本にテンサイ栽培が導入された初期（1880～1930年頃）には，外国から導入した品種がそのまま用いられていたが，種子の品質が問題となり，1920年頃から北海道農業試験場で，ヨーロッパの品種を蒐集し，選抜および交雑を行って'本育192号'（1935年）などの品種が育成された．その後，1965年頃まで，導入系品種が広がったが，1960年半ばから10年間は倍数体（三倍体）品種が多く栽培された．やがて，間引き作業を必要とするこれまでの多胚種子（テンサイは集合果（種球）を形成し，数個の種子を含む）から，単胚種子が採用されるようになり，1981年には普及率が50%に達した．さらにコーティング加工を施し，粒形を丸く揃えたペレット種子が開発され，播種作業が効率化された（図3-54）．やがて，これまでの根重のみを重視した重量型品種の栽培から，「糖分取引制度」（重量に加えて糖分を加味，1986年）の実施に対応した，糖分と収量のバランスのとれた中間型や根中糖分が高い糖分型が主流となった．また，世界の主要な栽培地と比べて夏季が高温かつ多湿の北海道では病害発生が

図 3-54 コーティングされた種子（左）および育苗中の幼植物（右）

重要な問題であり，耐病性品種の作付割合が増加傾向にある．病害には恒常的に発生する褐斑病，地下水位上昇で激発する黒根病，連作で増加する根腐病，根絶が困難なそう根病などがあり，これら病害への抵抗性品種開発の要望が高まっている．黒根病抵抗性については，日本で抵抗性遺伝子が発見され，世界的に注目されている．現在，広く普及している品種には 'かちまる'（三倍体），'レミエル'（三倍体），'リッカ'（二倍体），'リボルタ'（二倍体）などがあり，高糖分品種としては 'アマホマレ'（糖分 18.2％，三倍体，2010 年）もある．なお，現在栽培されている品種は，すべて一代雑種である．

(5) 栽　　培

北海道は豪雪地帯であるので春が遅く，圃場への播種は 4 月下旬以降となる．しかし，11 月上旬までには収穫しなければならないので，栽培期間が短い．そのため，3 月上旬にビニールハウス内で苗を作り生育期間を拡大することで，安定多収を狙う移植栽培が約 95％の面積で採用されている．移植栽培は 1961 年に帯広市にある日本甜菜製糖株式会社の増田照芳氏によってペーパーポットが開発されたことに始まる．ペーパーポットは特殊加工したクラフト紙で作られた折たたみ式の育苗鉢で，広げると断面が六角形となる筒を糊で接着したものが 1 冊（20 × 70，計 1,400 本分）となっており，これを展開し培養土を詰めて種子を播き，苗を育てる（図 3-54）．通気性，浸水性に優れ，よく揃った健苗となり，北海道では機械化移植体系が確立しているので，この技術の普及がテンサイ収量の大幅な向上へとつながった．しかしながら，栽培の低コスト化，畑作経営の大規模化および農家の高齢化による軽労化などの問題に対して，現在ほとんどの農家が採用している移植栽培では対応に限界がある．その解決法として直播栽培が見直されてはいるが，苗立ちの不安定性や収量面でやや劣るなど，解決すべき問題が残されており，栽培法および品種とともに直播向けの技術開発が望まれている．また，直播栽培では出芽期における土壌の理化学性の影響を受けやすく（pH，排水性），テンサイ直播では pH 6.0 以上が望まれるのに対し，食・加工用ジャガイモ栽培を行っている場合は，ジャガイモそうか病の低減に pH 5.8 以下が望まれるので，管理には注意が必要である．なお，栽植密度は移植栽培の場合 7,575 個体 /10a（畝間 60cm ×株間 22cm），直播狭畝幅栽培の場合は 9,000 ～ 1 万個体 /10a（畝間 45 ～ 50cm）程度が推奨されている．

(6) 品質と利用

テンサイの主な利用は根部の砂糖原料であるが，地上部はビートトップとして，糖抽出後の細断根部はビートパルプとして家畜の飼料となる．また，製糖過程の副産物である糖蜜は，発酵工業の材料やサイレージの発酵材となる．一方，1997 年に京都議定書（気候変動に関する国際連合枠組条約）が締結され，化石エネルギーの使用を低減する必要に迫られたこともあり，日本を含む多くの国でテンサイのエネルギー作物としての利用が始まり，生産コストは依然として高いものの，サトウキビやトウモロコシと同様，作物由来のバイオエタノール（エチルアルコール）をガソリンに添加または単独で燃料として使用するようになった．

3）ステビア（英名：stevia，学名：*Stevia rebaudiana*）

(1) 来歴と生産状況

南米パラグアイ原産のキク科（Asteraceae または Compositae），ステビア属（*Stevia*）の多年生草本である．属名がそのまま和名にもなっているが，切花用園芸種で同じくステビアと呼ばれるものがあるので，これと区別するためにアマハステビアとも呼ばれる（図3-55）．原産地では，古くからインディオの間で野生のステビアが自然の甘味料として使用されていた．葉に6～15%（乾物当たり）の甘味物質を含む．1931年にショ糖の120～300倍の甘さを有する天然甘味物質ステビオサイド（stevioside）が結晶として抽出された．1970年にわが国に導入され，栽培・加工技術が確立された．

表3-9に示すように，わが国では茨城県，岡山県，熊本県，宮崎県，鹿児島県で栽培されてきた．収量は135～500kg/10aである．甘味成分の量と比率は栽培条件の影響を受け難いといわれている．世界的に見ると，中国が3,000t以上を生産しており，その80%以上を輸出している．また，パラグアイでは2,200ha以上の栽培がある．

図3-55 開花期のステビア

(2) 成長と発育

茎は直立し，草高は1m前後となる．茎に葉柄のほとんどない広披針形あるいは披針形の葉（葉身長4～10cm，葉幅2～3cm）が対生し，全体に目立たない短い軟毛を有する．1年目はほとんど1本の茎からなり，2年目からは多数の茎を生じ，茎の基部は半木質化する．開花期は8～9月で，紡錘形の種子を着生する．種子の千粒重は0.3～0.5g，長さは2～4mmである．

(3) 生理生態的特性

生育適温は20～25℃で，寒冷地では越冬しないことから，わが国では，関東以西，特に西南暖地が適地といえる．短日性で，夏に散房状の花序を形成する．9～10月の開花・

表3-9 わが国におけるステビア栽培

県　名	栽培面積 (ha)	収量 (kg/10a)	収穫量 (t)	主要産地	年　度
茨城県	1.8	150	2.7	利根町	2006
岡山県	0.1	135	0.1	新見市	2004
熊本県	3.6	219	7.9	天草市，美里町	2007
宮崎県	0.0	330	0.01	野尻町	2007
鹿児島県	0.9	500	4.5	霧島市	2005

農林水産統計をもとに作成．

結実後に採種する．種子は光発芽性を示す．繁殖には，実生，挿し木，株分けによる方法があるが，自殖率は低く不稔が多い．発芽適温は20℃前後であり，温室やビニールハウス内では3月上旬，露地では霜が降りなくなれば播種できる．播種後5～7日で発芽し，初期生育は緩慢である．

(4) 育　　種

主成分である甘味成分ステビオサイドは，配糖体ステビオールに3つのグルコースが結合したものである．後味，苦味，渋味の点で優れたレバウディオサイド（rebaudioside）A（ステビオサイドにさらにグルコース1つが結合した物質）は甘さがショ糖の450倍程度といわれ，近年は品種改良で含有率を高める取組みが行われている．コルヒチンによる4倍体の開発や，収量，品質，栽培特性に優れた3倍体品種の育成も行われている．

(5) 栽　　培

種子繁殖は大量の苗を得られるが，苗が不均一となりやすい．一方，挿し木苗は親株と同じ形質が得られるが，大量の苗生産には手間がかかる．挿し木後約10日で発根し，1ヵ月ほどで定植できるようになる．2～3年生の株は，根頭部が大きくなり，多数の芽を有するので，これを適当な大きさに分割し，直接本畑に定植する．栽植間隔は畝間60cm，株間15～20cmとし，1本植えとする．施肥は，10a当たり窒素10～20kg，リン酸とカリは各10kgを目安とする．基肥として全量の半分を，残りを追肥として2回程度に分け，2回目の追肥は1度目の収穫のあとに施用する．西南暖地では同一株から年2回の収穫が可能である．

(6) 品質と利用

厚生労働省の食品添加物公定書（2007年）によれば，高純度ステビアの規格は，葉から抽出して得られたステビオール配糖体を80.0％以上含むこと，また，酵素処理ステビアは，α-グルコシルトランスフェラーゼ処理ステビアとして規定され，ステビア抽出物を酵素処理して得られたα-グルコシルステビオサイドを主成分とするもので，ステビオール配糖体として80.0％以上含むこととされている．

原産地であるパラグアイでは，古くからマテ茶などに甘味を付けるためや，薬草として用いられてきた．ステビア甘味料の特徴としては，低カロリー，清涼感，氷点降下が少ない，吸湿性が少ないこと，経済性（高い甘味度）などがあげられ，食品加工用に用いられている．用途としては漬物，チューインガム，調味料，冷菓，水産加工品，乳製品，タバコなどの味付けに適している．また，医療品の錠剤の表面に糖衣のかわりに用いられる可能性もある．ステビア抽出物を食品添加物として認可している国は，日本，中国，韓国，台湾，香港，シンガポール，タイ，マレーシア，フィリピン，インドネシア，スイス，ロシア，オーストラリア，ニュージーランド，南アメリカ諸国である．ステビア甘味料の年間消費量は，日本では約150t，中国が100～200t，韓国が300t程度である．

4）サゴヤシ（英名：sago palm，学名：*Metroxylon sagu*）

図 3-56　サゴヤシの自然林

(1) 来歴と生産状況

ヤシ科（Arecaceae または Palmae），サゴヤシ属（*Metroxylon*）の熱帯木本で（図 3-56），東南アジアとメラネシアの主に南北緯 10°以内，標高 700m 以下の低湿地から乾燥地に，また酸性土壌や汽水域に分布している．ニューギニア島からインドネシア東部のマルク諸島が原産地とされる．幹の髄に多量のデンプンを蓄積し，生育地域では，現在も重要なデンプン資源である．

生育面積は，自然林が 600 万 ha，栽培林が 22.4 万 ha と推定される．主にインドネシア，マレーシア，パプアニューギニア，タイ，フィリピンで栽培されており，栽培面積はそれぞれ約 14.8 万 ha，4.5 万 ha，2 万 ha，3,000ha，3,000ha，年間の乾燥デンプン生産量はインドネシアが約 20 万 t，マレーシアは約 10 万 t と推定される．

(2) 成長と発育

出芽後あるいは苗を移植したのち，幹（茎）は緩やかにほふく成長するため，葉は地面近くから抽出しロゼット状になる．5～6 年で幹立ちし，幹の伸長は上方向にかわる（図 3-57）と同時に急速となり，幹の下部から上部に向かってデンプンが蓄積する．なお，生育中に地際の葉腋からサッカー（吸枝）と呼ばれる分枝が出現し，これも同様にほふく成長後に幹立ちする．

葉は羽状複葉で複数の小葉からなる．幹立ち時の葉の長さは 10m 程度と巨大で，100～180 枚の小葉からなる．幹立ち後，葉の大きさはほとんど一定で推移し，生葉数は 8～22 枚，出葉速度は 6～15 枚/年，葉面積は 8～22m^2/葉，100～450m^2/樹である．葉に関する形質は地域および変種間の変異が大きいが，概して葉を大きく展開しているのが特徴である．出芽あるいは移植後 12 年ほどで頂部に花芽が形成され，円錐花序へと発達する．花芽形成から開花まで 2 年，その後結実まで 1 年を要し，結実後に果実は落下し幹は枯死する．

収穫適期はデンプン蓄積量が最大となる開花直前で，幹は最終稈長に達し，高さ 10～15m，直径 50cm 以上，生重は

図 3-57　移植後 7 年目のよく管理された農園
樹冠が発達し，母幹は幹立ちしている．

1,000kg 以上となる．1 本の幹から通常は 100 〜 300kg，ha 当たりでは年間 5 〜 6t の乾燥デンプンが収穫されるが，潜在収量はこれよりもはるかに大きい．

(3) 生理生態的特性

C_3 植物である．葉は厚く（0.2 〜 0.4mm），葉緑素含量が高く，群落内の弱光下で優れた光合成能を持つ．光合成速度（μ mol $CO_2/m^2/s$）は幹立ち前が 10.1 〜 11.4，幹立ち後は 15.8 〜 17.0 と樹齢とともに増加する．これは葉の厚さ，葉緑素含量，気孔密度の増加による．イネなどの一年生 C_3 作物より光合成速度はかなり低いが，葉を大きく展開して高い物質生産を維持している．また，根に破生通気組織を発達させることにより耐湿性を，根や下位の葉柄にナトリウムを蓄積し小葉のナトリウム含量を少なくすることにより耐塩性を獲得している．

(4) 品種と育種

現在，作物への移行過程にあり，将来を期待される未開発経済植物である．育種はされておらず，栽培品種（cultivar）は存在しない．葉に棘のないホンサゴと棘があるトゲサゴに分けられていたが，現在は両者ともサゴヤシ（M. sagu）と見なすようになった．民族により形態的特性や収量性をもとに種々のタイプに分類されており，民族変種（folk variety）として扱われている．

(5) 栽　　培

繁殖は主にサッカー（図 3-58）を用いる．小川や低湿地で 1 〜 5 ヵ月ほど育苗し，発根させてから移植すると活着率があがる．6 〜 10m の間隔で正方形または長方形植えにする．無施肥栽培とし，樹冠が発達するまでの数年間は，年に 2 〜 3 回除草する．ほふく成長期にサッカーが多数出現し，藪状に茂る．これらも母幹同様，将来多量のデンプンを蓄積する潜在能力を持つが，過繁茂のため養分や光の競合，さらに害虫などの被害を受ける．したがって，ある程度の密度に間引くのが普通である．マレーシアでは，密度の他に将来の幹の位置（ほふく成長の方向）と収穫期の分散を考えて適正に間引く，いわゆるサッカーコントロールを行っており，1 株から数年ごとに数回の収穫，つまり持続的な収穫を可能としている．収穫期の幹を長さ 1m 程度の log（丸太）に切断し，トラックまたはいかだ状に組んで水路経由でデンプン工場に運ぶ．髄を磨砕したのち，水でデンプンを抽出し熱乾燥する．

(6) 品質と利用

日本には年間 1.8 万 t のサゴデンプンが輸入されている．タンパク質，ビタミンやミネラルはほとんど含まれず無味無臭なので，麺類の打ち粉として利用される．生産地域では主食が米にかわりつつあるが，一部では粥，餅，クッキー，パンなどにして常食されている．

図 3-58　育苗用のサッカー

5）コンニャク（英名：konjak，学名：*Amorphophallus konjac*）

(1) 来歴と生産状況

サトイモ科（Araceae），コンニャク属（*Amorphophallus*）に属する $2n = 2x = 26$ の単子葉植物の多年生草本（図 3-59）．原産地はインドシナ周辺あるいはインドとされる．コンニャク属植物は中国南部から東南アジア大陸部，島嶼部に分布している．日本への伝来については縄文時代という説，仏教伝来とともにという説があるが，定かではない．経済作物として普及したのは江戸時代，特に 1776 年頃に水戸藩領（茨城県久慈郡）でイモの加工保存法が考案され運搬と貯蔵が容易になり，生産が盛んになった．栽培面積は最大時 1 万 7,000ha 以上，生産量 13 万 t 以上（1967 年）に達したが，その後減少が続き，近年の栽培面積は約 3,800ha，収穫量は約 6 万 t である．栽培地は東北から九州まで分布しているが，主産県は北関東および南東北の数県で，特に群馬県が約 90％ を占めている．諸外国の栽培状況に関する統計情報はないが，コンニャク原料の主な輸入相手国はミャンマー，中国，インドネシアであり，中国などからのコンニャク製品の輸入も増えている．

図 3-59 コンニャク地上部
品種 'あかぎおおだま'，茨城県 9 月撮影．

(2) 成長と発育

春に種イモを植えると発根発芽し，主芽の苞（bract）が成長して苞の先端が地上に現れ，葉の分化が開始する．種イモは消耗してなくなり，かわりに新しい球茎（corm）ができるとともに，いくつかの生子を着生し，これにより繁殖する．3～4 年で花芽を着け，翌年に開花して一生を終える（図 3-60）．

地上部の形態は直立した長い葉柄とその先に着生する葉身からなる．葉身は羽状複葉（pinnate compound leaf）で葉柄先端が 3 本の小葉柄に分かれ，そこから分枝した小葉柄に多数の小葉を着ける．葉柄は多肉質の円柱形で表面には品種により特徴が異なる黒紫色の斑紋があり，基部が鞘状になっている．草型には小葉柄が水平に広がる水平型，やや斜めに広がる立型，中間の半立型がある．地下部にある貯蔵器官は茎が短縮肥大した球茎である．種イモ頂部の主芽の成長点直下から新しい球茎が旧球茎の上部にほぼ球状に形成される．

球茎は褐色を呈し，球状ないしはやや扁平な形をしており，上面中央のくぼみに幼葉原基を包む 10 枚前後の芽苞からなる頂芽がある．球茎は表皮，皮層部と髄層部からなり，髄層部に多数のマンナン細胞がある．各芽苞の内側には側芽があり，生育に伴って地中に伸長して吸枝（sucker）となり，養分が蓄積されたものが生子である．先端部が球状になるものや棒状のものなど品種により異なるが，構造は球茎と基本的に同一である．根は基根と新根に

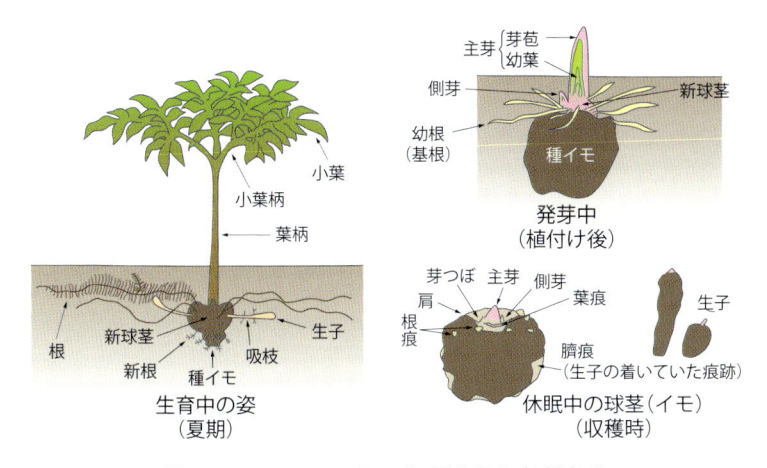

図3-60 コンニャクの生育過程と各部名称
(群馬県特作技術研究会，2006の白黒原図に着色した)

分けられ，基根は幼茎の全面から発生し，球茎が発育するにつれて上半部に集中する形になる．基根は丸く長く，地表面近くを横に伸び，短い支根がほぼ直角に分岐する．生育中期から球茎の下反面や吸枝から新根が発生する．

前年夏に花芽分化した3～4年生の球茎は翌春に花茎を伸ばし先に花を着ける．花序は漏斗状で筒形の仏炎苞に包まれた肉穂花序で，下部に雌花，上部が雄花で，雄花の上部に付属体がある．開花すると付属体から悪臭を発生する．

(3) 生理生理的特性

葉は10～15℃で伸長を開始し，植付け後約1ヵ月で出芽する．葉柄と葉身は出芽から開葉期までの20日前後の間で急激に成長し，やがて緩慢となり8月中旬頃に停止する．10月に入り気温の低下とともに葉色が落ち，黄化が始まると葉柄も萎れ，葉柄と球茎の間に離層が形成され葉柄が倒れて成熟期を迎える．葉面からの蒸散量が少ないために日射の強い場合には葉面温度が過度に上昇して日焼けを起こし，部分的に褐変，枯死することがある．コンニャクは他の作物では日射が足りないような場所でも栽培が可能な半陰生作物とされている．根は酸素を多く要求するので土中深く入らず表層を横に伸びる．球茎の本格的な肥大は開葉後7月上旬から始まり，8月上旬から9月中旬にかけて最も盛んになる．無機養分は球茎の肥大に伴い吸収されるが，カリウムの吸収量が最も多い．

(4) 品　種

日本国内で古くから栽培されてきた品種として在来種，支那種，備中種があり，近年の育成品種として'はるなくろ'(支那種×在来種，1966年登録，こんにゃく農林1号)，'あかぎおおだま'(支那種×金島在来種，1970年登録，こんにゃく農林2号)，'みょうぎゆたか'(群系27号×富岡支那種，1997年登録，こんにゃく農林3号)，'みやままさり'(群系55号×富岡支那種，2002年登録，こんにゃく農林4号)がある．品種により草型，葉柄の斑紋，

耐病性,肥大性あるいは品質に特徴がある．近年の栽培面積割合はおおよそ'おかぎおおだま' 74%,'はるなくろ' 16%,在来種 5%,'みやままさり' 3%である．

(5) 栽培と貯蔵

生子を翌春植え付けるときに「1年生」と呼ぶ．1年生の球茎を種イモとして植えて秋に収穫したものを「2年生」，それを春に植えて秋に収穫したものを「3年生」と呼ぶ．普通は3年生が出荷されるが，近年の育成品種では2年生で出荷可能な大きさになる．

土壌は排水良好で,保水性および通気性の高いこと，耕土は深く，有機質に富んでいること，埴壌土か壌土，pH5.5～6.0が適している．平均気温が12～14℃，最低地温10℃くらいになる5月上～中旬が植付け時期となる．一般的に，畝幅60cm，株間は種イモの大きさにより調整され，横径3個分の間隔が目安とされる．窒素，リン酸，カリ3要素の施肥量は10～14kg/10aであるが，施肥時期や施肥量は地域，土壌条件，栽培目的によって異なり，肥効調節型肥料の選択が必要である．種イモ畑では窒素施用量が多いと収穫した種イモが貯蔵中に腐敗しやすい．また，施肥時期が遅れると生子の充実が悪くなり，貯蔵性が低下する．中耕および培土は土壌の通気性を改善し，根の伸長を促進し，排水性を高める．敷草は土壌水分や地温調節，土壌侵食防止，雑草や病害の発生防止のために行う．敷草には稲わらの他，初期生育を保護する目的でムギ類を春播きし，コンニャクの開葉期に刈り取り，または座止したものを使う．

コンニャクは病害に弱い作物で，腐敗病，葉枯病，根腐病，乾腐病，白絹病，乾性根腐病，えそ萎縮病，モザイク病などが発生する他，土壌線虫（ネコブセンチュウ，ネグサレセンチュウ）とアブラムシの害が問題となる．土壌伝染性の病虫害に対しては，罹病球茎を取り除き，連作を避けることが基本となる．葉が黄化し，葉柄が萎れて，圃場の70～80%の株が倒れた頃が収穫期になる．畑が乾燥している晴天日の午前中に行う．掘取り機で掘上げ後，数時間天日干しし，生子，年生別に選別する．種イモの貯蔵方法には土中貯蔵と屋内貯蔵があるが，屋内貯蔵がほとんどである．予備乾燥後，貯蔵箱に並べて貯蔵室に入れる．貯蔵中は温湿度に注意するとともに，室内の空気が停滞しないよう配慮する．貯蔵温度は球茎7～8℃，生子10℃，湿度70～80%に保つ．

(6) 品質と利用

球茎を薄く輪切りにして乾燥したものを荒粉（dried corm slice）といい，これを粉砕してマンナン粒子に精製したものを精粉（refined flour）という．コンニャクマンナン（konjak mannan）はマンノースとグルコースが3：2の割合で重合したグルコマンナンで，アルカリ液を加えると固まり，弾性を持つ．すりおろした生イモまたは精粉に水を加え糊状になったものに水酸化カルシウムなどのアルカリを加えて凝固させて整形し，適当な大きさに切り熱湯で30～60分間煮沸し，水にさらしてあくを抜いたものが食用こんにゃくである．マンナンは難消化性多糖類で，食物繊維の役割から健康食品として見直され，近年はこんにゃくゼリーなど多様な加工食品が開発され出回っている他，体内有害物質の排泄やコレステロール上昇抑制効果も注目されている．

6）パラゴム（英名：para rubber，学名：*Hevea brasiliensis*）

(1) 来歴と生産状況

南米アマゾン原産のトウダイグサ科（Euphorbiaceae），パラゴムノキ属（*Hevea*）の高木である（図3-61）．樹液を加工した生ゴムを工業原料とする．ゴムという名は，こすって字を消せることから，「こするもの（rubber）」と付けられた．パラはという語は，ブラジル北部の積出し港パラ（現在のベレン）に由来する．ブラジルからイギリスの王立キュー植物園を経て，セイロンとシンガポールへ導入され，栽培された．その後，1898年までにマレー半島にゴムプランテーションが開かれた．ゴム物質を含有する植物は，クワ科，キョウチクトウ科，キク科，アカテツ科，マメ科も含め500種類ともいわれるが，パラゴムが天然ゴム生産量の90％以上を占める．

図3-61　パラゴム園
インドネシア南スマトラ州．

近年の世界の天然ゴム生産量は約1,000万tであるが，主要な産地は東南アジアで，タイが約305万t（30.5％），インドネシアが約259万t（25.9％）と，2ヵ国で56.4％を占める．その他，かつては産出量が首位であったマレーシアが約86万t，次いで，インド約85万t，ベトナム約76万t，中国約69万tである．天然ゴムの需要は，石油加工品である合成ゴムの普及により一時低下したが，近年，品質に優れる天然ゴムの需要が再び高まっている．世界全体の生産量は1961年の約200万tから2005年には約1,000万tと40年余りで5倍に増大した．

(2) 成　　　長

樹高は20〜30m，幹直径は50〜60cmになる．葉は長卵形の小葉3枚からなる複葉である．幹には形成層外側の篩部組織に乳管（latex vessel）があり，白色の乳液（ラテックス，latex）が得られ，ゴム原料となる．雌雄異花同株で，果実は3室からなる蒴果で，ウズラの卵ほどの大きさで約5gの種子を1個ずつ着ける．樹齢が5〜6年に達すると乳液の採集が行えるようになる．樹齢15〜18年が最盛期であり，経済的に乳液を採集できる期間は約30年である．

(3) 生理生態的特性

原産地が熱帯雨林地域であることから，年間降雨量が2,000mmを越える地域が適地と考えられていたが，現在は，熱帯モンスーンや熱帯サバンナにも栽培が広がっている．土壌の保水性がよければ，乾季がある地域でも栽培できる．ただし，季節的に落葉が見られ，落葉の時期には，乳液の採取を行わない．原産地である南アメリカでは，南米葉枯病（South

図 3-62 パラゴムの芽接ぎ苗（左）と乳液採取の様子（右）

American Leaf Blight，SALB）のために栽培がなされていない．

（4）系統と育種

繁殖には，実生苗に優良系統の芽を接いだ芽接ぎ苗が用いられている（図 3-62）．台木にはかびに強い系統が，穂木には多収の系統が選ばれる．マレーシアゴム研究所（Plastics and Rubber Institute Malaysia，PRIM）では，ラテックス収量を高めるために，ブラジル原産種と PRIM 改良種の交配系統を作出している．また，成木の木材量を高めるために，早生タイプのクローンも選抜されている．

（5）栽　　　培

本来，プランテーション（大規模農園，plantation）作物であるが，タイやインドネシアでは 4〜5ha 規模の農家での生産が増えている．それに伴い，苗木生産に特化する農家も見られるようになっている．スリランカでは，茶園の被覆樹を兼ねることもある．直径が 1.5cm 程度の台木の樹皮を削いで切込みを入れ，穂木としては，樹高 2.5m 程度，太さ 2.5cm ほどのものから，側枝を切り落とし，その側枝の基部を含む部分を切り取って，台木の接ぐ部分に形成層同士を重ね合わせて，芽接ぎ行う．活着率は 80％程度である．栽植間隔は地域によって異なるが，6.6×3.3m ないし 5×4m 程度の並木植えで，450〜500 本/ha 程度の栽植密度がとられている．

乳液の採取作業をタッピングといい，樹齢 5 年以上になると開始する．幹の周囲を，木の成長が阻害されない程度の深さ（形成層の外側）にまで，乳液管と直交するように斜め線状に切り，流れ出る乳液を下部に取り付けたカップに採取する（図 3-62）．年長の木ほど多くの乳液を出す．1 本の樹から採取できるのは 3〜3.5kg/年であり，年間生産量は 1,300〜1,500kg/ha 程度である．

（6）利　　　用

乳液のゴム含有量は 30〜40％，主成分は炭化水素のシス -1,4 ポリイソプレンで，樹脂含量は少ない．金網で濾過，異物を取り除いて，少量の酢酸または蟻酸を加え，凝固させる．ローラーに掛けて水洗し，乾燥したものが生ゴムとなる．

近年，パラゴムの木材が安価な家具材料として需要が高まり，樹液採取年限を短縮して材として価値あるうちに伐採する農家も出ている．主としてヨーロッパ方面へ輸出されている．また，種子は 20〜30％の油分を含み乾性油として利用できる．

パラゴムのゴムは著しく弾性があり，弾性ゴムと呼ばれる．絶縁体，免震ゴム，タイヤ，輪ゴム，手袋，消しゴムなど，工業用，建築用から家庭用まで広い用途がある．

第4章

飼料作物

総　論

1）草食家畜と飼料作物

　人類が飼養し，利用している家畜のうち，ウシ，ヒツジ，ヤギ，ウマ などのように，植物の茎葉を主な食物とする動物を草食家畜（domestic herbivores, herbivore livestock）という．草食家畜は，食料，衣料，肥料，燃料，建築材料，労働力などの提供者としてだけではなく，貯蓄や資産として，さらに，文化に不可欠な要素として，人類の生存と発展に重要な役割を果たしている．現在（2012年），世界では14億8,500万頭のウシ，11億6,900万頭のヒツジ，9億9,600万頭のヤギ，1億9,900万頭のスイギュウ，5,900万頭のウマ，4,400万頭のロバ，2,700万頭のラクダ，1,000万頭のラバ，900万頭のその他のラクダ類（アルパカ，ラマ，グアナコ，ビクーニャ）が飼養されている（FAO：FAOSTAT，2014）．また，日本では417万頭のウシ，7.5万頭のウマ，1.4万頭のヒツジ，1.4万頭のヤギが飼養されている（ウシとウマは2012年，他は2010年の値）．

　飼料作物（forage crop）は，これら草食家畜の食物としての茎葉飼料（forage）を生産するために栽培される植物であり，その栽培目的にかなった形質（茎葉の生産性，品質など）を備えている．世界で栽培される飼料作物は170種を超えると推定され，そのうち数十種が日本で栽培されている．最も長い歴史を持つ飼料作物はアルファルファであり，紀元前1千年紀にはメディア王国（現在のイラン北西部，属名 *Medicago* の由来）に広く分布し，その名は古代イラン語の「ウマの餌」に由来するという．

2）飼料作物の利用

　飼料作物は，人間（機械）により刈り取られるか，立毛状態で家畜により直接採食されることにより利用される（図4-1）．前者を採草（刈取り）利用（cutting, mechanical harvesting），後者を放牧利用（grazing）という．採草利用はさらに，収穫された茎葉が新鮮なまま，生草（青刈り飼料，fresh forage）として家畜に給与される生草（青刈り）利用（fresh forage feeding, green soiling, zero grazing）と，収穫物がいったん乾草（hay）やサイレージ（silage）として貯蔵され，冬季や乾季など新鮮な茎葉が得られないときに給与される貯蔵利用（storage feeding）に分けられる．乾草は茎葉を乾燥（水分含量15％以下）させることにより，サイレージは茎葉や子実を微生物（乳酸菌）により嫌気的発酵させ，pHを下げることにより，かびなどによる腐敗を防ぎ，長期間の保存を可能にする．

図 4-1 飼料作物の利用
A:採草（刈取り）利用，B:放牧利用，C:貯蔵利用（乾草），D:貯蔵利用（サイレージ）．（写真提供：沈 益新氏（A），平田昌彦氏（B〜D））

　飼料作物は生育期間中に1回ないし複数回利用され，その頻度は主として作物種および品種の特性（再生力など）ならびに利用目的（茎葉あるいは子実利用，放牧あるいは採草利用）によって決まる．複数回利用における2回目以降の利用では，前回の利用後に生産された再生草（aftermath，regrowth）が主として利用される．

3）飼料作物の分類
飼料作物は以下の指標によって分類される（表 4-1）．
(1) 基本分類（草本性および木本性，来歴および栽培・利用形態）
　飼料作物のほぼすべてを占める草本性飼料作物は，その来歴および栽培・利用形態により，青刈り作物（soiling crop），牧草（improved pasture plant），飼料用根菜類（fodder root crop）および飼料用葉菜類（fodder leaf vegetable）に分けられる．青刈り作物は，食用作物である子実作物（穀類，マメ類）が飼料用に転用および改良されたものである．その名称は，子実作物を未熟な状態（子実の完熟以前）で刈取り利用することに由来するが，現実には完熟あるいはそれに近い状態で利用することもある．牧草は，飼料の生産および利用を当初からの目的とし，野草（native pasture plant）から選抜，改良された作物である．飼料用根菜類は，カブ類のように，地上部（茎葉）に加えて根部が利用される作物であり，多汁質飼料作物（succulent forage crop）とも呼ばれる．飼料用葉菜類は，地上部を食用とする野菜が飼料用に転用および改良されたものである．飼料用根菜類および飼料用葉菜類は青刈り作物に含められることもある．木本性飼料作物は，茎葉飼料を供給する自生（野生）の木本

種とともに飼料木（fodder tree）に類別されるが，低木（灌木）の場合には牧草として扱われることもある．飼料作物のほとんどは青刈り作物もしくは牧草である．

(2) 生物分類

飼料作物の大部分はイネ科（Poaceae または Gramineae）あるいはマメ科（Leguminosae または Fabaceae）に属する．イネ科飼料作物（gramineous forage crop），特にイネ科牧草は，採草や放牧によって茎葉が失われても，地表近くに位置する成長点から素早く再生でき，生育期間中に多回利用できる点で，飼料作物として適している．マメ科飼料作物（leguminous forage crop）は，根粒菌との共生により空中窒素を固定できるため，窒素要求が低く，茎葉品質（タンパク質含量）が高い点で，飼料作物として適している．草食動物にとって，イネ科飼料作物は炭素（エネルギー）の，マメ科飼料作物は窒素（タンパク質）の供給源として重要である．飼料用根菜類と飼料用葉菜類にはアブラナ科の植物が多い．

(3) 生存期間

一年生（annual）および越年生（winter annual）の飼料作物は，生存期間が1年未満で，毎年播種されるか，自然下種（natural reseeding）によって更新される．多年生（永年生，perennial）の飼料作物は，一度播種，定着すると多年にわたり生存し，利用される．多年生であるが比較的短命なものを短年生（short-lived perennial）という．青刈り作物と飼料用根菜類は一年生あるいは越年生，イネ科牧草と飼料木の多くは多年生である．根菜類は，本来は1回の生活環（種子生産まで）を完了するのに2年を要する二年生（biennial）植物であるが，収穫部（茎葉や根）を得るために一年生あるいは越年生の作物として栽培される．

(4) 生育型

飼料作物は3つの生育型（growth form）に大別される．直立型（erect type）は茎が上方に伸びて生育するタイプ，ほふく型（prostrate type, creeping type）は茎が地面近くをはって生育するタイプである．巻きつき型（twining type, climbing type）はマメ科草に見られ，茎や蔓が他の植物などに巻きついて生育する．ほふく茎あるいは地下茎（根茎）を有していても，そこから発生する茎の上方伸長傾向が強い場合には，直立型に分類される．直立型のうち，茎が叢生する（根際から束のように集まって上方に伸びる）タイプを株型もしくは叢生型（tussock type, bunch type）と呼ぶ．一般に，直立型の草種は採草利用に，ほふく型の草種は放牧利用に適している．

(5) 生育環境

飼料作物はその生育環境により，寒帯および温帯を原産とする寒地型（temperate type, cool-season type）ならびに熱帯および亜熱帯を原産とする暖地型（tropical type, warm-season type）に分けられる．両者の栽培・利用上の主要な差異は生育適温と草質にある．すなわち，寒地型の生育適温が15〜20℃であり，それ以上の温度域では夏枯れ（summer depression）と呼ばれる生育停滞が起こるのに対し，暖地型の生育適温は25℃以上である．また，暖地型は寒地型に比べて飼料としての品質が低い傾向がある．イネ科飼料作物の場合，寒地型はC_3植物（C_3 plant）に，暖地型はC_4植物（C_4 plant）に相当する．

表 4-1 主要飼料作物の分類

基本分類*	生物分類	生存期間**	生育型***	生育環境	和名
青刈り作物、牧草	イネ科	一年生	直立型	暖地型	イネ（飼料〈用〉イネ）、シコクビエ、スーダングラス、ソルガム（モロコシ、トウモロコシ、テオシント、トウモロコシ、パールミレット（トウジンビエ）、ハトムギ、ヒエ、フォックステールミレット（イタリアンミレット）、オオアワ）
		一年生、越年生	直立型	寒地型	エンバク、オオムギ、コムギ、ライコムギ、ライムギ
	マメ科	一年生	直立型	寒暖地型	ダイズ
			直立型、ほふく型、巻きつき型		カウピー（ササゲ）
牧草	マメ科	越年生	直立型	寒地型	シロバナルービン
	イネ科	一年生	直立型、ほふく型	暖地型	オオクサキビ
		一年生、越年生	直立型	寒地型	イタリアンライグラス
		短年生	直立型	寒地型	カリフォルニアブロムグラス、スレンダーホイートグラス、マウンテンブロムグラス
		多年生		寒地型	アイダホフェスク、インターミディエイトホイートグラス、ウエスタンホイートグラス、オーチャードグラス、カナダワイルドライ、クリーピングフォックステイル、グリーンリーフフェスク、グレートベイスンワイルドライ、クレステッドホイートグラス、シープフェスク、シックスロウグラス、ストリアンブロム、ハンガリアンブロム、シバムギ（クウッチグラス）、スイートバーナルグラス、スムースブロムグラス（オートグラス、ビアードレスワイルドライ、ブルーダブルーグラス、ファラリス（トゥーンバカナリーグラス、ハーディングラス）、ヘルベットグラス、ペレニアルライグラス、ブルーワイルドライ、プレーリーグラス（レスクグラス）、メドウブロムグラス、リードカナリーグラス、ロシアワイルドライ
				暖地型	アトラスパスパラム、プレヤスグラス、イースタンガマグラス、イエロープルーステム、インディアングラス、ウィーピングラブグラス、ガンバグラス、ギニアグラス、グリーンパニック、コーカシアンブルーステム、サイドオーツグラマ、ジャラガグラス、スイッチグラス、セタリア、ダリスグラス、ネピアグラス（エレファントグラス）、パーブルマジェスパスパラム、バッフェルグラス、パリセードグラス、ビッグブルーステム、ブラウンシーパスパルム（プリカチュラム）、ブルーグラス、マカリカリグラス
			直立型、ほふく型	寒地型	トールフェスク、フェストロリウム、ラフブルーグラス
				暖地型	カラードギーグラス（クラインブラス）、サビグラス、シグナルグラス、スターグラス、ジャイアントスターグラス、ディジットグラス（フィンガーグラス）、パラグラス、リンポグラス、ルジグラス、ローズグラス
			ほふく型	寒地型	カナダブルーグラス、ケンタッキーブルーグラス、レッドトップ
				暖地型	キクユグラス、キシュウスズメノヒエ、コロニビアグラス（クリーピングシグナルグラス）、センチピードグラス、バーミューダグラス、ハイキビ（トルピードグラス）、バッファローグラス、パヒアグラス、プローブリーブパスバラム
	マメ科	一年生	直立型	暖地型	ヘアリーインディゴ
			直立型、ほふく型	寒地型	マルバヤハズソウ、ヤハズソウ

区分	科	生存期間	草型	暖地型/寒地型	種名
牧草, 飼料木	マメ科	一年生, 越年生	ほふく型, 巻きつき型	暖地型	タウンスビルスタイロ
			直立型	暖地型	センチュリオン
			ほふく型	暖地型	キバナルーピン, スネイルメディック (ウズマキウマゴヤシ)
			直立型, ほふく型	暖地型	カリフォルニアバークローバ (ウマゴヤシ), スポッティドバークローバ (モンツキウマゴヤシ)
			ほふく型	寒地型	バレルメディック (タルウマゴヤシ)
		一年生, 二年生	ほふく型	寒地型	サブタレニアンクローバ (サブクローバ), ブラックメディック (コメツブウマゴヤシ)
			直立型	暖地型	キバナスイートクローバ, シロバナスイートクローバ
		一年生, 短年生	直立型, ほふく型	暖地型	アリスカンジョイントベッチ, カリビアンスタイロ, ラウンドリーフカジア
			直立型, ほふく型, 巻きつき型	暖地型	アメジーピー, バッファロークローバ, ラブラブビーン (フジマメ)
			ほふく型, 巻きつき型	暖地型	カロポ
		越年生	直立型	寒地型	アオバナルーピン (ホソバルーピン), アローリーフクローバ, クリムソンクローバ, バーシームクローバ (エジプシャンクローバ)
			直立型, ほふく型	寒地型	ボールクローバ, ローズクローバ
			ほふく型	寒地型	ペルシャンクローバ, レンゲソウ (ゲンゲ)
			直立型, ほふく型, 巻きつき型	寒地型	コモンベッチ, ヘアリーベッチ
			直立型	寒地型	アカクローバ, アルサイククローバ
		短年生	ほふく型	寒地型	バーズフットトレフォイル
		多年生	直立型	寒地型	アルファルファ, ガレガ, サインフォイン, メドハギ
			ほふく型	寒地型	キカルミルクベッチ (シセルミルクベッチ), グリーンミルクベッチ, クラウンベッチ
			ほふく型, 巻きつき型	暖地型	カルポポンデスモディウム, グリーンリーフデスモディウム, シルバーリーフデスモディウム, ライマメ
			ほふく型	暖地型	シロクローバ, ストロベリークローバ
			直立型, ほふく型	暖地型	ケニアクローバ (ケニアホワイトクローバ), ジョイントベッチ, ピントピーナッツ (ピント), ファインスケールスタイロ, ロトニス
			直立型, ほふく型	暖地型	グライシン, グリーンピンゲピー, セントロ, 熱帯クズ
			直立型	暖地型	サイラトロ, バタフライピー
飼料用根菜類	アカザ科	一年生, 多年生	直立型	寒地型	デスマンサス
		短年生, 多年生	直立型, ほふく型	寒地型	飼料用テンサイ
	アブラナ科	一年生, 越年生	直立型, ほふく型	寒地型	飼料用ビート (飼料用テンサイ)
		一年生	直立型	寒地型	飼料用カブ, 飼料用ラディッシュ, スウェーデンカブ (ルタバガ)
飼料用葉菜類	アブラナ科	一年生, 越年生	直立型	寒地型	ケール, 飼料用ナタネ
	キク科	多年生	直立型	寒地型	チコリー
飼料木	マメ科	一年生, 短年生	直立型	暖地型	ピジョンピー (キマメ)
		多年生	直立型	暖地型	ギンネム (ルーキナ), シュラッブピースタイロ

* 草本性・木本性, 来歴および栽培・利用形態。複数の分類の記載は, 品種および系統, 生育段階などによって特徴が異なることを示す。

** 作物としての生存期間 (栽培期間)。複数の分類の記載は, 系統や栽培条件によって特徴が異なることを示す。

*** 地上部の生育習性を示す指標であり, ほふくまたは匍匐茎を有していても直立型に分類される場合がある。複数の分類の記載は, 品種および系統, 栽培条件, 生育段階などによって特徴が異なることを示す。

4）飼料作物の特徴

飼料作物に求められる特徴は，特に茎葉部の生産性が高く，環境適応性に優れ，草食動物に好んで採食され，動物に必要な栄養を供給できることである．

(1) 生 産 性

生育期間を通して高い収量をあげる性質である多収性（high-yielding ability）は，単位土地面積で飼養できる家畜頭数を決定する主要因子として重要である．生育期間中に複数回にわたり利用される飼料作物では，採草や放牧で失われた茎葉を再生産する能力である再生力（regrowth vigor）ならびに収量の季節間変動を指す季節生産性（seasonal productivity）も重要な特性である．高い再生力は多収性に寄与する．動物は毎日ほぼ一定量の飼料を必要とするため，より平準な季節生産は，飼料を貯蔵しない生草利用や放牧利用において，飼料の季節的過不足を軽減できる．熟期の早さを表す早晩性（earliness）は，青刈り作物においては台風被害の回避あるいは最小化の点で，一年生および越年生作物においては他の作目との組合せの点で考慮される．多年生牧草では，個体密度を維持し，雑草の侵入を抑え，長い年月にわたって植生と生産性を維持する性質である永続性（persistence）が重要視される．

(2) 環境適応性

環境適応性（environmental adaptability）は，温度（寒さ，暑さ），水分（乾燥，湿潤），土壌の性質（肥沃度など），剪葉（刈取り，採食），動物や作業機の踏圧，病害虫などに対する抵抗性を含む．個別因子に対する抵抗性には，耐寒性（cold hardiness），耐暑性（heat tolerance），耐乾（干）性（drought resistance），耐湿性（wet endurance），低栄養耐性（low nutrient tolerance），耐肥性（adaptability for heavy manuring），耐塩性（salt tolerance），耐酸性（acid tolerance），剪葉耐性（defoliation tolerance），耐踏圧性（trampling toleran-

表 4-2　日本の飼料作物生産

作 物	栽培面積(ha)*	生産量(千 t)**	備 考
牧草類	745,500	25,272	主要草種はチモシー，オーチャードグラス，トールフェスク，イタリアンライグラス，アルファルファなど
青刈りトウモロコシ	92,500	4,787	
ソルガム	16,500	877	
青刈りエンバク	7,620	—	
青刈りライムギ	877	—	
青刈りその他麦類	917	—	
その他青刈り作物	28,800	—	うち青刈りイネが約 26,900ha
レンゲソウ	60	—	
その他飼料作物	22,300	—	うち飼料用米が約 21,800ha
計	915,074	32,851	

* 作物統計 2013 年（農林水産省，2014）．
** 合計生産量は合計栽培面積に 2013 年の飼料作物全体の平均収量（農林水産省：飼料をめぐる情勢，2014）を乗じて推定．

ce, traffic resistance), 耐雪性 (snow endurance), 耐病性 (disease resistance), 耐虫性 (insect resistance) などがある.

(3) 品質と利用適性

飼料としての品質は, 飼料作物に特有で, かつ最も重要な性質の 1 つである. 栄養価 (nutritive value) とは動物に対する栄養上の特性で, 粗タンパク質, 粗脂肪, 可溶無窒素物, 粗繊維などの成分含量, 乾物, 有機物などの消化率 (消化性, digestibility), 可消化養分総量 (total digestible nutrients, TDN), 可消化エネルギー (digestible energy) などの指標により表される. 嗜好性 (palatability) は, 栄養価 (化学成分) とは別の観点からの飼料品質として, 動物に好んで食べられる性質をいうが, より明確な用語である「選好性」あるいは「好み」(preference) の使用が推奨されている. 放牧適性, 採草適性, 乾草適性, サイレージ適性はそれぞれの利用用途への適性をいう. また, 栄養価と選好性が高い部位である葉 (葉身) の割合が高い特性を多葉性 (leafiness) という.

5) 飼料作物生産の現状

日本における飼料作物の栽培面積は 91.5 万 ha であり, そのうち牧草類が 81%, トウモロコシが 10%, 飼料用イネが 5% を占める (表 4-2). 牧草類では, 北海道の主要牧草としてチモシーが約 41 万 ha, 寒地を中心としてオーチャードグラスが約 25 万 ha, トールフェスクが約 15 万 ha (混播を含む), アルファルファが約 1.2 万 ha, 暖地を中心にイタリアンライグラスが約 6 万 ha 栽培されていると推定される. また, 南九州および沖縄を主体にローズグラス, ギニアグラスおよびネピアグラスが, 沖縄ではディジットグラスおよびスターグラスが, 九州を中心にバヒアグラスが, それぞれ数百〜数千 ha の規模で栽培されている. 日本の飼料作物生産量は年間約 3,300 万 t と見積もられるが, この量は国内の草食家畜 (前述) の要求量と比較してかなり低く, 飼料自給率 (TDN ベース, 2012 年) は, 酪農経営では 33%, 肉用牛繁殖経営では 45%, 肉専用種肥育経営では 2% に過ぎない (農林水産省: 飼料をめぐる情勢, 2014).

世界における飼料作物生産については, 積算基礎となる国別データの問題 (データの有無, 信頼性) から, その現状を正確に推定することは困難である. アメリカにおける収穫面積および生産量は, それぞれ, 青刈りトウモロコシが 253 万 ha および 1 億 1,800 万 t (サイレージ利用, 2013 年), ソルガムが 15 万 ha および 540 万 t (サイレージ利用, 2013 年), アルファルファが 736 万 ha および 6,450 万 t (乾草利用, 2014 年) と報告されている (USDA, National Agricultural Statistics Service: Browse NASS by Subject, 2014). また, ヨーロッパでは, 青刈りトウモロコシが 598 万 ha (2013 年), その他の青刈り穀類が 131 万 ha (2013 年), アルファルファが 182 万 ha, クローバ類が 94 万 ha (いずれも 2009 年), 一年生イネ科牧草が 1,088 万 ha (2012 年), 飼料用ビートが 7 万 ha (2009 年) 栽培されていると推定される (eurostat, 2014; データがない国は積算外).

1. 穀　　　類

1) トウモロコシ（英名：corn（米），maize（英），学名：*Zea mays*）

子実だけでなく，茎葉の栄養価も高いため，子実と茎葉を一緒に収穫および調製するホールクロップサイレージの原料作物として重要である（図4-2）.

(1) 栽培，利用ならびに飼料特性

東北以北の寒地・寒冷地では単作され，関東以南の温暖地および暖地ではイタリアンライグラスやムギ類を冬作とする二毛作体系の夏作として栽培される．九州では二期作栽培も行われる．地上部の乾物収量は完熟期まで増加し続けるが，TDN 含有率は糊熟期以降には70％程度で推移する．乾物率は糊熟期の20〜25％から完熟期の35〜45％と変化が大きい．乳酸発酵が進みやすく，サイロへの詰込み時に排汁が発生しないことから，ホールクロップサイレージとしての刈取り適期は黄熟後期である（図4-2 上）．近年，輸入飼料の高騰から，濃厚飼料としての雌穂サイレージ（イアコーンサイレージ）の利用が北海道で始まっており，この場合の刈取り適期は，ホールクロップ用に比べて1週間程度遅い，完熟初期である．

(2) 品種と特性

日本で栽培されるトウモロコシ品種は，北海道の限界地帯向けの極早生品種から九州の夏蒔き用の晩生品種まで，幅広い早晩性を有する．これらの大部分は，国外の種苗会社からの導入品種であり，中晩生品種は主としてアメリカからデント種が，極早生および早生品種はフランス，ドイツなどからデント種とフリント種の交雑種が輸入されている（図4-2 下）．近年のアメリカでは遺伝子組換え（GM）品種が70％近くを占め，有望な新品種が開発されるとその品種を GM 化する傾向にある．普及している組換え形質は，アワノメイガなどに対する害虫抵抗性および除草剤（ラウンドアップ，バスタなど）耐性が中心である．近年，耐乾性や多収性に関する GM 品種開発の研究も盛んになっている．

早晩性の指標として相対熟度（relative maturity, RM）が用いられる．播種期別には春播き用品種と二期作用（晩播き用）品種に分けられる．春播き用品種は感光性が弱く，出穂および登熟は積算気温に左右され，播種期や栽培地による変異は小さい．市販されている春播き用品種の RM は75〜130日程度である．二期作用（晩播き用）

図 4-2　飼料用トウモロコシ
上：収穫適期の目安としてのミルクライン（starch line）, 1/2〜2/3がホールクロップサイレージの刈取り適期，下：フリントコーン（左2列）とデントコーン（右2列）．（写真提供：佐藤智宏氏（上））

品種は感光性が強く晩秋までに確実に登熟する．近年，受光態勢が改良された葉身傾斜角度の小さいアップリーフ（直立葉型）の品種が主流となり，密植適応性がさらに向上している．

　a．極早生品種

　RM＝75日程度で，北海道の釧路根室および宗谷地方に適している．'クウィス' はRM＝73日で，初期生育に優れ，乾物収量およびTDN収量ともに高く，乾雌穂重割合はやや高い．耐倒伏性が強く，すす紋病抵抗性は中である．'たちぴりか' はRM＝75日で，初期生育に優れ，乾雌穂重割合がきわめて高い．耐倒伏性が強く，すす紋病抵抗性は極強である．

　b．早生品種

　RM＝80～95日で，北海道の十勝，北見網走および胆振地方に適している．'チベリウス' はRM＝84日で，乾物収量およびTDN収量ともにきわめて高く，乾雌穂割合はやや高い．耐倒伏性はやや強だが，すす紋病抵抗性は弱である．'39T45' はRM＝87日で，初期生育に優れ，乾物収量およびTDN収量がきわめて高く，乾雌穂重割合は中程度である．耐倒伏性とすす紋病抵抗性が強い．

　c．中生品種

　RM＝100～120日で，北海道中央部・南部から東北地方ならびに暖地の二期作の春播き用品種として普及している．'36B08' はRM＝100日で，乾物収量およびTDN収量ともに高く，乾雌穂重割合は中程度である．耐倒伏性に優れ，すす紋病抵抗性は極強である．'LG3520' はRM＝110日で，乾物収量およびTDN収量が高く，乾雌穂重割合は中程度である．耐倒伏性とすす紋病抵抗性はやや強である．'34B39' はRM＝115日で，乾雌穂重割合は高く，乾物収量はきわめて高い．ごま葉枯病抵抗性は強である．

　d．晩生品種

　RM＝125日以上で，西日本を中心とした暖地に適している．'ゆめつよし' はRM＝127日の中晩生品種で，乾雌穂重割合は中程度で，乾物収量は高い．ごま葉枯病抵抗性は中程度である．'なつむすめ' は二期作用品種で，乾物収量およびTDN収量ともに高く，乾雌穂重割合がきわめて高い．南方さび病とごま葉枯病抵抗性が強い．'30D44' はRM＝135日の二期作用品種で，乾雌穂重割合は高く，きわめて多収である．南方さび病抵抗性とごま葉枯病抵抗性ともに中程度である．

2）ソルガム，モロコシ（英名：sorghum，学名：*Sorghum bicolor*）およびスーダングラス（英名：sudangrass，学名：*Sorghum sudanense*）

　飼料作物としては，ソルガムの呼称が一般に用いられる．日本で栽培および利用される主なモロコシ属飼料作物は，ソルガム，スーダングラスおよび両者の一代雑種（スーダン型ソルガム，*S. bicolor* × *S. sudanense*）である（図4-3）．1950年代後半の畜産振興とともに飼料作物として注目され，栽培面積は1980年代には3万5,000haを超えたが，その後漸減した．作付けは暖地および温暖地で多く，特に南九州で盛んである．

(1) 形　　態

ソルガムは，草丈が1～4m，茎の太さが1～3cm程度である．葉身は長大で中肋は明瞭である．穂は総状花序で穂軸の各節より1次枝梗を輪生し，次いで2,3次枝梗まで分枝し，これに小穂が着く．穂の形状は箒，円錐，円筒，紡錘型などさまざまである．スーダングラスは，草丈が1～3m前後，茎の太さが1cm前後で，ソルガムより細く，分げつが多く，葉身の幅が狭い．穂は円錐花序で，枝梗は長くまばらである．ソルガム属の種とは容易に交雑し高い稔性を示す．

(2) 栽培，利用ならびに飼料特性

ソルガムは，南東北以南の地域では安定した収量が期待でき，特に温暖な西日本では，トウモロコシよりも多収である．低温伸長性に劣るため，北海道～北東北地方では，緑肥を除いてほとんど栽培されていない．しかし，最高気温が高くなる北海道の内陸部ではある程度の収量が得られることが試験的には確認されている．年平均気温が15℃以上の地域では，糊熟期2回刈りも可能である．TDN含量は45～65%と品種間差異が大きく，TDN含量の低い品種ほど乾物収量は高い傾向にある．スーダングラスは再生力が旺盛で，多回刈り利用が可能である．幼植物は青酸化合物を有するので，草丈1mを超えてから刈り取る必要がある．

(3) 品種と特性

ソルガムの品種はその利用形態から子実型，兼用型，ソルゴー型およびスーダン型に分けられる（図4-3A～D）．子実型は穀実生産用で，ソルゴー型は茎葉生産用，兼用型は両者の中間タイプである．ソルゴー型および兼用型は糊熟期以降に刈り取り，予乾せず調製しホールクロップサイレージとして利用される．スーダン型ソルガムおよびスーダングラスは，青

図4-3　飼料用ソルガムおよびスーダングラス
A：子実型ソルガム，B：兼用型ソルガム，C：ソルゴー型ソルガム，D：スーダングラス，E：ソルガムにおける高消化性遺伝子（*bmr*）の表現形質．

刈り，乾草ならびにロールベールサイレージとして利用される．茎の太いソルゴー型でも，高消化性遺伝子（bmr，図4-3E）を持った品種は，密植して茎を細くすると，ロールベールサイレージ調製も可能である．

a．子実型ソルガム

'リュウジンワセ' は極早生で，稈長1.5m前後の短稈品種である．茎の太さは中程度で穂重割合は高く，低温伸長性はよい．耐倒伏性は強く，種子の自殖稔性は良好である．'ミニソルゴー' は早生品種で，稈長1.3m程度である．鳥害抵抗性に優れ，乾物穂重割合は50％と高い．粒色は褐色，種子稔性は良好である．

b．兼用型ソルガム

'ナツイブキ' は極早生で，稈長は2m前後の中稈品種である．初期生育にきわめて優れ，多収である．すす紋病抵抗性は強く，耐倒伏性は比較的強い．'葉月' は高消化性遺伝子「bmr-18」を持つ日本初の実用品種である．早生で，稈長2m前後の中稈品種である．乾物収量は中程度で，葉消化性に優れる．

c．ソルゴー型ソルガム

'ビッグシュガーソルゴー' は稈長3m前後の長稈品種である．茎は太く，乾性で，耐倒伏性は長稈の割に優れている．稈汁の糖度は比較的高く，特に多収である．'風立（かぜたち）' は極晩生品種で，本州ではほとんど出穂せず，草丈は2〜3mの中稈品種である．耐倒伏性は既存品種の中では最強であり，すす紋病抵抗性も強である．

d．スーダン型ソルガム

'スダックス' は中晩生で稈長3m前後の長稈品種である．茎の太さは中程度で，分げつがやや多く耐倒伏性はやや弱い．年間乾物収量が高い．'BMRスィート' は早生〜中生で，稈長2.5m前後の長稈品種である．初期生育および再生とも良好で，乾物収量はスーダン型ソルガムとしては中程度で，茎は高消化性である．

e．スーダングラス

'ヘイスーダン' は極早生品種，草丈2.7m前後の長稈である．分げつが多く，初期生育と再生に優れ，早生〜中生で最も安定多収を示し，広域適応性も高い．'ロールキング' は極晩生品種で，多回刈り栽培では出穂しない．草丈は2.5m程度の長稈で，分げつは少ない．耐倒伏性は中程度で，年間乾物収量が高い．

3）エンバク（英名：oat(s)，学名：*Avena sativa*）

子実だけでなく，茎葉の栄養価も高いことから，イタリアンライグラスに次ぐ重要な冬作用飼料作物として西日本を中心に広く栽培されている（図4-4）．戦後の酪農振興に伴い関東以南で作付けが拡大し，ホールクロップ利用が増加した．

(1) 利用と飼料特性

乾物収量は糊熟期まで増加し，TDN含量は出穂期で65％程度，乳熟期〜糊熟期で57〜60％である．ホールクロップサイレージの刈取り適期はTDN収量が高く，発酵品質が安定

する糊熟期である.

(2) 品種と特性

飼料用品種には6倍体と2倍体があるが,流通品種の大半は6倍体で,2倍体は6倍体に比べて耐病性が強いが,倒伏しやすくTDN含量が低い.

a.極早生品種(暖地・温暖地向き,夏播き用)

'ハヤテ'は6倍体極早生品種で,短稈で穂が小さく耐倒伏性が強いが,乾物収量は高くない.冠さび病抵抗性は弱である.'たちいぶき'は6倍体極早生品種で,稈長は非常に短く草型は直立型である.茎の太さはかなり細いが,耐倒伏性は極強である.耐寒性に優れ,冠さび病抵抗性は極強である.

b.早生品種(暖地・温暖地向き,秋播き用)

'ヘイオーツ'は2倍体品種で,分げつが多く,乾物収量も多い.しかし,6倍体より茎が細く倒伏しやすい.出穂期前後に刈取り,乾草かホールクロップサイレージに調製する.

図4-4 飼料用エンバク

c.中晩生品種

'前進'は北海道では子実用の6倍体優良品種であるが,青刈り用として本州以南にも普及している.やや短稈で葉幅が広く,茎数が少ない.冠さび病抵抗性が低い.

d.子実用(北海道向き)

'ヒダカ'は北海道全域に適する子実用6倍体品種である.草型は直立型,中生で耐倒伏性が強い.子実用品種として多収である.

4)オオムギ(英名:barley,学名:*Hordeum vulgare*)

古代メソポタミアでは,コムギよりも食用として多く用いられ,家畜の選好性が高いため飼料としても重要であった(図4-5).現在でもカナダ,北欧,東欧などトウモロコシ栽培に不適な寒地において重要な飼料作物の1つである.

(1)利用と飼料特性

青刈り,乾草,サイレージとしての利用が可能であるが,茎葉の生産性は劣り穂重割合が高いので,糊熟期に刈取りホールクロップサイレージ調製する場合が最も多い.糊熟期

図4-5 飼料用オオムギ
穂の拡大,左:6条オオムギ,右:2条オオムギ.

のTDN含量は他のムギ類より高く，出穂期から乳熟期にかけて67％から57％程度まで低下するが，登熟に伴い，糊熟期にかけて58〜60％まで上昇する．

(2) 品種と特性

'ワセドリ2条'は夏播き年内収穫可能（秋作栽培）な極早生品種である．草丈はやや低く，耐倒伏性が強い．細茎で水分調整がしやすく，乾草およびロールベールに適している．'のぞみ2条'は秋播き用極早生品種である．秋期に播種され翌春収穫される（冬作栽培）．草丈はやや低く，細茎で青刈り，サイレージおよび乾草に適している．'ハヤドリⅡ'は夏播きおよび秋播き栽培の両方が可能な極早生品種である．冠さび病にも強く，耐倒伏性にも優れている．乾草，ロールベールおよびサイレージに適している．

5）ライムギ（英名：rye，学名：*Secale cereale*）

ムギ類の中で最も耐寒性が強く，東北および関東地方の冬作飼料作物として栽培されている（図4-6）．

(1) 利用と飼料特性

一般に，出穂期前後に刈り取り，乾草またはロールベールサイレージとして利用する．出穂期以降の茎葉の硬化が早く，消化率および選好性が著しく低下するため，刈遅れに注意する．ロールベールサイレージ調製の予乾時に稈が乾きにくく，発酵品質が他のムギ類に比べて不安定で選好性が劣る傾向にある．TDN含量は他のムギ類に比べてやや低く，出穂期で65％，乳熟期〜糊熟期で54〜56％程度である．

(2) 品種と特性

'春一番'は早生品種で分げつ数はやや少ない．草丈は高いが倒伏に強い．糊熟期でも穂重割合が低いため出穂期前後に収穫し，乾草利用に適する．'ライ太郎'は極早生品種で，暖地では夏播きでも年内に出穂するので夏播き栽培が可能である．稈が細く，出穂後の耐倒伏性がやや弱い．'ペトクーザ'は50年以上前にドイツから導入された晩生品種である．耐寒性は強く，青刈り・緑肥用として全国的に普及している．多収であるが長稈で倒伏耐性に劣る．

6）飼料イネ（英名：rice，forage rice，学名：*Oryza sativa*）

主として日本および韓国では，飼料自給率の向上，水田の保全などの観点から，飼料作物としてのイネの栽培および利用が広まっている（図4-7）．

(1) 利用と飼料特性

ホールクロップサイレージ（粗飼料）あるいは飼料

図4-6 飼料用ライムギ

米（濃厚飼料）として用いられる．ホールクロップサイレージとしての利用では，完熟期以降は収穫時の脱粒が増加し，不消化籾の糞への排出率も高まるため，刈取り適期は黄熟期である．TDN含量は登熟後期ほど高く乳熟期48％（乾物中，ウシ）から完熟期の57％程度まで変化する．収穫は，牧草用作業機械を利用した体系（予乾体系）または飼料イネ専用収穫機や汎用型飼料収穫機を用い予乾せずに直接ロールベールサイレージに調製する体系（ダイレクト収穫体系）で行う．発酵品質を安定させるために乳酸菌を添加することが多く，家畜の選好性は非常に高い．飼料米としての利用では，収穫適期は食用米基準よりも遅く，可能な限り圃場で立毛乾燥する．収穫はコンバインで行い，乾燥調製もしくは消化性を向上させるための破砕処理（圧ペン，粗挽き，ひき割りなど）後，サイレージ調製を行う．TDN含量は，無処理籾米で74〜78％（乾物中，ウシ＞ニワトリ≧ブタ），無処理玄米で94〜96％（乾物中，ブタ＞ウシ≧ニワトリ）である．

(2) 品種と特性

子実と茎葉の収量に応じて，飼料用米品種（子実多収型），ホールクロップサイレージ品種（茎葉多収型）ならびに兼用品種に大別される（図4-7）．

a．北海道向け品種

'きたあおば' は北海道での栽培に適する兼用品種である．極多収で，玄米収量は食用基幹品種 'きらら397' より約25％多い．

b．東北・北陸向けで，関東以西では早生となる品種

'べこごのみ' は早生の兼用品種で，食用基幹品種 'あきたこまち' よりも早く収穫できる．'べこあおば' は，東北地方では中生の兼用品種で，大粒で多収である．

c．関東～近畿中国四国向き品種

'ホシアオバ' は温暖地における早生系統の兼用品種である．稈長は高いが耐倒伏性はやや強である．'リーフスター' は温暖地における晩生系統のホールクロップ専用品種である．玄米の収量は少ないが，地上部乾物およびTDN収量が高い．茎葉の割合が高い稲発酵粗飼料となる．

d．九州向き品種

'まきみずほ' は九州における早生のホールクロップ専用品種である．乾物収量が高く，耐倒伏性が強く，晩播しても減収しにくい．大粒で食用品種との識別が容易である．'タチアオバ' は飼料イネ品種の中で最も晩生のホールクロップ専用品種である．地上部乾物収量が高いが，耐倒伏性にも非常に優れている．直播適性も高く低コスト生産に向く．

図4-7　飼料イネ
左：子実多収型，右：茎葉多収型．（写真提供：新出昭吾氏（日本草地畜産種子協会））

2. マメ類

本節ではマメ科飼料作物のうち食用作物（子実利用）が転用されたものを扱う．

1）ダイズ（英名：soybean，学名：*Glycine max*）

日本では戦前から戦後にかけて青刈り飼料として栽培されたが，近年まで飼料作物としての栽培はなかった．しかし，最近の輸入飼料の高騰に伴い，高タンパク質の自給飼料作物として再び注目され始めた（図4-8）．

(1) 利用と飼料特性

生育ステージの進行とともに，乾物率は伸長期の15％程度から，莢肥大期の30％程度にまで増加する．粗タンパク質含量は伸長期には25％程度，着蕾期には20％程度であり，莢肥大期には20％を下回るまで減少するが，子実肥大期には再び20％程度まで増加する．乾物収量は生育ステージの進行とともにha当たり1.5t程度から6.5t程度にまで増加するため，粗タンパク質収量を重視する場合の刈取り適期は莢肥大期〜子実肥大期である．利用形態は青刈り利用が主体である．予乾すればサイレージ調製も可能であるが，蟻酸などの添加物を加えないと発酵品質が安定せず，選好性が高まらない．しかし，子実肥大期に莢のみで調製した莢サイレージの栄養価は，TDN82％程度，粗タンパク質含量28％程度となり，濃厚飼料として利用が可能である．

(2) 品種と特性

飼料用に育成された品種はなく，飼料適性の評価も十分には行われていない．子実肥大期に収穫するため，栽培地域における極晩生品種が，ホールクロップとしての収量が高く，適していることが多い．北海道および東北地方の好適品種は下記の通りである．

'黒千石'は晩生の極小粒品種で，子実重割合が低く，茎葉に富む．'タチナガハ'は大粒の中晩生品種で，本来は煮豆・豆腐用であるが，子実肥大期の乾物収量が高い．耐倒伏性が強く，コンバイン収穫適性に優れる．'スズカリ'は中粒の中生品種で，従来は豆腐用であるが，子実肥大期の乾物収量が高い．シストセンチュウ抵抗性を有する．'トヨムスメ'は白目中粒

図 4-8　飼料用ダイズ
左:タチナガハ,中:ダイズサイレージ,右:ダイズロールベールサイレージ．（写真提供：魚住　順氏（左），河本英憲氏（中と右））

の早生品種で，本来煮豆・豆腐用である．北海道北見地方の有機酪農家がロールベールサイレージ調製を行っている．シストセンチュウ抵抗性である．

2）カウピー，ササゲ（英名：cowpea，学名：*Vigna unguiculata*）

飼料作物としては，カウピーの呼称が一般に用いられる．子実，葉および莢が食用として利用されることが多いが，飼料，緑肥，被覆作物としても利用される（図4-9）．

(1) 利用と飼料特性

栄養成長期あるいは子実成熟以前に茎葉を生草，乾草およびサイレージとして利用する場合と，子実を食用に利用し，子実収穫後の茎葉を生草や乾草として利用する場合がある．さらに，子実を青刈り飼料に混ぜて家畜に給与することもできる．栄養成長期の茎葉乾物収量は3～10t/ha，子実の乾物収量は0.25～4t/haである．栄養価が高く，粗タンパク質含有率は，緑葉で14～21%，子実で18～26%，子実収穫後の茎葉残渣（刈株）で6～8%である．乾物消化率は，緑葉で80%以上，子実収穫後の茎葉残渣で55～65%である．選好性が良好で，採食量も高い．飼料用ソルガムや雑穀類（ヒエなど）と混作することにより，高質な乾草やサイレージを調製することができる．放牧利用する場合には，再生力を阻害しない程度に軽く利用する．

(2) 品種と特性

子実の形，大きさおよび色，早晩性ならびに利用方法（茎葉あるいは子実；食用，飼料あるいは緑肥）が異なる数多くの品種が存在する．'Red Caloona'（オーストラリア育成）は成熟期間110日の早生品種で，放牧利用と子実生産の双方に適している．'Ebony PR'（オーストラリア育成）は，降水量の多い亜熱帯地域に適した放牧用品種である．いずれも茎疫病耐性である．'Arafura'と'Meringa'は，茎葉利用に適した晩生品種である．'Banjo'，'Big Buff'および'Holstein'（名前は白黒斑の子実色に由来）は，子実の収量と大きさに優れる直立～半直立型の早生品種である．'Missisippi Pinkeye Purple Hull'（ハワイ育成）はネコブセンチュウ耐性である．これらの他に，アメリカ南部および中央・南アメリカの熱帯・亜熱帯地域で栽培される多くの品種がある．

図4-9 飼料用カウピー
上：莢伸長期，下：成熟期．（写真提供：Cook, B. G. et al.：Tropical Forages：An Interactive Selection Tool, CSIRO, DPI & F（Qld）, CIAT and ILRI, 2005）

3. 牧 草 類

1）寒地型イネ科牧草

(1) オーチャードグラス（英名：orchardgrass（米），cocksfoot（英），学名：*Dactylis glomerata*）

a．来歴と分布

オーチャードグラス（和名：カモガヤ）は，ヨーロッパ，北アフリカ，アジアの一部が原産である（図4-10）．18世紀半ばに北アメリカに導入されたのち，その改良種がイギリスに導入された．全世界に分布し，冬期の寒冷が厳しくなく，夏期の気温が比較的高く，降雨量が中程度から高い地域で栽培される．アメリカ北東部から北中部地域での主要な草種であり，太平洋岸北西部の降雨量の多い地域でも栽培される．カナダ東部および降雨量の多いロッキー山脈東部地域，ヨーロッパ北西部，ニュージーランドおよびオーストラリア東部でも栽培される．日本では1868年に開拓使がアメリカから北海道に導入し，試作した．北海道から九州の高標高地までの広範な地域で栽培される寒地型牧草である．

図4-10 オーチャードグラス
（写真提供：田瀬和浩氏）

b．形態，生態ならびに飼料特性

草丈は1.2～1.4mとなって密生した株を形成する多年生草種である．葉身は濃緑色で長さ10～30cm，幅5～10mmで先端は鋭くとがる．上面は平滑で葉脈の突出が少なく，中肋部で折りたたまれて中肋が明瞭に突き出る．したがって断面はV字形となり，他草種と区別する際の特徴的な形状である．葉鞘は扁平で中肋部が竜骨状となる．葉舌は高さ5～10mmの膜状で目立つが，葉耳はない．穂は1次枝梗がたたまれた状態の円筒状で出現したのち，散開して円錐花序となる．長い1次枝梗はさらに1～3回分枝し，その先に3～5小花からなる7～10mmの小穂を着け，この外観が英名cocksfootの由来となっている．根茎やほふく茎は生じず，母茎と相似の分げつが相互に密着した株を形成する．根は茎の基部節間から栄養成長期に多数出現し，生殖成長期にはほとんど生じない．千粒重は0.8～1.4gである．

生育適温は20～22℃であるが，寒地型イネ科牧草の中では耐暑性にも優れ，耐陰性も強い．また，深根性であるため，耐乾性はチモシーやケンタッキーブルーグラスより強いが，スムーズブロムグラスやトールフェスクよりは劣る．耐寒性はペレニアルライグラスやトールフェスクよりも優れているが，チモシーやスムーズブロムグラスより劣る．土壌への適応性も広く，施肥窒素に対する反応も著しく高い．若い生育段階では乾物消化率が高く，粗タンパク質に富んで繊維成分が少ないが，生育が進むと特に粗タンパク質含有率の低下が著しく，結実期では乾物消化率も50％前後まで低下する．

c．品種と特性

①極早生品種　'アキミドリⅡ'は秋期の伸長性が良好な越夏性に優れた温暖地向けの多収品種であり，耐雪性は中程度でうどんこ病に強く，東北北部の中標高地以南から九州の高

冷地向けの採草・放牧兼用種である．古い採草用品種の'アオナミ'は原種生産が中止されている．

②早生品種　'はるねみどり'は再生がよく，春と秋の収量性や混播・放牧適性に優れる兼用種である．耐寒性がやや強くて雪腐病にも強く，収量の経年低下が少ない．北海道全域と東北北部が適地である．その他に'キタミドリ'，'ワセミドリ'，'ナツミドリ'などがある．

③中生品種　'マキバミドリ'は古い兼用種であるが温暖地向けの優良品種である．この後継種の'まきばたろう'は多収で収量の経年低下が少なく，秋期の放牧や採草に有利な兼用種であり，さび病，うどんこ病，雲形病抵抗性も強く，永続性に優れる．高標高地を除く東北から九州の高標高地向けである．'フロンティア'は直立型で葉身が大きくて茎も太く，道央から道南向けの兼用種であり，'オカミドリ'は直立型で草丈が高く，葉長，葉幅ともに大きく葉部割合も高い北海道向けの採草用品種である．'ハルジマン'は冠さび病や雪腐病に抵抗性があり，ややほふく型で耐倒伏性が強い放牧適性に優れる北海道向けの兼用種である．

④晩生品種　草丈が高くて多収であり，永続性と混播適性に優れる'トヨミドリ'は耐寒性が中程度で，越冬性がやや強い直立型の兼用種である．'ヘイキングⅡ'は耐病性に優れ，越冬性に優れる採草用品種である．いずれも北海道向けである．'グローラス'はスウェーデンで育成された兼用種であり，越冬性に優れ，特に土壌凍結および寡雪地帯向けである．カナダで育成された'ケイ'は，収量はやや低いものの越冬性や耐寒性が強く，雪腐病抵抗性にも強い道東限定の放牧用品種である．

(2) チモシー（英名：timothy，学名：*Phleum pratense*）

a．来歴と分布

チモシー（和名：オオアワガエリ）はヨーロッパおよび温帯アジアの原産である（図4-11）．18世紀初期に北アメリカで栽培が始まり，その後，栽培種がイギリスに再導入された．北ヨーロッパ，アメリカの太平洋岸北東部および大平原以東の北部地域からカナダのケベック，オンタリオならびに大西洋諸州まで適し，北アフリカやオーストラリアの冷涼地でも栽培される．日本では開拓使によって1874年に北海道に導入され，その後，北海道と東北で広く栽培されるようになった．春の生育や利用後の再生が遅いことなどにより，北海道では一時，かなりの部分がオーチャードグラスに置き換えられたが，耐寒性や永続性に優れることから，現在では北海道および東北北部における主要牧草となっている．

図4-11　チモシー
（写真提供：田瀬和浩氏）

b．形態，生態ならびに飼料特性

草丈が1mを超える多年生草種である．葉身は葉鞘の中で巻かれたままの状態で出現する．展開した葉身は長さ20〜50cm，幅4〜10mmでややねじれながら平た

く広がり，表面は平滑で淡い緑色を呈する．葉舌は高さ1～5mmの膜質で，葉耳はない．葉鞘は滑らかで背は円い．出穂期には円筒状の穂状花序が稈頂に1個ずつ着く．小穂は1小花で構成され，直接，穂軸に密生する．出穂茎の基部には球茎（haplocorm）が形成される．これは非伸長節間の1および2節が球状に肥大化したもので，可溶性炭水化物を豊富に蓄積する．個々の分げつは一年生であり，刈取り後は球茎近辺の節に着生して休眠していた分げつ芽が伸長を開始するため，多年草として永続する．千粒重は0.3～0.7gである．

　オーチャードグラスに比べると出穂が著しく遅く，また花芽誘導に低温を必要としない長日植物であるために夏の間の再生草でも出穂が続く．繊維性の根が土壌表面に浅く分布するために乾燥には弱く，乾燥地には不向きである．耐寒性が非常に強く，耐凍性も強いので寒冷地のやや湿潤な地域によく適応する．放牧利用では頻繁な採食を受けることになり，その直立型の草型と浅根性とも関連して永続性は乏しい．出穂前の乾物消化率や栄養価は他の寒地型牧草よりも高く，品質が良好で家畜の選好性も優れており，採草用の優良草種である．

　c．品種と特性

　①早生品種　'クンプウ' は直立型で茎が太く，穂も太くて短い．極早生品種で1番草は低収であるが再生は良好であり，2番草以降は多収である．'ノサップ' は直立型で葉身がやや長く，葉身割合も高い．再生は良好で多収である．'ホクセイ' は耐倒伏性が比較的強く，刈取り後の再生も良好な品種である．いずれも採草用品種である．

　②中生品種　'キリタップ' は直立型で草丈が高く，茎数も多く多収である．斑点病耐性および耐寒性が強く，倒伏にも比較的強い．北海道および東北北部向けの兼用種である．'アッケシ' は直立型で早春の草丈が高く，1番草は多収である．倒伏にはやや弱いが茎数が多く，耐寒性が強い兼用種である．'ホクエイ' は2番草の再生が良好で多収となる採草用品種である．

　③晩生品種　'ホクシュウ' は茎が細くて倒伏しやすいがほふく型に近く，再生が良好で多収な兼用種である．黒さび病に強く，斑点病抵抗性も強い．'なつさかり' は 'ホクシュウ' の後継種であり，耐倒伏性および斑点病抵抗性に優れる．草丈が高くて茎もやや太く，穂長および葉長ともに長く多収である．採草利用を主体とした兼用種である．

(3) ペレニアルライグラス（英名：perennial ryegrass，学名：*Lolium perenne*）

　a．来歴と分布

　ペレニアルライグラス（和名：ホソムギ）はヨーロッパ，温帯アジア，北アフリカが原産であり，17世紀後半にイギリスで栽培が始められた（図4-12）．南北アメリカ，ヨーロッパ，ニュージーランド，オーストラリアなどで栽培され，特に放牧を主体とした酪農生産における重要な飼料である．日本には1868年に導入され，良質の牧草として北海道や本州の高標高地で放牧利用されているが，越夏性および越冬性に優れないため，永続性は高くない．

　b．形態，生態ならびに飼料特性

　株型であるが，集約的な放牧条件下で草丈が低く維持されるような場合は栄養成長期の分げつ基部から多くの節根を生じ，分枝も著しくなってほふく型様の生育型を示す．環境条件

によって多年生，短年生あるいは一年生となる．葉身は濃い緑色で，上面は葉脈が明瞭に浮き出ており，下面には光沢がある．葉長 10 〜 18cm，幅 3 〜 4mm であり，葉舌は 1mm 前後の短い膜状で，小さいかぎ爪状の葉耳が突出する．葉身は折りたたまれて出現し，葉鞘も中肋部が軽く折れていてやや扁平となり，その基部はイタリアンライグラスやトールフェスクと同様に赤紫色を呈する．稈の先に扁平な穂状花序を着け，10 個程度の小花からなる小穂が穂軸に交互に着生する．小花の護穎には芒はない．千粒重は 2 倍体品種では 1.3 〜 2.7g，4 倍体品種では 2.0 〜 4.0g である．

生育適温は 20 〜 25℃で暑さには特に弱く，耐寒性も低い．浅根性で乾燥にも弱く，排水性のよい肥沃な土壌に適する．生育に最適な土壌 pH は 6 〜 7 である．短草状態が維持されないと個々の個体が大きくなり，茎数密度が低下して利用年限が著しく低下するが，集約的な放牧利用によって草高が 15 〜 20cm 前後に維持される場合は茎数密度が 1 万本/m^2 以上となり，芝生状となって安定した草勢となる．そのような草地管理下では年間を通して 70 〜 80％と高い乾物消化率を示す．

図 4-12　ペレニアルライグラス
左：ペレニアルライグラスの穂，右：同属のイタリアンライグラスの穂．（写真提供：藤森雅博氏，田瀬和浩氏）

c．品種と特性

①中生品種　'チニタ' は秋の収量が高い兼用あるいは放牧用品種である．デンマークで育成された 'トーブ' は秋の生産性が高く，北海道向きの多収で永続性が良好な放牧用品種であり，網斑病抵抗性に優れる．'ヤツカゼ 2' は本州以南向けの兼用あるいは放牧用の 4 倍体品種であり，越夏性や冠さび病抵抗性が高く，'ヤツカゼ' より多収である．

②晩生品種　'フレンド' は耐寒性と耐雪性が強く，永続性が高い 4 倍体の放牧用品種であり，収量性も高い．古い品種であるが府県では最も利用が多い．'ポコロ' は 1 番草の採草利用も可能な放牧用品種である．越冬性に優れ，'フレンド' に比べて収量性と永続性に優れる．'ヤツユタカ' は高冷地および準高冷地や多雪地帯にも適する 4 倍体の放牧用品種であり，季節生産性が平準化し，本州以南での収量性に優れる．後継品種の 'ヤツユメ' は春と秋の収量性に優れる多収な放牧用品種であり，東北から九州まで適する．

（4）イタリアンライグラス（英名：Italian ryegrass，学名：*Lolium multiflorum*）

a．来歴と分布

イタリアンライグラス（和名：ネズミムギ）は，南ヨーロッパが原産であり，採草および放牧用草種として栽培される（図 4-12）．アメリカでは南東部と太平洋岸北部の主要牧草の 1 つであり，カナダでは夏作利用される．イギリスおよびヨーロッパ，メキシコ北部，オーストラリア，ニュージーランド，南アメリカでも栽培される．日本には 1868 年に導入され，

1950年代半ばより水田裏作用として採草利用され，現在では主に関東以西で夏作トウモロコシの前作としても採草利用される.

b．形態，生態ならびに飼料特性

ペレニアルライグラスに似るがやや大型の草種であり，一般的に越年生で，1～2年で衰退する．草丈は1～1.5mとなり，叢状を呈する．ペレニアルライグラスとは異なって葉身は葉鞘内で巻かれて外部に出現し，展開後は平たく広がる．葉長30～50cm，幅4～10mmであり，上面は葉脈が明瞭に浮き出て光沢はない．下面は光沢があって滑らかである．葉身基部には狭い葉耳が突出し，葉舌は高さ1～2mmの膜状である．葉鞘は光沢があって基部は赤紫色を呈する．稈の先にペレニアルライグラス同様の扁平な穂状花序を着ける．小穂は10小花以上からなり，穂軸には30～40個が交互に着生する．小花の護穎には芒がある．根は浅根性であり，各分げつの基部から節根を生じ，盛んに分枝して土壌の表層近くに分布する．千粒重は2倍体品種では2.0～2.5g，4倍体品種では3.5～5.1gである．

砂土から埴土まで土壌を選ばず，適応土壌pHも5.5～8.0と広い．浅根性であり，他の寒地型牧草に比べて湿潤な土壌でもよく生育する．湿潤であれば低温・短日条件下で比較的旺盛に伸長を続けるが，同条件下で休眠性の高まる他の寒地型草種に比べると耐寒性は弱く，耐雪性も強くない．肥沃な土壌条件ではよく生育するので多肥栽培に適し，特に窒素施用量の増加に伴って乾物生産量と窒素含有率が増加する．出穂期においても他草種に比べて栄養価が高く，特に可消化粗タンパク質が高く維持される.

c．品種と特性

①**極早生品種**　ごく短い生育期間（極短期利用）での多収を目的とする．'シワスアオバ'は九州から中国・四国の低標高地向けであり，直立型で草丈は低い．夏作飼料作物として栽培され，収量確保のために出穂させてからの利用が可能であるが再生力は劣る．'ウヅキアオバ'は非積雪地帯および根雪日数60日程度までの積雪地帯向けである．その他に'サクラワセ'，'ミナミアオバ'などがある.

②**早生品種**　春の生育が良好で，1～2回刈りでの短い栽培期間（短期利用）で高収量を目指す．'ニオウダチ'は直立型で草丈はやや低くて茎が太い．耐倒伏性が強く，機械収穫による損失が少ない．関東から南九州向けである．その他に'タチワセ'，'タチマサリ'，'ワセアオバ'，'ワセユタカ'などがある.

③**中～晩生品種**　短期利用を目的とした中生品種には'ナガハヒカリ'，'タチムシャ'などがある．また，長期利用を目的として7月頃までの2～3回刈り利用とする'マンモスB'は，早春からの生育が旺盛で多回刈り利用可能な再生力に優れる晩生の4倍体品種である．'ヒタチヒカリ'は耐倒伏性が強く，長期利用に適する晩生品種である.

④**晩生品種**　極長期利用を目的とし，地域によっては越夏利用や2～3年利用が可能である．'エース'は冠さび病耐性も強い大型品種で耐暑性が強く，最も長期に利用できる．九州では7月まで利用可能であり，東北や高標高地では多年草的な利用もできる．雪腐病にも強く，根雪期間の長い多雪地帯にも適する．'アキアオバ'は乾物収量が高く，越夏性に

優れて越夏後に多収となる．冠さび病抵抗性も強く，東北南部から関東・東海の高冷地向けである．

(5) トールフェスク（英名：tall fescue，学名：*Festuca arundinacea*）

a．来歴と分布

トールフェスク（和名：オニウシノケグサ）は西ヨーロッパ原産の牧草であり，1879年に西ヨーロッパからアメリカへ導入，試作された（図4-13）．牧草としての価値が認められたのは1940年代に開発された'ケンタッキー31'や'アルタ'といった品種からである．北アメリカではフロリダ北部からカナダ南部までの東部湿潤地帯での基幹牧草であり，西部山間地帯では粗放的に混播栽培される．また，ヨーロッパ全土および北アフリカ，バルト海沿岸からコーカサス地方，西シベリアから中国まで適応する．さらに，南アメリカ，オーストラリア，ニュージーランド，南部および東部アフリカにも導入され，世界の温帯地域で栽培される．日本にも1868年に導入，試作されたが，全国的に栽培されるようになったのは第二次世界大戦後に高収性と各種環境への高い適応性を持つ'ケンタッキー31'が導入されてからである．

b．形態，生態ならびに飼料特性

多年生草種で叢状をなすが，頻繁な刈取りや放牧の下では芝地を形成する．葉身は光沢のある濃緑色を呈し，上面は葉脈が目立つ．長さ10～60cmで環境や生育条件に応じて変動し，幅は3～10mmである．葉舌は1mmほどであり，先のとがった三日月型の葉耳には繊毛があって稈を抱く．新しい葉鞘の基部はライグラス類と同様に赤紫色を呈する．出穂茎は直立し，円錐花序を着けて最大2mに達する．円錐花序は，主梗の各節から長短2本の1次枝梗を生じ，長い方には5～20個，短い方には3～5個の小穂が着く．護穎の先には短い芒がある．幼植物ではオーチャードグラス同様に規則的な分げつ発生が見られるが，春から秋に至るまでの生育旺盛な期間中には成熟個体からの分げつの新生はほとんど見られない．しかしながら，既存分げつの枯死も他の草種に比べて少なく，株の密度は低下しにくい．秋期には既存の直立分げつの下位節間に着生する休眠分げつ芽が萌芽して根茎となり，土壌中を横走したあとに地上に出現して直立分げつとして成長を開始する．この根茎の遺伝的な長短が耐暑性や耐乾性に関連し，長いものほど耐性が強いとされる．千粒重は1.8～2.5gである．

土壌の種類やpHに対する適応性は著しく広く，湿潤な温帯地域に最もよく生育し，深根性であるために土壌乾燥に対しても強い．他の寒地型牧草と比較して耐暑性が強いが耐寒性はあまり強くなく，冬期の低温が厳しい地域には適さない．

図4-13　トールフェスク
（写真提供：田瀬和浩氏）

他の寒地型牧草よりも栄養価や選好性が劣り，特に生育が進んだ大型株は選好性が著しく低下する．トールフェスクの家畜生産性の低さの要因の1つにエンドファイト（endophyte，内生菌）の感染がある．エンドファイトは植物体と共生関係にある菌類であり，種子によって感染が広がる．発芽後，栄養成長期に葉鞘でのみ菌が増殖する．菌自身は葉身には広がらないが，葉鞘内で生成された毒物（アルカロイド）が葉身へ移行し，これを採食した家畜に症状が現れる．

c．品種と特性

'ホクリョウ' は極晩生の放牧用品種であり，草丈が高く，葉は大型で多収であり，消化性も優れる．耐寒性や耐雪性に優れ，雪腐病にも強いが耐暑性は劣る．北海道，東北，北陸の積雪寒冷地域あるいは関東以南の高標高地が適地である．'ヤマナミ' は北海道南部から九州まで広域に適応する兼用種であるが耐暑性が不十分であり，この改良種として'ナンリョウ'が育成された．'ナンリョウ'は耐暑性が強い多収品種であり，九州および四国の採草地や東北南部以南で寒地型牧草の夏枯れが発生しやすい地域での兼用利用に適する．'サザンクロス'は耐暑性や耐病性に優れる暖地向けの多収な中生の兼用種である．冠さび病や網斑病に抵抗性を示す．'ウシブエ' は'サザンクロス' より多収で永続性に優れる兼用あるいは放牧用の中生品種であり，九州を中心に東北中部地域までを適地とする．

(6) メドウフェスク（英名：meadow fescue，学名：*Festuca pratensis*）

a．来歴と分布

メドウフェスク（和名：ヒロハノウシノケグサ）は西ヨーロッパの比較的冷涼な地域が原産であり，西ヨーロッパでは放牧地の混播牧草として広く栽培されているが，アメリカでの栽培は限られている．日本では1868年に導入されて以来，北海道をはじめとして各地で自生が報告されているが，近年では北海道を中心に採草地および放牧地における補助草種として栽培されている．

b．形態，生態ならびに飼料特性

形態的にはトールフェスクとよく似た多年生草種であるが，葉身の上面は葉脈がほとんど突き出さず，葉舌は1mmほどであり，トールフェスク同様の先のとがった三日月型の葉耳を持つが無毛である．円錐花序はトールフェスク同様に主梗の各節から長短2本の1次枝梗を生じ，長い方には3〜10個，短い方には1〜3個の小穂が着く．護穎の先には芒のないことが多い．千粒重は1.7〜2.1gである．

耐寒性はオーチャードグラス程度であり，チモシーより劣るがトールフェスクより強い．耐暑性はトールフェスクより劣る．湿潤な肥沃地に適するが，耐乾性はライグラス類より強い．選好性はチモシーより劣るがオーチャードグラスより優れる．

c．品種と特性

'リグロ' は，越冬性，永続性，収量性に優れ，夏から秋にかけての草量確保が必要な東北や高冷地向けの兼用あるいは放牧用品種である．'トモサカエ'，'ファースト' の後継品種である 'ハルサカエ' は，耐倒伏性と混播適性および越冬性に優れて早春の草勢がよく，永続

性に優れる多収な早生の兼用種である．しかしながら，土壌が凍結する地域では晩秋の過度の放牧利用は避ける必要がある．'プラデール'は北海道道東地域での放牧用の早生品種であり，夏と秋に多収となる．'まきばさかえ'は'ハルサカエ'の越冬性と収量性を改善した土壌凍結地帯向けの放牧用品種であり，短い草丈で利用する集約放牧を想定した北海道東部での利用に適する．雪腐病抵抗性の強化で雪解け後の生育も安定し，春と秋の収量が優れる．

(7) リードカナリーグラス（英名：reed canarygrass，学名：*Phalaris arundinacea*）

a．来歴と分布

リードカナリーグラス（和名：クサヨシ）は18世紀半ばにスウェーデンで栽培が始まり，19世紀半ばに北ヨーロッパまで拡大した（図4-14）．19世紀終わり頃にアメリカにも広まり，中・北部からカナダ南部にかけて栽培されている．日本では，明治年間に北海道に導入されたものが野生化し，北海道から九州まで自生している．本格的な導入は第二次世界大戦後であり，耐湿性が強いことから水田転作や水田跡地での栽培に適する．夏季に高温となる一方で冬季の根雪期間が長い北陸の低標高地において盛んに栽培されるようになり，現在でも主要草種の1つとなっている．

b．形態，生態ならびに飼料特性

出穂茎では節間が旺盛に伸長して2m以上の草丈となり，大型の株を形成する多年生草種である．地表直下の分げつ基部に形成される休眠芽は上位節間の伸長に伴ってその大きさを増し，一部は根茎として成長を始める．地上部が放牧や刈取りによって衰退すると，これらの分げつ芽は伸長方向を垂直に転じ，地上に出現して直立分げつとして成長を開始する．葉身は長さ15～30cm，幅8～15mmであり，完全に展開すると平たくて軟らかいが，ざらつく．葉舌は膜状で高さは2～3mmであり，葉耳はない．円錐花序は，初めは1次枝梗が直立して全体が穂状に見えるが，のちに1次枝梗が展開する．1番草刈取り後の再生は，大部分が基部からの新生分げつであり，これらの分げつは生殖成長に移行しなくても節間伸長を開始し，日長が短くなるまで続く．千粒重は0.6～0.8gである．

耐雪性や耐寒性だけでなく，耐暑性にも優れる．水はけの悪い湿潤地においても良好な生育を示し，長期の冠水にも枯死しない一方で，他の寒地型牧草と同様に耐乾性も強く，水分が不足するような状況での生産量はオーチャードグラスやスムーズブロムグラスに匹敵し，チモシーよりも勝る．さらに，土壌も選ばず，土壌pH4.9～8.2まで適応する．窒素施用量の増加に伴って粗タンパク質含有率が30％程度まで増加する一方，成熟に伴って葉身割合が低下し，構造性炭水化物含有率が増加するために乾物消化率や粗タンパク質含有率が低下する．採

図4-14 リードカナリーグラス
左：出穂期の穂，右：開花期の穂．（写真提供：田瀬和浩氏）

草用にも放牧用にも用いられるが，その選好性は含有するインドール系アルカロイドのために，特にヒツジにおいて低い．また，採食した家畜は下痢症状を呈し，その結果として増体が低下する．

c．品種と特性

'ヴァンテージ'はアメリカのアイオワ州立大学で育成され，1972年に発売された品種であり，種子の着生量が改善され，出穂時期も早められた．家畜の下痢の原因となるアルカロイド含有率が低減されている．'ベンチャー'と'パラトン'は'ヴァンテージ'とは別系統から育成された品種であり，下痢の要因となるアルカロイドを含有せず，選好性が著しく改善された最初の品種である．1985年に発売された．'ライバル'は1985年にカナダのマニトバ大学で育成された低アルカロイド品種であるが，'ベンチャー'や'パラトン'よりはアルカロイド含有率が高く，わが国ではあまり一般的ではない．

(8) スムーズブロムグラス（英名：smooth bromegrass，学名：*Bromus inermis*）

a．来歴と分布

スムーズブロムグラス（和名：コスズメノチャヒキ）はヨーロッパおよび温帯アジア原産であり，19世紀後期，ハンガリー，ドイツ北部およびロシアからアメリカやカナダに導入された（図4-15）．通常，北方系と南方系に分類され，北方系はカナダから南・北ダコタ州に，南方系はアメリカのコーンベルト地帯南部に適する．わが国には，1868年に導入されたものの本格的な栽培は行われなかったが，1965年頃より北海道立北見農業試験場で品種育成試験が継続されており，北海道および東北に適する多収品種，および多収で越冬性に優れた品種の2つが公的育成品種として登録されている．

b．形態，生態ならびに飼料特性

草丈が0.8〜1.2mとなる直立型かつ芝生を形成する多年生草種である．葉身は巻かれた状態で抽出し，展開とともに平たくなる．長さ10〜25cm，幅4〜12mmで，その断面は特徴的なW字形を呈する．高さ1〜2mmの葉舌を持つが葉耳はない．葉鞘はほぼ円筒形である．晩春から初夏にかけて出穂する．穂軸の各節から展開する2〜5本の1次枝梗に5〜10小花からなる小穂を1〜5個着け，円錐花序を形成する．分げつ基部から根茎が生じ，やや横走したのち，直立分げつとなる．地下茎でも種子でも繁殖する．千粒重は3.0〜4.0gと重い．

地中深く根を延ばすと同時に表層にも密に根系を広げることから，土壌の乾燥に対する抵抗性が強く，耐寒性にも優れる．また，土壌に対する適応幅も広い．春期の成長は良好であるが夏期の乾燥する時期には休眠し，秋期の降雨と短日条件によって生育を再開する．刈取り後

図4-15　スムーズブロムグラス
（写真提供：田瀬和浩氏）

は，地表面下の各節にある分げつ芽からの成長を待たなければならないために再生が遅く，利用上の難点となっている．しかしながら，耐乾性に劣るチモシーにかわり，北海道東地方の干ばつの被害を受けやすい地域での採草用草種としての普及が期待されている．春の栄養価が高く，生育に伴って低下する．可消化乾物生産は開花中期に最大となるが，可消化タンパク質含有率は同時期に直線的に低下する．

c．品種と特性

'サラトガ'はアメリカで育成された南方系品種であり，アメリカ東北部の各州では主要な品種となっている．'アイカップ'は北海道立北見農業試験場で育成された初の国産品種であり，'サラトガ'と同様の中生品種で収量はやや高い．越冬性や耐病性に問題はなく，北海道全域を適応地域とする．'フーレップ'は'アイカップ'の後継の中生品種であり，収量と褐斑病抵抗性および越冬性が'アイカップ'より優れ，北海道全域に適する．

(9) ケンタッキーブルーグラス（英名：Kentucky bluegrass，学名：*Poa pratensis*）

a．来歴と分布

ケンタッキーブルーグラス（和名：ナガハグサ）はユーラシア原産の牧草であり，アメリカ北東部および北中部では他の寒地型，暖地型およびマメ科牧草に随伴して繁茂し，重要な草種となっている．日本では本州の冷涼地と北海道に分布し，北海道では泥炭地を除く全道に見られる．牧草としてだけでなく，近年では芝草用として一般家庭，スポーツターフ，緑化工事などに広く利用されている．

b．形態と生態的特性

草丈30～75cm程度で，分げつ基部の節および根茎の先端から地上茎が伸び，条件がよいと芝地を形成する．稈には，緑色ないし濃緑色の無毛で軟らかい3～4枚の葉身が着く．その葉身は折りたたまれて出現し，先端近くまでほぼ同じ幅で1.5～2mmと細く，その先端は特有のボートの舳（へさき）状となる．稈の下方に着く葉身は長さが30cmにもなり，和名の由来となっている．切形を呈する葉舌は短く，葉耳はない．葉鞘も無毛で円筒形を呈し，背は円い．出穂期には長さ10～20cm程度のまばらな円錐花序を稈頂に着ける．穂軸の各節には数本の1次枝梗が生じ，3～5小花からなる小穂を数個着ける．根系は浅く，根と根茎は成熟した群落ではマット状となる．千粒重は0.3～0.5gである．

冷涼で湿潤な条件に適し，耐寒性が強くて永続性も強い放牧用の多年生草種である．耐陰性も強い．一方，耐乾性や耐暑性は弱く，暖地では夏枯れを起こしやすい．土壌への適応性も広く，排水のよい壌土にも適するが泥炭土や酸性土壌にもよく生育する．

c．品種と特性

'トロイ'はアメリカのモンタナ州農試で育成された早生品種であり，春の出穂が早い．'ケンブルー'はアメリカのケンタッキー州農試で育成された早生品種であり，茎が密生して多収であるが，さび病に弱い．また，芝生にも用いられる'バロン'の他，数多くの芝生用品種がある．

2）寒地型マメ科牧草

(1) クローバ類

a．シロクローバ（英名：white clover，学名：*Trifolium repens*）

①来歴と分布 シロクローバ（シロツメクサ）は，地中海東部から小アジア原産のほふく型の多年生マメ科牧草であり，ヨーロッパ，南北アメリカ，オーストラリア，日本など世界中の湿潤温帯や冷涼な亜熱帯まで広く栽培されている（図4-16）．$2n = 4x = 32$の4倍体である．江戸時代にオランダから長崎に輸入された荷物の充填材としてクローバ類の干し草が使用されていたことから，和名シロツメクサの詰草の名が付いたとされる．牧草としては明治以降栽培が開始され，日本各地に広がった．

図4-16　シロクローバ
チモシーとの混播．（写真提供：奥村健治氏）

②成長と発育 実生は直根であるが，葉腋からほふく茎（stolon）を出し，放射状に分枝して拡大する．ほふく茎の各節より葉柄および節根を出す（図4-17）．葉は，3小葉からなる複葉で，通常無毛で葉縁に鋸歯がある．長日植物で，夏期の長日，高温条件で，ほふく茎の節から花柄（peduncle）を伸ばし，先端に20～40の小花からなる頭花（globular receme）を着ける．花色は白色または薄桃色で，マルハナバチやミツバチにより受粉する．莢には黄色，褐色をした心臓型の種子を3～4粒含む．種子には30～40％の硬実が含まれる．

③生態的特性と栽培 微酸性から中性（pH5.8～6.5）で排水良好な土壌を好み，生育適温は20～25℃で，夏期冷涼で湿潤な気候に適する．夏の高温，乾燥には弱く，夏枯れする．窒素固定量は気候や土壌条件，特に窒素施肥量により大きく変動するが，一般に他のクローバ類に比べて多く，通常年間で10～40kgN/10aとされる．シロクローバはイネ科牧草と混播されることが多いが，この固定窒素がイネ科牧草に移譲される．施肥量は窒素0～10kg/10a，リン酸とカリをそれぞれ5～10kg/10aとする．イネ科牧草の多収を狙って窒素

図4-17　シロクローバのほふく茎ならびにそこから発生する葉柄（先端に葉），花柄（先端に花）および節根

を多肥するとクローバ類が衰退し，消滅することがある．

④品種と利用　シロクローバはタンパク質，ミネラルに富み栄養価の高い牧草であるが，これのみを与えるとウシなどの反芻動物に鼓脹症（bloat）を起こすので，通常オーチャードグラス，ペレニアルライグラス，チモシーなどのイネ科牧草と混播され，採草および放牧利用される．混播の場合の播種量は1～3kg/10aで，播種適期は寒地では春，暖地では秋である．10～30cmに伸長した葉柄および花柄は，通常数cmの高さで刈り取られるが，刈り残された地際のほふく茎から再生するため，再生力は強く，頻繁な刈取りや放牧に適する．

　シロクローバの品種は，葉の大きさにより，大葉型，中葉型，小葉型の3タイプがある．大葉型は，イタリアのラジノ地方原産でラジノクローバ（ladino clover）とも呼ばれ，わが国では'カルフォルニアラジノ'などの品種が用いられている．草丈が高く多収であり，競合力が強いのでオーチャードグラスやペレニアルライグラスと混播され，主に採草利用される．中葉型はコモンタイプとも呼ばれ，'ソーニャ'，'フィア'，'マキバシロ'などの品種があり，採草，放牧ともに用いられる．小葉型はワイルドタイプ（野生型）とも呼ばれ，葉は小さく密生し，収量は低い．'リベンデル'，'タホラ'などの耐寒性の高い品種があり，主に北海道で放牧に用いられる．

b．アカクローバ（英名：red clover，学名：*Trifolium pratense*）

①来歴と分布　アカクローバ（アカツメクサ）は，小アジアから東南ヨーロッパ原産の直立型マメ科短年生牧草であり，ヨーロッパ，南北アメリカ，中国北部，オーストラリア南部，日本など世界の温帯に広く分布する（図4-18）．$2n = 2x = 14$ の2倍体および $2n = 4x = 28$ の4倍体品種がある．わが国では，明治以降，牧草として北海道，東北を中心に栽培が広まった．

②成長と発育　地際に節の詰まった冠部（クラウン，crown）を持ち，ここから毎春芽が伸び，数本の直立した高さ60～80cmの茎を生じる（図4-19）．葉は，3小葉からなる複葉で茎に互生する．主根および冠部より多数の側根や不定根を生じる．長日植物であり，主茎および分枝の先端に多数の小花からなる卵形の頭状花序を生じる．花色は赤から赤紫色．他殖性で，マルハナバチやミツバチにより受粉する虫媒花である．莢には黄色，褐色，紫色をした腎臓型の種子を1～2粒含む．種子には10～20%の硬実を含む．

図4-18　アカクローバ
（写真提供：奥村健治氏）

③生態的特性と栽培　アカクローバの生育適温は20～25℃であり，

生育限界温度は7～40℃とされる．アカクローバは，過度の酸性や多湿を除き，土壌条件に対する適性は広い．耐寒性が高いので冷涼な北海道に栽培が多いが，高温，乾燥には弱く，暖地では夏枯れする個体が多いため，関東以南の作付けは少ない．

④**品種と利用**　播種後の生育は早いが，再生力に劣るので放牧には適さない．一般に草型が立性であるので主に採草利用され，イネ科のチモシー，オーチャードグラスなどと混播される．混播の場合のアカクローバの播種量は，0.3～0.5kg/10aである．乾草やサイレージ利用する場合の刈取り適期は開花始めであり，このときに混播するイネ科牧草が出穂始めであることが理想である．

　アカクローバの品種は，早生と晩生およびその中間型に分けられるが，早生品種は1番草収穫後の再生力が強いため2回刈型（double-cut type）とも呼ばれ，これに対して晩生品種は1回刈型（single-cut type）と呼ばれる．アメリカでは，前者をメジウム（medium）型，後者をマンモス（mammoth）型と呼ぶ．日本で栽培されている品種は，ほとんどが早生品種で，'マキミドリ'，'ナツユウ'，'ホクセキ'，'ケンランド'などが使われている．アカクローバの晩生品種は，刈取り後の再生が緩やかで競合力が弱いため，再生力の劣るチモシーとの混播に適している．

　アカクローバは，短年生であり，草地での利用年限は3～4年と短く，追播（over seeding）が必要とされ，永続性（persistency）の改良が育種目標となっている．

c．その他クローバ類

　アルサイククローバ（英名：alsike clover, swedish clover, hybrid clover，学名：*Trifolium hybridium*）は，シロクローバとアカクローバの中間の形態を示すが，両者の雑種ではなく別種である．短年草で寒冷地に適し，ヨーロッパ，南北アメリカ，アジアの冷涼な温帯地域から亜寒帯に分布する．アカクローバより耐湿性，耐酸性に優れるため，不良環境下でアカクローバの代替として利用される．

　サブタレニアンクローバ，サブクローバ（英名：subterranean clover, sub clover，学名：*T. subterraneum*）は，地中海沿岸地方原産のほふく型冬作一年生牧草である．南ヨーロッパ，北アフリカ，南オーストラリア，ニュージーランド，南北アメリカに分布する．3小葉からなる複葉で多毛である．葉腋から花柄を生じその先端に白から淡紅色の3～6小花からなる花序を着ける．自殖性で，受粉後花柄は下行して地中にもぐり結実し，休眠してシードバンクを形成する．秋に発芽し，春から初夏に成長する．耐乾性が強く，南オーストラリアで

図4-19　アカクローバ冠部（クラウン）ならびにそこから発生する茎

はペレニアルライグラスなどのイネ科牧草と混播され，採草，放牧利用される．

クリムソンクローバ（英名：crimson clover, scarlet clover, carnation clover, 学名：*T. incarnatum*）は，草丈 30〜60cm で直立性または半立性の冬作一年生牧草である．南ヨーロッパ原産で，18 世紀にイタリア，フランス，スペイン，ドイツ，オーストリア，イギリスで飼料および緑肥作物として栽培が始まった．3 小葉からなる複葉で多毛である．花色は深紅色．土壌条件や気象条件に対する適応性は広いが，耐乾性，耐湿性は劣る．再生力が弱いので放牧には適さない．わが国では景観作物としても利用されている．

(2) アルファルファ類

a．アルファルファ，ムラサキウマゴヤシ（英名：alfalfa（米），lucerne（英），学名：*Medicago sativa*）

①来歴と分布　アルファルファ（ムラサキウマゴヤシ）は，中近東（現在のイラン付近）から中央アジア原産の直立型の多年生マメ科牧草であり，きわめて良質な乾草用牧草として紀元前から栽培されてきた（図 4-20）．ヨーロッパではルーサン（lucerne）と呼ばれる．$2n = 2x = 32$ の 2 倍体である．アルファルファの近代品種は，通常 *M. sativa* の遺伝子を中心に，*M. sativa* ssp. *falcata*（黄花種）の遺伝子を異なる比率で持つ．南北アメリカ，ヨーロッパ，南アフリカ，中国など世界中の温帯に広く分布する．わが国では北海道から本州の暖地まで栽培される．

②成長と発育　茎は直立し高さ 30〜100cm，葉は無毛の 3 小葉からなる複葉で，葉柄基部に皮針形の托葉がある．地際に冠部（クラウン）を持ち，そこから多数の分枝を出す．刈取り後の再生は冠部から茎を生じることによる．深根性で，主根は 2〜4m，ときには 7〜10m に達するといわれる．このため耐乾性がきわめて強い．

長日植物で，夏に上部の葉の葉腋の先端におよそ 4cm の花柄を生じ，その先端に数個から 20 個の蝶形花からなる総状花序を着ける．花色は品種により紫色（紫花種），黄色（黄花腫），紫，青，黄緑の混合（雑色花種）があり，他殖性でハチ類により受粉する．莢はらせん状に巻くが，らせんの程度は紫花種で大きく，黄花種で小さい．莢中に 2〜5 個の種子を生じる．種子は，通常 30〜40％の硬実を含む．

③生態的特性と栽培　深根性であるので耐乾性が高く，また耐寒性の高い品種や乾燥休眠性による耐暑性の高い品種まで多様性が広く，−25℃のアラスカから 50℃のカルフォルニア

図 4-20　アルファルファ
（写真提供：奥村健治氏）

まで生存できるといわれる．しかし，アルファルファは耐湿性が劣るので，排水のよい中性か弱アルカリ性土壌に適する．クローバ類と異なり，わが国には土着根粒菌が棲息していなかったため根粒菌の共生を確実にするために，初めて栽培する圃場のみならず過去に栽培履歴のある圃場でも根粒菌を含む資材で被ったコーティング種子の利用が勧められている．アルファルファ草地の造成は，寒地では春播き（4～5月），温暖地では秋播き（9～10月）とし，ドリル播きまたは散播する．播種量は1～3kg/10aで，有機物の多い土壌を好むため堆厩肥を2～3t/10a施用し，10a当たり施肥量は，リン酸20～30kg，カリ5～10kgとし，根粒菌による窒素固定が始まる前の初期生育に必要な窒素供給のために，窒素を2.5～5kg/10a施用する場合がある．アルファルファは養分収奪量が大きいのでリン酸とカリの追肥が必要となる．特にカリウムは刈取り後の再生を良好にし，越冬性を高める働きがある．また，ホウ素（B）とモリブデン（Mo）の欠乏に注意する必要がある．ホウ素欠乏では頂部が黄化し（yellow top），モリブデン欠乏では根粒の活性が低下する．

④品種と利用　アルファルファは典型的な乾草用牧草であり，飼料価値が非常に高い．採草用に単播またはオーチャードグラスやチモシーなどのイネ科牧草と混播される．アルファルファ1番草の刈取り適期は開花初めであり，2番草以降の刈取り間隔は，寒地および寒冷地では45～50日，本州以南の温暖地では35～40日程度とされる．越冬前に株に栄養分を蓄えさせるため，寒地および寒冷地では9月中旬～10月中旬頃，温暖地では10月中旬～下旬頃に刈取りを行わないように注意する（刈取り危険期）．乾草とする場合は，葉の脱落を少なくすることが重要である．わが国では，サイレージとしても利用されている．また，アメリカ，カナダ，ヨーロッパなどでは，乾草を圧縮したヘイキューブや，粉砕・圧縮成形したペレットが生産され，日本を含む多くの国々に大量に輸出されている．

　アルファルファには紫花種（*M. sativa*）と耐寒性に優れた黄花種（*M. sativa* ssp. *falcata*）の2群があり，その交配により耐暑性や耐寒性が異なる多くの品種がある．わが国では，以前はヨーロッパやアメリカから導入した品種が使われていたが，わが国の湿潤条件では耐湿性や耐病性などを強化し，株の維持年限を長くすることが必要であった．日本の環境にあった温暖地向け品種として，愛知県農総試で'ナツワカバ'，'ツユワカバ'，'タチワカバ'，'ネオタチワカバ'が育成され，また北海道では'キタワカバ'，'マキワカバ'，'ヒサワカバ'，'ハルワカバ'が育成され，近年栽培の増加が期待されている．

b．バークローバ，ウマゴヤシ類

　ウマゴヤシ（英名：California burclover，学名：*Medicago hispida* あるいは *M. polymorpha*）は，ヨーロッパ原産の越年草で，緑肥や青刈り飼料作物として，かつてわが国の水田裏作に用いられた．また，*Midicago* 属のモンツキウマゴヤシ（英名：spotted burclover，学名：*M. arabica*）やタルウマゴヤシ（英名：barrel medic，学名：*M. truncatula*）もアメリカやオーストラリアで牧草として利用される．これらは，いずれも地中海沿岸地方原産の一年草あるいは越年草である．*M. hispida* と *M. arabica* の果実には棘（bur）があるのでバークローバ（burclover）と呼ばれ，メンヨウの放牧には適さない．*M. truncatula* の果実には棘はない．

また, *M. truncatula* は, ゲノムサイズが約 500Mbp と小さいので, 同じマメ科のミヤコグサ (英名:Japanese trefoil, 学名:*Lotus japonicas*) とともにマメ科植物のモデル植物としてゲノムが解読され, 根粒菌との共生メカニズムなどの解明が進められている.

(3) スィートクローバ類

Medicago 属の近縁である *Melilotus* 属のシロバナスィートクローバ (英名:white sweetclover, 学名:*Melilotus alba*) とキバナスィートクローバ (英名:yellow sweetclover, 学名:*M. officinalis*) も牧草として利用される. スィートクローバ類はクマリン (coumarin) を含み独特の香りがする. クマリンの分解産物ジクマロール (dicoumarol) は家畜に有毒で内出血を起こすことがあるので注意が必要である.

(4) ベッチ類

Vicia 属のヘアリーベッチ (ビロードクサフジ) (英名:hairy vetch, winter vetch, 学名:*Vicia villosa*) (図 4-21) とコモンベッチ (オオヤハズエンドウ) (英名:common vetch, garden vetch, 学名:*V. sativa*) は, 二年生あるいは一年生のマメ科牧草として, ヨーロッパ, アジア, アメリカなど温帯地域で広く利用されている. ともに蔓性で, 随伴作物としてエンバク, ライムギ, オオムギとともに栽培されることが多く, 秋播きされ, 春に青刈り利用される. 主根は比較的浅いが, 強い側根を伸ばす. 葉は羽状複葉でヘアリーベッチは 4〜12 対, コモンベッチは 3〜8 対の小葉を対生する. 葉の先端は巻きひげとなる. 葉の基部から花柄を生じ房状の花序を着ける. 自殖性で, 花色は青, 紫まれに白. ヘアリーベッチの方が多毛であるが, 無毛の品種もある. 耐酸性や耐塩性は弱いが, 耐湿性, 耐寒性に優れる. アメリカやわが国ではヘアリーベッチの栽培が多い. ヘアリーベッチは, アメリカでは土壌侵食防止の被覆作物として注目されており, わが国ではアレロパシー作用による雑草抑制効果や緑肥効果に着目して, 果樹園の下草管理ならびに休耕田や遊休農地の雑草管理に用いられている.

図 4-21 ヘアリーベッチ
(写真提供:Islam, M. A. 氏)

(5) ルーピン類

Lupinus 属は世界各地の温帯地域に約 300 種あるとされ, 飼料や緑肥, 観賞用, 食用などにされてきた (図 4-22). 葉は, 5〜15 枚の小葉からなる掌状複葉で, 茎の先に多数の花を房状に着ける. 飼料用に栽培される重要なものは, キバナルーピン (英名:yellow lupin, 学名:*Lupinus luteus*), アオバナルーピン (ホソバルーピン) (英名:blue lupin, narrow leaf lupin, 学名:*L. angustifolius*) およびシロバナルーピン (英名:white lupin, 学名:

図4-22 アオバナルーピン(ホソバルーピン)(左)とシロバナルーピン(右)
(写真提供：Brummer, L. 氏（左），善平大樹氏（右）)

L. albus)である．ルーピン類はアルカロイドを含むためアルカロイドの少ない系統（甘ルーピン）を選ぶ必要がある．なお，ルーピン類，特にシロバナルーピンは子実が食用として利用されることから青刈り作物に分類されることもある．

(6) ガレガ（英名：goat's rue，galega，学名：*Galega orientalis*）

ガレガはコーカサス地方を起源とする多年生マメ科牧草である（図4-23）．主茎から分枝が高さ80〜200cmに直立する．葉は，奇数羽状複葉で11〜15枚の小葉からなる．蜜の多い薄紫色の25〜70小花からなる総状花序を着け，ミツバチにより受粉する．越冬した地下茎（冠部が地下に位置する）と根系から春に芽を出して成長し，越冬性や耐乾性および永続性に優れる．飼料品質，窒素固定量，採種性も高いとされる．20世紀前半にバルト諸国，スカンジナビア，北西ロシアに導入された．チモシー，メドウフェスクなど競合力の比較的弱いイネ科牧草と混播され，乾草やサイレージ調製のために採草利用される．1970年代にエストニア農業試験場で育種が始まり，1987年に品種'Gale'が育成された．中央アジア諸国やカナダで導入のための評価が行われており，わが国でも北海道道東地方のチモシーとの混播用マメ科牧草として永続性の高さが期待されている．

図4-23 ガレガ
(写真提供：奥村健治氏)

3) 暖地型イネ科牧草

本項では国内外で栽培される主要な暖地型イネ科牧草を取りあげる．暖地型イネ科牧草の栽培環境は，熱帯から暖温帯まで，湿潤地から乾燥地まで，劣悪な土壌から肥沃な土壌まで，粗放的管理下（例えば，無施肥）から集約的管理下（例えば，多施肥）まで，さまざまである．このため，暖地型イネ科牧草の生産量や品質には，同一草種・品種内でもかなりの変異が存在する．また草質は一般に，栄養成長期の若い時期に最も高く，生育段階の進行とともに低下する．草種名の英語表記に関して，「grass」で終わる草種は，米式では一般に「bahiagrass」のように1語で表すが，英式では「Bahia grass」あるいは「bahia grass」のように2語で表し，最初の語を大文字で始めることが多い．

(1) *Paspalum* 類

a．バヒアグラス（アメリカスズメノヒエ，英名：bahiagrass，学名：*Paspalum notatum*）

①来歴と分布　南アメリカ（ブラジル南部，アルゼンチン北東部，パラグアイおよびウルグアイ）を原産とする多年生牧草である（図4-24左）．アメリカ南部および中央・南アメリカで広く栽培され，アフリカやオーストラリアにも導入された．わが国では九州を中心に最も広く栽培される暖地型牧草の1つである．

②形態と生態　節間の短い太いほふく茎（根茎とみなされる場合もある）により密な草地を形成する．ほふく茎から立ち上がる分げつは直立するが，草高（葉群層の高さ）は15～30cmと比較的低く，ほふく傾向が強い．葉身は長さ5～30cm，幅3～10mmである．出穂時の稈は高さ20～70cmで，小穂が2列に並ぶ長さ5～10cmの分枝（総と呼ばれることがある）を先端に2ないし3つ着け，2つの場合には穂は特徴的なV字型を示す．小穂は長さ2.5～4mm，幅2～3mmの扁平な卵形で，平滑で光沢がある．千粒重は1.8～4.0gである．深根性で，砂壌土を好むが，土壌をあまり選ばず，耐乾性，再生力，耐踏性，永続性が高い．年降水量750～2,500mmで生育する．生育適温は25～30℃であるが，暖地型イネ科牧草の中では耐寒性に優れる．

③栽培，利用ならびに飼料特性　植栽には種子あるいは栄養体を用いる．主として放牧利用される．家畜による選好性は春から初夏にかけては適度であるが，その後は大きく低下する．年乾物収量は5～20t/haで，年間200kg/ha以上までの窒素施肥に反応する．粗タ

図4-24 *Paspalum* 属の牧草
左：バヒアグラス，中：ダリスグラス，右：アトラパスパラム．（写真提供：Cook, B. G. et al.: Tropical Forages：An Interactive Selection Tool, CSIRO, DPI&F（Qld），CIAT and ILRI, 2005（右））

ンパク質含量（乾物ベース）は 5 ～ 20%，乾物消化率は 50 ～ 70%である．

④品種　2倍体品種はペンサコラ型と呼ばれ，葉長が長く，葉幅が狭く，耐寒性が高い．主な品種には，アメリカの 'Pensacola'，'Tifhi 1'，'Tifhi 2' および 'Tifton 9'，日本の 'ナンプウ'，'シンモエ' および 'ナンゴク'，オーストラリアの 'Competidor' がある．4倍体品種はコモン型と呼ばれ，耐寒性は劣るが，葉幅が広く，採食性がよい．主な品種には，アメリカの 'Common'，'Paraguay'，'Argentine' および 'Wilmington'，日本の 'ナンオウ' がある．

b．ダリスグラス（シマスズメノヒエ，英名：dallisgrass, paspalum（豪），学名：*Paspalum dilatatum*）

①来歴と分布　南アメリカ（ブラジル南部，アルゼンチン北東部，ウルグアイ）を原産とする多年生牧草である（図4-24 中）．世界の熱帯・亜熱帯地域に広く分布する．わが国では九州に 100 年以上自生する．

②形態と生態　短い根茎から発生した分げつが叢生する．草高は 10 ～ 50cm，葉身は長さ 10 ～ 25cm，幅 3 ～ 13mm である．出穂時の稈高は通常 50 ～ 90cm，ときには 1.5m 以上になり，穂は穂軸に直角またはやや下向きに互生する 3 ～ 5 つの分枝（長さ 3 ～ 10cm）からなる．小穂は長さ 3mm の卵形で，縁に絹糸状の毛を持つ．千粒重は 1.3 ～ 2.0g である．年降水量 900mm 以上で旺盛に生育するが，深根性であるために耐乾性が高い．比較的肥沃な土壌を好み，生育適温は 25 ～ 30℃である．

③栽培，利用ならびに飼料特性　植栽には種子を用いる．採草もしくは放牧利用され，開花前の選好性は非常に高い．年乾物収量は 3 ～ 15t/ha である．粗タンパク質含量は 4 ～ 23%，乾物消化率は 45 ～ 65%である．麦角病（*Claviceps paspali*）による選好性や種子生産の低下，種子流通の制限といった問題がある．

④品種　主な品種には，アメリカの 'B230' および 'B430'，ウルグアイの 'Chiru'，ニュージーランドの 'Grasslands Raki'，日本の 'ナツグモ' がある．

c．アトラパスパラム（英名：atra paspalum，学名：*Paspalum atratum*）

①来歴と分布　南アメリカブラジルおよびボリビアを原産とする多年生牧草である（図4-24 右）．牧草として比較的新しい種であり，東南アジア，オーストラリア，アメリカおよび南アメリカの熱帯・亜熱帯地域で栽培される．

②形態と生態　短い根茎から発生した分げつが叢生する．草高は 75 ～ 90cm，葉身は長さ 30 ～ 45cm，幅 15 ～ 20mm である．出穂時の稈は最大 2m に達し，穂は穂軸に斜め上方に向いて交互に着く 10 ～ 13 以上の分枝からなる．下部の分枝は 9 ～ 12cm で 100 ～ 140 の小穂を着け，上部の分枝は 5 ～ 7.5cm で 40 ～ 100 の小穂を着ける．小穂は長さ 3mm，幅 2mm の楕円形で，平滑で光沢がある．千粒重は 2.2 ～ 4.0g である．排水が悪く，酸性で，低肥沃度の土壌に耐える．年降水量 1,500mm 以上でよく生育し，生育適温は 22 ～ 27℃である．

③栽培，利用ならびに飼料特性　植栽には種子あるいは栄養体を用いる．採草もしくは放牧利用され，家畜による選好性は高い．年乾物収量 10 ～ 25t/ha で，150 ～ 200kg/ha

までの窒素施肥に反応する．粗タンパク質含量7〜10％，乾物消化率50〜70％である．

④**品種**　'Suerte' はアメリカの育成品種で，主として放牧利用される．'Ubon' はタイの育成品種で，同国北東部において生草利用（乳牛）あるいは放牧利用（肉牛）される．

d．その他の Paspalum 類

ブロードリーフパスパラム（broad-leaf paspalum, *P. wettsteinii*），ブラウンシードパスパラム（brownseed paspalum, *P. plicatulum*；オーストラリアではプリカチュラム（plicatulum）と呼ばれる），キシュウスズメノヒエ（knotgrass, *P. distichum*）などの多年生草種がアメリカやオーストラリアなどで部分的に栽培および利用されている．

(2) *Panicum* 類

a．ギニアグラス（ギニアキビ，英名：guineagrass，学名：*Panicum maximum*）

①**来歴と分布**　熱帯アフリカ原産の多年生牧草である（図4-25左）．短年生あるいは一年生のこともある．世界の熱帯・亜熱帯地域で栽培される．わが国の主要栽培地は関東以南の西南暖地で，沖縄では多年生作物として，九州以北では一年生夏作物として栽培される．

②**形態と生態**　叢生型で，形態の変異に富み，しばしば短い根茎を有する．大型品種は，茎の直径10mm程度，高さ1.5〜4.5m，葉身長40〜100cm，葉身幅10〜35mm，円錐花序の長さ12〜45cm，幅12〜25cm，小穂の長さ2.5〜3mm，千粒重0.5〜1.4gである．小型品種は，茎の直径5mm程度，高さ1.5m以下，葉身幅14mm以下，円錐花序の長さ18〜20cm，幅15〜18cm，小穂の長さ2.5〜3.5mm，千粒重0.7g程度である．排水がよく肥沃な土壌を好み，年降水量1,000mm以上を必要とし，生育適温は19〜23℃である．

③**栽培，利用ならびに飼料特性**　植栽には種子あるいは栄養体を用いる．一般に大型品種は放牧もしくは採草に，小型品種は放牧に利用される．家畜による選好性が高く，若く多葉な時期には非常に高い．年乾物収量は一般に20〜30t/haであり，肥沃度が高くない土壌で生産を確保するためには，年間200〜400kg/haの窒素施肥量が必要である．粗タンパク質含量は6〜25％，乾物消化率は50〜65％である．

④**品種**　主な大型品種には，オーストラリアの'Makueni'や'Riversdale'，日本の'ナツカゼ'や'ナツユタカ'，ブラジルの'Colonião'，'Tanzania'および'Mombasa'がある．主な小型品種にはオーストラリアの'Gatton'，日本の'ナツコマキ'，ジンバブエの'Sabi'がある．

b．グリーンパニック（英名：green panic, slender guineagrass，学名：*Panicum maximum* var. *trichoglume*）

①**来歴と分布**　アフリカ原産の多年生牧草で，ギニアグラスの変種である．1930年頃にインドからオーストラリアへの導入種子から発見され，1966年に品種'Petrie'として命名された．分布はギニアグラスと同様である．

②**形態と生態**　叢生型で，ギニアグラスよりも茎が細く，高さが低く（1.0m程度），葉身が細く，柔らかい．千粒重は0.7g程度である．比較的肥沃な土壌を好み，年降水量650〜1,750mmの地域に適する．耐陰性に優れる．

③**栽培，利用ならびに飼料特性**　植栽には種子を用いる．採草もしくは放牧利用され，

図4-25 *Panicum* 属の牧草
左：ギニアグラス 'Tanzania'（左）と 'Mombasa'（右），右：カラードギニアグラス．（写真提供：Cook, B. G. et al.：Tropical Forages：An Interactive Selection Tool, CSIRO, DPI&F（Qld）, CIAT and ILRI, 2005）

選好性は非常に高い．年乾物収量は7～27t/haであり，年間400kg/haまでの窒素施肥に反応する．粗タンパク質含量は11～20%である．

c．カラードギニアグラス（英名：colored guineagrass, kleingrass（米），学名：*Panicum coloratum*）

①来歴と分布　熱帯アフリカ，特に南および東アフリカを原産とする多年生牧草である（図4-25右）．アメリカやオーストラリアなどに導入され，分布はギニアグラスと同様である．

②形態と生態　叢生型で，短い根茎を有する．ほふく茎によりほふく型の生育傾向を示す品種もある．茎の直径2～4mm，草高20～70cm，葉身長5～40cm，葉身幅4～14mmである．出穂時の稈高は0.3～1.5m，円錐花序は6～30cmの穂軸から数列の枝梗が輪生となって開出する．小穂は長さ2mm程度で，千粒重は0.7～1.3gである．粘土質土壌を好み，年降水量500～1,700mmの範囲で生育し，生育適温は18～22℃である．

③栽培，利用ならびに飼料特性　植栽には種子あるいは栄養体を用いる．採草もしくは放牧利用される．家畜の選好性は一般に高いが，多くの暖地型イネ科牧草と同様，成熟が進むにつれて低下する．年乾物収量は5～23t/haで，窒素施肥に強く反応する．粗タンパク質含量は5～19%，乾物消化率は50～65%である．

④品種　主な品種には，ジンバブエの 'Bushman Mine'（ほふく性），ケニアの 'Solai'，アメリカの 'Selection 75' や 'Verde'，日本の 'タミドリ' や 'タユタカ' がある．

d．その他の *Panicum* 類

マカリカリグラス（makarikarigrass, *P. coloratum* var. *makarikariense*），オオクサキビ（fall panicum, *P. dichotomiflorum*），スイッチグラス（switchgrass, *P. virgatum*），ハイキビ（torpedograss, *P. repens*）などが熱帯・亜熱帯を中心に栽培および利用されている．オオクサキビは一年生，他は多年生である．

(3) *Pennisetum* 類

a．ネピアグラス（英名：napiergrass, elephantgrass，学名：*Pennisetum purpureum*）

①来歴と分布　熱帯アフリカ原産の多年生牧草である（図4-26左，中）．世界の熱帯・

亜熱帯地域で広く栽培される．わが国では主として沖縄県および南九州で栽培される．

②**形態と生態**　大型の草種で，基部直径が3〜4cmにもなる茎が，2.0〜3.5mの高さ(ときには7.5mまで)に叢生する．葉身は長さ30〜120cm，幅10〜50mmである．穂は長さ10〜30cm，幅1.5〜3cmの密な円錐花序(円柱状)で，多くの小穂が密生する．千粒重は0.3g程度である．根茎によりほふく傾向を有することもある．深根性で，肥沃な土壌を好み，年降水量1,000mm以上で生育する．耐乾性が強く，生育適温は25〜40℃である．

③**栽培，利用ならびに飼料特性**　植栽は一般に栄養体による．採草と放牧の両方に利用され，若く多葉な時期における家畜の選好性は非常に高い．年乾物収量は，無施肥下で2〜10t/haであるが，施肥下では一般に10〜30t/ha，ときには85t/haに達する．年間150〜300kg/haの窒素施肥を必要とする．栄養価は葉身と茎の比に大きく依存し，粗タンパク質含量は6〜20%，乾物消化率は50〜75%である．

④**品種**　主な品種には，アメリカの 'Merkeron' や 'Mott' (矮性品種)，オーストラリアの 'Capricorn' がある．矮性品種は，節間が短く，高さ1.5〜2.5m以下で，葉身割合が高く，特に利用面で優れている．

b．**キクユグラス**(英名：kikuyugrass，学名：*Pennisetum clandestinum*)

①**来歴と分布**　東および中央アフリカの高原地帯を原産とする多年生牧草である(図4-26右)．オーストラリア，アメリカ南西部，ハワイ，中央・南アメリカ，南アフリカ，東南アジア，メラネシア，ポリネシアなど多くの熱帯・亜熱帯地域で栽培される．

②**形態と生態**　ほふく茎と根茎により密な草地を形成するほふく型草種である．草高は一般に30〜40cmと比較的低く，葉身は長さ5〜30cm，幅1〜7mmである．穂は2〜4つの小穂の集まりで，そのほとんどが葉鞘に包まれる．千粒重は2.5g程度である．深根性で，肥沃な土壌に適し，強放牧に耐える．年降水量1,000〜1,600mmで生育し，生育適温は16〜21℃である．暖地型イネ科牧草の中では耐霜性に優れる．

③**栽培，利用ならびに飼料特性**　植栽には種子あるいは栄養体を用いる．主として放牧

図4-26　*Pennisetum*属の牧草

左：ネピアグラス(栄養成長期)，中：ネピアグラス(穂)，右：キクユグラス．(写真提供：沖縄県畜産研究センター(中)，Cook, B. G. et al.：Tropical Forages：An Interactive Selection Tool, CSIRO, DPI&F (Qld), CIAT and ILRI, 2005 (右))

利用され，若い茎葉の選好性は非常に高い．年乾物収量は最大 30t/ha で，施肥窒素に大きく反応する．生産を確保するためには，最低でも年間 150kg/ha の窒素施肥量が必要である．粗タンパク質含量は 10～25%，乾物消化率は 50～70%以上である．

④品種　主な品種にはオーストラリアで育成された'Whittet'，'Breakwell'，'Crofts' および 'Noonan' がある．

(4) ローズグラス（アフリカヒゲシバ，英名：rhodes-grass，学名：*Chloris gayana*)

①来歴と分布　熱帯・亜熱帯アフリカ原産の多年生牧草である（図 4-27）．熱帯から温帯に至る広い地域で栽培され，わが国の主要栽培地は関東以南の西南暖地である．沖縄県，南西諸島などの無霜地帯では多年生作物として，九州以北の降霜地帯では一年生夏作物として栽培される．

図 4-27　ローズグラス
（写真提供：沖縄県畜産研究センター）

②形態と生態　一般にほふく茎を有し，節から茎が叢生するが，形態の変異に富む．草高は 0.5～1.2m，葉身は長さ 15～50cm，幅 2～20mm である．出穂時の稈は高さ 0.9～2.0m で，小穂（長さ 3.5mm）が 2 列に並ぶ 6～15 本の分枝（長さ 4～15cm）が穂軸の先端から掌状に発生する．千粒重は 0.1～0.3g である．土壌を選ばず，耐塩性に優れる．年降水量 600～1,500mm で生育し，6 ヵ月までの乾季や一時的な浸水に耐える．生育適温は 20～37℃であり，暖地型イネ科牧草の中では耐寒性に優れる．

③栽培，利用ならびに飼料特性　種子あるいは栄養体で植栽され，採草もしくは放牧利用される．若い茎葉の選好性は非常に高いが，結実期には低下する．4 倍体品種は 2 倍体品種よりも特に成熟時の選好性が高い．年乾物収量は通常 10～25t/ha（最大 35～60t/ha），粗タンパク質含量は 3～17%，乾物消化率は 40～80%である．

④品種　2 倍体品種は日長に対して中性，4 倍体品種は短日性である．主な 2 倍体品種には，オーストラリアの 'Pioneer'，ジンバブエとオーストラリアの 'Katambora'，アメリカの 'Bell'，日本の 'ハツナツ' と 'アサツユ'，オーストラリアの 'Finecut' がある．主な 4 倍体品種には，ケニアの 'Masaba'，'Mbarara'，'Pokot'，'Boma' および 'Elmba'，オーストラリアの 'Callide' や 'Samford' がある．

(5) *Cynodon* 類

a．バーミューダグラス（ギョウギシバ，英名：bermudagrass，学名：*Cynodon dactylon*)

①来歴と分布　トルコからインドに至る地域あるいはアフリカを原産とすると考えられる多年生牧草である（図 4-28 左）．世界の熱帯・亜熱帯地域で栽培される．

②形態と生態　ほふく茎と根茎により地表をほふくして広がり，低く密な草地を形成する．草高 10～40cm，葉身長 3～15cm，葉身幅 1～4mm である．穂は穂軸の先端から掌状に発生する 4～5 つの分枝（長さ 2～8cm）からなる．2 列に並ぶ小穂は長さ 2～

3mm，千粒重は 0.2 〜 0.3g である．土壌を選ばないが，肥沃で排水のよい土壌に適する．強放牧に耐え，耐乾性，耐塩性が高く，耐寒性も比較的高い．一般に年降水量 600 〜 1,800mm の地域で生育する．生育適温は品種や生態型によって大きく異なる（17 〜 35℃）が，一般に日平均気温 24℃以上で成長が最大となる．

　③栽培，利用ならびに飼料特性　植栽には種子あるいは栄養体を用いる．採草もしくは放牧利用される．家畜の選好性は，草高が低く維持され，十分に施肥された状態では，非常に高い．年乾物収量は品種および窒素施肥量に依存し，一般に 5 〜 15t/ha である．粗タンパク質含量は 3 〜 20%，乾物消化率は 40 〜 69% である．

　④品種　アメリカでの栽培および利用は，1943 年に種子不稔，高収量，高耐病性の F_1 雑種 'Coastal' が開発され，雑草化の心配がなくなったことにより，加速的に広がった．主な品種にはアメリカの 'Midland'，'Suwannee'，'Coastcross-1'，'Hardie'，'Brazos'，'Tifton 68'，'Tifton 78'，'Grazer'，'Tifton 85'，'Florakirk" ならびに 'Russell' がある．

　b．スターグラス，ジャイアントスターグラス（英名：stargrass, giant stargrass，学名：*Cynodon aethiopicus, C. nlemfuensis, C. plectostachyus*）

　①来歴と分布　東アフリカ原産の多年生牧草である（図 4-28 右）．アメリカの南フロリダや中央・南アメリカでは長年にわたって栽培されており，アフリカ，スリランカ，インド，オーストラリアでも栽培される．わが国には，*C. nlemfuensis* が導入され，沖縄県の基幹草種の 1 つとなっている．

　②形態と生態　長いほふく茎で広がり，分げつは立ち上がる．葉身は長さ 3 〜 30cm，幅 2 〜 7mm である．稈高は 0.4 〜 1.0m，ときに 2m にもなり，小穂（長さ 2 〜 3mm）が 1 ないし 2 列に並ぶ 3 〜 13 本の分枝（長さ 3 〜 11cm）が穂軸の先端から掌状に発生する．千粒重は 0.3 〜 0.5g である．バーミューダグラスとの違いは，根茎を持たないこと，大型（茎や葉が大きい）であること，より直立的なことである．土壌を選ばず，耐乾性および放牧耐性に優れる．一般に年降水量 500 〜 1,500mm，年平均気温 20 〜 27℃の下で生育するが，3,000 〜 4,000mm までの雨量の下でも生育する．*C. plectostachyus* は他の 2 種よりも高温

図 4-28　*Cynodon* 属の牧草

左：バーミューダグラス，右：スターグラス（ジャイアントスターグラス）．（写真提供：Cook, B. G. et al.：Tropical Forages：An Interactive Selection Tool，CSIRO，DPI&F（Qld），CIAT and ILRI，2005）

を必要とする.

③栽培,利用ならびに飼料特性　植栽には種子あるいは栄養体を用いる.採草もしくは放牧利用される.特に若い茎葉に対する家畜の選好性は非常に高い.年乾物収量は雨量や施肥量などの栽培環境により5〜25t/haの範囲で変動する.粗タンパク質含量は7〜18%,乾物消化率は42〜68%である.

④品種　*C. aethiopicus*の主要品種には,ジンバブエの'Henderson No.2',アメリカの'McCaleb'がある.*C. nlemfuensis*の主要品種にはアメリカの'Ona','Florico'および'Florona'がある.

(6) ディジットグラス, フィンガーグラス（英名：digitgrass, fingergrass, 学名：*Digitaria eriantha*）

①来歴と分布　アフリカ南部原産の多年生牧草である（図4-29）.アメリカ南部,オーストラリア,ハワイ,東南アジア,インドなどの熱帯・亜熱帯地域で栽培され,わが国では沖縄県における重要な草種の1つとなっている.パンゴラグラス（pangolagrass）の呼称は,アメリカのフロリダで育成されたほふく型の品種（南アフリカ起源；かつては*D. decumbens*に分類）を指すもので,*D. eriantha*の一般名はディジットグラス（digitgrass）あるいはフィンガーグラス（fingergrass）である（「digit」は「指」（finger）を意味する）.

②形態と生態　以前に*D. decumbens*あるいは*D. pentzii*に分類されたほふく型,*D. smutsii*に分類された叢生型を含むため,形態変異が非常に大きい.叢生型は根茎を有する.葉身は長さ5〜60cm,幅2〜14mmである.稈高は0.4〜1.8mで,小穂（長さ2〜4mm）が交互に並ぶ3〜17本の分枝（長さ5〜20cm）が穂軸の先端から掌状に発生する（「digit」の名前の由来）.ほふく型の多くは種子をほとんどあるいは全く生産しない.叢生型およびほふく型の一部は種子を生産し,千粒重は0.3g程度である.土壌を選ばないが,砂質土壌に適し,耐乾性に優れる.一般に年降水量300〜1,300mm,年平均気温16〜24℃の下で生育する.叢生型はほふく型より低温域で生育する.

③栽培,利用ならびに飼料特性　植栽には,ほふく型は栄養体を,叢生型は種子もしく

図4-29　ディジットグラス（フィンガーグラス）
左：ほふく型品種'Transvala'のほふく茎,右：叢生型品種'Premier'（採種栽培）.（写真提供：沖縄県畜産研究センター（左）；Cook, B. G. et al.：Tropical Forages：An Interactive Selection Tool, CSIRO, DPI&F (Qld), CIAT and ILRI, 2005（右））

は栄養体を用いる．放牧あるいは採草利用される．多くの品種は，特に若い時期には，非常に高い選好性を示す．年乾物収量は品種や栽培環境に依存し，一般に10〜20t/ha，最適条件下では30t/haを越える．粗タンパク質含量は9〜20%以上，乾物消化率は45〜70%である．

④品種　主なほふく型品種にはアメリカの 'Pangola'，'Slenderstem'，'Transvala' および 'Taiwan' がある．主な叢生型品種には，南アフリカの 'Irene' や 'Tip Top'，オーストラリアの 'Premier' や 'Apollo' がある．なお，*D. milanjiana* もディジットグラスあるいはフィンガーグラスと呼ばれ，オーストラリアでは 'Jarra'，'Strickland'，'Arnhem' といったほふく型の品種が育成されている．

(7) *Brachiaria* 類

アフリカを原産とする *Brachiaria* 属の牧草は，多くの熱帯・亜熱帯地域で栽培され，中央・南アメリカ，特にブラジルでは重要な基幹草種となっている（図4-30）．近年日本においても沖縄県への導入および栽培が試みられている．

a．シグナルグラス（英名：signalgrass，学名：*Brachiaria decumbens*）

①来歴　東および中央アフリカ原産の多年生牧草である（図4-30A）．

②形態と生態　ほふく茎および根茎を有し，ほふく型あるいは直立型の生育型を示す．草高は30〜60cmと比較的低く，葉身は長さ5〜25cm，幅7〜20mmである．出穂時の稈高は最大1.5mに達し，長円形の小穂（長さ4〜5mm）が2列に並ぶ長さ2〜5cmの分枝を穂軸にほぼ直角に2〜7つ着ける（「signal」（信号機）の名前の由来）．千粒重は3.6〜4.5gである．土壌を選ばず，強放牧に耐える．年降水量1,000〜3,000mmで，乾季が5カ月以下の地域に生育する．生育適温は30〜35℃である．

③栽培，利用ならびに飼料特性　植栽には種子あるいは栄養体を用いる．放牧あるいは採草利用され，家畜による選好性は適度である．十分な施肥下における年乾物収量は一般に10t/haで，最適条件下では30t/haに達する．粗タンパク質含量は5〜20%，乾物消化率は50〜80%である．

④品種　主な品種にはオーストラリアの 'Basilisk' がある．最近，この品種はパリセードグラスであるとする見方もある．

b．パラグラス（英名：paragrass，学名：*Brachiaria mutica*）

①来歴　熱帯アフリカ原産の多年生牧草である（図4-30B）．

②形態と生態　長く疎なほふく茎を有し，ほふく型あるいは直立型の生育型を示す．葉身は長さ6〜30cm，幅5〜20mmである．出穂時の稈高は最大2mになる．円錐状を呈する穂の全長は6〜30cmで，穂軸からは5〜20本の分枝（長さ2〜15cm）がほぼ水平に疎生し，分枝には小穂（長さ2.5〜5mm）が密に並ぶ．千粒重は1.0〜2.2gである．中〜高肥沃度の広範囲な土壌に適応し，排水の不十分な土壌にも適する．年降水量1,200〜4,000mmの地域に生育するが，湿地では年降水量900mm以上で生育する．年平均気温21℃前後に適し，気温15℃以下で生育が制限される．

③栽培，利用ならびに飼料特性　植栽には種子あるいは栄養体を用いる．放牧あるいは

図 4-30 *Brachiaria* 属の牧草
A：シグナルグラス，B：パラグラス，C：パリセードグラス，DとE：コロニビアグラス（クリーピングシグナルグラス）（Eは強放牧下の草姿），F：ルジグラス．（写真提供：石垣元気氏（A），Cook, B. G. et al.：Tropical Forages：An Interactive Selection Tool, CSIRO, DPI&F（Qld），CIAT and ILRI, 2005（B，CおよびE），沖縄県畜産研究センター（D），幸喜香織氏（F））

採草利用され，若い茎葉の選好性は非常に高い．年乾物収量は一般に5 ～ 12t/ha で，十分な施肥下では30t/ha に達する．粗タンパク質含量は6 ～ 20%，乾物消化率は55 ～ 80%である．

　④品種　　主な品種には，ブラジルの 'Comum' や 'Fino'，ザイールの 'Lopori'，キューバの 'Aguada' がある．
　c．パリセードグラス（英名：palisadegrass，学名：*Brachiaria brizantha*）
　①来歴　　熱帯アフリカ原産の多年生牧草である（図4-30C）．
　②形態と生態　　叢生型で，短い根茎を有する．茎は直立あるいはわずかにほふくして立ち上がる傾向を示し，高さ60 ～ 150cm，ときには2mを越える．葉身は長さ10 ～ 100cm，幅3 ～ 20mmである．シグナルグラスと類似するが，シグナルグラスよりも直立性が強い．長円形の小穂（長さ4 ～ 6mm）が1列に並ぶ長さ4 ～ 20cmの分枝を2 ～ 6つ着ける．広い土壌条件に適応し，耐酸性が高い．年降水量1,500 ～ 3,500mmの範囲が最適であるが，1,000mm以下でも生育する．生育適温は30 ～ 35℃である．
　③栽培，利用ならびに飼料特性　　植栽には種子あるいは栄養体を用いる．放牧あるいは採草利用され，家畜の選好性はシグナルグラスよりも高い．年乾物収量は一般に8 ～ 20t/haで，窒素施肥反応が高く，乾季にも生産を得ることができる．粗タンパク質含量は7 ～ 16%，乾物消化率は51 ～ 75%である．
　④品種　　主な品種には，ブラジルの 'Marandu'，コロンビアの 'La Libertad'，コスタリ

カの‘Toledo’がある．

　d．コロニビアグラス，クリーピングシグナルグラス（英名：koroniviagrass, creeping signalgrass, 学名：*Brachiaria humidicola*）
　①来歴　　東および南アフリカ原産の多年生牧草である（図 4-30D, E）．
　②形態と生態　　ほふく茎による強いほふく習性を示し，密な草地を形成する．根茎を有することもある．葉身は長さ 4〜30cm，幅 3〜10mm である．出穂時の稈高は 20〜60cm であり，小穂（長さ 4.5〜5.5mm）が 2 列に並ぶ長さ 7〜12cm の分枝を 2〜5 つ着ける．千粒重は 5g 程度である．肥沃度の低い土壌でも生育するが，窒素やリンに対する反応性は高い．年降水量 1,000〜4,000mm で生育するが，1,600mm 以下や，乾季が 6 カ月を越える環境下では生産は制限される．生育適温は 32〜35℃である．放牧耐性が高い．
　③栽培，利用ならびに飼料特性　　植栽には種子あるいは栄養体を用いる．放牧あるいは採草利用される．家畜の選好性はシグナルグラスよりも低いが，若い時期には好んで採食される．年乾物収量は 5〜34t/ha で，窒素施肥量に大きく依存する．粗タンパク質含量は 3〜17%，乾物消化率は 48〜75% であり，栄養価は *Brachiaria* 属の他の牧草類よりも低い．
　④品種　　主な品種には，オーストラリアの‘Tully’，コロンビアの‘Llanero’がある．
　e．ルジグラス（英名：ruzigrass, 学名：*Brachiaria ruziziensis*）
　①来歴　　中央アフリカ原産の多年生牧草である（図 4-30F）．
　②形態と生態　　ほふく茎を有し，ほふく型あるいは直立型の生育型を示す．葉身は最大長 25cm，最大幅 15mm である．出穂時の稈高は最大 1.5m で，小穂（長さ 5mm 程度）が 1 ないし 2 列に並ぶ長さ 4〜10cm の分枝を 3〜9 つ着ける．千粒重は 4g 程度である．肥沃で排水のよい土壌を必要とする．年降水量 1,200〜2,000mm で生育し，4 カ月の乾季に耐える．生育適温は 30℃前後である．
　③栽培，利用ならびに飼料特性　　植栽には種子あるいは栄養体を用いる．放牧あるいは採草利用され，家畜の選好性は非常に高い．年乾物収量は 6〜26t/ha で，窒素施肥量に依存する．シグナルグラスよりも低収である．粗タンパク質含量は 7〜20%，乾物消化率は 55〜75% であり，栄養価は *Brachiaria* 属の他の牧草類に比べて高い．
　④品種　　主な品種にはオーストラリアの‘Kennedy’がある．ブラジルの‘Mulato’はルジグラスとパリセードグラスの雑種である．

　(8)　センチピードグラス（英名：centipedegrass, 学名：*Eremochloa ophiuroides*）
　①来歴と分布　　中国中南部原産の多年生草種で，東南アジア，アメリカ南部，中央・南アメリカ，オーストラリアなどに分布する（図 4-31）．国外では芝草や被覆植物として用いられるが，わが国では主に関東以南の西南暖地を中心に牧草としても利用される．
　②形態と生態　　ほふく茎による強いほふく習性を示し，低く密な草地を形成する．草高 25cm 以下，葉身長 3〜20cm，葉身幅 3〜6mm である．花序は稈の先に 2 列の小穂が並ぶ長さ 5〜10cm の穂を 1 つ着ける．千粒重は 0.8〜1.0g である．土壌を選ばず，肥料要求量が少ない．また，耐暑性や耐乾性が強く，耐寒性も比較的高く，強放牧に耐える．年降

水量750〜1,500mmに適し，生育適温は26〜35℃である．

③栽培，利用ならびに飼料特性

植栽には種子あるいは栄養体を用いる．放牧利用され，家畜の嗜好性は高い．年乾物収量は7〜12t/ha，粗タンパク質含量は8〜20％，乾物消化率は50〜68％である．

④品種　芝草として育成された品種のみが存在する．主な品種にはアメリカの'Common'，'TifBlair'ならびに'TennTurf'がある．

図4-31　センチピードグラス
左：栄養成長期，右：生殖成長期．

(9) セタリア（英名：setaria, golden timothy，学名：*Setaria sphacelata*）

①来歴と分布　熱帯・亜熱帯アフリカ原産の多年生牧草である（図4-32）．アフリカ，アジア，オーストラリア，アメリカ南部などで栽培される．

②形態と生態　叢生型で，短い根茎を有することもある．稈高は0.5〜3m，最大葉身長10〜70cm，最大葉身幅8〜20mmである．穂は長さ7〜25cm，幅8mm程度の密な円錐花序（円柱状）で，多くの小穂が密生する．千粒重は0.5〜0.8gである．比較的肥沃な土壌を好み，耐寒性，耐湿性が高い．一般に年降水量900〜1,800mmの範囲で生育する．生育適温は年平均気温18〜22℃である．

③栽培，利用ならびに飼料特性　植栽には種子あるいは栄養体を用いる．放牧あるいは採草利用される．家畜の嗜好性は若い時期には非常に高く，成熟が進むにつれて低下する．年乾物収量は一般に10〜15t/ha，好適条件下（多施肥と灌漑）で24〜28t/haである．粗タンパク質含量は6〜20％，乾物消化率は50〜70％である．品種，生育段階，栽培環境によっては，家畜に有毒な濃度のシュウ酸を含むことがあるので注意を要する．

④品種　主な2倍体品種にはケニアとオーストラリアの'Nandi'が，主な4倍体品種には，南アフリカとオーストラリアの'Kazungula'，オーストラリアの'Narok'および'Solander'がある．

(10) ガンバグラス（英名：gambagrass，学名：*Andropogon gayanus*）

①来歴と分布　熱帯アフリカ原産の多年生牧草である（図4-33左）．オーストラリア北部や中央・南アメリカなど多くの熱帯・亜熱帯地域で栽培される．

②形態と生態　短い根茎を有する叢生型である．大型で，草高は通常1〜3m，葉身長は最大100cm，葉身幅は5〜50mmである．出穂時の稈高は最大4mに達し，穂は多数の枝梗の先に，長さ4〜9cm，約17対の小穂を持つ分

図4-32　セタリア
（写真提供：沖縄県畜産研究センター）

図 4-33 ガンバグラス（左）とバッフェルグラス（右）
(写真提供：Cook, B. G. et al.：Tropical Forages：An Interactive Selection Tool, CSIRO, DPI&F（Qld），CIAT and ILRI, 2005)

枝がV字型に着く．千粒重は約 1.1g である．土壌を選ばず，耐乾性が高い．年降水量 400 ～ 3,000mm の下で生育し，9 ヵ月までの長い乾季に耐えるが，乾季が 3 ～ 7 ヵ月で年降水量が 750mm 以上の環境を好む．開花適温は 25℃である．

③栽培，利用ならびに飼料特性　植栽には種子あるいは栄養体を用いる．主として放牧利用され，若い茎葉は家畜に好まれる．年乾物収量は土壌肥沃度と雨量に依存し，一般に 4 ～ 25t/ha，最大 40t/ha である．粗タンパク質含量は 4 ～ 18％，乾物消化率は 30 ～ 63％である．

④品種　主な品種にはコロンビアの 'Carimagua 1'，オーストラリアの 'Kent'，ブラジルの 'Baeti' がある．

(11) バッフェルグラス（英名：buffelgrass，学名：*Cenchrus ciliaris*）

①来歴と分布　アフリカ南部からインドの熱帯地域を原産とする多年生牧草である（図 4-33 右）．オーストラリア，アメリカ南部，南アメリカなどに導入された．

②形態と生態　叢生型で，形態の変異に富み，ときに短い根茎を有する．稈高 0.3 ～ 2m，葉身長 3 ～ 30cm，葉身幅 2 ～ 13mm である．穂は長さ 2 ～ 15cm，幅 1 ～ 2.5cm の密な円錐花序（円柱状）で，多くの小穂（長さ 3.5 ～ 5mm）が密生する．千粒重は 1.7 ～ 3.0g である．砂壌土を好み，耐乾性が強く，一般に年降水量 300 ～ 750mm の範囲で生育する．強放牧に耐え，永続性が高い．生育適温は 30 ～ 35℃である．

③栽培，利用ならびに飼料特性　植栽には種子あるいは栄養体を用いる．放牧あるいは採草利用される．家畜による選好性は，ギニアグラスやカラードギニアグラスより低いとされるが，若い時期には非常に高く，成熟期には適度である．年乾物収量は環境および管理条件に依存し，一般に 2 ～ 9t/ha，最適条件下で 24t/ha である．粗タンパク質含量は 6 ～ 16％，乾物消化率は 50 ～ 65％である．

④品種　主な品種には，アメリカとオーストラリアの 'American'，オーストラリアの 'Gayndah'，'Biloela'，'Nunbank'，'Tarewinnabar'，'Lawes'，'Boorara'，'Bella' および 'Viva'，アメリカの 'Blue'，'Higgins'，'Nueces'，'Frio'，'Laredo' および 'Pecos'，南アフリカの 'Molopo'，'Kalahari'，'Mopani' および 'Bergbuffel' がある．根茎を有する品種は耐寒性や生産性に優れる．

4）暖地型マメ科牧草

　本項では国内外で栽培される主要な暖地型マメ科牧草を取りあげる．マメ科牧草はイネ科牧草と混播栽培されることが多いため，暖地型マメ科牧草の栽培環境は，暖地型イネ科牧草と同様，熱帯から暖温帯まで，湿潤地から乾燥地まで，劣悪な土壌から肥沃な土壌まで，粗放的管理下から集約的管理下まで，さまざまである．このため，暖地型マメ科牧草の生産性や品質にも同一草種・品種内でかなりの変異が存在する．

(1) *Desmodium* 類

a．グリーンリーフデスモディウム（英名：greenleaf desmodium，学名：*Desmodium intortum*）

①来歴と分布　　中央・南アメリカ原産の多年生牧草である（図4-34 上）．世界の比較的湿潤な亜熱帯および熱帯地域に分布する．わが国へは1959年と1970年に台湾から沖縄県に導入された．

②形態と生態　　ほふく茎を有し，ほふく型あるいは直立型の生育型をとる．深根性の直根を持ち，基部は木質化し，草高50cm程度になる．伸長したほふく茎の節からも発根し，分枝は直立する．葉は細毛で被われ，やや菱形を呈した卵形の3出の小葉からなる．小葉は長さ3～6cm，幅2～3cmで上面に0.5～1.0mmの茶～黒色の葉斑が見られる．花弁は暗赤～帯紫色．莢果は長さ2～5cmで4～5節を有し，外側にくびれがあり，微毛で被われる．千粒重は1.6～2.0gである．生育温度は16～25℃である．年降水量900～3,000mmで生育し，耐乾性は低い．砂壌土に適し，やや肥沃な土壌で能力を発揮する．好適土壌酸度域はpH6～7であり，酸性土壌に対する耐性はサイラトロより弱い．耐塩性が低い．根粒菌は特異的なものを必要とする．

③栽培，利用ならびに飼料特性　　植栽には種子を用いる．セタリア，ギニアグラス，グリーンパニック，モラセスグラスなど多くのイネ科牧草との混播適合性を有し，採草（乾草およびサイレージ）あるいは放牧利用されるが，強放牧や高頻度の刈取りには向かない．年乾物収量は12～19t/haで，粗タンパク質含量（乾物ベース）は9.9～24%，他の暖地型マメ科牧草と比較して，タンニン含量が1.5～8.8%と高く，乾物消化率は52～56%である．

④品種　　品種はオーストラリアで登録された'Greenleaf'のみである．

b．シルバーリーフデスモディウム（英名：silverleaf desmodium，学名：*Desmodium uncinatum*）

①来歴と分布　　南アメリカ原産の多年生牧草である（図4-34 下）．世界の比較的湿潤な亜熱帯および熱帯地域に分布する．

②形態と生態　　ほふく茎を有し，ほふく型あるいは直立型の生育型をとる．深根性の直根を持ち，より粗剛な蔓性の茎を持つ．茎には先端が鉤型の短い毛が密生し，種々のものに巻きつきやすい．ほふく茎の節からも発根する．葉は白っぽい細毛で被われ，先が尖った長円形の3小葉からなり，小葉は長さ3～6cm，幅1.5～3cmで葉の表面の中肋に沿って不規則なセイヨウナシ状の銀色の紋が形成されるのが特徴である．花弁は淡い紫色～ピンク色．莢果は長さ3cm程度でかま型をし，4～8個の莢が連なる．莢も釣り針のような毛で被われ，動物の体表や人間の衣類に付着しやすい．千粒重は4～5gである．グリーンリーフデスモディウムと同様の気象条件に適する．生育最適気温は30/25℃（昼/夜）で，年降水

図 4-34 *Desmodium* 属の牧草
上：グリーンリーフデスモディウム，下：シルバーリーフデスモディウム．（写真提供：Cook, B. G. et al.：Tropical Forages：An Interactive Selection Tool, CSIRO, DPI&F（Qld）, CIAT and ILRI, 2005（下））

量 900 〜 3,000mm で生育し，耐乾性，耐塩性は低いが，耐湿性，耐霜性は高い．幅広い土壌条件（砂土〜粘土，pH5.5 〜 6.5）に適し，酸性土壌に対する耐性はグリーンリーフデスモディウムより高い．根粒菌は特異的なものを必要とする．

③栽培，利用ならびに飼料特性　植栽には種子を用いる．セタリア，ローズグラス，キクユグラス，グリーンパニック，バヒアグラスなど多くのイネ科牧草と適合し，採草あるいは放牧利用される．年乾物収量は 1.5 〜 15t/ha で，粗タンパク質含量は 12 〜 24％である．タンニン含量が 3％を超えることがあり，家畜が慣れるまで選好性は低い．他の暖地型マメ科牧草と比較して乾物消化率が低い．

④品種　品種はオーストラリアで登録された 'Silverleaf' のみである．

c．その他の *Desmodium* 類

カルポンデスモディウム（carpon desmodium, *D. heterocarpon* subsp. *heterocarpon*），デスモディウム（desmodium, *D. heterocarpon* subsp. *ovalifolium*），ヘテロ（hetero, *D. heterophyllum*）などの多年生草種が熱帯・亜熱帯地域で栽培されている．

(2) *Macroptilium* 類

a．サイラトロ（クロバナツルアズキ）（英名：siratro，学名：*Macroptilium atropurpureum*）

①来歴と分布　メキシコ北部からコロンビア，北部ブラジルを原産地とする多年生牧草で，熱帯および亜熱帯のオーストラリア，南アメリカ，大洋州諸国，東南アジア地域に広く分布する（図 4-35 上）．わが国へは 1962 年と 1972 年にそれぞれ台湾とオーストラリアから沖縄に導入された．

②形態と生態　草高は 40cm 程度で，茎には白い毛が密生し，他物に巻きつくか，ほふくする．深根性の直根を持ち，ほふく茎の節からも発根する．葉は葉縁に 2 〜 3 ヵ所の特徴のある浅い切込みが入った 3 小葉からなる掌状複葉で，上面はわずかに毛がある暗緑色，下面は淡い銀色でさらに毛が多い．葉の長さは 2.5 〜 8cm，幅 2.5 〜 5cm である．6 〜 12 個の深紫色の蝶形の小花が花軸に着生する．莢は，長さ 4 〜 8cm，幅 4 〜 6mm で，褐色〜黒色の卵型の種子 10 数個を含む．千粒重は 10 〜 14g である．生育最適気温は 30/25℃（昼/夜）で，年降水量 800 〜 1,500mm で生育し，標高 1,600m 以上，緯度 30°以上での生育は不適である．幅広い土壌条件（砂土〜埴土，pH5 〜 8）に適応し，水はけのよい砂質土壌を最も好む．耐湿性は低く，耐乾性は比較的高い．他の暖地型マメ科牧草と比較して土壌 Al および Mn 耐性は中程度，耐塩性は高い．根粒菌はカウピー型で，通常の圃場条件で

は特別に根粒菌を接種する必要はない．

③**栽培，利用ならびに飼料特性**　植栽には種子を用いる．ローズグラス，セタリア，ギニアグラス，グリーンパニック，ダリスグラスなど多くのイネ科牧草と適合し，主に放牧利用されるが採草（乾草）利用も行われる．年乾物収量は 5 〜 10t/ha で，粗タンパク質含量は 12 〜 25％，乾物消化率は 45 〜 65％，生育期間を通して家畜の選好性が高い．

④**品種**　'siratro' はメキシコの 2 種の生態型を交配して育成され，'Aztec' はオーストラリアでサビ病耐性品種として開発された．

b．**ファジービーン（ナンバンアカバナアズキ）（英名：phasey bean，学名：*Macroptilium lathyroides*）**

①**来歴と分布**　南アメリカ原産でアジア，環太平洋の熱帯各地から暖地までに分布する一年生〜短年生の牧草である（図 4-35 下）．わが国へは 1980 年代に九州各地の試験場に導入され，試験された．

②**形態と生態**　茎は分岐が多く生育初期は直立性であるが，開花期頃から分岐する茎は蔓性を示す．葉は卵形〜披針形の 3 小葉からなる掌状複葉で，上面は暗緑色で無毛，下面は明緑色で有毛である．小葉は長さ 3 〜 6cm，幅 1 〜 3cm であり，分布地域によって葉の形状がわずかに異なる．花軸に約 10 個の赤〜赤紫色の蝶形の小花が断続的にまばらに着生する．莢は線形〜長楕円でやや内曲し，長さ 8 〜 12cm，幅 3mm で，15 〜 20 個の茶色，黒色，灰色がかった茶色の種子を内包する．千粒重は 6 〜 8g である．種子は環境条件によって硬実を有する．草高 0.5 〜 1.0m から刈取り間隔が長い場合や放置すると 1.5m 以上になる．生育適温は 30/25℃（昼／夜）で，幅広い降水条件（500 〜 3,000mm）や土壌条件（砂土〜重粘土，pH5 〜 8）に適応し，高い耐湿性を有する．耐乾性と耐塩性は中程度である．根粒菌はカウピー型で，通常の圃場条件では特別に根粒菌を接種する必要はない．

③**栽培，利用ならびに飼料特性**　植栽には種子を用いる．ローズグラス，ギニアグラス，アトラパスパラム，ダリスグラスなど多くのイネ科牧草と適合し，年数回の採草が可能であるが，踏圧や放牧には弱い．年乾物収量は 4 〜 13t/ha，粗タンパク質含量は 12 〜 25％，乾物消化率は 40 〜 70％で，生育の進行とともに家畜の選好性は高まる．

④**品種**　品種はオーストラリアで登録された 'Murray' のみである．

c．**その他の *Macroptilium* 類**

直立〜半蔓性で一年生〜短年生のバーガンディビーン（burgundy bean，*M. bracteatum*）およびリャノスマクロ（llanos macro，*M. gracile*）が中央・南アメリカ，アジア，環太平洋の熱帯・亜熱帯地域で栽培されている．

図 4-35　*Macroptilium* 属の牧草
上：サイラトロ，下：ファジービーン．

(3) *Centrosema* 類

a．セントロ（ムラサキチョウマメモドキ）（英名：centro，学名：*Centrosema pubescens*）

①来歴と分布　熱帯南アメリカ原産の多年生牧草で，世界の湿潤熱帯で広く栽培される（図4-36 上）．

②形態と生態　ほふく型の蔓植物で，這い上がる習性がある．葉は3小葉からなる掌状複葉で，小葉は長さ4〜5cm，幅3〜4cm，花は5〜6cmとやや大きめで，白〜黄色の中央部から藤色の筋や斑点を含む薄赤〜明紫色の旗弁が広がる．中央部の翼弁と竜骨弁は長さ1〜2cm，幅0.5mm，莢はほぼまっすぐで長さ7.5〜15cm，熟すると黒褐色になり，約20個の種子を含む．種子（短い楕円形）は長さ4〜5mm，幅3〜4mmで，千粒重は25gである．15℃以下になると生育が抑制され，耐霜性が低い．降水量が1,750mmを越える湿潤熱帯あるいは灌漑地を好むが，耐乾性は比較的高い．耐湿性は非常に高い．幅広い土壌条件下（砂土〜粘土）に適応する．根粒形成に最適なpHは4.9〜5.5で，酸性土壌でも旺盛に生育する．自生種では旺盛な根粒形成が見られるが，栽培種では特定の根粒菌接種を必要とする．

③栽培，利用ならびに飼料特性　植栽には種子を用いる．種子の休眠性が高く，硬実打破処理を必要とする．ローズグラス，ディジットグラス，ギニアグラス，ダリスグラス，ネピアグラスなど多くのイネ科牧草と適合し，主に放牧利用されるが採草利用もされる．年乾物収量は最大12.8t/ha，粗タンパク質含量は11〜24％，乾物消化率は53％で，家畜の選好性が高い．

④品種　品種はオーストラリアで登録された'Belalto'のみである．

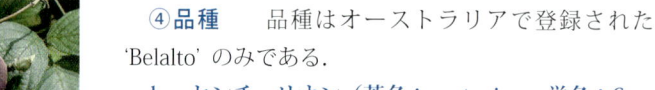

b．センチュリオン（英名：centurion，学名：*Centrosema pascuorum*）

①来歴と分布　中央・南アメリカ原産の一年生牧草で，メキシコの北緯17°〜ブラジルの南緯20°にわたる半乾燥熱帯地域に分布する（図4-36 下）．

②形態と生態　ほふく型の蔓植物で，這い上がる習性がある．茎は円筒形でほとんど毛がなく，冠部から2mぐらい伸長し，土壌に接した茎の節から発根する．葉は3小葉からなる掌状複葉で，小葉は長さ5〜10cm，幅0.5〜1cmである．短い花柄の先に1.5〜2.5cmの深紅色〜濃赤紫色の花冠が着く．莢はわずかに曲がり長さ4〜8cm，幅3〜4mm，約15個の種子を含み，種子の色は緑がかった黄色から茶色であり，千粒重は6〜28gである．年降水量700〜1,500mmで生育し，耐乾性，耐湿性が高く，耐霜性は低い．幅広い土壌条件（砂土〜重粘土，pH5〜8.5）

図4-36 *Centrosema* 属の牧草
上：セントロ，下：センチュリオン．（写真提供：Cook, B. G. et al.：Tropical Forages:An Interactive Selection Tool, CSIRO, DPI&F (Qld), CIAT and ILRI, 2005（上））

に適応する．根粒形成には特定の根粒菌接種を必要とする．

③栽培，利用ならびに飼料特性　植栽には種子を用いる．シグナルグラス，ガンバグラス，サビグラス，セタリアなど多くのイネ科牧草と適合し，主に採草利用される．年乾物収量は4～9t/ha，粗タンパク質含量は6～27％，乾物消化率は42～79％で，家畜の選好性は高い．

④品種　オーストラリアで登録された 'Cavalcade' および 'Bundey' がある．

（4）その他の暖地型マメ科牧草

a．グライシン（英名：glycine，学名：*Neonotonia wightii*）

①来歴と分布　熱帯アフリカを原産地とする多年生牧草で，南および東アフリカからインド西部，熱帯アジアに分布する（図 4-37 左）．

②形態と生態　深根性の直根を持ち，土壌に接した蔓性の茎の節から分枝と発根を続け，生育が比較的速い．葉は長さ5～8cm，幅3～5cmの3小葉からなる掌状複葉で，両面は密な毛で被われる．茎にも毛が密生する．花は5～8mmで白～薄赤紫色から赤茶～紫色，莢は長さ3～5cm，幅3mm，暗褐色～黒色で密な毛で被われる．千粒重は3～7gで，やや硬実がある．生育適温は 30/25℃（昼/夜）で，年平均気温が15～25℃，夏季の降水量が800～1,500mmに適する．幅広い土壌条件（砂土～重粘土，pH6～8.9）に適応するが，肥沃で深く排水のよい中性付近の粘土と埴壌土で最も成長がよい．土壌 Mn および Al 耐性が低く，耐塩性は中程度である．耐乾性は高く，耐湿性は低い．根粒形成には特定の根粒菌接種を必要とする．栽培地から逸出し雑草化する潜在性が高い．

③栽培，利用ならびに飼料特性　植栽には種子を用いる．ローズグラス，ディジットグラス，ギニアグラス，セタリア，キクユグラス，シグナルグラスなど多くのイネ科牧草と適合し，主に放牧利用されるが採草利用も行われる．年乾物収量は3～8t/ha，粗タンパク質含量は最大 26％，乾物消化率は 55～62％で，生育の進行とともに家畜の選好性は高まる．

④品種　主な品種にはオーストラリアの 'Clarence'，'Cooper' および 'Tinaroo'，アメリカの 'Hawaii' がある．

b．アメリカンジョイントベッチ（エダウチクサネム）（英名：American jointvetch，学名：*Aeschynomene americana*）

①来歴と分布　中央アメリカ原産の一年生～短年生の牧草である（図 4-37 中）．北アメリカから中央アメリカ，アフリカ，アジア太平洋地域に分布する．

②形態と生態　分岐の多い直立～ほふく型の生育型を示し，草高1～2mに達する．茎の上部は粗毛を有するが，下部は無毛である．地表に接した分枝は，ほふく枝節からも発根する．托葉は無毛であるが粗毛を有する場合もある．羽状の複葉は全長2～7cm，小葉は長さ5～15mm，幅1～2mmで20～40個が対生する．夜間や他物との接触時には羽が折り重なるように葉を閉じる．総状花序は腋生で2～5個の黄色，桃色から淡い藤色の花からなる．濃茶色の莢果は線状で有柄，扁平で，3～5mmの種子を含む．年平均気温 20～27℃，年降水量 1,000～2,500mmに適する．耐乾性は低く耐湿性は高い．幅広い土壌条件（砂土～粘土，pH4～8）に適応する．根粒菌はカウピー型で，通常の圃場条件では特

別に根粒菌を接種する必要はない．

③栽培，利用ならびに飼料特性　植栽には種子を用いる．ディジットグラス，ギニアグラス，バヒアグラス，セタリア，パリセードグラス，シグナルグラスなど多くのイネ科牧草と適合し，放牧利用および採草利用される．年乾物収量は 10 ～ 15t/ha，粗タンパク質含量は 10 ～ 20％（若い葉では 28％），乾物消化率は 60 ～ 70％で，家畜の選好性が高い．

④品種　オーストラリアの 'Glenn'（一年生），'Lee'（短年生），アメリカの 'F-149' がある．

ｃ．ピントピーナッツ（ピントイ）（英名：pinto peanut，pintoi，学名：*Arachis pintoi*）

①来歴と分布　ブラジル中央部を原産地とする多年生牧草で，湿潤熱帯および亜熱帯の地域に分布する（図 4-37 右）．

②形態と生態　丈夫な主根が発達し高密度のマットを形成するほふく茎を持つ．ほふく茎で伸長し，各節から分枝が立ち上がる．環境条件や遺伝型により草高 50cm になる．葉柄が長く，2 対の対生小葉からなる羽状複葉である．小葉は 4.5×3.5cm の倒卵形か楕円形で，葉腋から短い花柄が伸び，黄色の蝶形花が数個ずつ咲く．開花後，花の子房柄が地面に向かって伸び，先端が地中に潜り込んで莢として肥大し結実する．生育最適気温は 22 ～ 28℃で，年平均気温 21 ～ 23℃，年降水量 1,500 ～ 2,000mm に適する．幅広い土壌条件（赤砂土，砂壌土～粘土，pH4.5 ～ 7.2）に適応し，土壌 Al 耐性および Mn 耐性が高く，耐湿性も高い．根粒形成には特定の根粒菌接種を必要とする．

③栽培，利用ならびに飼料特性　植栽には種子またはほふく茎を用いる．シグナルグラス，コロニビアグラス，バヒアグラス，バーミューダグラスなど多くのイネ科牧草と適合し，主に放牧利用される．年乾物収量は 6.5 ～ 12t/ha，粗タンパク質含量は 13 ～ 25％，乾物消化率は 60 ～ 70％で，家畜の選好性は高い．

④品種　主な品種には，オーストラリアの 'Amarillo'，コロンビアの 'Maní Forrajero Perenne'，ホンデュラスの 'Pico Bonito'，ブラジルの 'Amarillo MG-100'，'Alqueire-1'，'Itacambira' および 'Belmonte'，コスタリカの 'Maní Mejorador' および 'Porvenir'，パナマの 'Maní Forrajero'，アメリカの 'Golden Glory' がある．

図 4-37　その他の暖地型マメ科牧草

左：グライシン，中：アメリカンジョイントベッチ，右：ピントピーナッツ．（写真提供：Cook, B. G. et al.：Tropical Forages：An Interactive Selection Tool, CSIRO, DPI&F（Qld），CIAT and ILRI, 2005（左と右））

4．飼料用根菜類，飼料用葉菜類および飼料木

1）飼料用根菜類

(1) 飼料用カブ（英名：turnip，学名：*Brassica rapa*，*B. rapa* subsp. *rapa*）

アブラナ科の二年生草本で，地中海沿岸原産の西洋系とアフガニスタン原産の東洋系に大別される．若い時期はほぼすべてが葉からなる直立した植生であり，成熟するにつれて根（胚軸を含む）が球形あるいは先細形に肥大する（図 4-38A, B）．根部の一部は地上に露出する．温帯の広範囲な温度域に適し，排水のよい土壌を好み，土壌 pH5.5～7 で生育する．一年生あるいは越年生として栽培され，播種後 80～100 日で最大収量に達する．茎葉は再生力を有するため，播種後 60 日以降に茎葉を放牧利用し，成熟後に根部まで利用する．いずれの部位も多汁で栄養価が高い．地上部と地下部を合わせた年乾物収量は 2.5～7.5t/ha である．

(2) スウェーデンカブ，ルタバガ（英名：Swedish turnip, swede，学名：*Brassica napus* var. *napobrassica*，*B. napus* subsp. *rapifera*）

アブラナ科の二年生草本で，原産地は地中海沿岸あるいは北ヨーロッパとされる．飼料用カブと比較して地下部が大きく，地上部との境界（首部）が明瞭で，落葉の痕跡を残す（図 4-38C）．成長が遅く，最大収量に達するまでに 150～180 日を要するが，生育期間が長いため収量が高い．茎葉の再生力が弱いため，通常は完全成熟後に 1 回のみ茎葉と根部を放牧利用する．その他の特徴は飼料用カブと同様である．

(3) 飼料用ビート，飼料用テンサイ（英名：fodder beet, mangold, mangel-wurzel，学名：*Beta vulgaris* subsp. *vulgaris* var. *alba*）

ヒユ科の二年生草本で，原産地は地中海沿岸から西アジアとされる．生育初期に地上部が成長し，生育の進行とともに根が肥大する（図 4-38D）．温帯の比較的冷涼な温度域に適し，排水のよい土壌を好み，pH6.5～8 で生育する．一年生あるいは越年生として栽培され，播種後成熟までに通常 200 日以上を要する．生育期間中に茎葉を，成熟後に根を放牧利用する．根は掘り取って給与することもある．飼料としての品質は飼料カブやスウェーデンカブと同様にきわめて高い．典型的な年乾物収量は地上部 2t/ha，地下部 10t/ha である．

図 4-38　飼料用根菜類
A：小岩井カブ，B：Barkant turnip，C：スウェーデンカブ（ルタバガ），D：飼料用ビート（飼料用テンサイ）．（写真提供：立花　正氏（A と D），Dumbleton, A. 氏（B），Cotswold Seeds Ltd.（C））

2）飼料用葉菜類

(1) 飼料用ナタネ（英名：fodder rape, 学名：*Brassica napus*, *B. napus* var. *napus*）

　アブラナ科の二年生草本で，原産地は地中海沿岸あるいは北ヨーロッパとされる．根は肥大せず，収穫部は地上部（茎葉）のみである（図4-39A）．草高，直立性および分枝程度が異なる2つの型（giantとdwarf）がある．一年生あるいは越年生として栽培され，播種後80〜120日で成熟し，最大収量に達する．茎葉は再生力に優れ，繰り返し放牧利用するが，初回放牧は播種後60日以降とする．他のアブラナ科の作物と同様，茎葉は多汁で栄養価が高い．好適条件下での年乾物収量は5〜8t/haである．茎葉部の他の特徴は飼料用カブと同様である．

(2) ケール（英名：kale, 学名：*Brassica oleracea*）

　アブラナ科の二年生草本で，原産地は地中海沿岸とされる．収穫部は地上部の茎葉のみである（図4-39B）．主に茎を生産するタイプ（marrow stem kale）と葉を生産するタイプ（stemless kale）に分けられる．成長が遅く，最大収量に達するまでに150〜180日を要する．茎を生産するタイプは再生力が弱いため，完全成熟後に1回のみ放牧利用される．葉を生産するタイプは，播種後80〜90日以降から繰り返し放牧利用される．年乾物収量は3〜9t/haである．他の特徴は飼料用ナタネと同様である．

(3) チコリー（英名：chicory, 学名：*Cichorium intybus*）

　ヨーロッパから中央アジアを原産地とするキク科の多年生草本である．冬季はロゼット（rosette）状であるが，栄養成長期には切込みが入った大きな葉が茎の基部から出て直立する（図4-39C）．播種当年には開花しないが，定着すると晩春から初夏にかけて抽苔（bolting）し，直立で分枝した多くの花茎（最大高2m）を生産する（図4-39D）．花は青色から紫色である．温帯地域に適応し，春から初秋にかけて旺盛な生育を示す．土壌を選ばないが，排水がよく，pH5.5以上で，中〜高肥沃度の土壌に適する．春もしくは秋に播種する．最も一般的な利用方法は放牧である．適切な放牧管理下では5年以上にわたり植生を維持できる．栄養成長期の植生は多葉性で栄養価が高い．年乾物収量は5〜7.5t/haである．

図4-39　飼料用葉菜類
A：飼料用ナタネ，B：ケール，C：チコリー（栄養成長期），D：チコリー（開花期）．（写真提供：Dumbleton, A. 氏（A），Cotswold Seeds Ltd.（B），Best Forage LLC（C），Belgrave, B. 氏（D））

3）飼料木

(1) ギンネム，ルキーナ（英名：leucaena，学名：*Leucaena leucocephala*）

中央アメリカを起源とするマメ科の多年生の低木（灌木）(shrub) もしくは高木 (tree) である（図4-40）. 低木型では5m以下，高木型では20mに達する. 低木型の品種および系統や萌芽利用される個体は多数の分枝を生じる. 葉は4〜9対の羽片を持つ二回偶数羽状複葉（長さ35cmまで）で，羽片は11〜22対の小葉（長さ8〜16mm，幅1〜2mm）からなる. ほぼ通年開花し，白色の球状集合花（直径2〜5cm）を多数着ける. 莢は長さ14〜26cm，幅1.5〜2cmで，18〜22個の種子（長さ6〜10mm，1kg当たり約2万個）を含む.

年降水量650mm以上の熱帯・亜熱帯地域に適するが，深根性であるため，耐乾性に優れ，7ヵ月までの乾季に耐える. 生育適温は25〜30℃で，15〜16℃で生育を停止する. 排水のよい，pH5.5以上の土壌を要求する. 種子は硬実（hard seed）であるため人為的な休眠打破処理が必要である. また，根粒菌接種が必要なことが多い. 葉, 若枝, 莢, 種子が刈取りあるいは放牧利用される. 栄養価が非常に高く，家畜による選好性も高い. アミノ酸の一種であり，反芻動物に甲状腺腫や成長阻害を引き起こすミモシン（mimosine）を含むために利用制限されていたが，1980年代になって，毒性物質を分解するルーメンバクテリアがハワイのウシで見つかり，このバクテリアが他地域に導入されることにより毒性の問題は解決された. 年乾物収量は1〜15t/haである.

図 4-40 ギンネム（ルキーナ）
上：枝葉の収穫，下：収穫後の再生初期の個体（手前）ならびに高く伸びた個体（奥）.

(2) シュラッビースタイロ（英名：shrubby stylo，学名：*Stylosanthes scabra*）

南アメリカおよびカリブ海地域を原産地とするマメ科の多年生低木である（図4-41）. 樹高は最大2mである. 葉は楕円形から披針形の三小葉からなり，先端小葉は長さ20〜33mm，幅4〜12mmである. 茎は有毛で，成熟とともに木質化が進行する. 花は淡黄色から濃黄色である. 莢は接合した2つの部分からなり，上部は長さ4〜5mmで，1〜2mmの鉤状の毛を有し，下部は長さ2〜3mmである. 種子は長さ2mmの腎臓形で，1莢に40万〜50万個が含まれる（1kg当たり60万〜80万個）.

肥沃度の低い砂質土壌を好み，重粘土質土壌には適さない. 主として年降水量600〜2,000mmの熱帯地域に適するが，深根性（最深4m）のために耐乾性がきわめて強く，350mmの地域でも生育する. 発芽の主要制限因子は硬実性（硬実割合70〜90％）であるが，乾季と雨季を有する熱帯地域では，乾季の地表面温度が十分に高いために，雨季の開始

図 4-41 シュラッビースタイロ
左：葉と花，右：樹姿．(写真提供：Cook，B. G. ら：Tropical Forages：An Interactive Selection Tool，CSIRO，DPI & F（Qld），CIAT and ILRI，2005)

までに休眠打破が自然に起こる．速やかな発芽および定着を望む場合には，人為的な休眠打破処理が必要である．根粒菌に対する特異性が低いため接種は必須ではない．主として放牧利用される．栄養価は生育季節の進行とともに低下し，家畜による選好性は低い．年乾物収量は 1 〜 10t/ha である．

(3) キマメ，ピジョンピー（英名：pigeonpea，学名：*Cajanus cajan*）

インドおよび東アフリカを原産地とするマメ科の一年生あるいは短年生の低木もしくは小高木である（図 4-42）．有史以前から主として食用作物（種子を利用）として栽培されてきた．樹高は 4 〜 5m に達するが，通常 1 〜 2m である．葉は長さ 2 〜 10cm，幅 2 〜 4cm の披針形の三小葉で，両面は柔毛で被われる．花は通常黄色で，紫色もしくは赤色の脈を有することがある．莢は長さ 5 〜 9cm，幅 12 〜 13mm で，2 〜 9 個の種子（楕円から円形，1kg 当たり 1 万 6,000 〜 1 万 8,000 個）を含む．

生育に適した条件は，土壌 pH5 〜 7，年降水量 600 〜 1,000mm，気温 18 〜 30℃である．土壌を選ばず，耐乾性と耐暑性に優れ，他の条件が適切であれば，土壌 pH4.5 〜 8.4，年降水量 300mm 未満，気温 35℃以上でも生育する．穀類やマメ類とともに間作栽培されることが多い．根粒菌に対してほとんど非特異的であるため，一般に接種は不要である．葉，若枝，莢，種子が刈取りあるいは放牧利用される．刈り取った植物体は，新鮮なまま，あるいは乾燥させて家畜に給与される．栄養価や家畜による選好性は莢の発達とともに増加する．年乾物収量は 2 〜 40t/ha である．

図 4-42 キマメ（ピジョンピー）
左：葉と花，中：莢，右：樹姿．(写真提供：Cook，B. G. et al.：Tropical Forages：An Interactive Selection Tool，CSIRO，DPI & F（Qld），CIAT and ILRI，2005)

第5章

緑肥作物

総 論

1）栽培の目的

　作物を栽培し，腐る前に土壌にすき込んで分解させて肥料とするものを緑肥（green manure）といい，そのために栽培される作物体が緑肥作物（green manure crop）である．緑肥には山野草緑肥と栽培緑肥とがあるが，現在では前者はほとんど使われていない．緑肥は，化学肥料が普及するまでの時代は主に窒素肥料の代替として使われていた．特に，窒素肥料の値段が高かった1940年代頃までは，レンゲソウやダイズなどのマメ科の緑肥作物が栽培されたが，化学肥料が普及してからは栽培面積は減少した．しかし，近年になって緑肥作物の種類が多くなり，肥料としての働き以外にも種々の効果が認められることから利用が増えてきている．

2）緑肥による効果

　緑肥は有機物のすき込みだけではなく，前後の作付けと合わせて輪作（crop rotation）の一部でもあり，以下の効果が認められている（表5-1）．
　①土壌物理性の改善…土壌中に緑肥作物により粗大な有機物がすき込まれることによって土壌の団粒化が進む．また，緑肥作物の根が土壌中に伸長することによって土壌が膨軟化し，透水性が改善される．
　②土壌の化学性の改善…土壌中にすき込まれた有機物が分解されて腐植となり，肥料成分の流亡を防ぐ．また，ハウスなど施設栽培で過剰に蓄積した残留塩分を吸収する効果がある（クリーニングクロップ，cleaning crop）．さらに，マメ科の緑肥作物は空中窒素を固定することによって土壌を肥沃化する．
　③土壌の生物性の改善…作物の根冠の周辺細胞から分泌される粘液物質（ムシゲル，mucigel）で土壌中の微生物相が豊富になる．また，菌根菌と共生する緑肥作物は，後作のリン酸吸収能を向上させる．一方，イネ科とマメ科の緑肥作物の導入は有用微生物を増殖させる．さらには，緑肥作物の中にはキタネグサレセンチュウやサツマイモネグサレセンチュウの抑制効果やアレロパシー（allelopathy，他感作用）効果を有するものもある．
　④環境保全（景観向上）…シロガラシ，レンゲソウなどは田畑の景観を向上させる．

3）緑肥作物の特徴

　緑肥の肥料成分は，窒素含有量が多い緑肥作物の開花期前後が最も多く，その後は少なく

表 5-1　緑肥作物による土壌改善効果

改善効果	改善内容	作物
物理性の改善	団粒構造の形成：緑肥による粗大な有機物のすき込みは土壌中の孔隙率を増加させ，土壌粒子の単粒を団粒化する	全緑肥作物，特にトウモロコシ，モロコシ，エンバク
	透水性の改善：深根性のマメ科作物を主体に，緑肥の根は土壌に深く進入し，排水性を改善する	アカクローバ，セスバニア，シロガラシ
化学性の改善	保肥力の増大	
	・土壌にすき込まれた有機物は微生物に分解されて腐植を形成する．腐植は肥料成分の陽イオンを吸着し，その流亡を防ぐ	・全緑肥作物，特にモロコシ，トウモロコシ，エンバク，シロガラシ
	・ハウスの過剰塩類を緑肥に吸収させ除去する（クリーニングクロップ）	・モロコシ，ギニアグラス
	空中窒素固定：マメ科の緑肥作物は根に根粒が着生し，作物が利用できない空中窒素を固定する	アカクローバ，セスバニア，レンゲソウ，ヘアリーベッチ，クロタラリア
生物性の改善	豊富な土壌微生物相の形成：作物の根はムシゲルを放出する．このムシゲルを餌として豊富な微生物群が増殖する．また，マメ科緑肥，ヒマワリ，トウモロコシは内生菌根菌と共生し，後作のリン酸吸収能を高める	全緑肥作物
	土壌病害の軽減：異なる科の緑肥作物（イネ科作物にマメ科緑肥を導入）は連作を輪作体系化し，有用微生物を増殖，土壌病害の軽減につながる	
	有害線虫の抑制	
	・ダイコン，ニンジン，ゴボウなどで問題になるキタネグサレセンチュウの抑制	・エンバク，ギニアグラス，マリーゴールド
	・トマト，キュウリなどで問題になるサツマイモネコブセンチュウの抑制	・クロタラリア，ギニアグラス
	雑草抑制：土壌表面が覆われたりアレロパシーによる雑草抑制効果	ヘアリーベッチ
環境保全	景観美化：土壌の流亡を防ぐとともに美しい花は景観美化につながる	シロガラシ，レンゲソウ，クリムソンクローバ，ヒマワリ

（農林水産省 2010「緑肥作物の利用」の一部を修正）

なる．このため，緑肥作物の刈取り適期は，開花期前後とされている．一般に，窒素が 0.4〜0.6％，リン酸が 0.1〜0.3％，カリが 0.2〜0.5％程度である．

　有機物における窒素含量に対する炭素含量の割合（C/N 比）によって，作物体への養分供給状態を推定することができる．C/N 比は，初期生育段階で刈り取って土壌にすき込む緑肥作物や，マメ科の緑肥作物（レンゲソウ，クローバ，ベッチ類，セスバニア，クロタラリアなど）では，10〜20 程度と低い．これらの緑肥作物は土壌中で分解されやすいため，作物への肥料効果が早く出る．逆に，C/N 比の高い緑肥作物をすき込んだ場合，土壌微生物がすき込んだ炭素を栄養源として利用するため，作物体への肥料効果がすぐには現れない．それに加えて，土壌微生物と作物体との間で窒素の奪いあいが起こり，作物体が窒素不足の状態になる．これは窒素飢餓と呼ばれ，防止するためには C/N 比の高い緑肥作物をすき込む際に，石灰窒素などを施用して C/N 比を 30 以下にすることが有効とされている．エンバクやライ

ムギなどのイネ科作物のC/N比は15〜30程度，モロコシ，トウモロコシ，ヒマワリなどでは20〜40程度である．

4) 分　類

緑肥作物の多くがイネ科またはマメ科の作物である（和名，英語名，学名）．

イネ科作物：エンバク（oat(s)，*Avena sativa*），ライムギ（rye，*Secale cereale*），オオムギ（barley，*Hordeum vulgare*），イタリアンライグラス（ネズミムギ，Italian ryegrass，*Lolium multiforum*），モロコシ（ソルガム，sorghum, sorgo，*Sorghum bicolor*），トウモロコシ（corn, maize，*Zea mays*），スーダングラス（sudan grass，*Sorghum sudanense*），ギニアグラス（ギニアキビ，guineagrass，*Panicum maximum*）など．

マメ科作物：レンゲソウ（ゲンゲ，Chinese milk vetch，*Astragalus sinicus*），ヘアリーベッチ（シラゲクサフジ，hairy vetch，*Vicia villosa*），アカクローバ（アカツメクサ，ムラサキツメクサ，red clover，*Trifolium pratense*），クリムソンクローバ（ベニバナツメクサ，crimson clover，*Trifolium incarnatum*），クロタラリア（コブトリソウ，sunn-hemp，*Crotalaria juncea*，*C. spectabilis*，*C. breviflor*），セスバニア（sesbania，*Sesbania cannabina*，*S. rostrata*），マリーゴールド（marigolds，*Tagetes* spp.）など．

その他：シロガラシ（アブラナ科）（white mustard，*Sinapis alba*）やヒマワリ（キク科）（sunflower，*Helianthus annuus*）などがある．

また，クロタラリア，セスバニア，マリーゴールドは暖地型マメ科牧草，ギニアグラスは暖地型イネ科牧草，レンゲソウ，ヘアリーベッチ，アカクローバ，クリムソンクローバは寒地型マメ科牧草である．

5) わが国における緑肥作物の栽培面積

わが国の緑肥作物の作付面積は田および畑ともに北海道が多く，田では熊本県がそれに次ぐ．畑では青森県，沖縄県などである．作物別では，エンバクの栽培面積が最も多く，レンゲソウ，モロコシと続く（表5-2）．そのうち，エンバクは北海道，秋田県，青森県などの北日本で，レンゲソウは岐阜県，熊本県などの西南暖地で多い．また，モロコシは青森県，茨城県，熊本県など全国で栽培されている．

表5-2　わが国における主な緑肥作物の栽培面積（2012年）

緑肥作物	全国（ha）	主な栽培都道府県（数値は栽培面積ha）
エンバク	45,380	北海道41,491，秋田709，青森643，長野541，千葉467
レンゲソウ	12,841	岐阜2,340，熊本1,880，福岡1,260，兵庫1,230，岐阜903
モロコシ	12,200	青森2,270，茨城1,506，熊本1,300，徳島873，長崎740
ライムギ	1,631	長野514，青森276，群馬208，山梨171，千葉103
トウモロコシ	600	北海道500，徳島35，鳥取23，宮崎10，熊本10

（農林水産省2012年産作況調査（水陸稲，麦類，豆類，かんしょ，飼肥料作物，工芸農作物）より作成）

1. イネ科緑肥作物

1）エンバク

イネ科，カラスムギ属の一年生草本である（☞ p.61）．食用の栽培種エンバクは6倍体（$2n = 6x = 42$）であるのに対して，緑肥として利用されるのは，野生種エンバクのセイヨウチャヒキ（*Avena strigosa*）などである．エンバクの緑肥利用は，有機物を短期間ですき込む場合に適している．また，ニンジン，ダイコン，ゴボウ，ナガイモなどのキタネグサレセンチュウを抑制する線虫対抗作物として利用される．

図5-1 エンバク
（写真提供：佐久間 太氏）

(1) 品　　種

'スワン'はオーストラリアで育成された早生のエンバクである．北海道ではコムギの後作に導入され，他のエンバクや緑肥作物に比べて高収量が得られた．しかし，ジャガイモや根菜類で問題となるキタネグサレセンチュウが増殖するため，栽培面積を減らした．'ヘイオーツ'はキタネグサレセンチュウを抑制するエンバク野生種である．初期生育が旺盛で雑草との競合に強く，'スワン'に比べて耐病性に優れ，分げつが多く，多収性である．線虫と関連するアズキ落葉病やバーティシリウム萎凋病，ジャガイモそうか病，アブラナ科根こぶ病を抑制する効果がある．'とちゆたか'は耐病性および耐倒伏性に優れた中生品種である．出穂後，踏み倒して，コンニャクや園芸作物の敷きわらとして利用されている．また，耐倒伏性を生かして，農薬などの飛散を防ぐ障壁作物（ドリフトガードクロップ）としても利用される．サツマイモネコブセンチュウを抑制する品種に'たちいぶき'がある．耐病性および耐倒伏性に優れる．

(2) 栽培と利用

施肥量は品種や土壌によって異なるが，多くの場合，10a当たり窒素5～10kg，リン酸5～15kg，カリ3～12kgである．苦土石灰を100～150kg施すとよい．播種期は，暖地や中間地では3～11月と長いが，暑さの厳しい時期は避ける．寒冷地では4～8月頃に播種する．10a当たり8～15kgの種子を条播または散播し，1cm程度覆土して鎮圧する．すき込み適期は草丈が80cmから出穂期頃であり，すき込み後の腐熟には3～4週間を要する．

後作物の播種または定植の約1ヵ月前にすき込む．すき込む際は，チョッパーやハンマーモア，フレールモアなどで細かく切り，プラウやロータリーを使用する．なお，塩類濃度（EC）が1.5以上の土壌へのすき込みは，塩類障害を発生する危険性がある．キスジノミハムシや根菜類のキタネグサレセンチュウ，サツマイモネコブセンチュウなどの発生を抑制する効果が期待される．

2）ライムギ

イネ科，ライムギ属の一年生草本である（☞ p.59）．不良環境に耐える性質によって，緑肥としても北海道以外で，主作物を秋まで栽培したのちに越冬緑肥として利用される．早春の土壌侵食を防止し，雑草を抑える効果が期待される．北海道ではタマネギの後作に緑肥として利用される．

(1) 品　　種

'緑春' は越冬緑肥として利用される．冬枯れに強く，早春の生育が早く，草丈が長く，次の作物につなげられる．土壌侵食防止効果，雑草抑制効果も期待される．果樹園の草生栽培にも用いられる．'ライ太郎' は，発芽が早く初期生育が旺盛であることから，短期間の緑肥に適している．キタネグサレセンチュウやキタネコブセンチュウの密度を抑制する効果も認められている．塩類濃度が高い土壌や有機物の不足している土壌にも利用する．'キタミノリ' は北海道のタマネギの後作緑肥として利用される．保水力が増加し土壌を柔らかくする効果がある．早春の土壌侵食防止効果も認められる．'ハルミドリ' は，高原野菜（ハクサイ，レタス，キャベツ）の後作，ゴボウの間作，果樹園の草生栽培に，'サムサシラズ' はラッカセイ，サトイモ，サツマイモなどの後作，寒地キュウリの後作として利用される．

(2) 栽培と利用

施肥量は品種や土壌によって異なるが，多くの場合 10a 当たり窒素 8 ～ 10kg，リン酸 10 ～ 15kg，カリ 10 ～ 12kg である．苦土石灰を 100 ～ 150kg 施すとよい．播種期は，暖地や中間地では 3 ～ 11 月と長いが，暑さの厳しい時期は避けた方がよい．寒冷地では 4 ～ 9 月頃に播種する．10a 当たり 8 ～ 10kg の種子を条播または散播し，1cm 程度覆土して鎮圧する．

すき込む際は，チョッパーやハンマーモア，フレールモアなどで細かく切り，プラウやロータリーですき込む．

3）トウモロコシ

イネ科，トウモロコシ属の一年生草本である（☞ p.63）．北海道では冷涼な気候のためモロコシが栽培できない地域が多い．そのため，トウモロコシを栽培して土壌にすき込み，有機物を補給する目的で利用されている．遊休地の地力対策に有効である．初期生育が早く，深根性で吸肥力が強く，有機物の生産量も多い．

(1) 品　　種

'ゴールドデント' は，露地野菜への防風，防虫対策，ミツバ養成畑への遮光対策として利用される．また，品種の中には，生育が旺盛で根張りが優れ，菌根菌の着生および増殖が期待できるものもある．

(2) 栽培と利用

施肥量は品種や土壌によって異なるが，多くの場合，10a 当たり窒素 10 ～ 15kg，リン酸 10 ～ 15kg，カリ 8 ～ 10kg である．播種期は 4 ～ 8 月頃で，10a 当たり 4 ～ 5kg の種

子を条播または散播し，2〜3cm 程度覆土して鎮圧する．

　すき込む際は，トラクターなどで立毛のままですき込む場合，チョッパーで数 cm の長さに切り，生のまますき込む場合と，数日間乾燥させてすき込む場合がある．トウモロコシは黄熟期になると C/N 比が 30 以上となることがあり，翌夏以降に窒素が放出される場合がある．そのため，後作のジャガイモやテンサイの品質が低下する可能性があるため注意を要する．また，トウモロコシはキタネグサレセンチュウを増殖させるため注意する．

4）モロコシ

　イネ科，モロコシ属の一年生草本である（☞ p.68）．緑肥として主に利用されるのは，モロコシの近縁種で，稈が細く分げつが多く，再生力に優れるスーダングラスや，モロコシの雄性不稔系統にスーダングラスを交配したスーダン型モロコシである．モロコシは初期生育が早く，深根性で吸肥力が強く，有機物の生産量も多い．根の発達が顕著で耐乾性に強く，トウモロコシが生育できないような半乾燥地域でも生育できる．一方，過湿な土壌や広い土壌 pH で生育可能であるなど，栽培適応地域が広い．

(1) 品　　種

　'つちたろう' は，寒冷地でも初期生育が良好である．育苗後や塩類が集積したハウスの塩類のクリーニングクロップとして，また，ハウスメロンの後作緑肥などとして利用される．トウモロコシ以上の粗大有機物が得られる他，サツマイモネコブセンチュウを抑制する効果がある．スーダングラス品種 'ねまへらそう' は，モロコシよりも草姿が小さいが生育が旺盛である．ハウスの塩類のクリーニングクロップや，キタネグサレセンチュウの対抗作物として利用される．スーダン型モロコシである 'スダックス' 緑肥用は，耐暑性，耐寒性に強く，播種後 2 ヵ月で草丈が 2m に達するなど生育が旺盛で，多量の有機物を確保できる．

(2) 栽培と利用

　10a 当たり 5〜8kg の種子を播種する．北海道や冷涼地では 5 月下旬〜7 月下旬に，他の地域では 5〜8 月が播種期である．施肥量は 10a 当たり，窒素 8〜10kg，リン酸 8〜12kg，カリ 0〜10kg であるが，ハウスではその半量程度，除塩では無施肥とする．北海道の露地では 9 月に，ハウスでは草丈が 1.5〜2m のときにすき込む．スーダングラスでは，10a 当たり 5〜8kg の種子を播種する．北海道や冷涼地では 6〜7 月に，他の地域では 5〜8 月が播種期である．施肥量は 10a 当たり，窒素およびリン酸が 6〜10kg，カリが 0〜10kg であり，園芸畑やハウスでは特に施肥はしない．北海道では 8〜9 月に，他の地域では草丈が 1.5m のときにすき込む．

　すき込み時期は，露地では後作の播種または定植時期の約 1 ヵ月前，ハウスでは 15 日以前とする．栽培期間が長い場合には途中で刈り取り，再生を利用することができる．すき込む際は，トラクターなどで立毛のまますき込む場合，チョッパーで数 cm の長さに切り，生のまますき込む場合と，数日間乾燥させてすき込む場合がある．すき込む際に石灰窒素を 10a 当たり 40〜60kg 散布すると，茎葉の分解が促進される．

2．マメ科およびその他の緑肥作物

1）レンゲソウ

中国が原産のマメ科，ゲンゲ属の一年生草本である（図5-2）．日本への伝来時期は明らかではないが，古い時代から緑肥作物または家畜の飼料として栽培されていた．江戸時代末期までには，四国，九州などの温暖地を中心に，水田裏作の緑肥や飼料作物として栽培された．明治時代になると全国で普及し，北海道以外の田で栽培された．最盛期の栽培面積は約30万ha（1933年）であったが，近年の栽培面積は1.29万haである．主に関東以西の水田裏作の緑肥として栽培され，岐阜県では2,340ha栽培されている．有機栽培米（レンゲ米）の生産に利用されてもいる．

図5-2　レンゲソウ
（写真提供：佐久間　太氏）

草高は，温暖地では数十cm～150cm，寒冷地では30～60cmほどである．葉は羽状複葉で，9～11枚ほどの円形または卵形の小葉で構成される．作物体の基部から分枝が出現し，品種・栽培条件によっては30本以上出ることがある．葉腋に花梗が出現し10～15cmほどに伸長して，その先端に蝶形花が形成される．花は紅紫色かまれに白色もある．種子は腎臓形で，黄緑～濃褐色，硬実（hard seed）である．千粒重は3～4gである．

'ふるさとレンゲ'は，水田裏作として地力増進と蜜源作物として栽培される．景観形成や遊休農地での栽培にも適する．他に，'岐阜レンゲ'や'美濃紫雲'などが利用されている．

生育期間を通して過湿に弱いため，水田で裏作する場合には十分な排水対策が必要である．特に，播種時には落水しておいた方がよい．発芽適温は20～25℃である．播種適期は，四国，九州などの温暖地で9月下旬～10月上旬頃，東北などの寒冷地では，8月下旬～9月上旬である．10a当たり2～3kgを播種する．開花期頃に草高が15～20cmになって刈り取り，10～15日ほど放置して乾燥させたのち土壌中にすき込む．土壌の還元状態の進行を防ぐため，すき込み後は乾田状態で1～2週間ほどおいてから湛水する．レンゲソウは3年栽培するとイネが過繁茂になる場合があるため，連作は2年に留めた方がよいとの報告もある．すき込み時期によっても異なるが，開花時のレンゲソウには，窒素，リン酸，カリが，乾物重当たりそれぞれ4，0.4，2%ほど含まれている．これを参考にして後作物の施用量を調節する．

緑肥としての利用の他，飼料，養蜂の蜜源，景観形成作物としても利用される．

2）アカクローバ

マメ科，シャジクソウ属の多年生草本である（☞ p.248）．古くから地力増進作物として使われている．直根が太く，側根も発達する深根性である．耐寒性の強い品種は永続性および多収性が期待でき，多年生のマメ科牧草として利用できる．酸性土壌でも生育が比較的よい．

'はるかぜ'は北海道で利用され，地力増強効果の他，ダイズシストセンチュウの対抗作物として利用される．4～6月に播種し，9～10月にすき込む．北海道以外では，8～10

月に播種し（高冷地では3～4月），翌年の9～10月にすき込む．'アカクローバメジウム' は早生で全国で栽培される．主にコムギやダイズなどの前後に利用される．'マキミドリ' はうどんこ病やウイルス病，菌核病にも強く，永続性に優れる多収性早生品種である．

10a 当たり 1～3kg を播種し，種子が隠れる程度に覆土して鎮圧する．クローバ用の根粒菌を摂取すると効果的とされている．なお，コムギへの間作緑肥には，コムギの畝幅を狭くしないこと（25cm 以上），北海道などでの播種は融雪後，土壌が凍結しているうちに早めに行うこと，コムギの除草剤は遅く施用することなどの注意を要する．

ダイズやコムギなどの前・後作に利用される．特に，ダイズシストセンチュウに汚染された畑では，トラップクロップ（おとり作物）としてセンチュウ対策に利用される．赤色の花を多く着けるため景観用にも適している．

3）ヘアリーベッチ

マメ科，ソラマメ属の一年草である．世界各地で栽培または野生化して自生している．窒素固定能に加えてアレロパシーによる雑草抑制効果がある．土壌をあまり選ばず，耐寒性も強いため，栽培適応地域が広い．茎は細長く 2m 以上に伸長することがあるが，蔓性であるため草高は 50cm 程度である．

'まめっこ' は，初期生育が旺盛で土壌被覆力が大きい．4～5月に紫色の花が咲き，蜜源としても利用できる．開花後は枯れ，敷きわら状になるため，刈取り，すき込む必要はない．アレロパシーにより雑草を抑制する効果がある．果樹園の下草や遊休地の飛び砂防止などにも利用される．'まめ助'は，春播きして短期間の利用や，コムギ後作の緑肥として収量が高い．土壌被覆が早く，C/N 比が 10～15 と低く，分解が早いため，肥効が即効的である．アレロパシーにより雑草を抑制する効果がある．果樹園の下草などに利用される．

播種期は 9～11 月と 3～5 月（寒地では 4～5 月と 9～10 月），10a 当たり 3～4kg を播種する．10a 当たり施肥量は，窒素 2～5kg，リン酸約 5kg，カリ 0～5kg である．すき込みは播種約 60 日後に行う．

4）クリムソンクローバ

原産地はヨーロッパの南東部または小アジアの西南部とされている．一年生で 1 回刈りの春播きのクローバである．18 世紀にはフランスやイタリアなどで牧草および緑肥作物として栽培されるようになり，19 世紀初頭にアメリカに導入されたとされている．わが国では戦後，導入された．ダイズシストセンチュウ抑制効果がある．

'くれない' は，コムギの休閑期間に利用することによりダイズシストセンチュウを抑制する効果がある．深紅の美しい花を着けるため景観作物として，また切り花や鉢植えとしても利用される．

播種期は冷涼地では 4 月中旬～6 月（開花は 7 月），中間地・暖地では 9 月下旬～11 月中旬（開花は 5 月），3～4 月中旬（開花は 6 月）である．10a 当たり 2～3kg を播種する．

10a当たり施肥量は，窒素3〜4kg，リン酸8〜12kg，カリ0〜6kgである．
　すき込み時期は開花期である．チョッパーやハンマーモア，フレールモアなどで裁断し，プラウやロータリーですき込む．草丈が小さい場合には，ロータリーでそのまますき込む．

5）クロタラリア
　マメ科，タヌキマメ属の一年生草本である（図5-3）．*Crotalaria juncea*, *C. spectabilis*, *C. breviflora* の3種が利用されている．種子はハート型，葉は単葉で，播種後3〜4ヵ月で黄色い蝶形花が着く．クロタラリアにはサンゴ状の無限型根粒が着生し，窒素固定能力が高く，乾物生産性が高い．生育盛期に土壌にすき込むことによって多量の有機物が供給される．また，根系は直根が長く深いため，水田転換畑では畑地化の促進に有効である．
　C. juncea は，原産地インドではSunnhempと呼ばれ，古くから栽培されている．茎から良質の繊維がとれるため，ブラジルなどでは紙巻きタバコ用の製紙原料としても栽培された．温暖地では播種後2ヵ月ほどで1.5m以上になる．*C. spectabilis* は，サツマイモネコブセンチュウの他，ネグサレセンチュウやダイズシストセンチュウにも高い抑制効果がある．しかし，*C. juncea* よりも初期生育が遅く，茎が空洞で折れやすい．*C. breviflora* は初期の生育が遅く，草丈が低いため倒伏しにくく，茎に柔軟性があって折れにくい．
　温暖地では5月上旬〜8月下旬に播種する．線虫の抑制効果を高めるためには密植にする．クロタラリアを初めて作付けする畑には根粒菌を接種するとよい．
　立毛のまま，または細断して土壌にすき込む．収穫が遅れると，茎が木化して硬くなり，作業がしにくくなる．緑肥作物としての利用の他，線虫抑制効果があるため，クリーニングクロップとしても利用される．

図5-3　クロタラリア
（写真提供：佐久間　太氏）

6）セスバニア
　マメ科，ツノクサネム属の一年生草本である（図5-4）．緑肥作物としては，キバナツノクサネム（*Sesbania cannabina*）と *S. rostrata* とが利用されている．草丈は2m以上で深根性である．湛水条件下の根では，地上部から酸素供給の役割を果たす通気組織が形成される．セスバニアは耐湿性が強く，水田転換畑における地力

図5-4　セスバニア
（写真提供：佐久間　太氏）

増強作物として利活用が可能である．酸性土壌でもよく生育し，リン酸吸収量が多く，耐塩性が強く，亜鉛や鉛などの重金属にも高い耐性を有する．S. rostrata では，茎に窒素固定を行う根粒と同様の組織（茎粒）が形成される．両種の窒素固定能力は 50～60 日間の栽培で 60～270kg/ha であり，ダイズやクローバ類よりも高いことが知られている．乾季のある地域では生育は貧弱であり，開花が早くなり窒素固定能力も低くなる．

　平均気温が 20℃ 以上になる時期に播種する．すなわち，西南暖地では 6 月上旬～8 月中旬頃，関東では 6 月下旬～7 月下旬頃である．耐湿性が高いため，排水不良土壌や水田転換畑での栽培も可能である．

　生育が旺盛で沖縄のサトウキビ栽培における緑肥や被覆作物（cover crop）として，また，北陸地方の低湿重粘土輪換田における土壌改良作物として利用される．セネガル，タンザニア，ケニア，エチオピアなどのアフリカ諸国や，フィリピン，タイなどの東南アジア諸国では，飼料用や間作用として多く利用されている．

7）シロガラシ

　アブラナ科，シロガラシ属の越年草である（図 5-5）．黄色いきれいな花が咲くことから景観形成や蜜源の作物としても利用されている．すき込み後の C/N 比がエンバクなどに比べて低く，分解が早いため，後作の収量を向上させる効果が期待される．

　10a 当たり 2～3kg を播種する．播種期は，北海道・寒冷地は 4～6 月，7 月下旬～8 月下旬，その他の地域は 2 月下旬～3 月，11 月～12 月上旬である．10a 当たり施肥量は窒素 5～8kg，リン酸 5～10kg，カリ 0～7kg である．品種に'キカラシ'などがある．

　すき込みは開花期に行うが，作物体の水分含量が多いため，トラクターなどで倒伏させてからハンマーモアで切断してすき込む．

8）ヒマワリ

　キク科，ヒマワリ属の一年草である．花の観賞用作物とともに，種子を搾って採油する油料作物として広く利用されている．緑肥用のヒマワリは初期生育が旺盛で，土壌の被覆が早く，雑草を抑える．

　10a 当たり 1～2kg を条播または散播し，覆土して鎮圧する．播種期は 5～8 月である．10a 当たり施肥量は窒素 8～9kg，リン酸約 8kg，カリ 10～12kg である．品種に'夏リン蔵'，'キッズスマイル'などがある．

　すき込みは開花期に行う．チョッパーやハンマーモア，フレールモアなどで切断し，プラウやロータリーですき込む．

図 5-5　シロガラシ
（写真提供：佐久間　太氏）

参考図書

和　　書

秋田重誠・塩谷哲夫（編）：植物生産技術学，文永堂出版，2006.
石井龍一（編）：植物生産生理学，朝倉書店，1994.
石井龍一ら：作物学（I）－食用作物編－，文永堂出版，2000
石井龍一ら：作物学（II）－工芸・飼料作物編－，文永堂出版，2000.
石井龍一ら：作物学各論，朝倉書店，1999.
今井　勝ら：作物学概論，八千代出版，2008.
大場秀章（編著）：植物分類表，アボック社，2009.
小柳敦史・渡邊好昭（編）：麦類の栽培と利用，朝倉書店，2011.
国分牧衛：新訂 食用作物，養賢堂，2010.
国分牧衛（編）：豆類の栽培と利用，朝倉書店，2011.
財団法人いも類振興会：サツマイモ事典，全国農村教育協会，2010.
財団法人いも類振興会：ジャガイモ事典，全国農村教育協会，2012.
佐藤洋一郎・加藤鎌司（編著）：麦の自然史，北海道大学図書刊行会，2010.
週刊百科編集部：朝日百科 植物の世界 全15巻．朝日新聞社，1997.
大門弘幸（編），作物学概論，朝倉書店，2008.
難波恒雄（監訳）：シェバリエ，A.・世界薬用植物百科事典，誠文堂新光社，2000.
西川五郎：工芸作物，農業図書，1960.
西村修一ら：飼料作物学，文永堂出版，1984.
日本作物学会（編）：作物学事典，朝倉書店，2002.
日本作物学会（編）：新編 作物学用語集，養賢堂，2009.
日本作物学会（編）：作物学用語事典，農山漁村文化協会，2010.
農林水産省農蚕園芸局畑作振興課（監）：日本の特産農作物，地球社，1987.
星合和夫（訳）：デューク，J. A.・世界有用マメ科ハンドブック，雑豆輸入基金協会，1986.
星川清親：解剖図解 イネの生長，農山漁村文化協会，1975.
星川清親：改訂増補 栽培植物の起原と伝播，二宮書店，1992.
星川清親（編著）：植物生産学概論，文永堂出版，1993.
堀田　満ら：世界有用植物事典，平凡社，1989.
堀江　武ら：作物学総論，朝倉書店，1999.
松尾孝嶺ら（編）：稲学大成 全3巻，農山漁村文化協会，1990.

光岡祐彦ら（訳）：レウィントン，A.・暮らしを支える植物の事典，八坂書房，2007.
村田吉男ら：作物の光合成と生態，農山漁村文化協会，1976.
山口裕文・河瀨眞琴（編著）：雑穀の自然史，北海道大学図書刊行会，2003.
山口裕文・島本義也（編著）：栽培植物の自然史，北海道大学図書刊行会，2001.
山崎耕宇ら（監修）：新編 農学大事典，養賢堂，2004.

洋　書

Boller, B. et al. (eds.)：Fodder Crops and Amenity Grasses, Springer, 2010.
Chopra, V. L., Prakash, S. (eds.)：Evolution and Adaptation of Cereal Crops, Science Publishers, 2002.
Draycott, A. P. (ed.)：Sugar Beet, Blackwell Publishing, 2006.
Franck, R. R. (ed.)：Bast and Other Plant Fibers, Woodhead Publishing, 2005.
Hancock, J. F.：Plant Evolution and the Origin of Crop Species, 2nd ed., CABI, 2004.
Hay, R., Porter, J.：The Physiology of Crop Yield. 2nd ed., Blackwell Publishing, 2006.
James, G.：Sugarcane, 2nd ed., Blackwell Science, 2004.
Latos, T. (ed.)：Cover Crops and Crop Yields, Nova Science Publishers, 2009.
Levot, V.：Tropical Root and Tuber Crops：Cassava, Sweet Potato, Yams and Aroids, CABI, 2009.
Singh, B. (ed.)：Industrial Crops and Uses, CABI, 2010.
Singh, G. (ed.)：The Soybean: Botany, Production and Uses, CABI, 2010.
Seidemann, J.：World Spice Plants. Economic Usage, Botany, Taxonomy, Springer, 2005.
Stewart, J. M. et al. (eds.)：Physiology of Cotton, Springer, 2010.
Wayne Smith, C. et al. (eds.)：Corn: Origin, History, Technology, and Production, John Wiley & Sons, 2004.
Weiss, E. A.：Oilseed Crops, 2nd ed., Blackwell Science, 2000.
Willson, K. C：Coffee, Cocoa and Tea, CABI, 1999.

Webサイト

FAO Grassland species profiles　　http://www.fao.org/ag/AGP/AGPC/doc/gbase/Default.htm
FAOSTAT　　http://faostat.fao.org/
国際農業研究協議グループ（CGIAR）　　http://www.cgiar.org/
国際農林水産業研究センター　　http://www.jircas.affrc.go.jp/index.sjis.html
農業環境技術研究所　　http://www.niaes.affrc.go.jp/
農業・食品産業技術総合研究機構　　http://www.naro.affrc.go.jp/
農業生物資源研究所　　http://www.nias.affrc.go.jp/
農林水産省統計情報　　http://www.maff.go.jp/j/tokei/

索 引

あ

アイ 198
青刈り作物 222
青立ち 91
アオバナルーピン 252
青米 27
赤かび病 53, 57
アカクローバ 248, 283
アカツメクサ 248
秋アズキ型 100
秋ウコン 191
秋作 116
秋ダイズ 88
秋播栽培 52
秋播性程度 50, 57
アサ 152
麻ひき 153
アジアイネ 17
アズキ 99
アッサム種 173
アトラパスパラム 255
油 144
アブラナ 158
アブラヤシ 165
アフリカイネ 17
アマハステビア 212
アミロース 44
アミロプラスト 19
アミロペクチン 44
アメリカサトイモ 129
アメリカニンジン 200, 201
アメリカンジョイントベッチ 271
荒粉 218
アラビカ種 178
アリルイソチオシアネート 193
アルカロイド 182, 186
アルサイククローバ 249
アルファルファ 250
アルファルファ類 250
アレロパシー 277, 284
アワ 72

い

イグサ 156
育苗 36
異型花柱性 77
移植栽培 35
イソプレン 220
イタリアンライグラス 240
1次枝梗 20
一代雑種 211
一年生作物 7
一番茶 174
イチョウイモ群 135
一粒系コムギ 45
遺伝子組換え 34
イネ 17
イネ科穀類 7
イネ科飼料作物 223
いもち病 33, 35
イモ類 3, 7, 12
インゲンマメ 93
インジゴ 199
インスタントコーヒー 180
インド型 17

う

ウーロン茶 177
浮稲 30

索引

ウコン　190
羽状複葉　96, 103, 105, 216
渦　性　57
ウマゴヤシ　251
ウラルカンゾウ　202
粳　米　44

え

穎　果　7, 19, 20
穎花分化期　21
栄養価　227
栄養成長期　21
栄養成長停滞期　21
栄養繁殖　176
腋生集散花序　120
疫　病　117
エゴマ　161
エダウチクサネム　271
越年生作物　7
エネルギー作物　170
FAO　6
F_1 ハイブリッド　32
F_1 品種　16
エルシン酸　159
園芸作物　1
塩水選　35
エンドウ　105
エンドファイト　243
エンバク　61, 231, 280
エンマーコムギ　46

お

黄熟期　48, 64
黄色種　187
オオアワ　73
オオアワガエリ　238
覆下栽培　192
オオクサキビ　257
オーチャードグラス　237
オオムギ　232
オオヤハズエンドウ　252
苧　殻　153

オニウシノケグサ　242
苧　実　153
温　度　4
温湯消毒　123

か

外　穎　20
開　花　22
塊　茎　13, 111, 130
塊　根　12, 120, 125
開　絮　149
外生休眠　112
カイトウメン　147
カウピー　236
花外蜜腺　99, 101
カカオ　181
カカオバター　183
核　165
禾穀類　7
花　糸　22
仮軸分枝　126, 171
ガジュツ　191
可消化養分総量　227
仮想水　4
家畜化　1
カテキン　177
カネフォラ種　178
カノーラ　159
下胚軸　93
果　皮　19
カフェイン　177, 178, 182
株出し　207
花　粉　22
花　柄　247
花　房　84
カメムシ　38
カモガヤ　237
カラードギニアグラス　257
カルポンデスモディウム　268
枯れ熟れ　51
ガレガ　253
感温性　29, 88

索　引

環境適応性　226
換金作物　142
感光性　29，88，135
冠　根　19
間　作　102
完熟期　22，48，64
幹生花　181
乾性油　144
乾　草　221
カンゾウ　202
間断灌漑　37
寒地型　223
乾田直播　40
カントリーエレベータ　42
ガンニー　155
官能試験　43
ガンバグラス　265
干ばつ　120
冠　部　250
甘味種　64，126
含蜜糖　208
甘味料　212

き

機械移植　36
偽禾穀類　11
キクユグラス　258
奇形米　27
生　子　216
キシュウスズメノヒエ　256
季節生産性　226
キダチワタ　147
キタネグサレセンチュウ　280，281，282
キタネコブセンチュウ　281
キバナスィートクローバ　252
キバナルーピン　252
キ　ビ　70
基本栄養成長性　29
キマメ　107，276
キャッサバ　125
キュアリング　124
球　果　184

球　茎　216
吸光係数　12，25
救荒作物　75，110
吸　枝　181，183，214，216
休　眠　20，50，112，134
狭条栽培　92
強力粉　54
玉　露　176
ギンネム　275

く

茎立期　46
クサヨシ　244
クマリン　252
苦味種　126
グライシン　271
クラウン　250
クリーニングクロップ　69，277，285
クリーピングシグナルグラス　264
グリーンパニック　256
グリーンリーフデスモディウム　267
クリオロ　182
グリチルリチン　203
クリムソンクローバ　250，284
繰　綿　151
クルクミン　191
グルコース要求量　12
グルコシノレート　159
グルコマンナン　218
グルテン　55
クローバ類　247
黒コショウ　188
クロバナツルアズキ　268

け

茎　根　205
茎葉飼料　221
ケール　274
結果枝　84，149
結莢率　85，97
ゲノム解析　34
限界葉面積指数　25

原原種　116
絹　糸　63
減数分裂期　21, 28
ケンタッキーブルーグラス　246
玄　米　19

混合型冷害　28
根　痕　120
混　作　102, 106
コンニャク　216
根粒菌　12, 84

こ

コアワ　73
硬　化　36, 50
工芸作物　2, 137
光合成速度　49
梗　根　120
硬質コムギ　55
硬質種　64
硬質繊維　143
硬質デンプン　64
香辛料作物　3, 145
紅　茶　177
厚壁組織　143
護　穎　20
コーヒー　178
国際甘蔗技術者学会　205
黒　糖　208
穀　類　3, 7
ココアバター　182
ココヤシ　167
ゴシポール　151
枯熟期　48
糊熟期　22, 64
コショウ　188
コスズメノチャヒキ　245
個体群構造　25
個体群成長速度　24, 131
コプラ　168
糊粉層　19
ゴ　マ　161
ゴマ油　162
コムギ　45
ゴム・樹脂料作物　3, 145
コモンベッチ　252
コルク化　117
コロニビアグラス　264

さ

催　芽　36
最高分げつ期　20
細　根　120
再生草　222
採　草　221
最適LAI　113
最適葉面積指数　25, 122, 126
栽培化　1
在来ナタネ　158
サイラトロ　268
サイレージ　221
萌　149
萌　果　120, 126
作況指数　39
索綱用繊維　143
酢酸リナリル　197
作　物　1
作物学　1, 2
サゴデンプン　215
サゴヤシ　214
ササゲ　101, 236
挿し木　126, 176
座止現象　50
サッカー　214
雑種強勢　16, 65
雑草抑制　281
サツマイモ　119
サツマイモネコブセンチュウ　280, 285
砂　糖　208
サトウカエデ　145
サトウキビ　204
サトウヤシ　145
サブタレニアンクローバ　249
サフラワー油　164
サポニン配糖体　201

索引

莢先熟　91
散水氷結法　177
3大作物　14
三番茶　174

し

C/N比　278
C_4型光合成　206
シグナルグラス　262
枝　梗　22
嗜好性　227
嗜好料作物　3, 144
シコクビエ　80
自己破壊　87
雌　穂　63
雌ずい　21
自然下種　223
持続的生産　16
湿　害　51, 77, 90, 101
実　棉　151
シナアブラギリ　169
シニグリン　193
子　房　20
脂　肪　144
脂肪酸　144
子房柄　96
死　米　27, 43
縞萎縮病　53
地　毛　151
ジャイアントスターグラス　260
ジャガイモ　109
ジャガイモシストセンチュウ　117
弱勢穎果　27
ジャスモン酸　113
雌雄異花同株　130
雌雄異株　134
収穫指数　3, 16, 39, 126
集合花房　77
充填用繊維　143
ジュート　154
雌雄同株異花　125
周　皮　111, 120

就眠運動　84, 100
収量構成要素　39, 48
ジュウロクササゲ　102
熟期型　88
受光態勢　86
受光率　24
主　根　83
種子根　19
種子消毒　38
樹脂料　146
受　精　22
酒造米　27
出　穂　21
種　皮　19, 83
受　粉　22
シュラッビースタイロ　275
春　化　50, 106
純同化率　24
子　葉　11, 83
しょう果　111
小　花　20
障害型冷害　28
消化率　227
蒸散効率　4
小枝梗　20
上胚軸　99
商品作物　142
障壁作物　280
小　穂　20
生　薬　202, 203
鞘　葉　23
植物繊維　142
食　味　32, 43
食用作物　2, 7
食　料　1
食料自給率　6
初生葉　84, 93
除草剤耐性　66
ショ糖収量　207
ショ糖鞘　210
蔗苗根　205
飼料イネ　233

飼料作物　2, 221
飼料自給率　227
飼料木　223
飼料用カブ　273
飼料用根菜類　222
飼料用ナタネ　274
飼料用ビート　273
飼料用葉菜類　222
シルバーリーフデスモディウム　267
シロガラシ　286
シロクローバ　247
白コショウ　188
シロツメクサ　247
シロバナスィートクローバ　252
シロバナルーピン　252
シロバナワタ　147
シンク　26
真正ラベンダー　196
深層追肥法　39
心止め　187
心白米　27
靱皮繊維　143

す

スィートクローバ類　252
スイート種　64
髄腔　19
穂状花序　59, 80
水蒸気蒸留　195, 197
スイッチグラス　257
水田　2
睡眠運動　96
スウェーデンカブ　273
スーダングラス　229
スターグラス　260
スターチィ・スイート種　65
ステビア　212
ステビオサイド　213
ストン　111
スパイクラベンダー　196
スペアミント　194
スペインカンゾウ　202

スムーズブロムグラス　245

せ

生育型　223
生草　221
精粉　218
清耕作物　69
製紙用繊維　143
生殖成長期　21
生態型分類　88
精米　42
精油　145, 195, 197
西洋アブラナ　158
セイヨウチャヒキ　280
セイヨウワサビ　192
生理的成熟期　85
整粒　43
整粒歩合　43
セサミン　162
背白米　27
セスバニア　285
セタリア　265
節　19
節間　19
節間伸長　21
セルロース　144
繊維細胞　143
繊維料作物　3, 142
センチピードグラス　264
線虫　280
センチュリオン　270
セントロ　270
剪葉耐性　226
染料　198
染料作物　3, 145
前歴深水灌漑　37

そ

痩果　76, 164
霜害　100
そうか病　117
早期栽培法　40

索　引　　**295**

草　型　94, 97, 101, 105
総状花序　64, 68, 78, 99, 101
草食家畜　221
叢　生　223
相対熟度　228
早晩性　29, 226
ソース　26
側　芽　19
側枝苗　207
側　根　83
粗　糖　208
ソ　バ　76
組編用繊維　143
ソラニン　117
ソラマメ　103
ソルガム　229

た

耐塩性　94, 97, 101
耐乾性　59, 80, 97
耐寒性　57, 59
耐湿性　58, 59, 62, 81, 131
ダイジョ　133
ダイズ　82, 235
ダイズシストセンチュウ　91, 283, 285
ダイズモザイク病　91
耐雪性　57, 59
耐踏圧性　226
タイヌビエ　37
耐肥性　16, 25, 81
タイマ　152
耐冷性　75, 94
タイワンコマツナギ　198
タイワンツナソ　154
他感作用　277
托　葉　103
多系品種　33
多汁質飼料作物　222
多収性　226
畳　表　156
種イモ　114, 130
多年生　223

多年生牧草　254
多胚種子　210
タバコ　186
タピオカ　127
多葉性　227
ダリスグラス　255
多量元素　5
タルウマゴヤシ　251
タルホコムギ　46
タロイモ　129
短花柱花　77
担根体　134
湛水直播　40
弾性ゴム　220
弾性ゴム料　146
暖地型　223
暖地型牧草　254
タンニン料作物　3, 145
短年生　223
単胚種子　210

ち

遅延型冷害　28
地下結実　108
地下子葉型　99, 103, 105
チコリー　274
地上子葉型　93, 101
窒素固定　86
チモシー　238
チャ　173
着色米　43
茶　米　27
中果皮　165, 168
中　耕　90
中国種　173
抽　苔　158
柱　頭　22
中胚軸　19
中力粉　54
チュベロン酸　113
調位運動　12, 84
長花柱花　77

調製　42
チョウセンニンジン　200
直播栽培　35, 40
直立型　223
チョコレート　183

つ

通気組織　19
ツクネイモ群　135
土入れ　53
土寄せ　132
ツナソ　154
ツマグロヨコバイ　38
ツルナシインゲン　93
蔓ぼけ　122
ツルマメ　82

て

テアニン　177
ディジットグラス　261
テオブロミン　182
デスモディウム　268
テンサイ　209
デント種　64
天然ゴム　219
田畑輪換　38
デンプン　214
デンプン価　118
デンプン・糊料作物　3, 145
デンプン貯蔵細胞　19

と

頭花　163, 247
胴切米　27
登熟障害米　27
凍上害　53
トウジンビエ　80
同伸葉同伸分げつ理論　20, 47, 84
凍霜害　51, 57, 175
倒伏　16
糖蜜　208, 211
トウモロコシ　63, 228, 281

糖料作物　3, 145
胴割米　43
トールフェスク　242
土壌侵食　281
トチバニンジン　200, 201
トリニタリオ　182
ドリフトガードクロップ　280
ドリル播き　52
泥染め　157

な

内穎　20
内果皮　165, 168
内生休眠　112
長い　156
ナガイモ　133
ナガハグサ　246
中干し　37
ナタネ　158
夏アズキ型　100
夏アワ　73
夏植え　207
夏枯れ　223
夏作物　7
夏ダイズ　88
並性　57
軟質コムギ　55
軟質種　65
軟質繊維　143
軟質デンプン　64
ナンバンアカバナアズキ　269
ナンバンコマツナギ　198
軟腐病　117
ナンヨウアブラギリ　169

に

肉穂花序　217
ニコチン　186
二酸化炭素　5
2次作物　59, 61
2次枝梗　20
二重隆起期　48

索　引　　297

二条皮麦　56
二条裸麦　56
二年生　223
二番茶　174
日本型　17
ニホンハッカ　194
日本薬局方　201，203
乳　液　219
乳　管　219
乳熟期　22，48，64
乳白米　27
二粒系コムギ　45

ね

ネグサレセンチュウ　285
ネズミムギ　240
ネピアグラス　257
ネリカ　33

の

農　学　1
農作物　1
ノビエ　74

は

バーガンディビーン　269
バークローバ　251
パーチメントコーヒー　180
ハードニング　50，174
パーボイリング処理　43
バーミューダグラス　259
パーム油　166
パールミレット　80
バーレー種　187
胚　19
バイオエタノール　211
バイオディーゼル　170
ハイキビ　257
胚　軸　83
排　水　90
排水対策　52
培　土　90

胚　乳　7，19
胚　盤　19
ハイブリッドコーン　66
バガス　208
馬鹿苗病　35
白　米　42
薄力粉　54
爆裂種　65
馬歯種　64
肌ずれ米　43
畑ワサビ　192
発育枝　149
発育停止粒　27
発　芽　20
薄荷脳　195
ハッカ類　194
発酵茶　177
発酵米　43
バッフェルグラス　266
ハトムギ　81
バヒアグラス　254
パラグラス　262
パラゴム　219
腹白米　27
パリセードグラス　263
春アワ　73
春植え　207
春ウコン　191
春　作　116
春播栽培　52
半乾性油　144
パンコムギ　45
パンゴラグラス　261
半数体育種法　51
半発酵茶　177
バンバラマメ　108
半矮性遺伝子　30

ひ

Btコーン　67
ビート　209
ビートパルプ　211

ビール　185
ビール麦　58
庇陰樹　180, 182
ヒ　エ　74
被害粒　43
光　4
ピジョンピー　276
非弾性ゴム料　146
被覆作物　79, 102, 104, 286
ピペリン　189
ヒ　マ　171
ヒマシ油　172
ヒマワリ　286
ヒメトビウンカ　38
皮　目　111
表面繊維　143
ヒヨコマメ　107
ヒラマメ　108
微量元素　5
ビロードクサフジ　252
ヒロハノウシノケグサ　243
品　質　142
品　種　3
ピントイ　272
ピントピーナッツ　272

ふ

ファイトマー　47
ファジービーン　269
V字稲作　39
フィンガーグラス　261
フィンガーミレット　80
フォラステロ　182
深水灌漑　37
不乾性油　144
不完全葉　19
副護穎　20
ふく枝　111
複穂状花序　48, 74
複総状花序　20, 61, 70, 72
複　葉　84
不耕起栽培　40, 66, 92

不耕起播き　52
フタゴマメ　108
普通系コムギ　45
不定根　83, 120, 125
不発酵茶　177
ブラウンシードパスパラム　256
ブラシ用繊維　143
フラワー種　65
プランテーション　220
プラントオパール　18
プリカチュラム　256
フリント種　64
ブロードリーフパスパラム　256
分げつ　19
粉質種　65
分蜜糖　208

へ

ヘアリーベッチ　252, 284
ペクチン質　144
ヘシアン　155
臍　83
ベッチ類　252
ヘテロ　268
ベニバナ　163
ベニバナインゲン　93
ペパーミント　194
ペレニアルライグラス　239

ほ

穂　20
苞　21
萌　芽　111, 123, 134, 174
芳香油料作物　3, 145
紡織用繊維　143
防霜ファン　176
放　牧　221
ホールクロップサイレージ　228
穂　型　70, 72
牧　草　222
穂首節　20
穂　肥　39, 53

ホソムギ 239
ポッド種 65
ホップ 184
ポップ種 65
穂発芽 20，50，58，77
穂ばらみ期 21
ほふく型 223
ほふく茎 247
ポリフェノール酸化酵素 177

ま

マカリカリグラス 257
マカロニコムギ 45
巻きつき型 223
マメ科飼料作物 223
マメシンクイガ 91
マメ類 3，7，11

み

実 肥 26，39
未熟粒 43
水 4
水ワサビ 192
蜜源作物 283
蜜 線 77
ミレット 74

む

無エルシン酸品種 160
むかご 134
麦踏み 53
無機養分 5
無限花序 158
無限伸育型 88，99
無限伸育性 93，101
無効分げつ 21
ムシゲル 277
ムチン 136
無胚乳種子 11，83
ムラサキウマゴヤシ 250
ムラサキチョウマメモドキ 270

め

目 111
銘 柄 142
芽ぐされ米 43
メドウフェスク 243
棉 実 148
メントール 195
綿 毛 148

も

木化程度 120
糯 米 44
糯 種 65
基白米 27
籾 殻 20
モロコシ 68，229，282
モロヘイヤ 155
モンツキウマゴヤシ 251

や

焼 畑 81，136
ヤクヨウニンジン 200
薬用作物 3，145
焼け米 43
ヤシ油 168
ヤトロファ 169
やぶきた 175
ヤブツルアズキ 99
ヤマノイモ 133
ヤムイモ 133

ゆ

有限伸育型 88
有限伸育性 93，101
有効茎歩合 21
有効分げつ 21
雄 穂 63，81
雄ずい 20
有ふ種 65
有用元素 5
油 脂 144

油料作物　3，144

よ

葉腋　19
葉関節　19
葉耳　19
洋種ナタネ　158
洋種薄荷　194
葉鞘　19
葉身　19
幼穂形成期　21
要水量　62，87
葉舌　19
ヨウ素価　144
葉枕　84
葉面散布　53
葉面積指数　3，24，49，131
葉面積密度　26
浴光催芽　116

ら

ライコムギ　60
ライスセンター　42
ライムギ　59，233，281
ラジノクローバ　248
落花　85
ラッカセイ　96
落莢　85
ラバンディン　196
ラベンダー　196

り

リードカナリーグラス　244
リクチメン　148
陸稲　41
リグニン　144
離散花房　77
リシノール酸　172
離層　150
リナロール　197
リベリカ種　178

リャノスマクロ　269
リュウキュウアイ　198
緑化　36
緑茶　177
緑肥　102，277
緑肥作物　2，79，277
輪作　95，98，131，277
鱗皮　20，22
輪腐病　117

る

ルーピン類　108，252
ルキーナ　275
ルジグラス　264
ルタバガ　273
ルチン　79
ルプリン　184

れ

冷害　28
レギュラーコーヒー　180
レンゲ　283
連作　104，106
連作障害　95，100
レンズマメ　108

ろ

蠟　144
ローズグラス　259
六条皮麦　56
六条裸麦　56
ロシアカンゾウ　202
ロブスタコーヒー　178

わ

ワキシー種　65
ワサビ　192
ワサビダイコン　192
和種薄荷　194
ワタ　147

作 物 学　　　　　　　　　定価（本体 4,800 円＋税）

2013 年 11 月 10 日　第 1 版第 1 刷発行　　　　　　＜検印省略＞
2020 年 9 月 10 日　第 1 版第 3 刷発行

編集者　今　井　　　　勝
　　　　平　沢　　　　正
発行者　福　　　　　　毅
印　刷　㈱平　河　工　業　社
製　本　㈱新　里　製　本　所

発　行　文 永 堂 出 版 株 式 会 社
　　　　〒113-0033　東京都文京区本郷 2-27-18
　　　　TEL　03-3814-3321　FAX　03-3814-9407
　　　　振替　00100-8-114601 番

Ⓒ 2013　今井　勝

ISBN 978-4-8300-4126-6

文永堂出版の農学書

植物生産学概論 星川清親 編　¥4,000＋税　〒520	"家畜"のサイエンス 森田・酒井・唐澤・近藤 共著 ¥3,400＋税　〒520	農産食品プロセス工学 豊田・内野・北村 編　¥4,400＋税　〒520
植物生産技術学 秋場・塩谷 編　¥4,000＋税　〒520	畜産学入門 唐澤・大谷・菅原 編　¥4,800＋税　〒520	農地環境工学 第2版 塩沢・山路・吉田 編　¥4,400＋税　〒520
作　物　学 今井・平沢 編　¥4,800＋税　〒520	動物生産学概論 大久保・豊田・会田 編　¥4,000＋税　〒520	農業水利学 緒形・片岡 他著　¥3,200＋税　〒520
緑地環境学 小林・福山 編　¥4,000＋税　〒520	畜産物利用学 齋藤・根岸・八田 編　¥4,800＋税　〒520	生物環境気象学 浦野慎一 他著　¥4,000＋税　〒520
植物育種学 第4版 西尾・吉村 他著　¥4,800＋税　〒520	動物資源利用学 伊藤・渡邊・伊藤 編　¥4,000＋税　〒520	植物栄養学 第2版 間藤・馬・藤原 編　¥4,800＋税　〒520
植物病理学 第2版 眞山・土佐 編　¥5,700＋税　〒520	動物生産生命工学 村松達夫 編　¥4,000＋税　〒520	土壌サイエンス入門 第2版 木村・南條 編　¥4,800＋税　〒520
植物感染生理学 西村・大内 編　¥4,660＋税　〒520	家畜の生体機構 石橋武彦 編　¥7,000＋税　〒630	応用微生物学 第3版 横田・大西・小川 編　¥5,000＋税　〒520
園　芸　学 金浜耕基 編　¥4,800＋税　〒520	動物の栄養 第2版 唐澤・菅原 編　¥4,000＋税　〒520	農産食品 －科学と利用－ 坂村・小林 他著　¥3,680＋税　〒520
園芸生理学 分子生物学とバイオテクノロジー 山木昭平 編　¥4,000＋税　〒520	動物の飼料 第2版 唐澤・菅原・神 編　¥4,000＋税　〒520	
果樹園芸学 金浜耕基 編　¥4,700＋税　〒520	動物の衛生 第2版 末吉・髙井 編　¥4,500＋税　〒520	
野菜園芸学 第2版 金山喜則 編　¥4,600＋税　〒520	動物の飼育管理 鎌田・佐藤・祐森・安江 編 ¥4,400＋税　〒520	
観賞園芸学 金浜耕基 編　¥4,800＋税　〒520		

食品の科学シリーズ

食品栄養学 木村・吉田 編　¥4,000＋税　〒520	食品微生物学 児玉・熊谷 編　¥4,000＋税　〒520	食品保蔵学 加藤・倉田 編　¥4,000＋税　〒520

森林科学

森林科学 佐々木・水平・鈴木 編　¥4,800＋税　〒520	林業機械学 大河原昭二 編　¥4,000＋税　〒520	森林生態学 岩坪五郎 編　¥4,000＋税　〒520
森林遺伝育種学 井出・白石 編　¥4,800＋税　〒520	森林水文学 塚本良則 編　¥4,300＋税　〒520	樹木環境生理学 永田・佐々木 編　¥4,000＋税　〒520
林政学 半田良一 編　¥4,300＋税　〒520	砂防工学 武居有恒 編　¥4,200＋税　〒520	
森林風致計画学 伊藤精晤 編　¥3,980＋税　〒520	林産経済学 森田 学 編　¥4,500＋税　〒520	

木材の科学・木材の利用・木質生命科学

木質の物理 日本木材学会 編　¥4,000＋税　〒520	木材の工学 日本木材学会 編　¥3,980＋税　〒520	木材切削加工用語辞典 社団法人 日本木材加工技術協会　製材・機械加工部会 編　¥3,200＋税　〒520
木質の化学 日本木材学会 編　¥4,200＋税　〒520	木質分子生物学 樋口隆昌 編　¥4,500＋税　〒520	
木材の加工 日本木材学会 編　¥3,980＋税　〒520	木質科学実験マニュアル 日本木材学会 編　¥4,000＋税　〒520	

文永堂出版　〒113-0033　東京都文京区本郷 2-27-18　TEL 03-3814-3321
URL https://buneido-shuppan.com　FAX 03-3814-9407